물순환과 수자원공학

정은성 · 김상욱 · 손민우 지음

도서출판 동화기술

머리말

본 교재는 건설공학과, 토목공학과, 환경공학과 등에서 전공 필수 또는 선택으로 가르치고 있는 수문학, 수자원공학의 내용을 포함하고 있으며 4학년을 대상으로 하는 수자원과 수공학 분야 대학원 교과목 등에서 활용될 수 있는 내용도 포함하고 있다.

본 교재는 크게 두 부분으로 구분되어 있다. 첫 번째 부분은 1, 2, 3장의 내용으로 물순환의 기초이론에 대해 설명하였다. 1, 2, 3장은 학부생을 대상으로 가르치는 수문학에서 다루는 내용을 정리하였고 이해를 돕는 예제도 포함하고 있다. 1장은 물순환, 2장은 수문통계, 3장은 유출에 대해 서술되어 있다. 두 번째 부분은 4장부터 9장으로 구성되어 있으며 물순환과 관련된 수자원 관리 및 계획에 활용될 수 있는 실용적인 주제를 각각 설명하고 있다. 4장은 토지이용도, 토양도 등을 이용하여 연속유출모의를 수행하는 미국 농무성에서 개발한 SWAT(Soil and Water Assessment) 모형의 적용 과정을 상세하게 설명하고 있으며 SWAT 모형의 매개변수를 추정을 도와주는 SWAT-CUP(Calibration/Uncertainty Analysis) 모형의 사용법도 함께 서술하고 있다. 5장은 Intergovernmental Panel on Climate Change(IPCC)에서 5차 보고서에서 발표한 Representative Concentration Pathway(RCP) 기후변화 시나리오에 대한 설명과 우리나라에 대한 분석을 함께 제시하고 있으며 RCP 기후변화 시나리오 분석 기술인 다운스케일링, 편의 보정 등의 기초 이론도 서술하고 있다. 6장에서는 근래 이해당사자들 사이에서 갈등이 발생하는 수자원 사업들에 대해 객관적으로 우선순위를 결정할 수 있도록 도와주는 다기준 의사결정기법(Multi-Criteria Decision Making, MCDM)에 대한 기초이론을 설명하고 관련 예제를 추가하였다. 7장에서는 도시홍수의 발생원인을 분석하고 관련 피해를 저감시키기 위한 비구조적 계획(Nonstructural Measure)에 대해 정리하였고, 8장에서는 수자원 사업의 경제성 이론과 예제를 추가하였다. 9장에서는 도시 유역의 물순환 개선을 목적으로 저영향개발(Low Impact Development, LID) 시설에 대한 수문학적인 영향 분석을 수행하기 위해 미국 환경청에서 개발한 SWMM(Storm Water Management Model) 모형에 대한 사용방법과 예제를 추가하였다.

본 교재는 향후 독자들의 의견을 수렴하여 지속적으로 보완할 예정이다. 강의실에서 뿐만 아니라 실무 현장에서 활발히 활용되기를 기대해본다.

저자 일동

Contents

차 례

Chapter 01

물순환의 기초

인간문명의 발달과 생명체 생존의 필수불가결한 요소인 수자원은 다양한 분야에서 인류 역사와 같은 기간 동안 중요한 주제로 여겨졌다. 고대에서부터 현대에 이르기까지 홍수, 가뭄 등의 수자원 관련 자연재해는 사회의 체제를 유지하는 근간이 될 정도로 중요한 주제이며 삶의 질만의 문제가 아니라 생존과 직접적인 연관을 가지는 분야이다. 우리나라의 경우에도 자연재해에 의한 인명 피해의 가장 큰 원인 중 하나가 홍수에 의한 수해이며 전 세계적인 기후변화에 따라 과거에는 경험하지 못하였던 홍수와 가뭄이 반복되고 있는 점 역시 수자원에 대한 이해를 더욱 중요하게 만드는 상황이다.

일반적으로 수자원은 강우에서 시작하여 바다로 빠져나가는 일련의 과정을 그 순환과정으로 생각하고 있다. 하지만 순환이라는 단어에서 알 수 있듯이 시작과 끝을 단순히 정의하기는 힘들며 강우와 증발, 유출과 유입이 복잡하게 연결되어 이루어지는 과정이다. 즉 물이 움직이는 동안에 영향을 미치는 유역의 특성과 기상학적 요인까지 복합적으로 작용하여 수자원의 이동과 변화를 야기하는 것으로 이에 대한 충분한 이해가 가장 선행되어야 하는 학습의 과정이다.

1.1 수자원의 순환

1.1.1 수문순환

지구에 존재하는 물의 양을 정확히 추정하는 것은 불가능하지만 대략 13억5천만 km^3 이상의 부피로 알려져 있다. 이 양은 지구 전체 표면을 약 3 km의 두께로 덮을 수 있을 만큼 큰 값이다. 하지만 지구상의 물 중에서 기술적, 경제적 이유로 이용할 수 있는 양은 현재까지 많지 않으며 이마저도 지역별, 시기별 편차가 심하다. 예를 들어 현재까지는 일반적인 상황에서 경제성이 낮은 염수(Salt Water)가 총 수자원의 97% 정도를 차지하고 있으며 담수 중에서는 빙하, 빙산, 동토 등 빙설이 약 69.6%, 지하수가 약 30.1%를 차지한다. 현재 가장 많이 이용되는 강과 호수의 물은 사실 담수(Fresh Water)의 0.35%, 지구상 총 물의 약 0.008%에 불과하다. 물은 이러한 여러 형태의 분포를 거치며 순환하고 있으며 대기 중에 포함된 수분의 개념까지 포함하여 수문순환을 이해하는 것이 바람직하다. 표 1.1은 전지구적인 물의 분포를 보여준다.

표 1.1 전지구적 물의 분포

종류	부피(10^3 km^3)	비율(%)	비고
담수호	130	0.009	육지(비율 2.8%)
내해 및 염수호	100	0.008	
하천	1.2	0.0001	
토양수분	70	0.005	
지하수	8,320	0.62	
빙설	29,200	2.15	
대기	13	0.001	
해수	1,320,000	97.2	
총량	1,357,000	100	

순환이라는 용어에서 드러나듯이 시작과 끝을 구분하는 것이 무의미하지만 강수(Precipitation)를 수문순환의 시작점으로 생각하는 것이 이해를 위해 효과적이다. 강수는 비와 같은 강우(Rainfall), 눈과 같은 강설(Snowfall) 등 대기에 존재하는 수분이 액체나 고체의 형태로 지표면에 떨어지는 현상을 의미한다. 강수가 이루어지는 동시에 대기 중에서의 증발(Evaporation)이 발생하며 강수 중 일부가 다시 기체의 형태로 대기에 포함된다. 지표면에 떨어진 강수 중 일부는 나뭇잎 등에 의해 차단되어 대기로 증발된다. 다른 일부는 식물에 의해 흡수되며 시간이 지남에 따라 증산(Transpiration)의 과정을 통해 대기로 돌아간다. 또 다른 강수의 일부분은 지표면을 따라 흐르며 하천 등으로 유입되는데 이 과정을 지표면유출(Surface Flow)이라 이야기 한다. 지표면에 떨어진 강수 중 땅 속으로 스며드는 과정을 거치는 부분이 있으며 이를 침투(Infiltration)의 과정이라 부른다. 침투가 발생한 이후에는 침루(Percolation)의 과정을 통해 지하수위까지 스며들며 지하수를 형성한다. 지표면유출 또는 지하수유출을 통해 낮은 곳으로 흘러가는 물은 결국 바다로 유출되며 다시 증발을 통해 대기로 돌아가 수문순환을 반복하게 된다. 그림 1.1은 이러한 수문순환의 과정을 보여주고 있다.

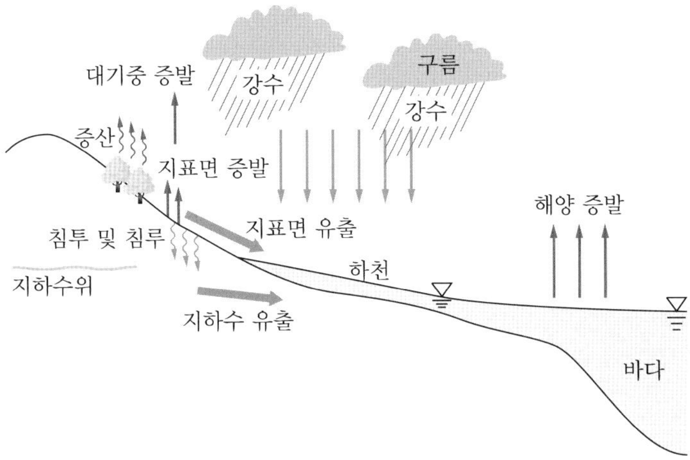

》 **그림 1.1** 수문순환의 과정

1.1.2 물수지

유역 내에서의 물수지를 이해하는 것은 수자원의 순환을 공부하는 과정에서 가장 기초가 되는 것인 동시에 수자원공학의 매우 중요한 목표 중 하나이다. 물수지의 기본적인 개념은 유역 내에 유입, 유출, 저류되는 물의 양이 균형관계를 가지고 있다는 것이다. 즉, 물수지의 기초는 다음과 같은 연속방정식으로 수문순환에 적용이 가능하다.

$$I - Q = \frac{dS}{dt} = \Delta S \tag{1.1}$$

여기서, I는 유입량, Q는 유출량, S는 유역 내 저류량이고, ΔS는 단위시간당 저류량의 변화량을 의미한다. 예를 들어 불투수층으로 이루어진 주차장에서 강우시 경사를 따라 하나의 출구로 유출되는 상황을 생각해보자. 이 경우 강우시 처음에는 지표면에 쌓이다가 결국 경사를 따라 출구지점으로 흘러갈 텐데 강우가 일정시간동안 지속적으로 동일 강도로 온다면 일정 시간 지체된 뒤에 일정한 유출량을 보일 것이다. 이때 유입량과 유출량의 차이를 저류량의 변화량으로 정의할 수 있다. 다음 예제 1.1은 이러한 현상을 확인할 수 있는 예이다.

예제 1.1 저수지의 유입량과 유출량이 다음 표와 같을 때 저류량의 변화를 계산하고 유입량, 유출량, 저류량의 변화를 그래프로 그려라.

Time (hrs)	Inflow (m^3/s)	Outflow (m^3/s)
0	0	0
1	5	3
2	35	15
3	90	35
4	97.5	45
5	80	59.5
6	45	60
7	22.5	50
8	12.5	40
9	2.5	30
10	0	25
11		15
12		7.5
13		5
14		0

[풀이] 연속방정식을 이용하여 저류량 변화를 산정하고 이를 그래프로 도시하면 다음과 같다.

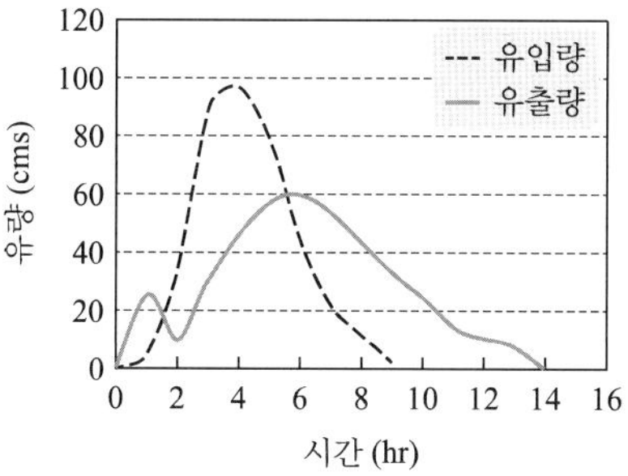

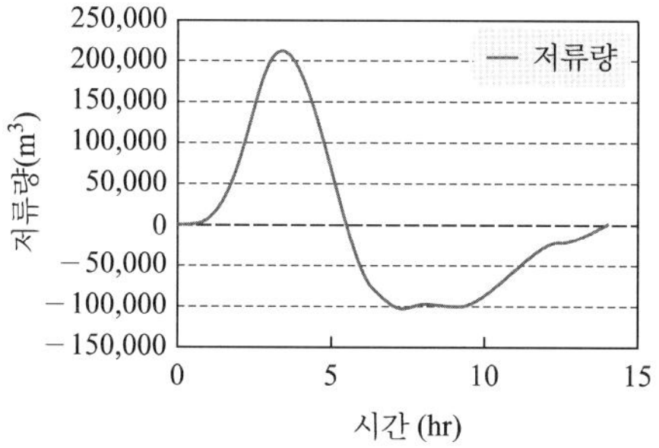

Time (hrs)	Inflow (m^3/s)	Outflow (m^3/s)	저류량 (m^3)
0	0	0	0
1	5	3	7,200
2	35	15	72,000
3	90	35	198,000
4	97.5	45	189,000
5	80	59.5	73,800
6	45	60	−54,000
7	22.5	50	−99,000
8	12.5	40	−99,000
9	2.5	30	−99,000
10	0	25	−90,000
11		15	−54,000
12		7.5	−27,000
13		5	−18,000
14		0	0

유역 내로 유입되는 물의 양에 상당하는 강수량(P)은 직접유출의 형태로 빠져나가는 유출량 개념의 유효우량(P_e)와 유역 내에 저장되는 저류량(S)의 식으로 표현된다.

$$P = P_e + S \tag{1.2}$$

물수지의 분석을 통해서는 수문학이 가지는 큰 목적 중 하나인 물의 공급과 이용에 대한 이해를 도모할 수 있으나 유효강우와 저류에 대한 정량적 결정을 위해서는 불확실성을 가지는 매우 다양한 인자를 동시에 고려하여야 한다는 사실을 이해해야 한다. 이를 위해 강우와 유역의 특성, 시기별 저류상황, 선행강우사상의 영향 등이 주로 고려된다.

이러한 개념을 앞에서 고려한 수문순환에 대입하면 다음과 같은 연속방정식도 유도될 수 있다.

$$P-R-G-E-T=\Delta S \tag{1.3}$$

여기서, R은 지표유출량, G는 지하수 흐름량, E는 증발량, T는 증산량을 의미한다.

예제 1.2 수표면 면적이 6,000,000 m^2인 저수지가 한 달 동안 평균 2.0 m^3/s의 평균 유입량과 1.6 m^3/s의 평균 유출량을 기록했고 수위는 1.2 m 상승한 걸로 측정되었다. 이 기간에 강우가 18 cm 왔다면 증발로 인한 손실량을 계산해라. 저수지 바닥으로 손실되는 손실량은 0이라고 가정하자.

[풀이] 물수지 분석 방법을 사용하면 다음과 같다.

$$E_{(증발산)}=I_{(유입)}-O_{(유출)}+P_{(강우)}-\Delta S_{(손실)}$$

유입량과 유출량이 cms 단위이므로 월 유입량과 유출량으로 바꾼다.
월 유입유출량에 수표면적을 나눠 수위의 변화량을 구한다.

$$I=\frac{\left(\frac{2\ \mathrm{m}^3}{\mathrm{s}}\right)\times\left(\frac{3600\ \mathrm{s}}{\mathrm{hr}}\right)\times\left(\frac{24\ \mathrm{hr}}{\mathrm{day}}\right)\times\left(\frac{30\ \mathrm{day}}{\mathrm{month}}\right)\times(1\ \mathrm{month})}{6{,}000{,}000\ \mathrm{m}^2}=0.86\ \mathrm{m}$$

$$O=\frac{\left(\frac{1.6\ \mathrm{m}^3}{\mathrm{s}}\right)\times\left(\frac{3600\ \mathrm{s}}{\mathrm{hr}}\right)\times\left(\frac{24\ \mathrm{hr}}{\mathrm{day}}\right)\times\left(\frac{30\ \mathrm{day}}{\mathrm{month}}\right)\times(1\ \mathrm{month})}{6{,}000{,}000\ \mathrm{m}^2}=0.69\ \mathrm{m}$$

$$P=0.18\ \mathrm{m}$$

$$\Delta S=0$$

$$E=0.86\ \mathrm{m}-0.69\ \mathrm{m}+0.18\ \mathrm{m}-0\ \mathrm{m}=0.35\ \mathrm{m}=35\ \mathrm{cm}$$

결과 증발로 인한 월 손실 수위는 0.35 m로 나왔으며 증발량은 수표면적을 곱한 0.35 m × 6,000,000 m^2 = 2,100,000 m^3이다.

1.2 유역의 특성

유역은 강수를 통해 지표면에 도달한 물이 하나의 유출점을 통해 빠져나가는 집수구역을 의미하며 유출점에 따라 변화하는 공간이다(그림 1.2 참고). 유역은 지역과 크기에 따라 영어 용어가 달라지는데 'Drainage', 'Catchment', 'Watershed', 'Subbasin', 'Basin' 등이 있다. 유역은 유출점으로부터 산지의 능선을 따라서 구획되며 유역 밖에 낙하한 강수는 해당 유역의 유출점을 통해서 유출되지 않는다. 산의 능선과 같이 유역을 분할하는 경계는 분수계(Watershed Divide)라고 불린다. 우리나라는 한강이 가장 큰 유역을 형성하며 그 크기는 약 25,954 km^2이다(표 1.2 참고). 이외에 낙동강, 금강, 섬진강 유역이 4대 대유역을 이루고 있으며 영산강 유역은 5번째 대유역에 해당한다. 이들 5대 대유역으로 형성된 5개 수계에서는 모두 대규모 다목적댐들이 건설되어 용수의 공급, 홍수 조절 등의 기능을 담당하고 있다(그림 1.3).

수자원의 이동과 시간적 변동 등 다양한 현상을 이해하기 위해서는 강우와 함께 수자원이 존재하는 유역의 특성을 파악하는 과정이 필수적이다. 유역은 강수의 형태로 유입되는 물이 거동할 물그릇의 성격을 가지고 있으며 이 물그릇의 표면상황, 형태적 특성, 크기와 기상학적 특이사항 등에 따라 수자원의 거동은 다른 현상을 보이게 된다.

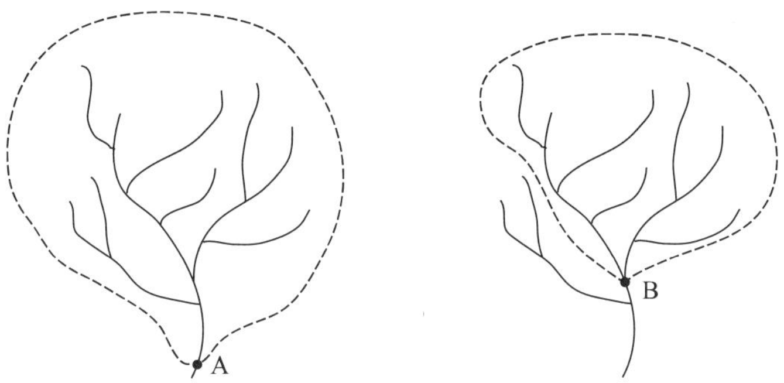

(a) A 유출점에서의 유역 (b) B 유출점에서의 유역

≫ **그림 1.2** 유역의 기본개념

표 1.2 우리나라의 5대 유역

하천	범위	면적(km^2)	하천연장(km)	연간 유출량(km^3)
한강	강원도 태백시 창죽동 - 경기도 김포시 월곶면	25,954	494	18.9
낙동강	강원도 태백시 화전동 - 경상남도 김해시 명지면	23,384	510	13.8
금강	전라북도 장수군 수분리 - 전라북도 군산시 미면	9,912	398	6.6
섬진강	전라북도 진안군 백운면 - 경상남도 하동군 남면	4,960	224	3.9
영산강	전라남도 담양군 월산면 - 전라남도 나주시 동강면	3,468	137	2.7

》 **그림 1.3** 우리나라 주요 댐 위치도

유역의 특성을 고려할 때 가장 중요한 요소 중 하나는 단순하게도 유역의 면적이 된다. 유역을 다시 물그릇의 개념으로 본다면 하늘에서 낙하하는 물을 받는 양 자체가 물그릇의 수평면 투영면적에 의해 결정되는 만큼 유역면적은 반드시 고려되어야 할 인자이다. 유역의 경사 역시 반드시 고려되어야 하는 특성에 해당한다. 물그릇이 얼마나 기울어져 있느냐에 따라 동일한 공간을 가져도 저류량, 유출량, 유출시간 등이 다른 특성을 가질 수 있기 때문이다. 이외에도 유역의 길이, 형상특성, 하천차수 등 다양한 물리적 특성을 가지고 있으며 본 절에서는 이에 대한 세부적인 내용들과 영향에 대해 살펴본다.

1.2.1 유역면적

유역면적은 가장 중요한 유역 특성 중 하나로 직접유출(Direct Runoff)의 양을 결정하는 첫 번째 인자이다. 유역의 면적은 수치지도 등을 통해 산정되거나 지형도의 축척을 고려하여 구적기(그림 1.4)로 구할 수 있다. 근래 GIS(Geographic Information System)기술과 수치지형자료(Digital Elevation Model, DEM)를 토대로 컴퓨터 소프트웨어를 활용하여 유역면적과 같은 물리적 정보는 손쉽게 계산이 가능해졌다.

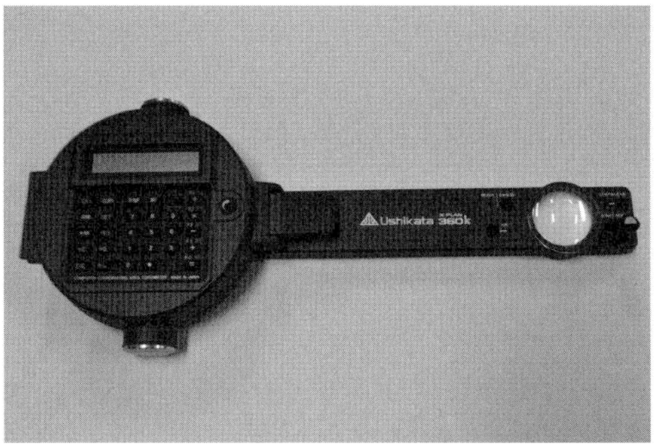

》 **그림 1.4** 구적기

자연계에서 발생하는 많은 현상은 지수법칙(Power Law)을 통해 모형화 할 수 있다. 지수법칙은 멱함수[Power Function, 식 (1.4)]의 형태를 통해 인자(X)와 결과(Y) 사이의 관계를 설명하는 방법으로 유역의 면적과 유출량 사이의 관계도 지수법칙을 통해 나타낼 수 있다[식 (1.5)].

$$Y = aX^b + c \tag{1.4}$$

$$Q = aA^b \tag{1.5}$$

여기서, a, b, c는 지역 및 현상의 특성에 따라 보정되어야 하는 매개변수를 의미한다. 유출량(Q)의 경우에는 유역의 면적(A)과 양(+)의 상관관계를 가지고 있는 것으로 추론할 수 있으므로 a가 양의 값을 가지는 것으로 보정되어야 한다. b는 유역이 가지는 물리적 특성과 관련되어 보정되어야 하는 값이지만 유역의 면적에 비례관계를 나타낼 것으로 짐작되므로 양의 값을 가지는 것이 적합하다.

유역 내에 존재하는 하천의 길이 역시 유역의 면적과 상관관계를 가질 것이라는 가정 하에 Hack(1957)은 미국 Virginia 지역과 Maryland 지역의 자료를 분석하고 지수법칙을 이용하여 식 (1.6)을 제안하였다.

$$L = 1.4A^{0.6} \tag{1.6}$$

여기서, L은 하천의 길이이며 Mile의 단위(mi)를, 유역면적 A는 mi^2의 단위를 가진다. 차원해석을 통해서는 $L = 1.4A^{0.5}$로 표현되는 것이 타당하나 수문학과 관련된 학문적 결과는 종종 차원해석의 결과와 다른 형태를 보일 수 있다는 것을 유념하여야 한다. 이는 다양한 인자와 불확실성, 무작위성 등의 특성이 존재하는 수문계에서 많은 이론과 모형이 경험적으로 제안되는 특성에 기인하는 것으로 생각된다.

1.2.2 유역의 물리적 특성

유역의 길이, 모양, 경사 등 물리적 특성은 동일한 강우 조건에서도 다른 형태의 유출특성을 발생시키는 원인이 된다. 예를 들어, 길고 폭이 좁으며 경사가 급한 유역은 강우가 시작된 이후 빠른 시간 내에 대규모의 유출형태를 보일 가능성이 높으며 넓고 경사가 완만한 유역은 반대의 유출특성을 나타낸다. 이는 계곡과 평야지대의 유역을 각각 예로 들었지만 일반적으로 복합적인 특성을 가지는 유역이 대부분이므로 유역의 물리적 특성을 대표할 수 있는 몇 가지 요소에 대해 살펴보는 과정이 필요하다.

유역의 형태는 경사의 정도와 관계없이 연직 평면상에 투영된 형상을 통해 파악된다. 나뭇가지와 같은 수지형 형상을 가진 유역(그림 1.5 참고)은 지표면에 낙하한 강우가 신속하게 유출되므로 유출량이 최대치를 나타내는 시간이 짧은 대신(첨두홍수량의 발생시간이 짧은 대신) 강우에 따른 유출이 장기간 지속되며(직접유출이 발생하는 기저시간이 길며) 유출량의 최대값(첨두홍수량)이 일반적으로 적다. 반면 여러 개의 지류가 유출점 인근에서 동시에 합류하며 넓은 유역 형태를 보이는 부채형 유역은 주로 분지 지형에서 나타나며 각 지점의 유출이 한 지점에서 합류되므로 유출점에서의 첨두홍수량이 매우 큰 값을 가지기 쉽다. 그리고 이에 따라 홍수가 발생할 가능성 역시 크다.

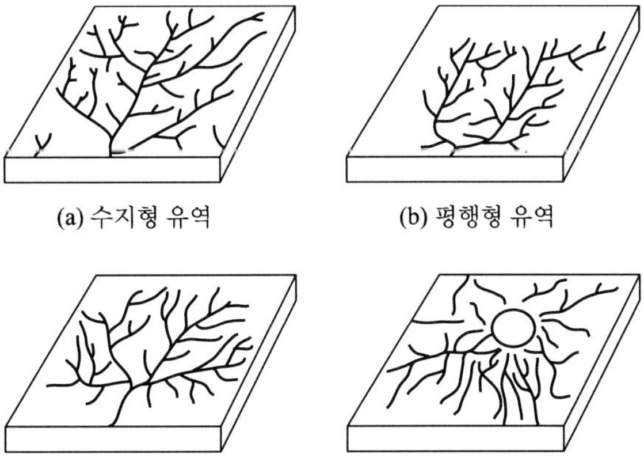

(a) 수지형 유역 (b) 평행형 유역

(c) 부채형 유역 (d) 방사형 유역

» **그림 1.5** 수지형, 평행형, 부채형, 방사형 유역

평행형 유역은 두 개의 긴 하천이 서로 평행하게 유하하며 세장한 소유역(Sub-basin)을 구성하다 하류에서 합류하는 형태를 보이는 유역으로 합류점에서 범람이 발생하기 쉽다. 방사형 유역은 하나의 높은 지점에서 수원이 형성되어 사방으로 하천이 뻗어나가는 형태의 유역을 이야기하며 두만강 유역 등을 예로 생각할 수 있다. 이러한 방사형 유역은 유역에 비해 긴 하천연장 등의 특성을 통해 홍수의 유출시간이 짧다. 복합형 유역은 이상의 두 문단에서 언급된 유역 형태 중 여러 개의 특성이 동시에 나타나는 곳이지만 주로 방사형과 부채형 유역의 특성이 동시에 존재하는 것이 일반적이다. 우리나라 대하천의 다수가 이러한 특성을 가진다.

이러한 유역의 형상을 정량화하기 위해 Horton은 무차원화를 통해 형상계수(Shape Factor, R_f)를 제안하였다.

$$R_f = \frac{A}{L_c^2} \tag{1.7}$$

여기서, L_c는 하천의 본류길이로 다음 단락에서 설명된다. 형상계수가 1.0인 경우는 정사각형의 형태를 보이는 유역으로 일반적인 경우는 1.0보다 작은 값을 가진다. 유역면적을 하천 본류길이로 나누는 경우(A/L_c)는 유역의 평균폭을 의미한다. 형상계수와 유역의 평균폭과 같은 값은 하천이 얼마나 세장한지를 나타내는 지표로 수지형, 부채형 등의 형태가 가지는 특성을 수치를 통해 보여줄 수 있다. 이러한 수치를 결정하고 특성을 살피는 이유는 첨두홍수량의 크기와 그 발생시간(첨두발생시간)을 추정하여 유출의 경향을 짐작하기 위한 것이다. 이와 비슷한 목적을 가지는 값으로 밀집도(R_c)가 있다[식 (1.8)].

$$R_c = \frac{0.282P}{A^{1/2}} \tag{1.8}$$

P는 유역 경계의 길이로 유역면적의 제곱근과 같은 단위를 가진다. 밀집도는 형상계수의 제곱근과 반비례하는 관계를 가지며($R_c \propto 1/\sqrt{R_f}$) 일반적 유역의 경우에는 1.0보다 큰 값을 가진다. 밀집도가 큰 경우와 낮은 경우는 각각 그림 1.6에서 보여진다.

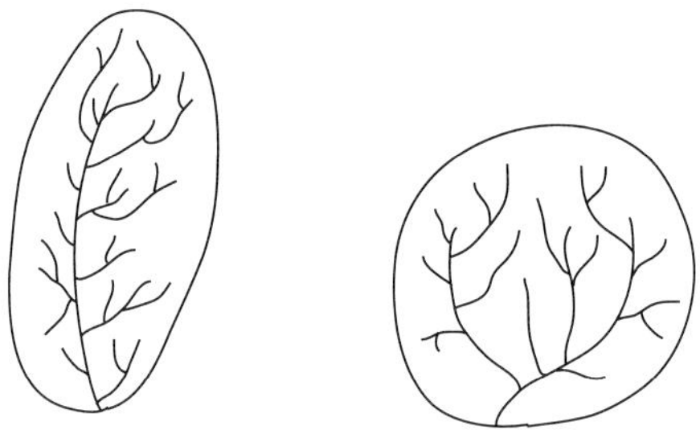

(a) 큰 경우 (b) 작은 경우

그림 1.6 밀집도 큰 경우와 작은 경우

형상계수와 밀집도가 1.0에 가까운 유역은 짧은 첨두발생시간(Peak Time)에 큰 첨두홍수량(Peak Flow)을 보이게 되며 형상계수가 작고 밀집도가 큰 경우에는 반대의 유출특성을 가진다.

식 (1.7)에서 보이는 하천 본류길이와 같이 하천의 길이는 유역의 특성을 짐작할 때 고려하여야 하는 중요한 인자 중 하나이며 여러 가지 다른 관점에서 그 값을 산정할 수 있다. 가장 널리 이용되는 유역길이(Basin Length)는 유출점으로부터 하천의 본류를 따라가다 유역의 최원점 경계까지 연결한 부드러운 곡선의 길이를 이야기하며 유역의 형태적 특성 뿐 아니라 도달시간, 집중시간 등을 추정하는 경우에도 고려되는 인자이다. 하천의 본류길이(하천연장, Main Channel Length)는 유역길이와 유사하나 유역의 최원점까지 연장하지 않고 유출점으로부터 본류의 최상류지점까지만 고려한 곡선의 길이다. 하천과 유역의 특성을 대표하는 지점은 중류지점이라는 가정 하에 유출점으로부터 유역의 무게중심에 가장 가까운 본류지점까지의 거리를 산정한 값을 유역중심거리라 한다. 유역중심거리가 중류로부터 하류까지만 고려할 뿐 상류를 전혀 고려하지 않는다는 점을 보완하는 동시에 경사가 아주 급하거나 완만한 최상하류 특성에 지나치게 치우친 값을 추정하지 않기 위해 하천길이의 유출점으로부터 10%에서 85%까지에 해당하는 본류길이만을 산정한 조정거리라는 개념도 있다.

경사 역시 유역이 가지는 중요한 물리적 특성으로 유출량과 유출특성에 영향을 미친다. 유역의 경사가 급한 경우에는 동일한 강우조건에서도 지표면에 낙하한 물이 빠르게 이동하여 유출점을 통해 빠져나가므로 짧은 첨두발생시간과 큰 유출량을 야기할 수 있다. 하나의 유역이 가지는 평균적인 경사도는 교점법(Intersectional Method), 등고선 면적법(Contour-area Method) 등의 방법을 통해 산정할 수 있다. 교점법은 유역도를 정방형 격자로 분할하고 유역의 경계선과 격자망이 교차하는 교점간의 평균 거리를 산정하는 방법이며 등고선 면적법은 면적평균법의 개념을 적용해 산정한다. 이외에 등고선 연장법 등의 방법이 유역의 평균경사를 구하기 위해 이용되지만 최근에는 수치지도와 GIS 프로그램을 이용하여 산정하는 것이 실무에서 일반적이다.

유역으로부터의 유출에 가장 직접적인 영향을 미치는 것은 강수조건이다. 강수의 종류, 강수의 지속시간, 강도 등은 유역 내로 들어가는 물의 양을 결정하는 가장 1차적인 유출 특성 결정 인자이다. 유역이 가지는 고도는 이러한 강수의 특성에 영향을 미친다. 고도에 따라 강수량, 증발산량 등이 달라지며 강설, 강우 등 강수의 형식 역시 결정된다. 유역의 평균적인 고도는 경사의 경우와 유사하게 교점법, 등고선 면적법, 등고선 연장법 등을 통해 산정할 수 있다. 강수에 대해서는 1.3절에서 보다 자세하게 다루어진다.

1.2.3 하천의 물리적 특성

하천은 유역에 낙하한 물이 모여서 흘러가는 공간으로 유역과 함께 유출 특성을 결정하는 중요한 인자이다. 따라서 하천이 가지는 물리적 특성을 제대로 이해하여 이들이 유출에 미치는 영향을 이해하는 과정이 필요하다. 하천 자체가 가지는 가장 중요한 물리적 특성 중에는 하천의 길이, 면적, 경사 등이 있으며 유역 내에서 하천의 비중과 영향도를 이해하기 위해 하천밀도와 수계빈도, 분기의 정도를 파악하기 위해서는 하천차수에 대해 아는 것이 중요하다. 이외에 하천 내 흐름의 특성을 이해하기 위해서는 하상계수에 대한 지식도 필요하다.

하천의 길이는 지형도와 구적기를 이용하여 계측하거나 수치지도와 GIS 프로그램을 이용하여 산정할 수 있다. 동일한 면적을 가진 두 유역에서 하천길이가 길수록 지표면을 통한 하천 내로의 유입보다 수로를 통해 유하하는 물의 영향을 더 크게 받게 되며 일반적인 경우에는 보다 빠른 첨두발생시간을 보이게 된다. 동시에 사행과 같은 지형변화가 더 클 수 있다.

Horton은 하천의 상대적인 규모와 위치를 정량화하기 위해서 하천차수(Stream Order)라는 개념을 도입하였다. 이 방법은 하천망에서 각각의 지류가 차지하는 상대적 위치를 지정하는 것으로 가장 작은 지류에 낮은 차수를, 가장 큰 본류에 높은 차수를 부여하게 된다. 따라서 유출점이 존재하는 본류는 다른 지류에 비해 항상 가장 큰 하천차수를 가지게 된다. 그림 1.7에서 보이는 것과 같이 더 이상 분기하거나 합류하는 지류가 없는 가장 상위의 가장 작은 하천에 차수 1을 부여한다. 1차 하천끼리 만나서 이루는 조금 더 큰 하천에는 차수 2를 부여하며 2차 하천과 2차 하천이 만나며 생성되는 하천에 차수 3을 부여한다. 1차 하천과 2차 하천이 합류하여 흐르는 조금 더 큰 하천은 여전히 2차 하천으로 지정된다. 즉 n차 하천이 n보다 더 작은 차수와 합류하여 흘러갈 때는 n차 하천의 위치를 유지하고 n차와 n차 하천이 합류하여 더 큰 하류 하천을 형성할 때 $n+1$의 차수를 부여한다. 위에서 언급된 하천의 길이 역시 하천차수의 개념과 지수법칙을 통해 공식화 할 수 있다[식 (1.9)].

$$\overline{L_n} = \overline{L_1} R_L^{n-1} \tag{1.9}$$

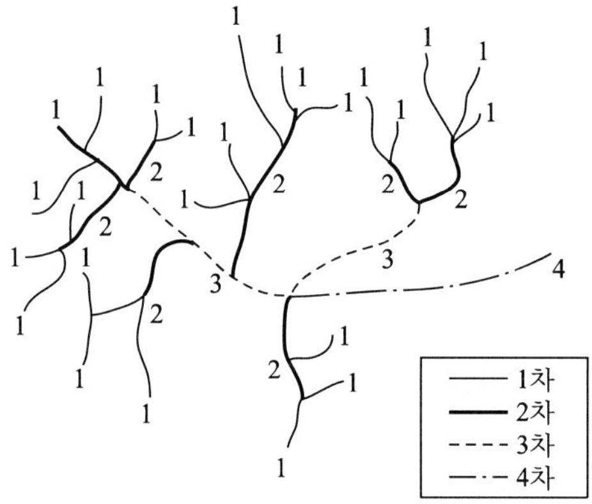

» **그림 1.7** 하천차수의 결정(Strahler 방법)

$\overline{L_n}$은 현재 구하고자 하는 n차 하천의 평균길이를 의미한다. $\overline{L_1}$는 1차 하천의 평균길이를 말하며 1차 하천에 해당하는 모든 수로의 길이 합을 1차 하천의 개수로 나누어 구한다. R_L은 차수별 평균하천길이의 증가 비율로 회귀분석의 과정을 통해 결정된다. 대부분의 경우에 차수별 하천의 평균길이는 차수가 높아짐에 따라 증가하는 경향을 가지므로(상대적으로 작은 지류 1개별 평균길이보다 이들이 합류한 상대적 대규모 하천 1개의 평균길이가 증가하므로) R_L은 1.0보다 큰 값을 가지는 것이 일반적이다. 식 (1.9) 역시 지수법칙으로 이해할 수 있다. n차 하천의 평균길이는 1차 하천의 규모와 차수별 증가비율과 연관관계가 있을 것이라는 가정 하에 어떤 비율로 증가할지가 $n-1$의 차수로 결정된 식이다. 이러한 인과관계 추론과 유사한 과정을 통해서는 식 (1.10)으로 표현되는 차수별 하천면적 역시 공식화할 수 있다.

$$\overline{A_n} = \overline{A_1} R_A^{n-1} \tag{1.10}$$

$\overline{A_n}$은 n차 하천 1개가 평균적으로 차지하는 유역면적이다. $\overline{A_1}$은 1차 하천 1개의 평균적인 유역크기이며 R_A는 차수별 평균유역크기의 증가 비율로 역시 회귀분석의 과정을 통해 결정된다.

식 (1.9), 식 (1.10) 등과 같은 식을 통해 유역 내에서 차지하는 하천들의 길이를 추정하고 1개 지류당 해당되는 유역의 면적을 추정해보는 과정은 지표면에 낙하한 물이 지표면유출(Overland Flow)에 소요하는 시간과 밀접한 관련을 가진다. 물이 함께 모여 흐르는 수로에 유입된 이후 유출점까지 이동하는 시간(유하시간, Travel Time)은 상대적으로 빠른 유속 조건하에 단기간에 이루어지지만 지표면에 낙하한 물이 표면을 흘러 하천까지 유입되는 시간(유입시간, Inlet Time)은 상대적으로 길며 유역에 유입된 물이 최종적으로 유출점을 통과하는 유출시간에 큰 영향을 미친다. 직관적으로 추론하는 경우, 지표면유출에 걸리는 시간은 지표면유출의 길이에 비례할 것이며 지표면유출의 길이($\overline{L_{inlet}}$)는 두 지천의 중앙에 낙하한 물방울이 어느 한쪽으로 흘러갈 것이므로 지천간 거리의 절반에 해당될 것이라는 것을 알 수 있다(식 1.11).

$$\overline{L_{inlet}} \approx \frac{1}{2D} \tag{1.11}$$

D는 수계밀도 또는 하천밀도(River Density)로 지류와 본류를 포함한 유역 내 모든 하천의 길이 합을 유역면적으로 나눈 값이다(식 1.12).

$$D = \frac{\sum L_n}{A} \tag{1.12}$$

수계밀도와 유사한 지표로는 Horton이 제안한 수계빈도(Stream Frequency)가 있다. 이는 유역 내 하천의 모든 개수를 유역면적으로 나눈 것이다(식 1.13).

$$F_s = \frac{\sum N_n}{A} \tag{1.13}$$

여기서 N_n은 n차에 해당하는 모든 하천의 개수를 의미한다.

1.2.4 우리나라 하천의 특성

우리나라의 하천은 법적으로 지정하천, 준용하천으로 구분된다. 지정하천은 하천법상 공공의 이해관계에 중요하다고 인정되는 하천을 이야기하며 다시 국가하천과 지방하천으로 분류된다. 국가하천은 중앙정부에서 계획 및 관리를 수행하는 반면 지방하천은 지방자치단체에서 관리하는 점에서 차이를 보인다. 준용하천은 하천법령에 준용하여 계획 및 관리되는 하천을 이야기한다.

우리나라의 하천은 대부분 제방으로 보호되고 있으며 제방과 제방 사이의 수로를 제외지, 제방으로부터 보호되는 토지(하천 외 부지)를 제내지로 일컫는다. 강이 흘러가는 하류방향을 바라보는 기준으로 왼쪽 제방을 좌안, 오른쪽 제방을 우안으로 구분하다.

하천구역은 하천법에 따라 제방과 제방 사이의 토지를 이야기하며 제방이 없는 경우에는 계획하폭에 해당하는 토지에 해당된다. 댐이나 하구둑, 저수지의 경우에는 계획홍수위 이하에 포함되는 토지가 하천구역으로 분류된다. 하도는 하천구역 내의 유로를 이야기하며 하상은 평수시에 물이 흐르는 부분의 지표면, 하안은 하천의 좌우안 사면을 이야기한다. 호안은 흐르는 물에 의해 발생하는 침식작용을 방지하기 위해 하안을 보호하는 호안블럭, 식생매트 등의 시설물을 칭한다.

하천의 하상계수는 특정한 지점에서의 연간 최대유량과 최소유량의 비를 이야기한다. 따라서 하상계수가 클수록 연간 하천유량의 변화가 큰 것으로 이해할 수 있으며 이수, 치수, 환경 등 여러 면에서 불리한 특성을 가진다. 우리나라 대하천의 하상계수는 다목적댐 건설 후 크게 낮아졌으나 2009년 조사 시에도 90에서 270의 범위를 보여 해외의 대하천에 비해 매우 높은 값을 가진다(표 1.3 참고). 이러한 우리나라 하천의 특성을 충분히 고려하여 계절별 관리에 대한 충분한 검토가 반드시 이루어져야 하며 홍수와 가뭄, 환경보전에 기여하는 하천운영계획 수립이 필요하다.

표 1.3 우리나라 5대 하천의 하상계수(국토부, 2009)

하천	하상계수(연간 최대유량/최소유량)	해외 대하천의 하상계수
한강	90	미시시피강(미국) : 3 템즈강(영국) : 8 라인강(독일) : 18 세느강(프랑스) :34
낙동강	260	
금강	190	
섬진강	130	
영산강	270	

1.3 수문기상학

유역 내에서 발생하는 수자원의 거동은 가장 1차적으로 강수 등 기상학적 특성에 영향을 받는다. 따라서 수자원공학에서 필요한 기본적인 수문기상학에 대한 내용을 이해하는 것이 중요하다.

1.3.1 강수

대기 중에 증기의 상태로 존재하는 수분은 조건에 따라 구름을 형성한다. 상대습도가 100%에 이르러 구름의 수분이 포화되면 다시 지상으로 떨어지게 되며 이러한 현상을 강수라고 부른다. 강수가 형성되기 위해서는 이슬점 이하로의 온도 저하, 응결핵의 존재, 수분 크기의 증가 등의 조건이 필요하다.

강수는 비, 눈, 우박 등의 다양한 형태로 존재한다. 이 중 우리나라의 강수량에 가장 크게 기여하는 형태는 비인 강우이다. 이외에도 안개, 이슬비, 서리, 우빙, 이슬비 등도 강수에 해당된다. 강우는 대류형 강우(소나기, Convective Precipitation), 열대성저기압(태풍, Tropical Cyclone)에 의한 강우, 장마전선에 의한 강우 등이 우리나라에 큰 영향을 미친다. 흔히 소나기로 인식되는 대류형 강수는 하층부의 공기 기온이 높아져 공기층이 상승하며 발생한다. 열대지방과 온대지방의 하계에 주로 발생한다. 열대성저기압에 의한 강우는 열대지방의 높은 온도의 물로부터 유입된 에너지가 많은 양의 수분을 함유하는 공기층을 만들며 발생하여 지역에 따라 허리케인(북중미), 사이클론(인도양) 등으로 불린다. 우리나라의 장마전선은 차고 습한 해양성기단(오호츠크해 기단)과 따뜻하고 습한 북태평양 기단이 충돌하여 발생하는 현상으로 긴 기간에 걸쳐 다량의 강수를 야기한다.

우리나라의 연평균 강수량은 중부지방 1200~1500 mm, 남부지방 1000~1800 mm, 경북지방 1000~1300 mm, 경남해안지방 1800 mm, 제주지방 1500~1900 mm 정도이며 총 강수량의 50~60%가 하계에 집중되는 특성을 보인다. 한반도 내에서 가장 강수량이 높은 지역은 강원도 평창군 인근으로 산악형 강수의 특성을 보이는 반면 강수량이 가장 낮은 지역은 경상북도 군위군 인근이다. 국지적인 위치를 통해 우리나라 최대최소 강수량을 살펴보면 경상남도 거제가 약 2007.3 mm, 인천광역시 백령도가 825.6 mm로 최대최소 강수량을 보인다.

강우사상을 나타내는 방법으로 강우주상도(Hyetograph)가 있다. 시간별로 강우강도(mm/hr)로 나타내는 그래프인데 다음 예제 1.3과 같이 작성할 수 있다.

예제 1.3 다음은 11시간 동안 누적강우량을 나타낸 표이다. 이를 토대로 강우주상도를 그려라.

Time (hr)	Cumulative Rainfall	Time (hr)	Cumulative Rainfall
0	0	6	20.0
1	1	7	28.0
2	2.5	8	31.0
3	4.0	9	33.0
4	7.0	10	33.5
5	12.0	11	33.5

[풀이] 강우주상도란 평균강우강도 그래프와 누적강우량 그래프를 같이 그린 그래프이다. 위의 표를 바탕으로 강우주상도를 도시한 결과는 아래와 같다.

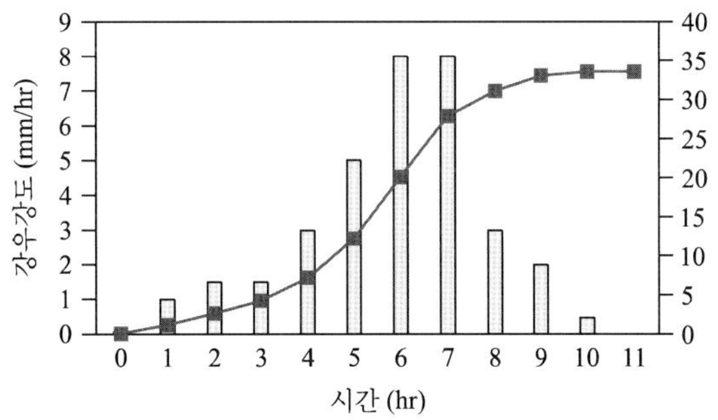

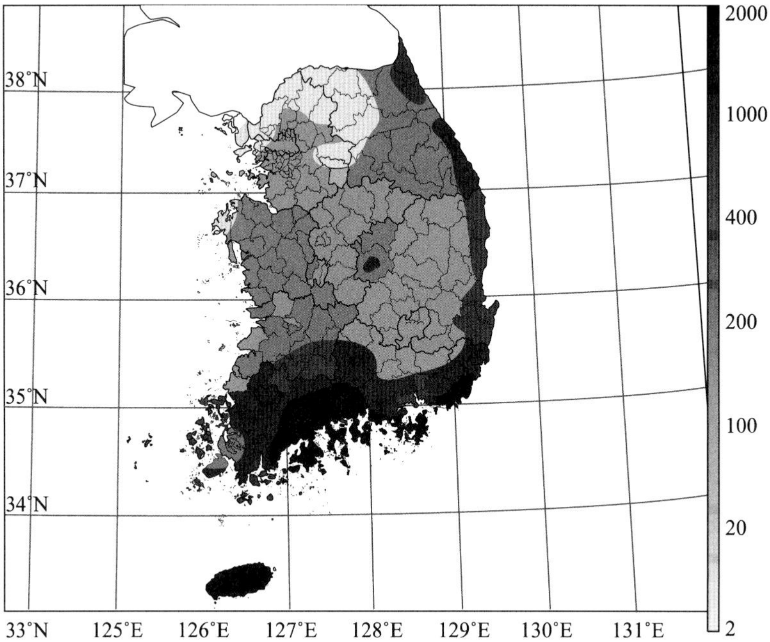

» **그림 1.8** 2014년 우리나라의 강수량(기상청)

1.3.2 기온

기온 역시 수문학적 인자 중 매우 중요한 것으로 수자원의 유출 및 이용에도 큰 영향을 미친다. 일평균기온(Daily Mean Precipitation)은 하루 중 나타나는 최고·최저기온의 산술평균(Ensemble Average)을 통해 구한다. 월평균기온은 1개월간의 일평균기온을 평균하여 산정하고, 연평균기온은 12개월간의 월평균기온을 평균하여 결정한다. 우리나라의 기온은 연평균 10~15℃ 정도로 지역적 편차를 나타내며 8월에는 23~26℃, 1월은 −6~3℃ 정도를 보인다(1981년~2010년 자료 기준). 국지적인 위치에서의 최대·최소기온을 살펴보면 제주특별자치도 서귀포시가 약 16.6℃, 강원도 대관령이 6.6℃로 최대·최소 연평균기온을 보인다. 우리나라 일최고기온의 연평균은 약 11.5~20.2℃로 가장 높은 곳은 서귀포시로 20.2℃, 가장 낮은 곳은 대관령으로 11.5℃로 나타난다.

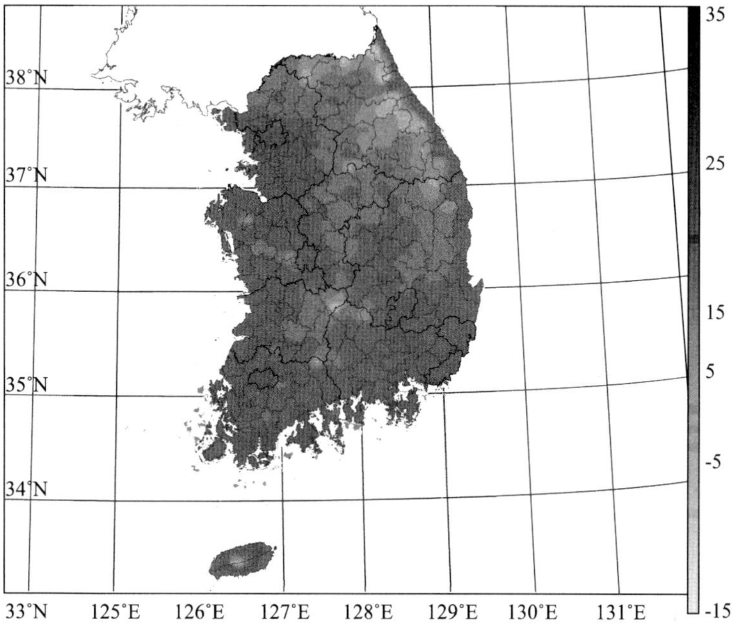

≫ **그림 1.9** 2014년 우리나라의 평균기온(기상청)

1.3.3 습도

습도(Humidity)는 공기 중에 포함된 수증기의 정도를 나타내며 공기의 건습 정도를 표현하는 수치이다. 습도를 결정하는 가장 중요한 요인은 공기 중의 수증기압이다. 수증기압을 어떤 기준을 통해 정량화 하느냐에 따라 상대습도(Relative Humidity), 절대습도(Absolute Humidity), 비습도(Specific Humidity), 혼합비(Mixing Ratio) 등의 값을 제시할 수 있다.

절대습도는 단위부피(cm^3)의 공기에 포함되어 있는 수증기의 질량(g)을 의미한다. 따라서 온도 등의 변화에 따라 공기의 부피가 달라지면 절대습도 역시 변화하게 된다. 절대습도(ρ_v)는 수증기압, 절대온도, 기체상수에 의해 결정되며 식 (1.14)와 같다.

$$\rho_v = 0.622 \times e/(RT) \tag{1.14}$$

여기서 e는 mb의 단위를 가지는 수증기의 밀도, R은 건조공기 기체상수로 $2.876 \times 10^6\ cm^2/s^2/K$의 값을 가진다. T는 절대온도로 K의 단위를 가진다.

상대습도(R, %)는 대기 중에 포함되어 있는 현재의 수증기량과, 해당온도에서 공기가 포함할 수 있는 최대수증기량(포화수증기)의 비를 백분율의 단위로 표현한 값이다(식 1.15). 따라서 공기의 단위부피당 같은 양의 수증기가 포함되어 있다고 하더라도 온도에 따라 상대습도 값은 달라질 수 있다. 상대습도는 공기 중에 더 포함될 수 있는 수증기의 양을 나타내는 지표로도 이해할 수 있으며 공기 중에 지속적으로 수분을 뺏기는 인체 특성과 관련되어 실생활에서도 가장 널리 이용되는 습도 지표이다.

$$R = \frac{f}{F} \times 100 \tag{1.15}$$

여기서 f는 대기 중의 실제 수증기압, F는 해당 온도에서의 포화수증기압으로 두 양이 모두 같은 단위를 가져야 한다.

비습도는 습윤공기 중 수분의 양을 표현하는 지표 중 하나로 수증기와 습윤공기의 질량비를 의미한다. 즉 1 kg의 습윤공기에 존재하는 수증기의 질량(g)이다(식 1.16).

$$q = \frac{m_v}{m_v + m_d} = 622 \times \frac{e}{P - 0.378e} \tag{1.16}$$

여기서 m_v는 수증기 질량, m_d는 건조공기의 질량, e는 수증기의 분압(증기압, mb), P는 대기압(mb)을 의미한다.

혼합률 또는 혼합비는 공기 중 수증기와 건조공기의 질량비를 1000배의 단위로 표시한 것이다(식 1.17).

$$r = \frac{m_v}{m_d} = 622 \times \frac{e}{P - e} \tag{1.17}$$

결국 이슬점 온도(Dew Point Temperature), T_d는 공기가 수증기로 포화되는 시점의 온도를 의미하며 다음 수식을 이용하여 포화수증기압, e_s을 계산할 수 있다.

$$e_s = 2.7489 \times 10^8 \exp\left(-\frac{4278.6}{T + 242.79}\right) \tag{1.18}$$

예제 1.4 서울 관측서에서 공기압이 115 kPa로 측정되었고 온도는 28℃였다. 이슬점 온도가 20℃였다면 증기압과 상대습도, 비습도를 구하여라.

[풀이] 대기온도가 28℃, 이슬점온도가 20℃, 100 Pa = 1 mb이다.

증기압

$$f = 2.7489 \times 10^8 \exp\left(-\frac{4278.6}{T + 242.79}\right) = 2.7489 \times 10^8 \times \exp\left(-\frac{4278.6}{20 + 242.79}\right) = 23.34\ \mathrm{mb}$$

$$F = 2.7489 \times 10^8 \exp\left(-\frac{4278.6}{T + 242.79}\right) = 2.7489 \times 10^8 \times \exp\left(-\frac{4278.6}{28 + 242.79}\right) = 37.56\ \mathrm{mb}$$

상대습도

$$R = \frac{f}{F} \times 100 = \frac{23.34}{37.56} \times 100 = 62.14\%$$

비습도

$$q = \frac{m_v}{m_v + m_d} = 622 \times \frac{e}{P - 0.378e} = 622 \times \frac{23.34}{1150 - 0.378 \times 23.34} = 0.01272\ \mathrm{kg}_{수증기}/\mathrm{kg}_{습윤공기}$$

연습문제

1.1 1/25,000 지형도를 이용하여 경상남도 산청군 수산교 지점을 유출점으로 하는 남강의 유역도를 작성하시오.

1.2 다음 그림과 같은 하천도를 이용하여 Strahler 방법으로 하천차수를 결정하시오.

1.3 대전시 유성구 만년교 지점의 자료를 이용하여 갑천의 2014년 하상계수를 산정하시오.

1.4 어느 해에 면적이 200 km^2인 유역에서 1,300 mm의 강우량이 발생하였다. 이 기간에 출구점에서 3.1 m^3/s의 평균 유출량을 기록하였다면 침투, 증발, 증산 등으로 손실된 양을 cm 단위로 계산하여라.

1.5 부산관측소에서 공기압이 100 kPa이었고 온도는 22℃였고 이슬점 온도는 15℃였다. 이때 증기압, 상대습도, 비습도를 구하여라.

1.6 우리나라에서 가장 큰 피해를 입힌 태풍들에 대해 조사하여라.

1.7 우리나라의 기상관측소를 선택하여 강우지속시간이 5시간 이상인 강우사상을 선택하고 강우주상도를 그려라.

1.8 우리나라 다목적댐들의 설계제원에 대해 조사하여라.

Chapter 02

통계분석

수자원공학과 관련된 학문은 통계학과 밀접한 관계 속에서 발전되었다. 자료의 정리에서부터 수문통계학까지 통계학적 기초지식이 없이는 수행이 불가능한 부분이 많다. 본 장에서는 수자원공학과 관련된 기초통계학을 설명하고 이를 이용하여 수문통계분석이 어떻게 이루어지는지에 대해 이야기한다.

2.1 자료의 정리

2.1.1 모집단, 표본 및 자료의 형태

분석과 예측의 대상이 되는 자료의 전체집합을 통계학적 모집단(Statistical Population)이라 하며 이 중 통계적 분석을 위해 추출된 관측값 또는 측정값의 집합을 표본(Sample)이라 부른다. 예를 들어 우리나라의 평균 연령을 조사하는 경우 국민 전체의 연령자료는 모집단에 해당된다. 국민 전체에 대한 조사가 불가능한 경우는 국민 중 일부를 선택하여 연령을 조사하게 되는데 이 조사집합은 표본이 된다.

통계분석을 위한 자료의 형태는 크게 질적자료(Qualitative Data)와 양적자료(Quantitative Data)로 구분된다. 질적자료는 전화번호, 종교 등과 같이 수치로 측정이 불가능한 자료를 이야기하며 범주형 자료(Categorical Data)라고도 불린다. 예를 들어, 성별 자료의 경우 남자와 여자를 각각 0과 1처럼 수치화 하는 것이 가능하지만 지정된 수치에 순위개념을 부여하는 것은 불가능하므로 범주형 자료에 해당되며 이러한 경우의 수치자료를 명목자료(Nominal Data)로 칭하기도 한다.

양적자료는 수치로 측정이 가능한 자료로 수치적 자료(Numerical Data)라고도 한다. 수위, 강수량, 온도 등이 이에 해당된다. 학년에 대한 자료를 수집하는 것과 같이 순위를 부여할 수 있는 수치적 자료의 경우는 순서자료(Ordinal Data)라고도 하며 분류기준에 순서는 있으나 그 간격이 명확하지 않는 자료도 포함된다.

시간에 따른 온도의 변화를 나타내는 자료는 그 값이 연속적으로 분포하게 된다. 반면 일년 중 최고기온이 25℃ 이상인 일수에 대한 자료는 연속성을 가지지 않는다. 이상의 예와 같이 연속성을 가지는 자료를 연속자료(Continuous Data), 연속성이 나타나지 않는 자료를 계수자료라 부른다. 계수자료 중 범주형 자료에 해당되는 자료는 이산적인 값을 가지므로 이산자료(Discrete Data)라고도 부른다.

강우량과 홍수량의 관계에서 홍수량은 강우량의 영향을 받아 나타나는 결과에 해당되는 변수이다. 이러한 경우와 같이 다른 변수에 의해 영향을 받아 나타나는 변수를 반응변수(Response Variable) 또는 종속변수(Dependent Variable)이라 하며, 강우량처럼 결과에 영향을 주는 인자에 해당되는 변수를 설명변수(Explanatory Variable) 또는 독립변수(Independent Variable)이라 한다. 통계학적 기법 중 널리 알려진 회귀분석(Regression Analysis)은 반응변수와 설명변수의 인과관계를 수식화하는 경우에 해당된다.

중심극한정리(Central Limit Theorem)는 표본의 크기 n이 충분히 클 때 표본집단이 모집단의 분포와 무관하게 정규분포에 근사한다는 사실에 대한 내용이다. 이 이론은 이항분포의 정규조사에 대한 라플라스 정리를 통해 전개되며 표본을 통한 통계분석에서 충분한 개수의 표본이 수집되어야 한다는 점을 보여준다.

2.1.2 자료 해석

수집된 자료에 대한 해석은 매우 다양한 방법으로 이루어질 수 있다. 자료를 도표화 하여 시각적으로 쉽게 나타낼 수 있는 방법으로는 점그래프(Dot Graph), 막대그래프(Bar Graph), 히스토그램(Histogram) 등과 같이 우리에게 익숙한 것들이 있다. 그래프화 하는 방법에서도 상대도수, 도수분포표, 상대도수 히스토그램, 줄기 - 잎 - 그림 등과 같은 기초적인 방법이 존재하며 초중등 과정을 통해 지속적으로 학습한 내용이다.

수자원공학에서의 자료 해석은 모집단을 대표하는 값을 산정하기 위해 이루어진다. 모집단이 가지는 통계학적 특성을 파악하고 이를 통해 우리가 필요로 하는 결론을 도출하기 위한 과정으로 다양한 지표를 통해 이루어진다.

모집단의 특성을 하나의 수치로 대표할 수 있는 값을 대표값(Representative Value)라고 하며 평균(Mean), 중앙값(Median), 최빈값(Mode) 등이 이에 해당된다. 이 중 수자원공학에서 가장 널리 이용되는 평균에는 기하평균(Geometric Mean), 조화평균(Harmonic Mean), 절사평균(Trimmed Mean) 등이 있다. 절사평균은 몇 개의 극단적인 이상값에 대한 예민성을 감소시키기 위해 일정비율(α)의 극단값을 버린 나머지 관측값들의 평균을 구하는 것으로 100α% 절사평균이라 한다.

자료가 얼마나 넓게 퍼져서 존재하는지, 즉 분포의 형태를 나타내는 지표로는 산포도가 있다. 예를 들어 (1, 2, 3, 4, 5)의 자료와 (2, 2, 3, 4, 4)의 자료를 비교할 때 평균 및 중앙값 등 대표값이 동일하다고 하더라도 첫 번째 자료가 넓은 폭을 가진 분포를 보인다. 이러한 경우의 자료 특성은 대표값을 통해서는 파악할 수 없으므로 산포도에 대한 이해가 반드시 필요하다. 산포도를 나타내는 가장 대표적인 지표로는 분산(Variance)이 있다. 분산은 자료의 분포가 중심위치로부터 평균적으로 얼마나 떨어져 있는지를 나타내는 값이므로 각 자료값이 가지는 평균으로부터의 거리를 다시 평균하는 과정을 통해 결정된다(식 2.1).

$$s^2 = \sum_{i=1}^{n}(x_i - \bar{x})^2/(n-1) \tag{2.1}$$

여기서 s^2은 표본의 분산, x는 표본값, $\overline{x}$는 평균, n은 표본의 수를 의미한다. 평균으로부터의 거리를 평균내는 과정에서 n 대신 $n-1$이 사용되는 이유는 $n-1$개의 편차를 안다면 n개의 편차 중 1개의 편차는 자동으로 결정된다는 가정에서 출발하며 표본의 개수가 충분히 많은 조건에서는 n으로 나누어도 큰 차이를 보이지 않는다. 분산에 제곱근을 취하여 산포도를 나타내는 지표로는 표준편차(Standard Deviation)가 있다(식 2.2).

$$s = \sqrt{\sum_{i=1}^{n}(x_i - \overline{x})^2/(n-1)} \tag{2.2}$$

분산과 표준편차의 경우에는 각 자료가 평균으로부터의 직접적인 범위를 나타내므로 자료의 값이 큰 경우 더 큰 값을 나타내기 쉽다. 이러한 단점은 (0.1, 0.2, 0.3, 0.4, 0.5)의 자료와 (20, 20, 30, 40, 40)의 자료에서 잘 나타난다. 자료의 특성이 고려된 경우 첫 번째 자료가 상대적으로 더 넓은 분포를 보이지만 분산 또는 표준편차의 경우에는 두 번째 자료가 더 큰 값을 가진다. 이러한 단점을 보완하기 위해 상대적인 산포도의 측도로서 변동계수(v, Coefficient of Variation)이 있으며 표준편차를 평균으로 나누어 산정한다(식 2.3).

$$v = s/\overline{x} \tag{2.3}$$

산포를 나타내는 또 다른 지표에는 자료의 최대값과 최소값을 차이인 범위(Range)와 제1사분위수와 제3사분위수의 차인 사분위범위(Interquartile Range) 등이 있다.

확률분포형 중 가장 기초적인 정규분포의 경우에는 평균과 분산만으로 표본의 분포특성을 파악하는 것이 가능하다. 이는 정규분포 자체가 평균을 중심으로 좌우대칭의 특성을 가진다고 가정되기 때문이다. 하지만 실제 자연계에서 존재하는 많은 사건은 평균을 중심으로 좌우대칭을 가진다고 보기 어렵다. 예를 들어 우리나라 성인 남성의 키를 172.5 cm로 가정하는 경우 평균에 비해 12.5 cm가 큰 185 cm 신장에 해당하는 남성의 비율에 비해 12.5 cm가 더 작은 160 cm의 남성의 비율이 훨씬 적다는 점을 통해 좌우 비대칭의 문제를 생각해볼 수 있다. 평균을 중심으로 하여 좌우 표본분포의 비대칭성은 왜도(또는 왜곡도, s_k, Skewness)를 통해 정량화할 수 있다(식 2.4).

$$s_k = E[\{(x - \overline{x})/s\}^3] \tag{2.4}$$

여기서 E는 평균값 또는 기대값을 나타낸다. 왜도의 값이 양(positive)의 값을 가지면 왼쪽으로 치우친 분포, 음(negative)의 값을 가지면 오른쪽으로 쏠린 분포를 의미한다(그림 2.1 참고).

분포가 평균과 같이 일정한 값에 얼마나 집중적이냐의 척도는 첨도(첨예도, K, Kurtosis)를 통해서 나타낼 수 있다(식 2.5).

$$K = E[\{(x - \overline{x})/s\}^4] - 3 \tag{2.5}$$

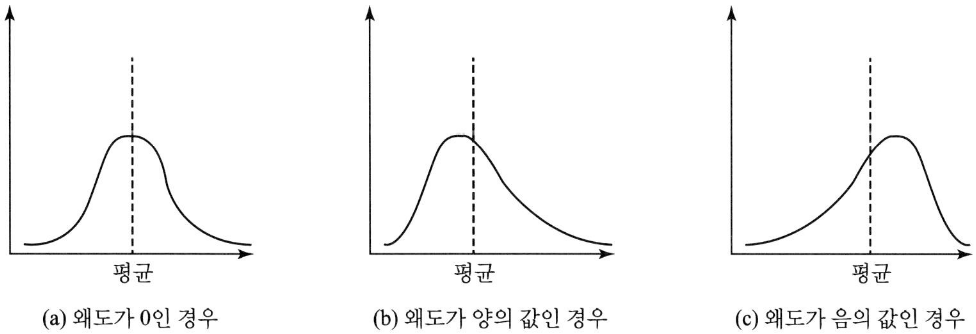

≫ **그림 2.1** 왜도값과 분포의 비대칭성

식 (2.5)와 같이 첨도를 나타내는 경우에 첨예도가 0이면 표준정규분포와 첨예의 정도가 같다고 보며 양을 값을 가질 때 보다 예리한 첨도를 가지는 것으로 생각할 수 있다. 반대로 음의 값을 가지는 경우는 표준정규분포보다 무딘 첨도를 가지는 경우이다. 경우에 따라서는 식 (2.5)의 −3을 생략하고 계산하는데 이 경우는 3을 기준으로 첨도를 판단한다.

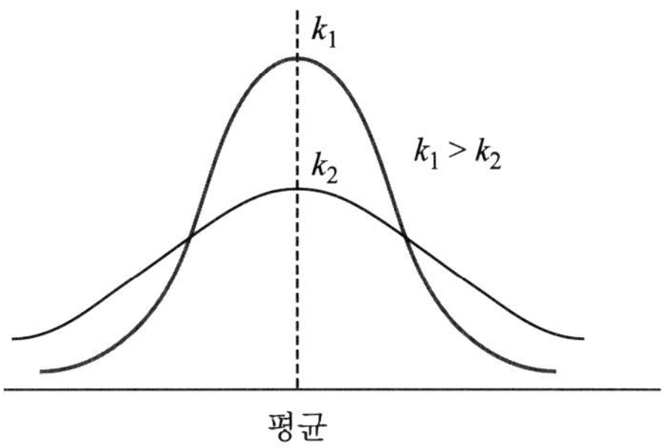

≫ **그림 2.2** 첨도(첨예도)의 의미

이외에 적합도검정(Goodness-of-fit Test)을 통해서도 모집단의 가정을 검토할 수 있다.

2.2 재현기간

수문학에서 가장 많이 사용하는 개념 중 하나가 재현기간(Return Period 또는 Recurrence Interval)이다. 재현기간은 강우량 또는 홍수량 등 수문량이 특정 값 A보다 같거나 큰 경우가 평균적으로 T년마다 발생한다면 재현기간이 T년인 수문량이 A라고 말할 수 있다. $1/T$는 초과확률(exceedance probability)이며 이는 어떤 해에 수문량이 A보다 같거나 클 확률이 된다. 즉 50년 빈도 홍수량은 매해 이 홍수량보다 같거나 큰 홍수량이 발생할 확률이 0.02, 즉 2%임을 의미한다. 하지만 실제로 이러한 홍수량이 발생할 확률이 정확히 2%와 같을 지는 확신할 수 없는 값이다. 예를 들어, 연속해서 2년 동안 50년 빈도 홍수량이 발생할 수 있다. 이는 확률적으로 0.0004에 해당하는 매우 작은 값이지만 발생가능성을 배제할 수 없다. 따라서 50년 빈도 홍수량은 어떤 해에 이 홍수량이 발생할 확률이 2%라는 의미이며 50년간 이러한 홍수량이 1회 있을 거라는 의미는 아니다.

재현기간의 개념은 매년 발생하는 첨두홍수량이 독립적이라는 전제조건이 있어야 한다. 이는 어느 해의 연간 최대홍수량이 다른 해의 연간 최대홍수량과 상관관계가 없어야 함을 의미한다. 또한 N년 동안의 연간 최대홍수량 대신 같은 기간에 발생한 N개의 최대홍수량을 이용하는 방법도 생각할 수 있다. 즉, 어느 해의 2번째로 큰 홍수량이 다른 해의 최대홍수량보다 크게 발생하는 경우가 종종 있다. 이러한 개념은 연초과량(Annual Exceedance)으로 정의된다. Chow(1964)는 이러한 N년간의 연최대치(T_m)와 초과치(T_e)의 관계를 다음 수식으로 규명한 바 있다.

$$T_e = \frac{1}{\ln T_m - \ln(T_m - 1)}$$

이를 그래프로 나타내면 10년 이상에 대한 자료를 이용할 경우 거의 일치함을 확인할 수 있다.

예제 2.1 다음 자료를 이용하여 5년간 연최대치와 연초과치를 도출하여라.

년도	독립된 3개의 최대홍수량		
2011	80	45	29
2012	100	82	50
2013	45	40	35
2014	78	60	55
2015	50	30	20

[풀이] 연최대치와 연초과치는 다음과 같이 도출된다.

순위	연최대치	연초과치
1	100	100
2	80	82
3	78	80
4	50	78
5	45	60

예제 2.2 20년 빈도 홍수량에 대해 다음 문제를 풀어라.
(1) 20년 빈도 홍수량이 5년 동안 적어도 한번 일어날 확률을 구하라
(2) 20년 빈도 홍수량이 3년 동안과 20년 동안 한 번도 일어나지 않을 확률을 구하라
(3) T년 빈도 홍수량이 T년 동안 일어나지 않을 확률을 계산해라.

[풀이] (1) $\text{Risk} = 1 - (1 - 0.05)^5 = 1 - 0.95^5 = 1 - 0.7738 = 0.2262$

즉 20년 빈도 홍수량이 5년 안에 적어도 한번 일어날 확률이 22.6%나 된다.

만약 설계빈도를 50년으로 올리더라도 5년 안에 한번 일어날 확률은 다음과 같이 9.6%에 이른다.

Risk $= 1-(1-0.02)^5 = 1-0.98^5 = 1-0.9039 = 0.0961$

5년이 아니라 30년 안에 적어도 한번 이상 발생할 확률을 같은 방법으로 계산하면 45.5%에 이른다. 즉 높은 설계빈도의 홍수량을 설정하여 홍수방어대책을 수립한다 하더라도 오랜 기간 동안 한 번도 홍수가 발생하지 않을 확률을 계산하는 거는 불가능에 가깝다. 따라서 매우 중요한 시설에 대해서는 가능최대홍수량(Probable Maximum Flood, PMF) 또는 가능최대강우량(Probable Maximum Precipitation, PMP) 개념을 이용하고 있다.

(2) 5년 동안 발생하지 않을 확률은 $P=(1-p)^3 = 0.95^3 = 0.8574$

20년 동안 발생하지 않을 확률은 $P=(1-p)^{20} = 0.95^{20} = 0.3585$

즉 20년 빈도 홍수량이 20년 동안 발생하지 않을 확률은 고작 35.9%에 불과하다.

(3) T년 빈도 홍수량이 T년 동안 발생하지 않을 확률은 다음과 같다.

$$P=\left(1-\frac{1}{T}\right)^T$$

만약 T를 무한대로 보내면 확률은 $1/e$에 근접하게 된다. 따라서 설계빈도를 아무리 올리더라도 그 기간에 홍수가 발생할 확률은 약 36.8%에 불과하므로 위험도는 결국 63.2%에 이른다.

예제 2.3 공사 중에 공사를 원활하게 진행시키기 위해 가물막이 댐(cofferdam)을 건설하고자 한다. 3년 동안 진행되는 공사를 위해 10년 빈도 홍수량을 설계홍수량으로 하여 가물막이 댐을 건설할 경우 (1) 3년 동안 한 번도 월류되는 현상이 발생하지 않을 확률, (2) 3년 중에 한번만 일어날 확률, (3) 3년 중에 적어도 한번 일어날 확률을 구하라.

[풀이] (1) $P=(1-0.1)^3 = 0.729$ (2) $P=\binom{3}{1}0.1^1 \cdot 0.9^2 = 0.243$ (3) $P=1-(1-0.1)^3 = 0.271$

2.3 확률분포

표본공간에서 정의된 실수값의 함수, 즉 일정한 확률을 가지며 발생하는 사상에 부여된 변수를 확률변수(Random Variable)이라고 하며 X로 표기한다. 실험 또는 자료에서 어느 정도의 확률로 X가 관찰되는지에 따라 확률의 개념이 포함되기 때문에 확률변수라 한다. 즉 X에 대해서 $P\{X=a\}$ 또는 $P\{a<X\leq a'\}$과 같이 확률에 대해 의미를 부여할 수 있다. 확률분포(Probability Distribution)는 모집단의 일정 부분집합 A에 대해 $P\{X\in A\}$의 대응관계를 나타내는 형태로서 확률변수 X의 확률분포라 말한다.

표본이 이산자료의 특성을 가지는 경우는 확률변수가 가질 수 있는 값을 모두 셀 수 있다. 이 경우와 같이 확률변수가 가질 수 있는 모든 값을 셀 수 있을 때의 확률변수를 이산확률변수(Random Variable of Discrete Type)이라 부른다. 따라서 이산확률변수가 가질 수 있는 모든 값의 각각에 대해 확률을 대응시키게 되며, 대응되는 관계를 확률변수 X의 확률질량함수($f(x)$, Probability Mass Function, PMF)라고 한다(식 2.6).

$$f(x)=\begin{cases} p(X=x_j) & \text{when } x=x_j \\ 0 & \text{when } x \neq x_j \end{cases} \tag{2.6}$$

식 (2.6)을 통해 확률질량함수 $f(x)$는 항상 0보다 같거나 큰 값을 가지며 식 (2.7)과 식 (2.8)의 성질을 가지는 것을 알 수 있다.

$$\sum_{j=1}^{\infty} f(x_j) = 1.0 \tag{2.7}$$

$$P(a < X \leq a') = \sum_{a < x_j \leq a'} f(x_j) \tag{2.8}$$

수자원공학에서 분석되는 자료의 다수는 연속성을 가지는 연속자료이며 연속확률변수(Random Variable of Continuous Type)로 이해할 수 있다. 연속확률변수의 경우에 이산확률변수의 확률질량함수에 해당되는 것을 확률밀도함수(Probability Density Function, PDF)로 이해할 수 있다. 확률밀도함수이 개념을 설명하기 위해 가장 보편적으로 사용되는 예는 스톱워치이다. 0에서 60까지의 눈금을 가지며 연속적으로 회전하는 스톱워치의 바늘이 어느 하나의 정해진 값을 가리킬 확률은 무한히 작아 0에 수렴한다. 따라서 스톱워치 바늘이 가리키는 값은 하나의 값 대신 구간의 개념으로 접근하는 것이 보다 합리적이다. 즉 스톱워치 바늘이 0~5 사이에 있을 확률 또는 30~40 사이에 있을 확률을 각각 5/60 또는 10/60으로 제시하는 것이 타당하다. 확률밀도함수 $f(x)$는 연속확률변수의 이러한 특성을 고려하여 확률변수가 어떤 구간 $[a,\ a']$ 사이의 모든 값을 취하고 이 구간 내에서의 함수 $f(x)$가 식 (2.9), 식 (2.10)의 특성의 만족시키면서 결정된다(그림 2.3 참고).

$$f(x) \leq 0 \quad \text{and} \quad \int_a^{a'} f(x)dx = 1.0 \tag{2.9}$$

$$P(b \leq X \leq b') = \int_b^{b'} f(x)dx \quad \text{when}\, a \leq b < b' \leq a' \tag{2.10}$$

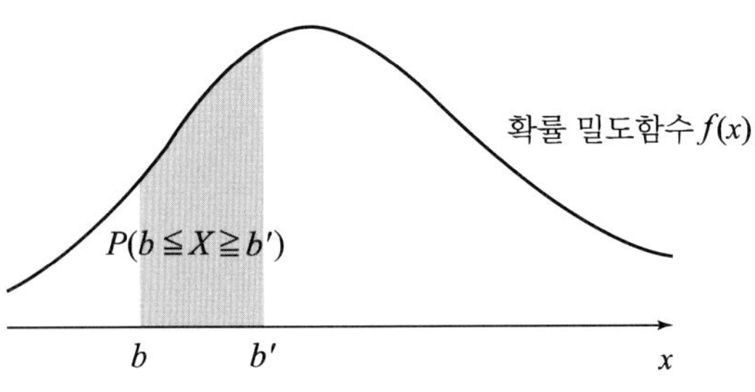

≫ **그림 2.3** 연속확률변수의 확률밀도함수와 임의 구간에서의 확률

스톱워치 바늘의 위치에 대한 예와 확률밀도함수의 정의를 통해서 다음 식 (2.11)과 식 (2.12)와 같은 성질을 이해할 수 있다.

$$P(X=x)=0 \tag{2.11}$$

$$P(b \le X \le b')=P(b < X \le b')=P(b \le X < b')=P(b < X < b') \tag{2.12}$$

확률밀도함수 또는 확률질량함수의 개념을 이용하여 이산형, 또는 연속형 확률변수의 평균(기대값)을 산정할 수 있다[식 (2.13), (2.14)].

$$E(X)=\sum_{i=1}^{\infty}\{x_i f(x_i)\} \quad \text{(이산형 확률분포)} \tag{2.13}$$

$$E(X)=\int_a^{a'} xf(x)dx \quad \text{(연속형 확률분포)} \tag{2.14}$$

기대값은 Σ의 정의로부터 다음과 같은 특성을 가진다는 점을 알 수 있다[식 (2.15)].

$$E(AX+B)=A \cdot E(X)+B \tag{2.15}$$

여기서, A와 B는 임의의 상수를 의미한다.

분산이 평균으로부터의 각 변량의 평균적인 거리라는 점을 생각할 때 확률질량함수와 확률밀도함수를 이용한 분산계산은 각각 식 (2.16)과 식 (2.17)을 통해 이루어진다. 기대값의 성질을 이용하는 경우 분산은 식 (2.18)을 통해 보다 편리하게 산정할 수 있다.

$$\mathrm{Var}(X)=E[(X-\mu)^2]=\sum[(x_i-\mu)^2 f(x)] \tag{2.16}$$

$$\mathrm{Var}(X)=E[(X-\mu)^2]=\int (x-\mu)^2 f(x) \tag{2.17}$$

$$\mathrm{Var}(X)=E(X^2)-[E(X)]^2 \tag{2.18}$$

식 (2.18)과 유사한 특성을 이용하여 분산 역시 식 (2.19)의 성질을 가짐을 알 수 있다.

$$\mathrm{Var}(AX+B)=A^2\mathrm{Var}(X) \tag{2.19}$$

표준정규분포는 정규분포를 표준화하여 0의 평균과 1.0의 분산으로 만들어주는 것이다. 이 과정은 표준화(Standardization)이라 하며 식 (2.20)을 통해 확률변수를 표준화할 수 있다.

$$Z=\frac{X-E(X)}{\sqrt{\mathrm{Var}(X)}} \tag{2.20}$$

여기서 Z는 표준화된 확률변수를 의미한다.

예제 2.4 연최대유량이 평균이 155 m^3/s이고 표준편차가 50 m^3/s인 정규분포를 따른다고 가정하자. (1) 100년 빈도 홍수량을 계산하여라. (2) 180 m^3/s보다 같거나 작을 확률을 구하여라.

[풀이] (1) 100년 빈도 홍수량은 발생확률이 다음과 같이 0.01이다.

$$F(Q_{100}) = 1 - \frac{1}{T} = 0.99$$

따라서 정규분포표에 따르면 $z = 2.326$이므로 첨두홍수량은 다음과 같이 계산된다.

따라서 $Q_{100} = Q_{ave} + z \cdot S_Q = 155 + 2.326 \cdot 50 = 271.3 \text{ m}^3/\text{s}$

(2) $z = \dfrac{x - Q_{ave}}{S_Q} = \dfrac{220 - 155}{50} = 1.3$이므로

$$F(1.3) = 0.9032 = \Pr(Q \leq 220)$$

220 m^3/s의 재현기간은

$$T = \frac{1}{1-F} = 10.3 \text{ yr}$$

2.4 수문통계학

2.4.1 수문분석 확률분포형

확률분포형 중 가장 기초가 되는 분포는 정규분포(Normal Distribution)이다. 정규분포는 C. Gauss(1777~1855)의 실험에서 이용된 확률분포형으로 가우스분포(Gaussian Distribution)로도 불린다. 정규분포는 종모양의 확률밀도함수(식 2.21)를 가지며 평균을 중심으로 좌우가 항상 대칭이고 평균값에서 가장 큰 높이를 가지는 특징을 가진다. 정규분포의 누가분포함수(Cumulative Distribution Function, CDF)는 식 (2.22)와 같다.

$$f(x) = \frac{1}{\sqrt{2\pi}\,\sigma} e^{-\frac{(x-\mu)^2}{2\sigma^2}}, \quad -\infty < x < \infty \tag{2.21}$$

$$F(x) = \int_{-\infty}^{x} f(x')dx' = \frac{1}{\sigma\sqrt{2\pi}} \int_{-\infty}^{x} e^{-\frac{(x'-\mu)^2}{2\sigma^2}} dx' = \frac{1}{2}\left[1 + \mathrm{erf}\left(\frac{x-\mu}{\sigma\sqrt{2}}\right)\right] \tag{2.22}$$

여기서 σ와 σ^2는 각각 모집단의 표준편차와 분산을 의미하며 erf는 Error Function이다. 정규분포를 따르는 확률변수 X가 평균 μ와 분산 σ^2를 가질 때는 $X \sim N(\mu, \sigma^2)$로 표기한다. 정규분포를 따르는 확률변수를 식 (2.20)의 과정을 통해 표준화하고, 표준화된 확률변수를 다시 분포

형으로 나타낸 것을 표준정규분포라고 한다. 표준정규분포는 평균값에서 가장 높고 좌우가 대칭인 특징 이외에 항상 0과 1.0의 평균값과 분산을 가지게 된다.

수자원공학의 분석에서 이용되는 확률분포형은 정규분포 외에 다양한 형태를 가진다. 본 절에서는 수문분석의 과정에서 주로 이용되는 확률분포형 몇 가지에 대해 논의한다.

2변수 대수정규분포(Two-parameter Log-normal Distribution, LN2)는 확률변수 X에 대해서 $Y=\ln(X)$가 정규분포를 따르는 경우의 확률분포형을 의미한다. 단 확률변수 X는 항상 0보다 큰 값을 가져야 한다. 이 경우는 확률변수 $Y=\ln(X)$의 모평균(μ_y)과 모표준편차(σ_y), 두 개만을 매개변수로 가진다. LN2의 확률밀도함수와 누가분포함수는 식 (2.23)과 (2.24)와 같다.

$$f(x)=\frac{1}{x\sigma_y\sqrt{2\pi}}\exp\left[-\frac{1}{2}\frac{(\ln x-\mu_y)^2}{\sigma_y^2}\right] \quad \text{for } 0<x<\infty \tag{2.23}$$

$$F(x)=\frac{1}{\sigma_y\sqrt{2\pi}}\int_0^x\frac{1}{x}\exp\left[-\frac{1}{2}\frac{(\ln x-\mu_y)^2}{\sigma_y^2}\right]dx \tag{2.24}$$

예제 2.5 연최대 유출량이 평균이 2.19이고 표준편차가 0.09인 로그정규분포를 따른다고 가정하자. (1) 100년 빈도 첨두홍수량을 구하여라. (2) 220 m^3/s는 몇 년 빈도 홍수량인가?

[풀이] (1) 정규분포표를 이용하여 100년 빈도 홍수량의 로그값을 구하면 다음과 같다.

$y_{100}=2.19+2.326\cdot 0.09=2.399$이므로

$$Q_{100}=10^{y_{100}}=250.6\text{ m}^3/\text{s}$$

(2) $y=\log(220)=2.3424$이므로

$$z=\frac{2.3424-2.19}{0.09}=1.693$$

따라서 $F(1.69)=0.9545$이므로 재현기간은 22.0년이다.

Gumbel 분포(Gumbel Distribution, Extreme Value Type I Distribution)는 홍수빈도 해석을 위해 자주 이용되는 분포로 확률밀도함수와 누가분포함수는 식 (2.25), 식 (2.26)과 같다.

$$f(x)=\frac{1}{\alpha}e^{(-z-e^{-z})}, \quad -\infty<x<\infty \tag{2.25}$$

$$F(x)=\exp[-e^{-z}] \tag{2.26}$$

여기서 z는 축소변량으로 $z=\dfrac{x-b}{\alpha}$로 정의된다. α와 b는 Gumbel 분포의 매개변수로 각각 $\alpha=\dfrac{\sqrt{6}}{\pi}\sigma$, $b=\mu-n_e\alpha$로 결정된다. n_e는 Euler 상수로서 약 0.5772의 값을 가진다.

Weibull 분포(Weibull Distribution, Extreme Value Type III Distribution)은 자료의 값이 매우 작은 극치인 경우에 주로 이용되며 확률밀도함수와 누가분포함수는 식 (2.27), 식 (2.28)과 같다.

$$f(x) = \frac{\beta}{\lambda}\left(\frac{x}{\lambda}\right)^{\beta-1}\exp\left[-\left(\frac{x}{\lambda}\right)^{\beta}\right] \qquad \text{for} \quad x > 0 \tag{2.27}$$
$$f(x) = 0 \qquad \text{for} \quad x \le 0$$

$$F(x) = 1 - \exp\left[-\left(\frac{x}{\lambda}\right)^{\beta}\right] \qquad \text{for} \quad x > 0 \tag{2.28}$$
$$F(x) = 0 \qquad \text{for} \quad x \le 0$$

여기서 β와 λ는 각각 형상계수(Shape Parameter)와 축척계수(Scale Parameter)를 의미한다.

일반극치분포(General Extreme Value Distribution, GEV)는 자료의 값이 매우 큰 극치인 경우에 주로 이용되며 확률밀도함수와 누가분포함수는 식 (2.29), 식 (2.30)과 같다.

$$f(x) = \frac{1}{\alpha}\left[1 - \frac{k(x-\epsilon)}{\alpha}\right]^{1/k-1}\exp\left[-\left\{1 - \frac{k(x-\epsilon)}{\alpha}\right\}^{1/k}\right] \tag{2.29}$$

$$F(x) = \exp\left[-\left\{1 - \frac{k(x-\epsilon)}{\alpha}\right\}^{1/k}\right] \tag{2.30}$$

여기서 α는 축척계수(Scale Parameter), ϵ은 위치계수(Location Parameter), k는 형상계수(Shape Parameter)를 의미한다.

감마분포(Gamma Distribution)로도 불리는 Pearson Type III 분포는 관측된 극치값 자료를 분석할 때 종종 이용되는 분포이다. 확률밀도함수와 누가분포함수는 식 (2.31), 식 (2.32)와 같다.

$$f(x) = \frac{(x-\epsilon)^{r-1}}{\lambda^r \Gamma(r)}\exp[-(x-\epsilon)/\lambda] \qquad \text{for} \quad x > \epsilon \tag{2.31}$$

$$F(x) = \int_{\epsilon}^{x} \frac{(u-\epsilon)^{r-1}}{\lambda^r \Gamma(r)}\exp[-(u-\epsilon)/\lambda]\,du \tag{2.32}$$

여기서 λ는 축척계수(Scale Parameter), r은 형상계수(Shape Parameter), ϵ은 위치계수(Location Parameter)이다. Γ는 감마함수로 정수의 경우에는 $\Gamma(r) = (r-1)\Gamma(r-1) = (r-1)!$의 값을 가진다. 정수가 아닌 경우는 $\Gamma(r) = \int_0^{\infty} x^{r-1}e^{-x}dx$의 관계를 통해 산정하거나 표 2.1을 통해 대략적인 값을 결정한다.

Log Pearson Type III 분포는 Pearson Type III 분포에 로그변환을 취한 것으로 미국 수자원국이 홍수분석을 위해 이용한다. 확률밀도함수와 누가분포함수는 식 (2.33), 식 (2.34)와 같다.

$$f(x) = \frac{(\ln x - \epsilon)^{r-1}}{x\lambda^r \Gamma(r)} \exp[-(\ln x - \epsilon)/\lambda] \qquad \text{for} \quad x > \epsilon \tag{2.33}$$

$$F(x) = \int_{\epsilon}^{x} \frac{(\ln u - \epsilon)^{r-1}}{u\lambda^r \Gamma(r)} \exp[-(\ln u - \epsilon)/\lambda] du \tag{2.34}$$

표 2.1 Gamma 함수의 값

r	$\Gamma(r)$	r	$\Gamma(r)$	r	$\Gamma(r)$	r	$\Gamma(r)$
1.00	1.00000	1.25	0.90640	1.50	0.88623	1.75	0.91906
1.01	0.99433	1.26	0.90440	1.51	0.88659	1.76	0.92137
1.02	0.98884	1.27	0.90250	1.52	0.88704	1.77	0.92375
1.03	0.98355	1.28	0.90072	1.53	0.88757	1.78	0.92623
1.04	0.97844	1.29	0.89904	1.54	0.88818	1.79	0.92877
1.05	0.97350	1.30	0.89747	1.55	0.8887	1.80	0.93138
1.06	0.96874	1.31	0.89600	1.56	0.88964	1.81	0.93408
1.07	0.96415	1.32	0.89464	1.57	0.89049	1.82	0.93685
1.08	0.95973	1.33	0.89338	1.58	0.89142	1.83	0.93969
1.09	0.95546	1.34	0.89222	1.59	0.89243	1.84	0.94261
1.10	0.95135	1.35	0.89115	1.60	0.89352	1.85	0.94561
1.11	0.94739	1.36	0.89018	1.61	0.89468	1.86	0.94869
1.12	0.94359	1.37	0.88931	1.62	0.89592	1.87	0.95184
1.13	0.93993	1.38	0.88854	1.63	0.89724	1.88	0.95507
1.14	0.93642	1.39	0.88785	1.64	0.89864	1.89	0.95838
1.15	0.93304	1.40	0.88726	1.65	0.90012	1.90	0.96177
1.16	0.92980	1.41	0.88676	1.66	0.90167	1.91	0.95623
1.17	0.92670	1.42	0.88636	1.67	0.90330	1.92	0.96878
1.18	0.92373	1.43	0.88604	1.68	0.90500	1.93	0.97240
1.19	0.92088	1.44	0.88580	1.69	0.90678	1.94	0.97610
1.20	0.91817	1.45	0.88565	1.70	0.90864	1.95	0.97988
1.21	0.91558	1.46	0.88560	1.71	0.91057	1.96	0.98374
1.22	0.91311	1.47	0.88563	1.72	0.91258	1.97	0.98768
1.23	0.91075	1.48	0.88575	1.73	0.91466	1.98	0.99171
1.24	0.90852	1.49	0.88595	1.74	0.91683	1.99	0.99581
						2.00	1.00000

2.4.2 매개변수의 추정 및 적합도 검정

각 확률밀도함수는 각각의 매개변수를 포함하고 있다. 이러한 매개변수는 자료 및 모집단의 특성이 잘 반영되도록 추정되어야 한다. 매개변수를 추정하는 방법에는 모멘트법, 확률가중모멘트법, 최우도법 등이 주로 이용되며 이들 방법에 대한 장단점은 표 2.2와 같이 요약된다. 본 장에서는 모멘트법에 의한 추정만 논의된다. 표본의 개수가 충분하여 중심극한정리가 만족된다면 표본의 매개변수가 모집단의 매개변수를 대표한다고 가정할 수 있다.

표 2.2 매개변수 추정 방법의 장단점

매개변수 추정 방법	장점	단점
모멘트법	- 간편함	- 이상치에 민감함 - 충분한 자료의 수가 필요함 - 자료부족시 변동계수 및 왜도에서 편이 발생
확률가중모멘트법	- 편의가 발생할 가능성 낮음 - 이상치에 낮은 영향을 받음 - 안정적임	- 추정 방법이 복잡함 - 충분한 자료를 확보한 경우 최우도법에 비해 비효율적임
최우도법	- 자료수가 충분한 경우 효율적임	- 추정 방법이 복잡함 - 확률분포형의 종류에 민감함

2변수 대수정규분포의 매개변수인 평균과 표준편차는 각각 식 (2.35)와 식 (2.36)에 의해 산정된다.

$$\mu_y = \frac{\sum_{i=1}^{n}(\ln X_i)}{n} \tag{2.35}$$

$$\sigma_y = \sqrt{\frac{1}{(n-1)}\sum_{i=1}^{n}(\ln X_i - \mu_y)^2} \tag{2.36}$$

Gumbel 분포의 매개변수인 α와 b는 각각 식 (2.37)과 식 (2.38)을 이용하여 계산한다.

$$\alpha = \frac{\sqrt{6}}{\pi}\sigma \tag{2.37}$$

$$b = \mu - 0.5772\alpha \tag{2.38}$$

Weibull 분포의 매개변수는 β와 λ이며 식 (2.39)와 식 (2.40)으로 산정한다.

$$\beta = -0.729268 - 0.338679\,C_s + 4.96077\,(C_s + 1.14)^{-1.0422} + 0.683609\left[\ln(C_s + 1.14)\right]^2 \tag{2.39}$$

$$\lambda = \frac{\sigma}{\left[\Gamma\left(1+\frac{2}{\beta}\right) + \Gamma^2\left(1+\frac{1}{\beta}\right)\right]^{0.5}} \tag{2.40}$$

여기서 C_s는 왜곡도계수이다.

GEV 분포의 매개변수인 α와 ϵ는 각각 식 (2.41)과 식 (2.42)로 계산한다.

$$\alpha = \left[\frac{\sigma^2\beta^2}{\Gamma(1+2\beta) - \Gamma^2(1+\beta)}\right]^{0.5} \tag{2.41}$$

$$\epsilon = \mu - \frac{\alpha[1-\Gamma(1+\beta)]}{\beta} \tag{2.42}$$

GEV 분포의 또 다른 변수인 k는 C_s와 k의 조건에 따라 각각 식 (2.43)으로 산정된다.

$$\begin{aligned} k = \ & 0.2858221 + 0.357983C_s + 0.116659C_s^2 - 0.022725C_s^3 \\ & + 0.002604C_s^4 - 0.000161C_s^5 + 0.000004C_s^6 \\ & \text{for } 1.14 < C_s < 10 \quad \text{and} \quad \beta < 0 \end{aligned} \tag{2.43a}$$

$$\begin{aligned} k = \ & 0.277648 - 0.322016C_s + 0.060278C_s^2 + 0.016759C_s^3 \\ & - 0.005873C_s^4 - 0.00244C_s^5 - 0.00005C_s^6 \\ & \text{for } -2 < C_s < 1.14 \quad \text{and} \quad \beta > 0 \end{aligned} \tag{2.43b}$$

$$\begin{aligned} k = \ & -0.50405 - 0.00861C_s + 0.015497C_s^2 0.005613C_s^3 \\ & + 0.000874C_s^4 + 0.000065C_s^5 \\ & \text{for } 1.14 < C_s < 10 \quad \text{and} \quad \beta < 0 \end{aligned} \tag{2.43c}$$

감마분포는 r, λ, ϵ을 매개변수로 가지며 식 (2.44), 식 (2.45), 식 (2.46)을 이용하여 계산한다.

$$r = (2/C_s)^2 \tag{2.44}$$

$$\lambda = \frac{\sigma C_s}{2} \tag{2.45}$$

$$\epsilon = \mu - \lambda r \tag{2.46}$$

Log Pearson Type III 분포는 r과 ϵ을 매개변수로 가지며 식 (2.47)과 식 (2.48)로 계산한다.

$$r = \frac{\ln(1+C_v^2)}{\ln(1-\lambda)^2 - \ln(1-2\lambda)} \tag{2.47}$$

$$\epsilon = \ln\mu + r\ln(1-\lambda) \tag{2.48}$$

여기서 C_v는 변동계수이다.

추정된 확률분포는 적합도검정(Goodness-Of-Fit Test)을 통해 적합성 여부를 검토하여야 한다. 이는 수자원공학에서 설계 강우량을 결정할 때 반드시 이루어져야 하는 과정으로 적합도검정을 통해 해당 지역의 강우사상에 가장 부합하는 확률분포형을 선정하게 된다.

적합도검정에는 Chi-Square 검정(χ^2 Test), Kolmogorov-Smirnov 적합도검정(K-S Goodness-of-fit Test), Kolmogorov-Smirnov 2표본 검정(K-S Two-sample Test), Anderson-Darling 적합도검정(A-D Goodness-of-fit Test), Probability Plot Correlation Coefficient(PPCC) 검정, Robust

-ness 검정 등이 있다. 각 적합도검정에 대한 자세하고 기술적인 내용은 다양한 통계서적에 소개되어 있다.

2.4.3 빈도해석

이상에서 확률통계에 대해 살펴보고 확률분포형을 공부한 목적은 빈도해석(Frequency Analysis)의 과정을 통해 확률강우량을 산정하기 위해서이다. 빈도해석은 발생빈도별 극치사상의 크기를 산정하는 분석방법을 이야기하며 확률강우량을 산정하는 과정은 수자원공학과 관련된 실무 및 연구분야에서 가장 기초적이고 필수적인 것 중 하나이다.

수자원공학에서 T년 빈도의 강우량 또는 홍수량이라고 하면 일반적으로 T년에 한번 발생할 가능성이 있는 강우량 또는 홍수량으로 이해하고 있다. 이는 정확하지 못한 이해로 T년 빈도의 강우량 또는 홍수량은 올해에 그것보다 큰 강우량 또는 홍수량이 발생할 확률이 1/T인 값을 의미한다. 즉 이상의 과정을 통해 결정된 확률분포의 누가분포함수에서 1 − 1/T 확률에 해당하는 확률변수(강우량 또는 홍수량)를 결정하면 T년 빈도의 강우량 또는 홍수량을 결정할 수 있다.

예를 들어 100년 빈도 강우량을 산정하기 위해 통계적 분석을 수행하여 2변수 대수정규분포가 해당지역의 강우특성을 대표하는 확률분포로 결정되었다면

$$F(x) = \frac{1}{\sigma_y \sqrt{2\pi}} \int_0^x \frac{1}{x} \exp\left[-\frac{1}{2} \frac{(\ln x - \mu_y)^2}{\sigma_y^2} \right] dx$$

의 값이 1.0 − 1/100 = 0.99에 해당하는 x(강우량)이 그 지역의 100년 빈도 강우량에 해당한다. 50년 빈도의 강우량을 산정하기 위해서는 누가분포함수 F의 값이 1.0 − 1/50 = 0.98에 해당하는 x값을 결정하면 된다.

홍수를 분석하기 위한 빈도해석을 하는 과정에서는 연최대치 계열의 자료를 수집하여 이를 통계분석하게 된다. 연최대치 계열과 같이 극한 값을 자료로 이용할 때는 극치계열(Extreme Value Series) 자료로 분류된다. 수문자료는 일반적으로 극치계열, 전기간치계열(Complete Duration Series), 부분기간치계열(Partial Duration Series)로 분류된다. 극치계열의 자료는 연최고치, 또는 연최소치와 같이 일정한 기준 아래 일정기간 동안에 발생한 극한값을 수집한 자료를 이야기한다. 전기간치계열 자료는 일정한 기간 동안 관측 또는 측정된 전자료를 수집한 경우에 해당되며 부분기간치계열 자료는 일년 중 6월에서 8월까지의 자료 등과 같이 부분적으로 취합된 자료를 의미한다.

연습문제

2.1 확률밀도함수와 확률질량함수의 의미에 대해 서술하시오. 또한 누가분포함수에 대해서도 서술하시오.

2.2 수자원공학에서 통계학이 필요한 이유에 대해 서술하시오.

2.3 원자료로부터 빈도해석이 완료되는 전과정에 대해 설명하시오.

2.4 2장에서 논의된 확률분포 이외에 수자원공학에서 이용될 수 있는 확률분포들 제시하고 특성에 대해 논의하시오.

2.5 확률가중모멘트법에 의해 매개변수를 추정하는 과정에 대해 설명하시오.

2.6 5년 빈도 홍수량에 대해 다음 확률을 구하라

(1) 20년간 적어도 한번 일어날 확률

(2) 20년간 3번 일어날 확률

(3) 20년간 한 번도 안 일어날 확률

다음 기초통계량을 토대로 문제를 풀어라.

	원자료	로그변형자료
평균	2,080	3.30
표준편차	740	0.12
왜도	1.321	−0.325

2.7 홍수량이 정규분포를 따른다고 가정할 때 다음 문제를 풀어라.

(1) 100년 빈도 홍수량

(2) 50년 빈도 홍수량

(3) 3000 m^3/s보다 같거나 작은 홍수량이 발생할 확률

(4) 3000 m^3/s 홍수량의 재현기간

2.8 홍수량이 대수정규분포를 따른다고 가정할 때 다음 문제를 풀어라.

(1) 100년 빈도 홍수량

(2) 50년 빈도 홍수량

(3) 3000 m^3/s보다 같거나 작은 홍수량이 발생할 확률

(4) 3000 m^3/s 홍수량의 재현기간

2.9 설계 시 가능최대홍수량, 가능최대강우량을 사용하는 경우에 대해 조사하시오.

Chapter 03

유 출

유출(Runoff)은 강수로부터 집수된 물이 하천, 지표면, 지하 등의 경로를 거치며 유역의 유출점을 통해 유역 밖으로 빠져나가는 현상을 의미한다. 유출은 지표유출, 지하수유출, 중간유출 등의 형태로 이루어지며 유출량(Discharge)을 산정하는 과정은 수자원공학에서 매우 중요한 주제이다. 본 장에서는 지표유출에 초점을 맞추어 유출에 영향을 주는 인자, 수문곡선, 단위유량도 등을 이해하고 유출량을 산정하는 것을 목적으로 한다.

3.1 유출영향인자

3.1.1 증발산

증발산(Evapotranspiration)은 증발(Evaporation)과 증산(Transpiration)의 개념을 모두 포함하는 용어이다. 증발은 액체상태의 물이 기체로 변화하는 것을 의미하며 액체의 표면에서 일어나는 기화현상이다. 만약 물이 고체상태에서 기체상태로 변화하는 경우에는 승화로 불린다. 증산은 식물체에 분포하는 기공으로부터 물이 방출되는 것을 의미하지만 기공 이외의 표피세포 등을 통해서도 소량의 수분이 방출된다.

하늘에서 유입된 강수의 일부는 유출의 과정에 기여하기 이전에 이미 증발산의 과정을 통해 대기 중으로 빠져나가게 된다. 현재까지 알려진 바에 따르면 연평균강수량의 약 79% 정도가 증발산 과정을 통해 유출에 기여하지 않고 대기로 돌아간다. 따라서 유출의 과정을 고려하는 경우에는 증발산에 대한 이해가 필수적이다.

증발은 기상학적 인자, 유역표면의 특성, 수질인자 등이 큰 영향을 준다.

1. 기상학적 인자

기상학적 인자로서 증발에 영향을 미치는 인자로는 온도, 바람, 기압, 습도 등이 있다. 증발은 온도에 따라 표면에서의 물분자 운동에너지가 증가하여 발생하게 된다. 따라서 증발의 양과 온도간의 관계를 이해하는 것이 필요하다. 식 (3.1)은 Dalton의 경험공식으로서 증발률(Rate of Evaporation, E_L)을 포화증기압(Saturation Vapor Pressure)과 실제 증기압(Ambient Vapor Pressure)의 관계로 보여준다. 포화증기압은 물, 수증기 등이 평형상태에 있을 때 수증기가 포화되어 더 이상의 수증기가 발생할 수 없을 때의 공기 내 수증기의 존재 비율로 온도에 따라 결정되는 값이며 증발과 온도 사이의 관계를 유추할 수 있다.

$$E_L = C(e_{as} - e_a) \tag{3.1}$$

여기서, e_{as}는 포화증기압, e_a는 증기압을 의미하며 mmHg의 단위를 가진다. C는 경험적 상수로 알려져 있지만 공기역학적인 관점에서는 대기압, 조도계수, 물과 공기의 밀도, 풍속 등의 조건에 따라 달라질 수 있다. 따라서 풍속과 기압 역시 증발에 영향을 주는 인자로 여겨지고 있다. 풍속은 Meyer의 경험식에 따라 고려될 수 있다(식 3.2).

$$E_L = K_M(e_{as} - e_a)\left[1 + \frac{u_9}{16}\right] \tag{3.2}$$

여기서 u_9은 수표면으로부터 9 m 상공에서의 풍속(km/h), K_M은 상수로 크고 깊은 수계에서는 0.36, 작고 얕은 수계에서는 0.50의 값을 가진다.

Rohwer는 Dalton의 식에 기초하여 기압의 영향을 고려한 경험식을 1931년에 제안하였다(식 3.3).

$$E_L = (1.465 - 0.0186B)(0.44 + 0.118\,W)(e_{as} - e_a) \tag{3.3}$$

여기서 B는 화씨 32도에서의 기압(mm of Hg), W는 지표면에서의 풍속(mi/hr)을 의미한다.

2. 유역표면의 특성

검은 표면에서 태양에너지를 보다 활발히 흡수하여 증발까지 강하게 발생하는 것과 같이 강수가 유입되는 유역의 표면이 어떤 특성을 가지고 있는지에 따라서도 증발은 영향을 받는다. 토양이 강우 직후에는 수표면과 동일한 증발률을 보이지만 강우가 종료된 이후 시간이 지남에 따라 급격히 감소한다. 표면이 거칠면 증발이 증가하기도 하며 물결(파랑)이 일면 수표면의 면적이 증가하여 증발률이 상승한다.

3. 수질인자

강수의 특성에 따라 용존물질이 존재할 수 있다. 특히 염분이 포함되어 있는 경우에는 증발률에 영향을 미칠 수 있으나 그 영향은 미미한 것으로 알려져 있다. 하지만 유성물질과 같이 수질에 영향을 미칠 수 있는 인자가 수표면에 떠올라 덮게 되면 증발률에 대한 수질인자의 영향을 무시할 수 없다.

증산은 식물의 생리학적 인자, 환경인자에 따라 영향을 받게 된다. 증산량에 대한 추정은 증산계(Phytometer)를 통해 이루어진다. 토양 표면의 증발을 방지하고 오직 식물작용에 의해서 발생하는 수분의 손실량만을 산정할 수 있도록 제작되는 증산계를 이용하면 일정 기간 동안의 무게 변화를 통해 수분의 손실량을 계산할 수 있다.

3.1.2 침투

침투(Infiltration)는 물이 지표면 아래의 토양으로 흡수되는 과정을 의미한다. 증발산과 함께 강우의 손실에 큰 영향을 주는 인자로서 다음에 설명될 유효강우의 산정과정에서도 매우 중요하게 고려된다. 특히 침투에서 이용되는 ϕ-지표법은 단위유량도를 작성하는 과정에서도 이용되므로 이에 대한 이해가 필요하다.

침투는 토양 속으로 물이 유입되는 과정, 토양 내에 물이 일시적으로 저류하는 과정, 지하수층까지 흘러가는 침루(Percolation)의 과정으로 분류할 수 있다. 모든 과정에서 물의 이동 메커니즘으로 중력과 모세관흡인력이 작용한다. 하지만 침루의 과정에서는 중력이 주요한 메커니즘으로 작용하여 물을 이동시킨다.

물이 토양 속으로 이동하는 침투의 정도를 나타내기 위해서는 침투능(Infiltration Rate or Capability, f)이라는 개념을 주로 이용한다. 침투능은 시간당 침투되는 깊이(mm/hr)를 나타낸다. 침투는 강우가 시작되는 초기, 지표면이 건조한 상태일 때 큰 값을 보이다 강우가 지속되고 토양의 수분이 증가할수록 감소하는 시간에 따른 함수로 생각할 수 있다(그림 3.1 참고). 누가침투(Cumulative Infiltration, F)는 침투능을 시간에 대해 적분한 값을 통해 산정할 수 있다(식 3.4).

$$F(t)=\int_0^t f(\tau)d\tau \tag{3.4}$$

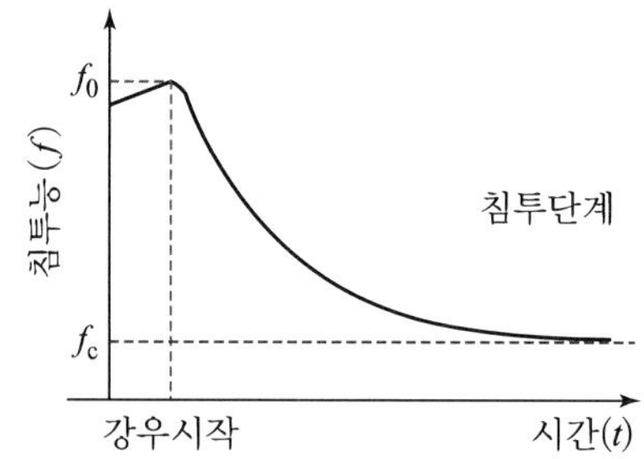

》 **그림 3.1** 강우 지속시간에 따른 침투능의 변화

침투능은 포화층의 특성, 토양피복 상태(토지이용 상태), 토양 내 수분 등에 크게 영향을 받는다. 이 중 토양 내 수분은 선행강우의 발생시기, 강도 등에 따라 달라지게 되므로 강우와도 밀접한 연관이 있는 것으로 이해해야 한다. 침투능의 측정을 위해서는 침투계(Infiltrometer)를 이용하여 직접적으로 수행할 수 있다. 침투계는 파이프 등을 수직하게 매설하여 물이 빠져나가지 않도록 설치한 이후 파이프 내에 물을 넣어 시간당 손실되는 깊이를 측정하는 장치이다.

Horton은 시간에 따른 침투능의 변화를 초기침투능(f_0)과 종기침투능(f_c)의 함수로 표현하였다(식 3.5).

$$f(t) = f_c + (f_0 - f_c)e^{-kt} \tag{3.5}$$

여기서, k는 [t^{-1}]의 단위를 가지는 감소상수(Decay Constant)이다.

표 3.1 Horton 공식에 사용되는 일반적인 초기침투능, 종기침투능, 감소상수 (Rawl et al., 1983)

	초기침투능 (cm/hr)	종기침투능 (cm/hr)	감소상수 (1/hr)
Alphalpha Loamy Sand	3.56	48.26	38.29
Carnegie Sandy Loamy	4.50	37.52	19.64
Dothan Loamy Sand	6.68	8.81	1.40
Fuquay Pebbly Loamy Sand	6.15	15.85	4.70
Leefield Loamy Sand	4.39	28.80	7.70
Tooup Sand	4.57	58.45	32.71

예제 3.1 초기 침투능이 4.5 cm/hr이고 감소상수가 0.35 hr^{-1} 이때 종기 침투능이 0.7 cm/hr라면 Horton 공식을 이용하여 15분, 30분, 1시간, 2시간, 3시간, 6시간일 때 침투능을 계산하여라. 그리고 6시간 동안 발생한 총 침투량을 계산하여라.

[풀이] Horton의 침투능 및 침투량 공식은 다음과 같다

침투능 공식 $f(t) = f_c + (f_0 - f_c)e^{-kt}$

침투량 공식 $F = \int_0^T f_p dt = \int_0^T f_c dt + \int_0^T (f_o - f_c)e^{-kt}dt$

$= f_c T + \frac{1}{k}(f_0 - f_c)(1 - e^{-kT})$

(1) 15분, 30분, 1시간, 2시간, 3시간, 6시간의 침투능을 Horton 공식을 이용하면 다음과 같다.

$f(0.25\,\text{hr}) = 0.7\,\text{cm/hr} + (4.5\,\text{cm/hr} - 0.7\,\text{cm/hr})e^{-0.35\times0.25} = 4.18\,\text{cm/hr}$

$f(0.5\,\text{hr}) = 0.7\,\text{cm/hr} + (4.5\,\text{cm/hr} - 0.7\,\text{cm/hr})e^{-0.35\times0.5} = 3.89\,\text{cm/hr}$

$f(1\,\text{hr}) = 0.7\,\text{cm/hr} + (4.5\,\text{cm/hr} - 0.7\,\text{cm/hr})e^{-0.35\times1} = 3.38\,\text{cm/hr}$

$f(2\,\text{hr}) = 0.7\,\text{cm/hr} + (4.5\,\text{cm/hr} - 0.7\,\text{cm/hr})e^{-0.35\times2} = 2.59\,\text{cm/hr}$

$f(3\,\text{hr}) = 0.7\,\text{cm/hr} + (4.5\,\text{cm/hr} - 0.7\,\text{cm/hr})e^{-0.35\times3} = 2.03\,\text{cm/hr}$

$f(6\,\text{hr}) = 0.7\,\text{cm/hr} + (4.5\,\text{cm/hr} - 0.7\,\text{cm/hr})e^{-0.35\times6} = 1.17\,\text{cm/hr}$

(2) 6시간

$F(6\,\text{hr}) = (0.7\,\text{cm/hr}) \times (6\,\text{hr}) + \frac{1}{0.35}(4.5\,\text{cm/hr} - 0.7\,\text{cm/hr})(1 - e^{-0.35\times6})$

$= 13.73\,\text{cm}$

Richard은 토양수분함수비(Soil Moisture Content, θ)와 토양-수분확산계수(Soil Water Diffusivity, D)의 개념을 이용한 1차원 연속방정식을 제안하였다(식 3.6).

$$\frac{\partial\theta}{\partial t} = \frac{\partial}{\partial z}\left(D\frac{\partial\theta}{\partial z} + K\right) \tag{3.6}$$

여기서 K는 투수계수(Hydraulic Conductivity)를 의미한다.

Philip(1957)은 토양 - 수분확산계수와 투수계수가 토양수분함수비의 함수라는 가정 하에 Richard 식을 풀고 침투능과 누가침투에 대한 식을 제안하였다(식 3.7과 3.8).

$$f(t) = \frac{1}{2}St^{-1/2} + K \tag{3.7}$$

$$F(t) = St^{1/2} + Kt \tag{3.8}$$

여기서 S는 매개변수로 흡습률(Sorptivity)을 의미하며 $[Lt^{-0.5}]$의 단위를 가진다.

이외에 Green-Ampt 방법 역시 침투능을 표현하기 위해 많이 이용되는 방법이지만 본 장에서는 생략한다.

ϕ-지표법은 침투능을 산정할 수 있는 매우 간단한 방법으로 지표면 저류(Surface Detention)의 개념까지 침투에 의한 손실로 고려하여 산정하는 방법이다. 가장 먼저 시간에 따른 강우강도의 변화를 막대그래프의 형태로 나타내는 우량주상도를 작성하여 총강우량을 산정한다. 산정된 총강우량을 유역면적으로 나누는 과정을 통해 직접유출량이 계산된다. 이미 작성된 우량주상도에서 가상의 수평선을 그리는데, 이 때, 수평선 상부의 면적과 계산된 직접유출량이 같도록 작성한다. 작성된 수평선의 강우강도에 해당되는 값이 유역의 ϕ-지표가 되며 평균 침투능으로 이해할 수 있다(그림 3.2 참고).

예제 3.2 다음 강우량 자료를 이용하여 ϕ 지표를 계산하여라. 유역면적은 1.5 km^2이고 유출량은 135,000 m^3이다.

Time (hr)	Rainfall (cm/hr)
0~2	0.5
2~4	1.5
4~6	4.0
6~8	3.0
8~12	1.0

[풀이] ϕ 지표를 구하기 전에 유출량을 알아야 한다. 유출량 135,000 m^3에 유역면적 1.5 km^2를 나눠서 구하면 다음과 같다.

$$\text{유출량} = \frac{135{,}000\ \text{m}^3 \times \dfrac{10^6\ \text{cm}^3}{\text{m}^3}}{1.5\ \text{km}^2 \times \dfrac{10^6\ \text{m}^2}{\text{km}^2} \times \dfrac{10^4\ \text{cm}^2}{\text{m}^2}} = 9\ \text{cm}$$

유출량이 9 cm로 구해졌으므로 강우량에 일정량을 뺀 나머지의 합이 9 cm가 나와야 하며 결과는 다음과 같다.

$$\text{Phi-index} = (0.5-\Phi)+(1.5-\Phi)+(4-\Phi)+(3-\Phi)+(1-\Phi)=9$$

위의 식을 계산한 결과 $\Phi=0.2$가 나왔다.

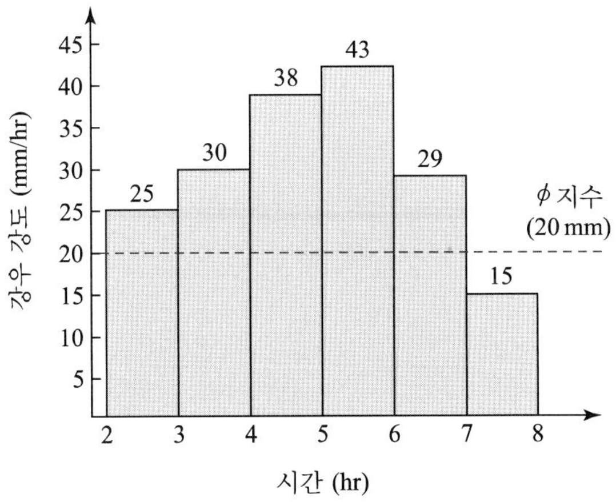

» **그림 3.2** ϕ–지표법을 이용한 유역 평균 침투능의 산정

3.1.3 차단

차단(Interception)은 강수가 대기로부터 낙하하는 도중에 인공구조물 및 식생 등에 의해 손실되는 현상을 의미한다. 그리고 차단된 강수의 대부분은 증발의 과정을 통해 대기로 돌아가거나 지표면 저류를 통해 증발산의 형태로 소실된다.

강수의 차단에 의한 손실량(I_l)은 주로 경험식에 의해 산정되며 강수량(P)과 연계하여 지수법칙(Power Law)으로 표현할 수 있는데 식 (3.9)와 같다.

$$I_l = a + bP^n \tag{3.9}$$

여기서 a와 b는 상수로 강수, 지표의 피복상태, 식생의 종류 등 다양한 특성을 고려하여 경험적, 지역적으로 산정되는 값이다. n은 지수법칙에 따른 상수로 주로 1.0 또는 0.5의 값을 가진다.

3.1.4 유역 특성

유출이 발생하는 유출점을 종점으로 구획된 유역의 특성은 강우와 함께 유출에 가장 큰 영향을 미치는 요인 중 하나이다. 예를 들어 유역의 경계인 분수계로부터 수평 투영된 유역의 면적은 하늘에서 떨어지는 강수를 받아내는 물그릇 역할을 하며 동일한 강수조건에서 유입되는 물의 양은 유역면적에 비례한다. 따라서 다른 조건이 일정하다고 가정하는 경우 총유출량은 유역면적에 큰 영향을 받게 된다. 하지만 일반적인 경우, 유역의 면적이 큰 경우에는 동일한 빈도의 강수량이 낮은 강도를 가지는 것이 일반적이며, 유역의 최원점에 낙하한 강수가 유출점을 빠져나갈 때까지의 시간인 도달시간(Concentration Time) 역시 길어져 첨두유출량은 감소하기 쉽다. 본 절에서는 유역의 여러 특성이 유출에 미치는 영향에 대해 논의한다.

1. 토지이용 상태

유역 내 토지이용 상태는 강수가 직접유출에 기여하는 비율을 결정하는 중요한 인자이다. 예를 들어, 유역이 도심지역과 같이 인공포장된 지역에 해당된다면 강수의 거의 대부분은 직접유출로 빠른 시간 내에 유출된다. 즉, 침투나 증산의 역할이 매우 줄어들고 내리는 강수의 상당부분이 손실 없이 유출되는 것이다. 반대로 유역이 산림으로 이루어진 지역이라면 식생에 의한 차단, 증발산, 토양으로의 침투, 유역 내 저류 등 다양한 손실량을 가지게 될 것이고 도심지역에 비해 낮은 직접유출을 보일 것이다. 토지이용상태는 직접 현장조사를 통해서도 파악이 가능하지만 유역이 큰 경우에는 주로 토지이용도를 이용하여 고려할 수 있다.

2. 토양

토양 역시 강수가 직접유출에 기여하는 정도를 결정하는 중요한 인자이다. 유역이 사질토로 구성된 유역은 실트질로 구성된 유역에 비해 큰 침투능을 보이고 선행강우의 영향도 덜 받게 된다. 그 결과, 동일한 강우조건에서도 사질토 유역의 직접유출이 적을 확률이 높다. 따라서 유출량을 결정하는 과정에서는 반드시 유역 내 토양에 대한 이해가 선행되어야 한다.

3. 유역의 조도

조도(Roughness)는 표면의 거친 정도를 나타내는 지표이다. 유역의 조도가 높다는 말은 다양한 식생 및 지형, 토양 피복의 특성에 의해 느린 지표수 흐름이 발생될 수 있다는 것으로 이해할 수 있다. 일반적인 경우 지표수 흐름이 느린 경우는 첨두홍수량의 발생시간이 지체됨에 따라 첨두유출량이 감소하는 경향을 나타낸다.

4. 경사

유역의 경사 역시 조도와 유사하게 지표수의 흐름에 영향을 미치게 된다. 따라서 경사가 급한 유역의 경우에는 동일한 강우조건에서 첨두유출의 발생시간이 짧고, 그에 따라, 첨두유출량의 크기가 증가하는 경향을 나타낸다.

5. 유역 형상

강우가 시작되고 그친 뒤까지 발생하는 모든 유출의 총량인 총유출량[L^3]을 산정하는 것도 중요하지만 수자원공학의 많은 분야에서 가장 큰 값을 나타낼 때의 유량인 첨두유출량[L^3t^{-1}]을 산정하는 것도 중요하다. 유역의 형상은 첨두유출량의 발생시기와 첨두유출량을 결정하는 매우 중요한 인자이다. 강우의 진행에 대한 유역의 배치, 유역 자체의 형상 등은 강수와 관련되어 유출에 큰 영향을 미친다. 1장에서 살펴본 것과 같이 형상계수 등 정량화된 지표를 통해 유역이 형상학적 특성을 검토하는 것도 중요하지만 본 절에서는 강우와 유역 형상이 가지는 관계에 초점을 맞추어 정성적으로 다시 이해하고자 한다.

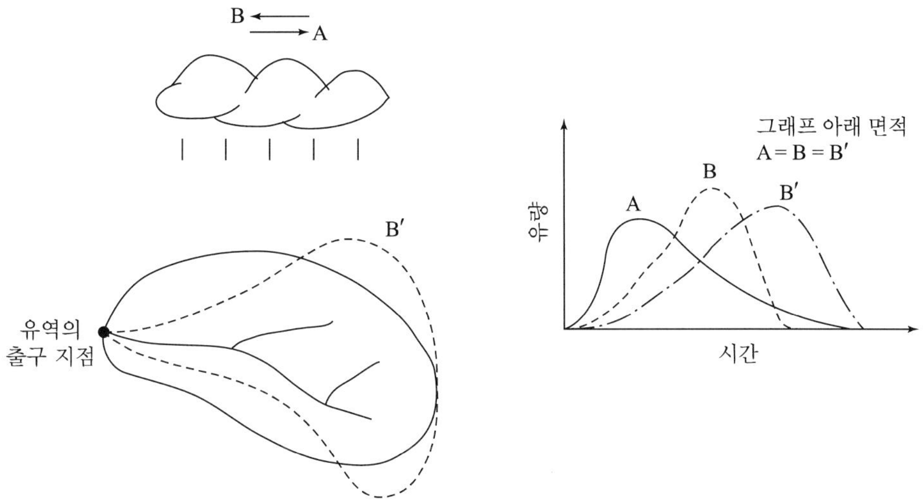

» **그림 3.3** 유역의 형상과 강수 진행방향에 따른 유출 특성

동일한 강도의 강수가 같은 유역에서 발생하였다고 가정하면 강수의 진행이 유출점으로부터 유역의 상류방향으로 이루어지는 경우와, 그 반대의 경우는 서로 다른 첨두유출량 발생 특성을 가지게 된다. 강수가 유출점으로부터 상류로 진행되는 경우는 유출점에서 먼저 유출이 발생하므로 첨두발생시간이 짧게 된다. 대신 유출점 인근에서 먼저 낙하한 강수가 유출점을 빠져나온 이후에 상류지역에 낙하한 강수가 유출점으로 흘러나오므로 첨두유출량의 양은 적다. 반대로 강수

가 상류지역에서 유출점으로 이동하는 경우에는 먼저 낙하한 상류의 물이 유출점까지 흘러나오는 시간이 필요하므로 첨두발생시간은 상대적으로 길다. 하지만 상류에 먼저 낙하한 물과 강수의 이동에 따라 유출점 인근에 낙하하는 물이 동시에 유출점을 통과하게 되므로 첨두유출량이 높아질 가능성이 높다(그림 3.3 참고).

식 (1.8) 및 그림 1.6에서 나타나는 밀집도의 경우와는 달리 동일한 밀집도 및 형상계수를 가지 유역이라고 하더라도 그 배치가 상류방향을 향하는지, 하류방향을 향하는지에 따라서 유출의 특성이 달라진다. 그림 3.4에서 나타나는 두 유역은 밀집도 및 형상계수는 유사한 값들을 나타내겠지만 하류 쪽으로 갈수록 좁아지는 하나의 유역(그림 3.4a)과 상류 쪽으로 갈수록 좁아지는 유역(그림 3.4b)에서 차이점을 보인다. 이러한 두 개의 유역에 동일한 강수가 적용되는 경우, 하류로 갈수록 좁아지는 유역에서는 상류 쪽 넓은 지역에 낙하한 물이 흘러내려와 첨두유출을 형성하게 되므로 첨두발생시간이 긴 반면, 하류쪽으로 갈수록 넓어지는 유역은 강우의 초기에 넓은 하류 유역에 다량으로 낙하한 강수가 미리 빠져나가며 첨두유출을 발생시키므로 첨두발생시간이 짧아지게 된다. 이상의 예처럼 밀집도, 형상계수 등 유역 형상에 대한 수치적 지표가 가지는 맹점까지 고려하며 유역의 형상적 특성을 유출과 관련지어 이해하는 것이 요구된다.

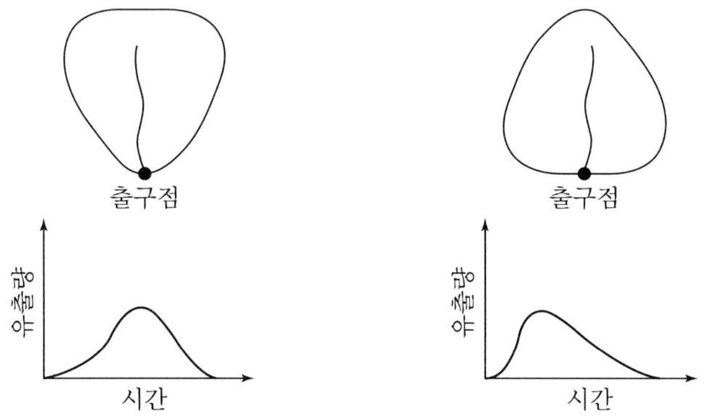

(a) 하류에서 좁아지는 유역 (b) 상류에서 좁아지는 유역

≫ **그림 3.4** 동일한 면적, 형상계수, 밀집도를 가진 두 유역의 유출 특성

6. 유역면적

앞서 설명된 것과 같이 유역의 면적은 유출량을 검토할 때 가장 중요한 유역 특성인자 중 하나이므로 유역의 크기와 유출량이 가지는 일반적인 관계를 잘 이해하는 것이 반드시 필요하다. 물론 각 유역이 가지는 다양한 특성이 복합적으로 영향을 주어 유출량이라는 하나의 결과가 나타나는 것이지만 각각의 특성이 미치는 일반적인 영향을 미리 이해하고 검토하는 것이 합리적인 유출량 산정을 위해 필수적이다.

3.1.5 강우 특성

수자원공학은 홍수와 가뭄 등 다양한 조건에서의 물 문제를 해결하기 위한 학문 분야이다. 다양한 조건에서의 물 문제를 이해하기 위해서는 목적별로 강우의 특성을 다르게 분석하는 시각이 필요하다. 예를 들어 일주일에 걸쳐 300 mm의 비가 내린 경우와 하루에 300 mm의 비가 내린 경우를 생각해보자. 두 경우 모두 동일한 강수량을 기록하였지만 하루에 300 mm의 강수가 발생한 경우에 홍수 발생확률이 보다 높을 것이며 이에 대한 분석이 필요할 것이다. 또 다른 예로 봄철 가뭄시에 하루에 1 mm씩 열흘에 걸쳐 내린 강수조건과 하루에 10 mm가 내린 강수조건을 고려해보자. 하루에 1 mm씩 내린 비의 대부분은 표면 증발, 증산, 일시적 저류 및 침투 등에 의해 대부분 손실되며 해갈을 하기에는 부족한 조건이 될 것이다. 따라서 가뭄의 경우에는 열흘에 걸쳐 1 mm/day의 강우에 대해 보다 신중한 분석을 수행하여야 할 것이다.

유역의 유출점은 대부분의 경우 하천에 해당된다. 유역 전반에 걸친 강수가 지표면 흐름의 통해 하나의 물길로 모여 들고 하류로 유하하여 유역을 빠져나가는 것이 일반적이다. 따라서 유역의 유출은 강수에 반응하여 여러 가지 형태의 특성을 보이게 되므로 둘 사이의 관계를 보다 심도 있게 이해하는 것이 필요하다. 본 절에서는 하천유출을 발생시키는 강수와 그에 따른 유출의 일반적인 특성에 대해 논의한다.

홍수에 해당하는 첨두유출량의 경우와 강수 중 강우에 보다 집중하여 하나의 예를 검토하여 보자. 3시간 동안 240 mm의 강우가 발생한 경우와 48시간 동안 480 mm의 강우가 발생한 경우 중 홍수를 발생시킬 위험이 더 큰 강우는 어떤 것일까?

이에 대한 첫 번째 답은 유역에 대한 정보가 부족한 상황에서는 알 수 없다는 것이다. 만약 유역이 좁고 강우에 즉각적인 반응을 한다면 전자의 경우가, 면적이 넓고 강우에 대해 지체된 반응을 하는 유역에서는 후자의 경우가 일반적으로 홍수발생 위험이 높다고 할 수 있겠다.

두 번째로 가능한 답은 강우에 대한 정보가 부족하여 역시 알 수 없다는 것이다. 이 예에서 주어진 정보는 주어진 시간 동안 내린 총강우량과 강우지속시간이며 이를 이용하여 강우강도를 계산할 수 있다. 강우를 분석하는 경우에는 다양한 정보가 필요하다. 이 중 하나는 강우사상 동안에 내린 깊이 단위의 양인 총강우량(Total Rainfall, 일반적으로 mm 단위)으로 위 예에서는 240 mm와 480 mm에 해당한다. 그리고 각각 3시간과 48시간은 강우지속시간(Rainfall Duration Time, 일반적으로 시간단위)에 해당하는 정보이다. 강우지속시간은 하나의 강우사상이 지속된 시간을 의미한다. 강우에 대한 또 다른 중요한 정보는 강우강도(Rainfall Intensity, 일반적으로 mm/hr 단위)이다. 강우강도는 평균적으로 어떤 강도의 비가 내렸는지를 나타내는 지표로 총강우량을 강우지속시간으로 나누어 산정한다. 강우강도는 한 강우사상의 평균적인 강도를 나타낼 뿐 강우의 시간분포를 알 수는 없다. 일반적인 강우는 강우초기 단계에 낮은 강우강도를 보이다 강우의 중간에서 최대 강우강도를 보인 후 다시 감소하는 강우강도의 시간적 분포를 보인다. 위의 예에서 48시간 동안 지속된 강우의 최대 강우강도의 값이 얼마에 해당하는지에 대한 정보를 정확히 알기는 힘들며 단지 Huff 분위법 등을 통해 추정할 수 있을 뿐이다.

동일한 강도의 비가 일정한 시간 동안 내렸다고 가정하는 경우 유출수문곡선의 형태는 도달시간(Concentration Time)에 따라 달라진다. 도달시간은 유역의 최원점에 낙하한 강수가 유출점을 통해 빠져나갈 때까지 걸리는 시간으로 3.2절에서 보다 자세히 설명된다. 하지만 일반적인 경우에 첨두발생시간은 도달시간과 유사하다고 가정할 수 있다. 그림 3.5는 강우지속시간(D)과 도달시간(t_c) 사이의 관계를 나타낸다. 강우지속시간이 도달시간보다 짧은 경우(그림 3.5a)는 유출점으로부터 최원점에 낙하한 강우가 유역을 빠져나오기 전에 강우가 종료되게 된다. 이에 따라서 첨두유출량이 발생한 이후에는 더 이상 강우로 인한 물의 유입이 없어 유출량이 감소하게 된다. 강우지속시간이 도달시간보다 긴 경우(그림 3.5b)에는 최원점에 낙하한 물이 유출점을 통과하며 첨두발생시간(t_p) 이후에도 강우로 인한 유역으로의 물의 유입이 지속되고 있다. 따라서 유출량과 강우는 평형상태를 나타내며 첨두유출량이 강우가 종료되는 시점까지 지속된다고 가정할 수 있다.

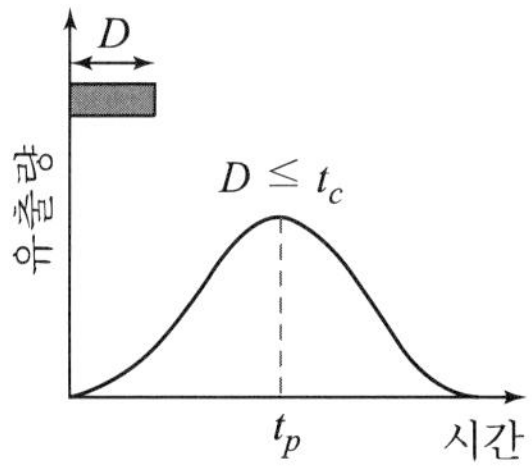

(a) 강우지속시간(D)이 도달시간(t_c) 보다 짧은 경우

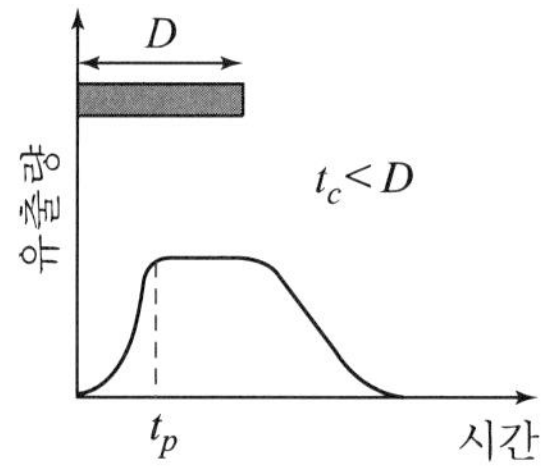

(b) 강우지속시간(D)이 도달시간(t_c) 보다 긴 경우

» **그림 3.5** 강우지속시간과 도달시간의 관계

강우지속시간이 도달시간보다 긴 경우는 유역의 면적이 좁은 소규모 유역의 경우에 주로 발생한다. 따라서 소규모 유역에서 첨두유출량을 산정하는 경우에는 도달시간 및 강우의 시간분포에 대한 고려보다는 강우강도에 의존하여 첨두유출량을 계산하게 된다. 이에 대한 내용은 3.2절에서 보다 상세히 설명된다. 하지만 중대규모 유역의 경우는 일반적으로 도달시간이 길며 강우의 시간분포에 대한 고려가 이루어져야 한다.

강우 중 상당부분은 앞서 설명한 증발산, 차단 등에 의해 손실되어 직접유출에 기여하지 못한다. 따라서 유출량을 산정하는 과정에서는 총강우량 중 직접유출에 기여하는 강수량만을 추정하여 유효우량을 결정해야 한다. 이에 대한 내용은 3.2절에서 보다 자세히 설명된다.

3.2 유출수문곡선

3.2.1 수문자료 및 수문곡선

일반적으로 이야기하는 수문자료는 수문학과 관련된 모든 종류의 자료를 의미한다. 따라서 수문학적 검토와 분석을 할 때 관련된 가능한 모든 자료가 필요하다. 예를 들어, 강우의 손실량을 계산할 때 필요한 증발산량 자료, 토양 자료, 토지이용도 등 모든 형태의 자료가 수문자료에 포함될 수 있다. 이들 자료 중 유출량과 관련된 자료 중 수자원공학에서 가장 많이 이용되는 자료는 시계열자료에 해당되는 시간별 강수량자료와 극치자료에 해당하는 첨두유출량과 지속기간별 강수량의 연최대치 자료 등이 있다. 물론 첨두유출량 및 지속시간별 강수량의 연최대치 자료가 연도별로 나열되는 경우에는 시계열자료로 분류할 수 있으나 빈도해석의 과정에서는 크기별로 나열하여 분포형을 정하는 것이 대부분이므로 시계열자료의 형태로 분석에 이용되기 보다는 수집의 편의성 차원에서 연도별로 나열하는 것이 일반적이다.

수문곡선은 수문자료나 수문학적 분석을 수행하여 얻어진 결과를 그래프의 형태로 나타낼 수 있을 경우에 해당되는 모든 것을 의미한다. 즉 강수의 확률분포형, 시간별 유출량, 연간 강수량의 연도별 분포, 우량주상도 등 곡선의 형태로 나타낼 수 있는 모든 것을 말하는 것이다.

본 절에서는 여러 가지 수문곡선 중 유출과 관련된 유출수문곡선에 대해 살펴보고 그 특성을 이해하는 것을 목적으로 한다.

3.2.2 유출수문곡선의 분리

그림 3.6은 유출수문곡선의 대략적인 형태를 보여준다. 그림 3.6을 이해하기 위해서는 유출의 순환과정을 살펴볼 필요가 있다.

유출 순환과정의 가장 첫 번째 단계는 무강우단계(A–B)로 강우가 시작되기 전 하천 유출의 크기가 지속적으로 조금씩 감소하고 있는 구간이다. 이 기간 동안에 발생하는 유출은 이전 강우사상 동안 저류 또는 침투 되었던 물이 기저유출(Base Flow)의 형태로 이루어지는 것이다. 기저유출의 양은 증발산, 침루 등에 의해 시간에 따라 점차 감소하게 된다.

두 번째 단계는 강우초기단계(B–C)로 강우가 시작되는 시점의 유출을 의미한다. 강우초기단계에는 강우의 대부분이 침투, 차단 등에 의해 손실되며 하천 유출에 직접적으로 기여하지 못한다. 따라서 이때의 강우량은 손실량에 해당된다.

세 번째 단계는 **강우지속단계(C–D)**이다. 이 단계에서는 강우에 의한 직접유출이 발생하며 지표면 유출이 시작된다. 그리고 지하수위의 상승과 함께 하천수위 및 유량도 상승한다. 강우가 지속적으로 진행됨에 따라 침투, 증발산 등의 손실은 거의 발생하지 않는다.

네 번째 단계는 **강우충만단계(D–E)**이며 강우가 충분히 진행되어 거의 모든 비가 유출을 통해 빠져나가는 단계이다. 지하수위는 지속적으로 상승하는 과정이다.

마지막 단계는 **강우종료단계(E–A′)**로 강우가 그치고 다시 무강우단계로 진행되는 과정이다. 유출의 첨두가 강우충만단계에 해당될지 강우종료단계에 해당될지는 3.1.5절에서 설명된 것과 같이 유역의 도달시간과 관련이 있다. 도달시간이 강우지속시간보다 짧은 경우는 강우충만단계에서 첨두값을 나타내지만 도달시간이 더 긴 경우에는 유역의 상류로부터 유하되는 물이 강우종료 이후에 하천 유출의 첨두치를 발생시킨다. 강우가 종료됨에 따라 지하수위, 하천유량 등은 서서히 감소하며 무강우단계로 전개된다.

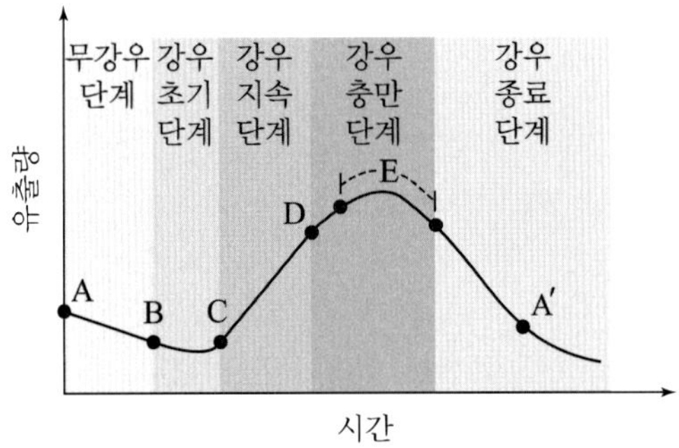

그림 3.6 유출수문곡선과 유출 순환과정

무강우단계에서도 유출이 발생하는 예에서 나타나듯이 하천 유출은 대부분의 경우 선행강우에 따른 유출을 어느 정도 포함한다(기저유출에 의한 유출). 금회 발생한 강우에 의해서만 발생하는 유출을 직접유출(Direct Runoff)라고 한다. 따라서 강우에 따른 반응으로서의 유출은 직접유출만을 이야기한다.

유출수문곡선으로부터 직접유출에 의한 유출량만을 분리하는 과정을 유출수문곡선의 분리라고 한다. 이 과정을 다시 이야기하면 유출수문곡선에서 기저유출 부분을 분리하여 내는 것이다. 3.3절에서 설명하는 단위유량도의 경우에는 직접유출만을 고려하여 작성되는 것으로 기저유출에 대한 정보가 부가되어야 실제 유출량에 가까워진다.

수문곡선의 분리는 주로 1. 주 지하수 감수곡선법(Master Groundwater Depletion Curve Method), 2. *N*-day 방법, 3. 수정 *N*-day 방법, 4. 수평직선 분리법(Straight Line Method), 5. 가변경사법(Variable Slope Method) 등이 있다.

1. 주 지하수 감수곡선법

그림 3.7은 주 지하수 감수곡선법에 대한 설명을 나타낸다. 주 지하수 감수곡선법은 장기간 동안의 연속적인 유량측정값(그림 3.7a)을 시간에 따라 도시한 이후 유량이 감소하는 감수곡선 부분을 따라 분리하여 반대수좌표(Semi-log Plot)에 나열하고 이들에 대한 접선을 그린다(그림 3.7b). 반대수축에 그려진 직선의 접선을 다시 일반좌표(Cartesian Coordinate)에 옮겨 그려 주 지하수 감수곡선을 작성한다(그림 3.7c). 마지막으로 주 지하수 감수곡선을 어느 한 유출수문곡선의 감수곡선 부분에 겹쳐 두 곡선이 분리되기 시작하는 점을 구하고(그림 3.7d) 이 점을 직접유출이 종료되는 시점으로 가정한다.

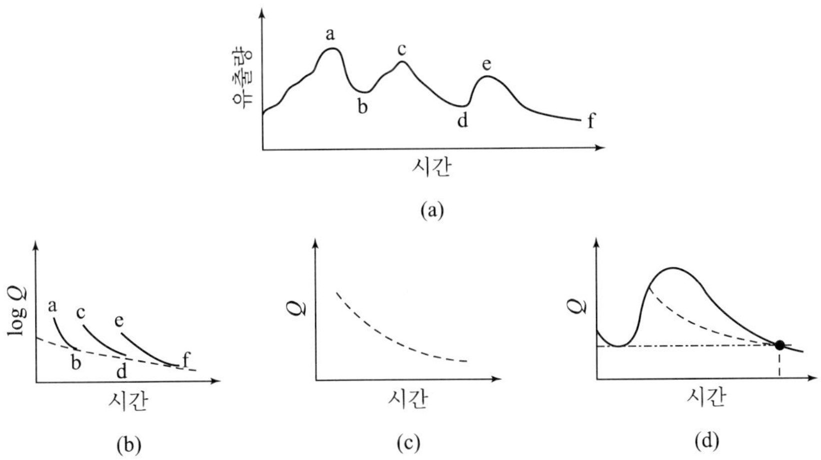

》 **그림 3.7** 주 지하수 감수곡선법

2. *N*-day 방법

그림 3.8a에 해당하는 장기간 동안의 연속적 유량측정값이 없는 경우에는 지수법칙에 기초하여 *N*-day 방법을 이용할 수 있다. 첨두가 발생한 이후 직접유출이 종료되는 시간(일 단위)을 N값으로 두고 다음과 같은 경험식으로 산정한다.

$$N = 0.827A^{0.2} \tag{3.10}$$

여기서 A는 km^2의 단위를 가지는 유역의 면적이다. N값이 결정된 이후에는 유출수문곡선이 상승하는 시점과 강우종료단계의 감수곡선 중 N일에 대응하는 시점을 연결하여 기저유출로 가정한다.

3. 수정 *N*-day 방법

이 방법은 무강우단계에 해당하는 구간에서 접선을 구하여 첨두발생시간까지 연장한 이후 강우종료단계의 감수곡선 중 *N*일에 대응하는 시점을 연결하여 직접유출과 기저유출을 분리하는 방법이다(그림 3.8b).

4. 수평직선 분리법

수평직선 분리법은 무강우단계에서 강우초기단계로 넘어가는 수문곡선 상승부 기점으로부터 수평선을 그어 강우종료단계의 감수곡선까지 연결하는 방법으로 매우 간단하다(그림 3.8c).

5. 가변경사법

가변경사법은 강우종료단계의 곡선을 반대수축 등에 도시하여 경사가 급변하는 변곡점 A와 B를 찾아 B의 접선으로부터 A에 해당하는 시간까지 직선으로 연결한다. 이후에는 강우초기단계의 시점까지 부드러운 곡선으로 연결하여 직접유출과 기저유출을 분리하는 방법이다(그림 3.8d).

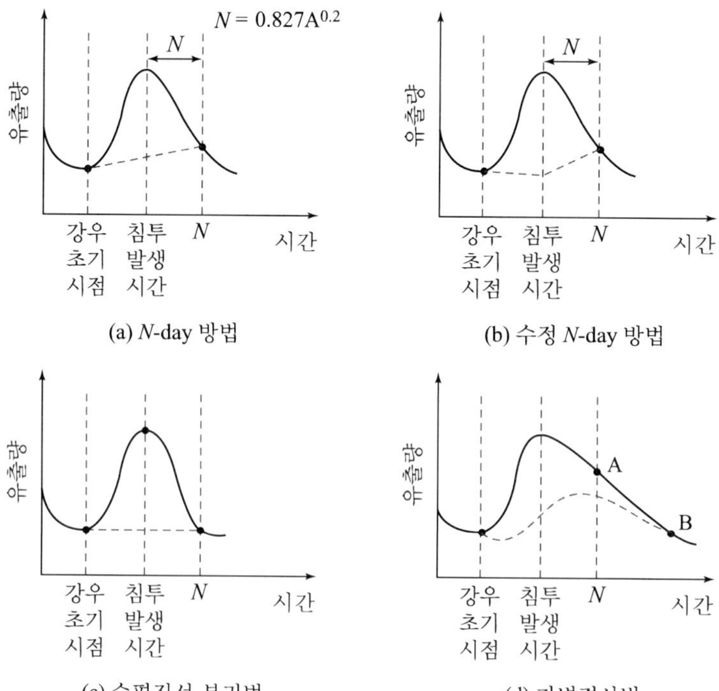

그림 3.8 수문곡선 분리를 통한 기저유출 산정

강우초기단계에 대해서 설명한 것과 같이 초기의 강우는 대부분 손실되며 직접유출에 기여하지 못한다. 따라서 전체 강우량으로부터 직접유출에 기여하는 강우량의 값을 산정하여야 하며 이 값을 유효강우량(Effective Rainfall)이라 한다. 다음 절에서는 유효강우량의 산정에 대해 설명한다.

3.2.3 유효강우량의 산정

실제 강우량 중 손실량을 제외하고 직접유출에 기여하는 강우량을 유효강우량(또는 초과강우량, Excessive Rainfall)이라 한다. 유효강우량은 자료가 충분한 경우에는 3.1.2절에서 살펴본 것과 같이 ϕ-지표법을 이용하여 계산할 수 있지만 유출량 자료가 부족한 경우에는 유역의 토양 및 지표 특성, 강우량조건 등을 고려하여 NRCS 방법으로 산정할 수 있다. NRCS 방법은 미국 자연자원보존국(Natural Resources Conservation Service)에서 개발한 유출곡선지수방법으로 선행강우에 따라 지표가 나타내는 특성을 고려하여 총강우량 중 유효강우량의 비율을 추정하는 방법이다. 각종 값은 아팔라치안 산맥 인근의 미국 동부 지역을 기본으로 보정되었다.

NRCS 방법은 유효강우량(P_e)이 총강우량(P), 유역의 최대잠재보유수량(Potential Maximum Retention, S), 유역 내 저류 및 직접유출 시작 이후의 장기손실(F_a), 증발산 및 초기침투에 의한 강우의 초기손실(I_a)과 다음과 같은 관계를 가진다는 가정으로부터 출발한다.

$$\frac{F_a}{S} = \frac{P_e}{P - I_a} \tag{3.11}$$

유효강우량의 정의에 따라 식 (3.12)를 만족시켜야 한다.

$$P_e = P - I_a - F_a \tag{3.12}$$

한편 NRCS는 초기손실과 장기손실 사이의 관계를 실험을 통해 제시하였다(식 3.13).

$$I_a = 0.2S \tag{3.13}$$

식 (3.11), 식 (3.12), 식 (3.13)을 연립하면 다음 식을 얻을 수 있다.

$$P_e = \frac{(P - 0.2S)^2}{P + 0.8S} \qquad \text{for} \quad P \geq 0.2S \tag{3.14}$$

따라서 식 (3.14)를 통해 유효강우량을 산정하기 위해서는 최대잠재보유수량 S에 대한 값을 알아야 한다.

NRCS는 유출곡선지수(Runoff Curve Number, CN)라는 개념을 제시하였다. CN은 완전불투수층에서 100의 값을 가지며 일반적인 자연지표에서는 100보다 낮은 값을 가지는 표준화된 무차원지표로 S와는 식 (3.15)와 같은 관계를 가진다.

$$\mathrm{CN} = \frac{25400}{S+254} \quad \text{or} \quad S = \frac{25400}{\mathrm{CN}} - 254 \tag{3.15}$$

식 (3.15)의 관계를 통해 총강우량과 유효강우량의 관계를 도시한 결과는 그림 3.9와 같다.

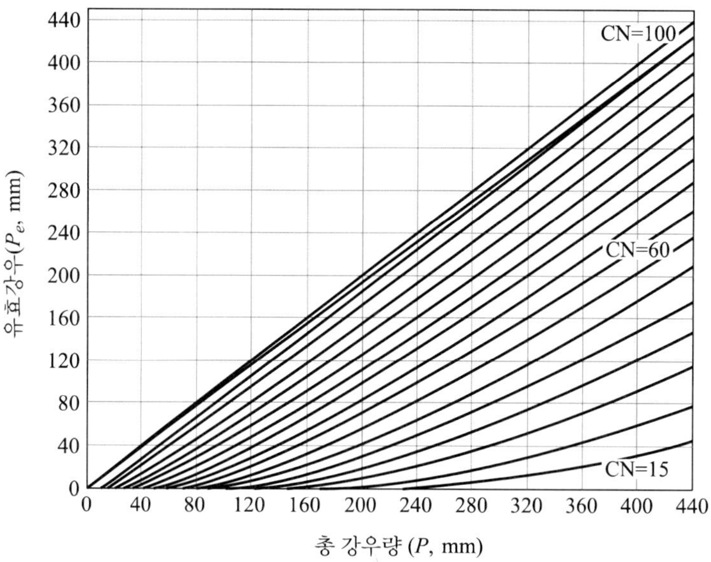

≫ **그림 3.9** 총강우량 – 유효강우량의 관계

그림 3.9 또는 식 (3.14)를 통해 유효강우량을 산정하기 위해서는 CN에 대한 값을 산정하여야 한다. CN에 대한 값을 산정하는 과정은 다음과 같다.

1. 대상유역을 포함하는 토양도를 통해 수문학적 토양군으로 소구획하고 유역도에 분포시킨다. 유역 내의 토양함수조건은 표 3.2와 같이 구분한다. 수문학적 토양분류는 4개의 그룹으로 토양군 A가 가장 큰 침투율과 낮은 유출을 보이며(모래, 자갈 등) D가 가장 낮은 침투율과 높은 유출률을 나타낸다(소성 점토 등).

표 3.2 NRCS 토양군의 분류

토양군	토양군 특성	투수율
A	- 다공성, 토양층 내에서 유체 이동이 활발한 토양 - 낮은 유출 특성 - 예) 심해 모래, 심해 퇴적물, 응집된 실트	≥ 40 μm/s
B	- 수분이 이동하는데 큰 제약이 없는 토양 - 중간 이하의 유출 특성 - 예) 얕은 퇴적물, 사양토	≥ 10 μm/s
C	- 침투율이 낮은 토양, 중간 이상의 유출 특성 - 예) 유기물 함량이 낮은 토양, 점토 성분이 많이 함유된 토양, 식양토, 얕은 사양토	≥ 1 μm/s
D	- 침투율이 매우 낮은 토양, 높은 유출 특성 - 습윤 상태에서 팽창할 가능성이 높은 토양 - 예) 염류 토양, 소성 점토	≤ 1 μm/s

2. 5일 선행강우량(P_5) 조건을 이용하여 유효강우를 산정하기 위해 분석 시점의 AMC (Antecedent Moisture Condition) 조건을 결정한다(표 3.3).

표 3.3 5일 선행강우에 따른 토양함수조건의 분류

AMC 조건	토양 특성	P_5 (mm)	
		비성수기 (Growing Season)	성수기 (Dormant Season)
I	- 수분함량이 낮음 - 유출률이 높음	$P_5 < 12.7$	$P_5 < 35.56$
II	- 수분함량이 보통 - 유출률이 보통	$12.7 < P_5 < 27.94$	$35.56 < P_5 < 53.34$
III	- 수분함량이 높음 - 유출률이 높은 상태	$P_5 > 27.94$	$P_5 > 53.34$

3. 대상유역 내의 토지이용상태를 토지이용도에 기초하여 소구획하고 유역도에 그려 넣는다. 토양군이 구획된 유역도와 겹쳐서 토지이용별 - 토양분류별 CN을 표 3.4와 표 3.5를 통해 결정한다. 표에서 제시되는 CN은 AMC II 조건에 해당하는 값이며 AMC I 또는 III 조건에 해당하는 경우는 아래 식을 통해 변환한다.

$$\mathrm{CN(I)} = \frac{4.2\mathrm{CN(II)}}{10 - 0.058\mathrm{CN(II)}} \tag{3.16}$$

$$\mathrm{CN(III)} = \frac{23\mathrm{CN(II)}}{10 + 0.13\mathrm{CN(II)}} \tag{3.17}$$

표 3.4 농경지역 및 산림지역의 CN

지표의 피복 상태		수문학적 상태	NRCS 토양군 분류			
토지 상태	경작 상태		A	B	C	D
휴경지	나지	-	77	86	91	94
	잔여물 존재	불량	76	85	90	93
		양호	74	83	88	90
논 (이랑 경작지)	등고선 경작	불량	70	79	84	88
		양호	65	75	82	86
	등고선 경작 잔여 피복	불량	69	78	83	87
		양호	64	74	81	85
	등고선 및 테라스 경작	불량	66	74	80	82
		양호	62	71	78	81
	등고선 및 테라스 경작 잔여 피복	불량	65	73	79	81
		양호	61	70	77	80
	경사 경작	불량	72	81	88	91
		양호	67	78	85	89
	경사 경작 잔여 피복	불량	71	80	87	90
		양호	64	75	82	85
밭 (조밀 경작지)	등고선 경작	불량	63	74	82	85
		양호	61	73	81	84
	등고선 경작 잔여 피복	불량	62	73	81	84
		양호	60	72	80	83
	등고선 및 테라스 경작	불량	61	72	79	82
		양호	59	70	78	81
	등고선 및 테라스 경작 잔여 피복	불량	60	71	78	81
		양호	58	69	77	80
	경사 경작	불량	65	76	84	88
		양호	63	75	83	87
	경사 경작 잔여 피복	불량	64	75	83	86
		양호	60	72	80	84
윤번초지 또는 조밀식재	경사 경작	불량	66	77	85	89
		양호	58	72	81	85
	등고선 경작	불량	64	75	83	85
		양호	55	69	78	83
	등고선 및 테라스 경작	불량	63	73	80	83
		양호	51	67	76	80
자연 목초지 또는 목장		불량	68	79	86	89
		보통	49	69	79	84
		양호	39	61	74	80
초지		양호	30	58	71	78
삼림		불량	45	66	77	83
		보통	36	60	73	79
		양호	25	55	70	77
숲		불량	48	67	77	83
		보통	35	56	70	77
		양호	30	48	65	73
숲 및 초지		불량	57	73	82	86
		보통	43	65	76	82
		양호	32	58	72	79

표 3.5 도시지역의 CN

<table>
<tr><th colspan="3">지표의 피복 상태</th><th colspan="4">NRCS 토양군 분류</th></tr>
<tr><th colspan="2">지표면의 종류</th><th>불투수층 면적 비율(%)</th><th>A</th><th>B</th><th>C</th><th>D</th></tr>
<tr><td colspan="7">완전히 개발된 지역</td></tr>
<tr><td colspan="7">A. 개활지(공원, 잔디, 골프장 등)</td></tr>
<tr><td rowspan="3">초지 피복률</td><td>< 50%</td><td rowspan="3">-</td><td>69</td><td>79</td><td>86</td><td>89</td></tr>
<tr><td>< 75%</td><td>49</td><td>69</td><td>79</td><td>84</td></tr>
<tr><td>> 75%</td><td>39</td><td>61</td><td>74</td><td>80</td></tr>
<tr><td colspan="3">B. 불투수 지역(포장된 주차장, 지붕, 도로 등)</td><td>98</td><td>98</td><td>98</td><td>98</td></tr>
<tr><td colspan="7">C. 도로</td></tr>
<tr><td colspan="2">포장도로(도로용지 불포함)</td><td rowspan="4">-</td><td>98</td><td>98</td><td>98</td><td>98</td></tr>
<tr><td colspan="2">포장도로(도로용지 포함)</td><td>83</td><td>89</td><td>92</td><td>98</td></tr>
<tr><td colspan="2">자갈도로</td><td>76</td><td>85</td><td>89</td><td>91</td></tr>
<tr><td colspan="2">흙 도로</td><td>72</td><td>82</td><td>87</td><td>89</td></tr>
<tr><td colspan="7">D. 도시지역</td></tr>
<tr><td colspan="2">상업지역</td><td>85</td><td>89</td><td>92</td><td>94</td><td>95</td></tr>
<tr><td colspan="2">공업지역</td><td>72</td><td>81</td><td>88</td><td>91</td><td>93</td></tr>
<tr><td colspan="7">E. 주거지역</td></tr>
<tr><td rowspan="6">지역의 크기</td><td>< 500 m^2</td><td>65</td><td>77</td><td>85</td><td>90</td><td>92</td></tr>
<tr><td>< 1,010 m^2</td><td>38</td><td>61</td><td>75</td><td>83</td><td>87</td></tr>
<tr><td>< 1,350 m^2</td><td>30</td><td>57</td><td>72</td><td>81</td><td>86</td></tr>
<tr><td>< 2,030 m^2</td><td>25</td><td>54</td><td>70</td><td>80</td><td>85</td></tr>
<tr><td>< 4,050 m^2</td><td>20</td><td>51</td><td>68</td><td>79</td><td>84</td></tr>
<tr><td>< 8,100 m^2</td><td>12</td><td>46</td><td>65</td><td>77</td><td>82</td></tr>
<tr><td colspan="7">현재 개발중인 지역</td></tr>
<tr><td colspan="3">A. 새로 조성된 지역(식생 없음)</td><td>77</td><td>86</td><td>91</td><td>94</td></tr>
</table>

4. 토지이용별 - 토양분류별로 나누어진 소구획들의 각 면적(A_i)와 유역의 전체 면적(A)를 구하고 면적을 가중치로 이용하여 유역 전체의 CN 평균값을 계산한다(식 3.18).

$$\mathrm{CN} = \frac{\sum(\mathrm{CN}_i A_i)}{A} \tag{3.18}$$

5. 식 (3.15)를 이용하여 최대잠재보유수량을, 식 (3.14)를 이용하여 유효강우량을 계산한다. 여기서 CN이 100에 해당되면 최대잠재보유수량이 0이 되어 전체강우량이 모두 유효강우량으로 산정되는 것을 알 수 있다.

3.2.4 소규모 유역의 첨두유출량 산정

첨두홍수량은 유역에서 일정한 시간동안 동일한 강우강도로 강우가 지속될 때, 유출량의 최대값을 의미한다. 경제적인 수리구조물 설계를 위해서 첨두홍수량의 정확한 산정은 매우 중요하다고 할 수 있다. 대부분의 경우 수리구조물 설계에 이용되는 설계홍수량과 동일한 개념으로 이해

된다. 소규모 유역을 대상으로 할 때, 첨두홍수량 산정을 위해 가장 널리 이용되는 방법으로는 합리식이 있다. Mulvaney(1850)에 의해 제안된 합리식(Rational Formula)은 논리적 근거를 통해 실제로 증명할 수 없다는 단점을 가지나, 사용이 간편하여 대부분의 소규모 유역의 우수관거 설계에 이용된다. 합리식의 적용에 있어 가장 유의할 점은 약 2.5 ~ 5 km^2 이하 소규모 유역에 적용가능하다는 점이다. 소규모 유역에 일정한 크기의 유효강우강도로 강우가 지속되다가 도달시간에 이르면 유역 내 모든 저류공간이 채워진다. 즉, 입력인 강우와 출력인 유출량이 같아지고, 첨두유량은 강우강도와 유역면적의 곱과 동일해진다. 이 때, 합리식에서 일컬어지는 도달시간은 최적 강우 지속기간을 도달시간으로 정의하며, 일반적인 도달시간의 정의와 차이가 있다. 합리식은 이러한 가정에서 출발하며, 자연상태에서 발생할 수 있는 손실을 고려하기 위해 1보다 작은 값을 가지는 유출계수 C가 곱해진 형태인 것이 확인된다(식 3.19).

$$Q = 0.2778\,CIA \tag{3.19}$$

여기서 Q는 첨두유출량 또는 첨두홍수량(m^3/s), C는 유출계수, I는 최적 강우지속기간의 강우강도(mm/hr), A는 유역면적(km^2)을 의미하며, 0.2778은 국제단위계로 환산하는 과정에서 얻어진 단위환산계수이다.

예제 3.3 10년 빈도 첨두홍수량이 140 mm/hr라고 할 때 유역면적이 10 km^{2}이고 유출계수가 0.65인 상업지구의 첨두홍수량을 산정하여라.

[풀이] 합리식을 이용하면 첨두유량은 다음과 같이 계산된다.

$$Q_p = 0.2779\,CIA = 0.2778 \times 0.65 \times 142 \times 10 = 256.4\ \mathrm{m^3/s}$$

합리식을 이용한 첨두홍수량 산정을 위해서 결정해야 하는 인자 중 유역면적(A)는 앞서 설명된 바와 같이 구적기를 이용하거나, 수치지도를 통해 얻을 수 있다.

강우강도(I)는 유역의 특성인 도달시간을 강우의 지속기간으로 가정하여 재현기간을 결정하여 얻는다. 강우강도 - 지속기간 - 재현기간(Intensity-Duration-Frequency, IDF) 관계 곡선으로부터 최소 자승법을 이용하여 최적의 곡선을 얻는다. IDF곡선으로부터 직접 강우강도를 구하면 강우의 재현기간이 식 속에 포함되며, 국토해양부(2011)는 2000년 연구에서 제시한 강우강도식을 개선한 전대수 다항식 형태의 식 (3.20)과 같은 확률 강우강도식을 유도하였다. 이 때, 분도 분석에서는 유역의 강우 양상을 일관되게 반영하고, 정상적인 형태의 확률강우량도 작성과 수식을 제시하기 위해서 지점별로 확률분포형보다는 다수 분포를 갖는 Gumbel 분포로 단일화하였다.

$$\ln(I) = a + b\ln(t) + c[\ln(t)]^2 + d[\ln(t)]^3 + e[\ln(t)]^4 + f[\ln(t)]^5 + g[\ln(t)]^6 \tag{3.20}$$

여기서 I는 강우강도(mm/hr), ln은 자연대수, a, b, c, d, e, f, g는 6차 다항식의 계수이고 t는 지속기간(시간, hr)이다. 지속기간별로 변화가 크지 않은 경우 4차 다항식으로도 충분히 표현이 가능하였으나 지속기간 전반에 걸쳐 정확도 높은 곡선식의 유도를 위해서는 6차식이 가장 적합하여 전 지점에 대하여 6차 다항식을 적합 시켰다.

다음은 식 (3.20)으로 추정한 서울지점의 확률강우강도식의 매개변수이다. 다른 주요지점에 대한 자료는 부록에 제시되어 있다.

표 3.6 서울 지점의 확률강도식 매개변수 (국토해양부, 2011)

Return Period (years)	Parameters						
	a	b	c	d	e	f	g
2	3.793	−0.457	−0.03515	−0.01057	0.00106	0.00022	−0.00001
3	3.965	−0.435	−0.04505	−0.01300	0.00221	0.00038	−0.00006
5	4.127	−0.418	−0.05279	−0.01456	0.00308	0.00046	−0.00009
10	4.299	−0.403	−0.05984	−0.01566	0.00377	0.00053	−0.00012
20	4.440	−0.392	−0.06532	−0.01647	0.00437	0.00056	−0.00013
30	4.513	−0.387	−0.06768	−0.01673	0.00458	0.00058	−0.00014
50	4.598	−0.382	−0.07027	−0.01721	0.00485	0.00061	−0.00015
70	4.649	−0.378	−0.07189	−0.01751	0.00506	0.00060	−0.00016
80	4.669	−0.377	−0.07260	−0.01746	0.00511	0.00060	−0.00016
100	4.701	−0.375	−0.07365	−0.01748	0.00519	0.00060	−0.00016
200	4.795	−0.371	−0.07659	−0.01748	0.00549	0.00056	−0.00016
300	4.845	−0.368	−0.07747	−0.01782	0.00558	0.00059	−0.00017
500	4.906	−0.365	−0.07902	−0.01791	0.00570	0.00060	−0.00017

이 때, T는 재현기간(년), t는 강우의 지속기간(min)이며, 상수 a, b, c, d는 지역별로 다른 값을 가지는 상수이다(표 3.6). 이와 달리, 경험식의 형태로 개발되어 실무에서 적용하는 강우강도식은 General형을 근간으로 한다(식 3.21).

$$I(t) = \frac{a}{t^n + b} \tag{3.21}$$

여기서, a, b, n은 지역마다 달라지는 상수이며, t는 지속기간(min)이다. 위 식 (3.21)에서 지역상수 n이 1일 경우에는 Talbot형에 해당하며, b가 0일 경우에는 Sherman형에 해당한다.

유출계수(C)는 유역의 토지 이용 상태 및 토지 피복도에 따라 달라지는 상수로, 표 3.7에서 제시된 값을 적용하며, 해당 유역 내에 다양한 토지 상태가 혼합된 경우에는 면적 가중을 적용하여 대표하는 유출계수를 산출한다(식 3.22).

$$C = \frac{\Sigma (C_i A_i)}{\Sigma A_i} \tag{3.22}$$

여기서, C_i와 A_i는 각각 토지 특성별로 구분된 유역 내 면적과 그에 해당하는 유출계수를 나타낸다.

표 3.7 토지 이용상태 및 재현기간별 유출계수(Chow 등, Applied Hydrology)

표면 특성		재현기간 (년)						
		2	5	10	25	50	100	500
개발 지구								
아스팔트		0.73	0.77	0.81	0.86	0.90	0.95	1.00
콘크리트/지붕		0.75	0.80	0.83	0.88	0.92	0.97	1.00
초지								
식물체 비율: 50% 이하								
경사	< 2%	0.32	0.34	0.37	0.40	0.44	0.47	0.58
	2~7%	0.37	0.40	0.43	0.46	0.49	0.53	0.61
	> 7%	0.40	0.43	0.45	0.49	0.52	0.55	0.62
식물체 비율: 50% 이상 75% 이하								
경사	< 2%	0.25	0.28	0.30	0.34	0.37	0.41	0.53
	2~7%	0.33	0.36	0.38	0.42	0.45	0.49	0.58
	> 7%	0.37	0.40	0.42	0.46	0.49	0.53	0.60
식물체 비율: 75% 이상								
경사	< 2%	0.21	0.23	0.25	0.29	0.32	0.36	0.49
	2~7%	0.29	0.32	0.35	0.39	0.42	0.46	0.56
	> 7%	0.34	0.37	0.40	0.44	0.47	0.51	0.58
미개발지구								
경작지								
경사	< 2%	0.31	0.34	0.36	0.40	0.43	0.47	0.57
	2~7%	0.35	0.38	0.41	0.44	0.48	0.51	0.60
	> 7%	0.39	0.42	0.44	0.48	0.51	0.54	0.61
목초지								
경사	< 2%	0.25	0.28	0.30	0.34	0.37	0.41	0.53
	2~7%	0.33	0.36	0.38	0.42	0.46	0.49	0.58
	> 7%	0.37	0.40	0.42	0.46	0.49	0.53	0.60
산림								
경사	< 2%	0.22	0.25	0.28	0.31	0.35	0.39	0.48
	2~7%	0.31	0.34	0.36	0.40	0.43	0.47	0.56
	> 7%	0.35	0.39	0.41	0.45	0.48	0.52	0.58

예제 3.4 10년 빈도 강우량이 140 mm/hr인 지역의 토지이용 현황과 해당지역의 유출계수가 다음과 같을 때 첨두홍수량을 계산하여라.

토지이용	면적	유출계수
상업지구	6	0.65
주거지구	3	0.46
공원	1	0.2

[풀이] 해당 토지이용별로 면적을 고려하면 유출계수는 다음과 같이 계산된다.

$$C = \frac{\sum_{i=1}^{3} A_i C_i}{\sum_{i=1}^{3} A_i} = \frac{6 \times 0.65 + 3 \times 0.45 + 1 \times 0.2}{6+3+1} = 0.545$$

첨두유출량은 합리식을 이용하여 다음과 같다.

$$Q_p = 0.2778 \cdot 0.545 \cdot 140 \cdot 10 = 212.0 \text{ m}^3/\text{s}$$

합리식 이외에도 첨두홍수량 계산을 위해 기 개발된 첨두유출량 산정식이 제시되어 있다.

1. 수정 가지야마 공식

$$Q = F(310 + R)\left(4 + \frac{A}{L^2}\right) A^{1.016 - 0.1135 \log_{10} A} \quad A < 42.19 \text{ km}^2 \text{인 경우} \tag{3.23a}$$

$$Q = 1.886 F(310 + R)\left(4 + \frac{A}{L^2}\right) A^{0.6784 - 0.0101 \log_{10} A} \quad A < 42.19 \text{ km}^2 \text{인 경우} \tag{3.23b}$$

여기서, F는 유역의 경사를 고려하기 위한 상수이며, R은 24시간 확률강우량(mm)을 뜻한다. A는 유역면적(km^2)이고, L은 유로 연장(km)이다.

2. 한장회 공식

$$Q = A S^{0.5}\left(0.169 - 0.0065 \frac{L^2}{A}\right) R \tag{3.24}$$

여기서 Q는 첨두홍수량(m^3/s), A는 유역면적(km^2), L은 하천길이(km), R은 유역의 최대 일강우량(mm), S는 하상경사이다.

3. 고재웅공식

고재웅공식을 통해서는 재현기간 T(년)에 해당하는 강우가 유역면적 A(km^2)에 내릴 때의 첨두홍수량(Q_m)을 얻는다.

$$Q_m = 15.5\,T^{0.22} A^{0.64} \quad (3.25)$$

4. 비유량법에 의한 산정

비유량법에 의한 첨두홍수량 산정은 건설교통부에서 제시한 단위면적당 연평균 최대홍수량을 구하는 경험식이다. 해당 방법은 우리나라의 미계측 유역의 첨두홍수량을 산정하기 위해 개발되었다.

$$q = \frac{11.25}{A^{0.25}} \quad (3.26)$$

여기서, q는 단위면적당 연평균최대홍수량($m^3/s/km^2$), A는 유역면적(km^2)이다.

3.2.5 도달시간

도달시간(Concentration Time, t_c)은 유역 출구지점부터 가장 먼 곳에 떨어진 강우가 하천으로 유입되어 유역 출구지점까지 도달하는 데 걸리는 시간이다(그림 3.10). 이 때, 유역 내에서 가장 먼 곳에 떨어진 강우를 기준으로 하는 이유는 출구지점에서 유출량이 최대가 되는 시간을 산정하기 위함이다. 도달시간은 유역의 특성을 나타내는 인자로, 도달시간에 이르면 유역 내 저류 공간이 모두 채워져 유역에 내린 강우가 모두 유출에 기여를 하게 된다.

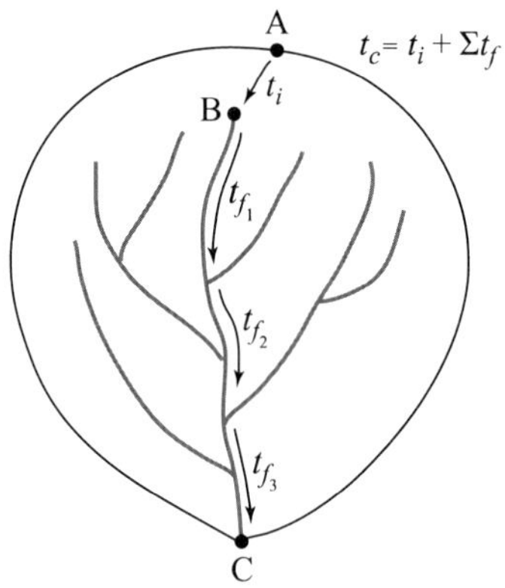

» **그림 3.10** 도달시간의 정의

도달시간은 유입시간(Inlet Time, t_i)과 유하시간(Flow Time, t_f)의 합으로 계산되는데(식 3.27), 유입시간은 가장 먼 곳에 떨어진 강우가 하도 내로 유입될 때까지 걸리는 시간을 말한다.

이에 따라 유역의 경사, 조도계수 같은 지표 상태와 주거지역이 밀집한 정도에 따라 영향을 받게 된다.

$$t_c = t_i + t_f \tag{3.27}$$

유역의 크기가 커질수록 유하시간이 오래 걸리기 때문에 유입시간의 영향을 무시할 수 있으나, 유역의 크기가 작아질수록 유입시간의 정확한 산정이 더욱 요구된다. Kerby는 유입시간을 산정하기 위한 식을 하천의 유역을 자연지역과 도시지역으로 분류하여 제시하였다[식 (3.28)]. 식 (3.28a) 및 식 (3.28b)를 통해 자연지역의 경우 유역평균경사를 고려하며, 도시하천유역에서는 표고차를 적용하고 있는 것이 확인된다.

$$t_i = 36.264\frac{(L \times n)^{0.467}}{S^{0.2335}} \tag{3.28a}$$

$$t_i = 36.264\left(\frac{L^{1.5} \times n}{H^{0.5}}\right)^{0.467} \tag{3.28b}$$

여기서, L은 표면에서 흐름의 거리(km), S는 유역의 평균 경사, H는 표고차(m), n은 조도계수를 나타낸다(표 3.8).

또 다른 유입시간 산정을 위한 공식으로, 미국 연방항공청에서 제시한 도달시간 공식이 있다(식 3.29).

$$t_i = \frac{0.994(1.1 - C)L^{0.5}}{S^{0.333}} \tag{3.29}$$

여기서 C는 합리식의 유출계수를 의미하며 S는 유역 내 지표면 경사(%)를 의미한다. 본래 비행장 내 배수 시스템의 설계 및 관리를 위해 개발되었으나 도시 유역의 유입시간 산정에 널리 이용되고 있다.

표 3.8 지표 상태에 따른 조도계수

자연하천유역		도시하천유역	
지표 상태	조도계수	지표 상태	조도계수
불투수성의 완만한 표면	0.02	포장지역	0.02
나지의 비포장 표면	0.10	거친 나대지	0.10
초지가 없는 나지의 거친 표면	0.20	거칠고 풀이 없는 지역	0.30
초지로 구성된 표면	0.40	잔디	0.40
낙엽으로 덮인 수목지역	0.60	나무나 풀이 빽빽한 지역	0.80
초지와 산림이 우거진 표면	0.80		

유하시간은 유입시간 이후에 하도 내로 유입된 유수가 하천을 따라 유역 출구지점까지 도달하는데 걸리는 시간이다. 우수관거로 유수가 유입될 경우에는 Manning공식을 통해 유속을 계산하여 유하시간을 얻으며, 자연하천에서는 여러 제시된 경험식을 이용하는 것이 일반적이다. 우수관거에서의 유하시간은 조도계수가 다른 구간을 구분하여 각 구간별 유하시간을 합하여 총 유하시간을 얻는다(식 3.30 및 그림 3.11).

$$t_f = \sum_{i=1}^{n} \frac{L_i}{V_i} \tag{3.30}$$

여기서 t_f는 유하시간(s), L_i는 우수관거 내 i번째 관거의 길이(m)를 나타내며, V_i는 해당 관거에서의 유속(m/s)을 의미한다. Manning공식을 적용하면 V_i는 식 (3.31)과 같다.

$$V_i = \frac{1}{n_i} R_i^{2/3} S_i^{1/2} \tag{3.31}$$

여기서 R_i와 S_i는 각각 i번째 관거의 동수반경과 경사를 뜻한다.

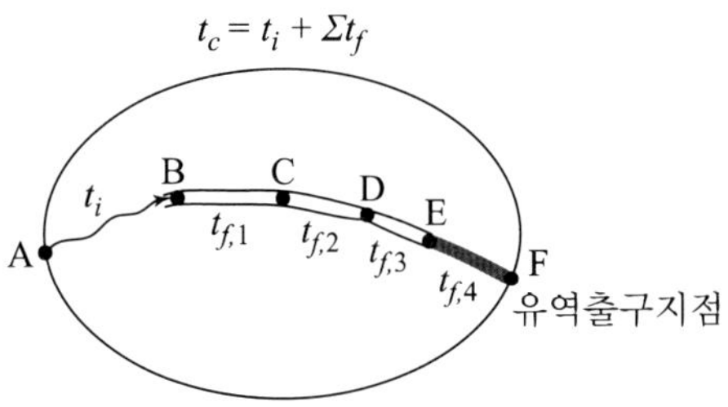

》 **그림 3.11** 유역 내 우수 관거에서의 도달시간 산정

자연하천을 대상으로 제시된 여러 경험식은 다음과 같다. Kirpich는 농경지의 소유역을 대상으로 하천의 길이와 유역경사의 비를 통해 유하시간을 산정하는 경험식을 제시하였다(식 3.32).

$$t_f = 3.976 \frac{L^{0.77}}{S^{0.385}} \tag{3.32}$$

이 때, L은 자연하천의 길이(km)이며, S는 유역의 경사를 뜻한다. 경험식을 통해 계산된 t_f는 분의 단위를 가진다.

자연하천 중 하천 경사가 1/200보다 큰 값을 가지는 상류부를 대상으로 개발된 경험식인 Rziha 공식은 식 (3.33)과 같다.

$$t_f = 0.833 \frac{L}{S^{0.6}} \tag{3.33}$$

SCS에서는 농경지유역을 대상으로 경험식을 개발하였다. 그러나, 8 km^2 이하의 도시 소유역에서도 비교적 합리적인 계산 결과를 나타내는 것을 확인하였다. 그러나 포장지역과 비포장지역이 혼합되어 존재하는 지역에서는 유하시간이 과대 산정되는 경향이 있는 것으로 알려져 있다(식 3.34).

$$t_f = 1.67 \frac{L^{0.8}(2540 - 22.86\mathrm{CN})^{0.7}}{0.56149\mathrm{CN}^{0.7} S^{0.5}} \tag{3.34}$$

여기서 CN은 유출곡선지수(Curve Number)를 의미한다.

Kraven은 자연하천을 대상으로 유역의 경사별로 다른 유속을 제시하며 유속과 하천길이의 비로 결정되는 합리식을 제안하였다.

$$t_f = 16.677 \frac{L}{V} \quad \text{for} \quad \begin{array}{ll} S \le 1/200 & V = 2.1 \\ 1/200 < S < 1/100 & V = 3.0\,\mathrm{m/s} \\ S \ge 1/100 & V = 3.5\,\mathrm{m/s} \end{array} \tag{3.35}$$

3.3 단위유량도

3.3.1 단위유량도의 개념 및 기본 가정

단위유량도(또는 단위도, Unit Hydrograph)는 짧은 지속시간을 가진 1 cm의 유효우량이 적용되었을 때 나타나는 직접유출량의 시간적 변화를 도시한 것이다. 직접유출량만을 도시하므로 기저유출은 무시되고 강우에 의한 영향만을 고려하게 된다. 단위유량도에서 가정하는 강우는 충분히 짧은 지속시간을 가지며 유역 전체에 균일하게 적용되는 것으로 본다. 짧은 지속시간을 가진 강우를 가정하는 과정을 통해 강우의 시간적 변화 및 분포는 무시되며 일정한 강우강도로 지속되는 것으로 볼 수 있다. 유역 전체에 균일하게 강우가 적용된다고 보는 만큼 면적이 2500 km^2보다 작은 유역에 사용하는 것이 바람직하다.

단위유량도에 의한 직접 유출수문곡선은 선행강우의 영향을 받지 않는 것으로 가정되는 것 이외에 다음 세 가지 기본 가정을 기본으로 한다.

1. 기저시간 일정에 대한 가정(Equal Base Time)

기저시간(Base Time, T_b)은 강우에 의해 직접유출이 발생하는 시점으로부터 강우 종료 이후 직접유출이 종료되는 시점까지의 시간을 이야기한다. 단위도를 적용하는 경우에는 하나의 유역에 지속시간이 동일하고 강우강도가 다른(따라서 총강우량이 다른) 강우가 발생하였을 경우에 두 강우조건에 따른 직접유출이 동일한 기저시간을 가지는 것으로 가정한다. 기저시간이 동일하다는 가정을 통해서는 첨두발생시간, 수문곡선의 전체적인 형상 등이 강우강도와 무관하게 같은 것으로 생각할 수 있다(그림 3.12).

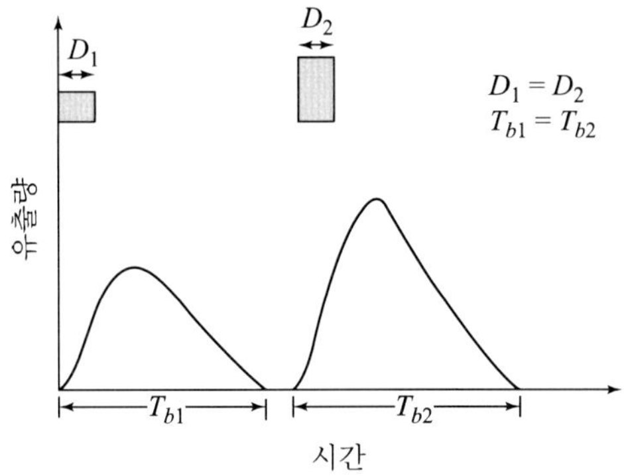

》 **그림 3.12** 기저시간 일정에 대한 가정

2. 비례에 대한 가정(Proportionality)

그림 3.13은 비례에 대한 가정을 도시한 것이다. 동일한 지속시간의 유효강우가 서로 다른 강우량을 가진 경우 직접유출수문곡선은 같은 형상을 유지한 채 유출량만 비례하여 변화한다는 가정이다.

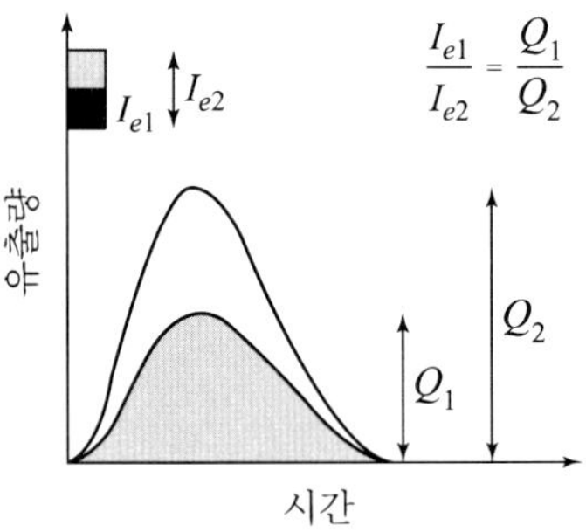

》 **그림 3.13** 비례에 대한 가정

3. 중첩에 대한 가정(Superposition)

서로 다른 강우가 서로 다른 시간에 발생한 경우 직접유출은 각각의 강우에 따라서 개별적으로 발생하게 되고 두 강우 모두의 영향을 보기 위해서는 각각의 직접유출수문곡선을 중첩시켜 보면 된다는 가정으로 그림 3.14에서 개략적으로 설명된다.

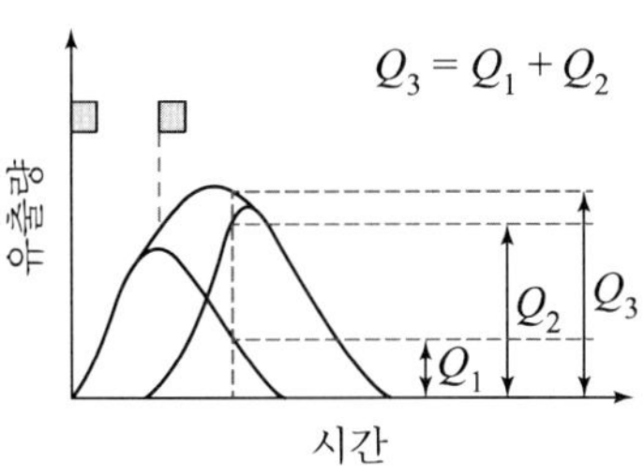

》 **그림 3.14** 중첩에 대한 가정

3.3.2 단위도의 유도

단위도의 유도과정은 다음과 같다.

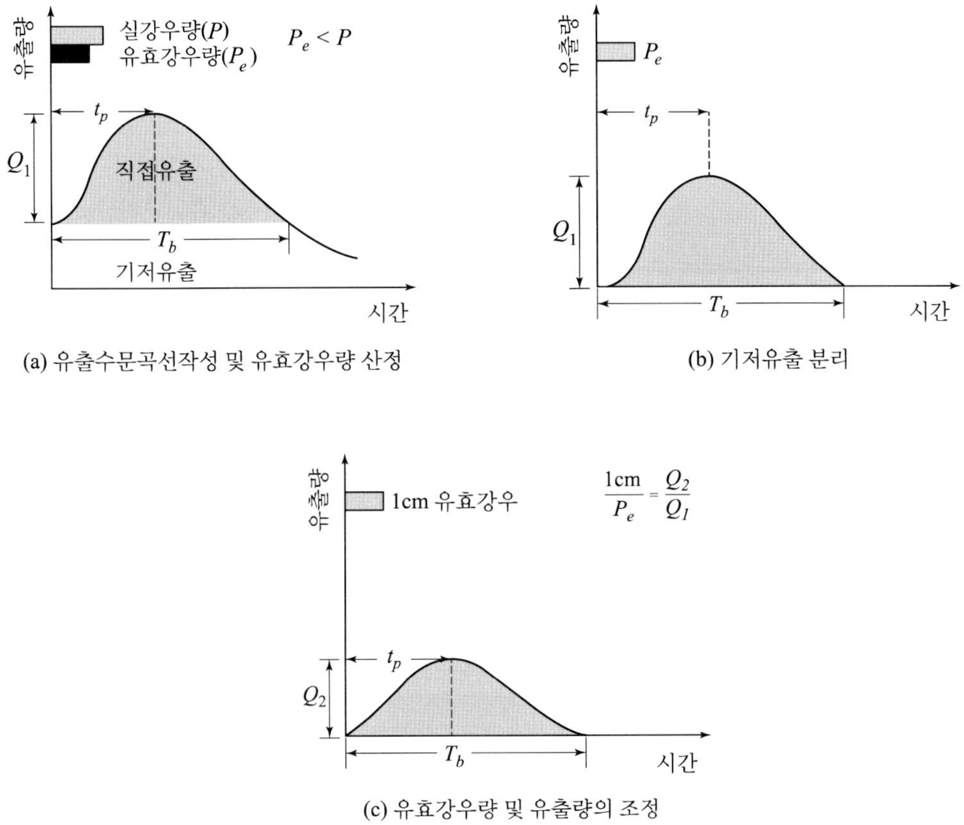

» **그림 3.15** 단위도의 유도과정

1. 유출수문곡선의 작성 및 유효강우량 산정

단위도를 유도하는 가장 첫 번째 과정은 실제 측정된 자료를 통해 어느 한 강우사상에 따른 유출수문곡선을 작성하는 것이다(그림 3.15a). 이때 실측 강우량은 총강우량을 의미하므로 직접유출에 기여한 강우량(유효강우량)을 3.1.2, 3.2.3절에서 기술된 내용인 ϕ 지표법 또는 NRCS 방법 등을 토대로 산정해야 한다.

2. 유출수문곡선의 분리

3.2.2절에서 기술된 유출수문곡선의 분리방법을 이용하여 실제 유출량 자료 중 직접유출에 해당하는 부분을 분리한다(그림 3.15b). 이를 통해서 유효강우량에 따른 유역의 직접유출수문곡선

의 작성이 완료된다.

3. 유효강우량 및 유출량의 조정

단위도는 유효강우 1 cm의 사상에 대한 직접유출수문곡선을 의미한다. 1.과 2.의 과정에서 이용된 유효강우를 1 cm의 유효강우로 변환하고 이에 따른 직접유출수문곡선을 작성한다. 유효강우량 조정에 따른 유출수문곡선의 조정은 비례에 대한 가정을 이용하여 이루어진다(그림 3.15c).

4. 3.의 과정을 통해 작성된 유출수문곡선의 아래 면적을 구하여 전체 유량이 1 cm 강우량에 해당하는지(유역면적 × 1 cm)를 검토하고 이를 만족시키도록 곡선의 형태를 조정한다. 이 과정이 완료된 이후에는 해당 유역의 대표단위도를 제시할 수 있다.

예제 3.5 유출량 및 강우량과 침투량 정보를 이용하여 3시간 단위유량도를 도출해라. (단, 침투량은 0.5 cm/hr로 일정하다.)

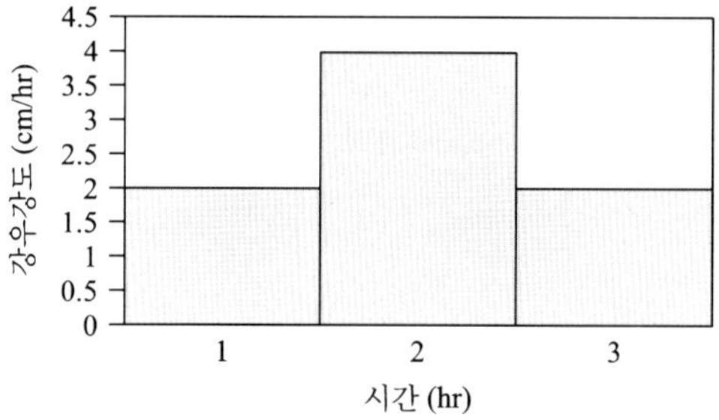

시간 (hr)	0	1	2	3	4	5	6	7	8	9	10	11
Q (m³/s)	10	10	20	70	100	80	70	50	40	30	15	10

[풀이] 우선 유효강우량을 찾아야 한다. 침투량이 0.5 cm/hr로 일정하므로 유효강우량은 3시간 동안 6.5 cm가 된다. 단위유량도는 총 강우량이 1 cm인 경우이다. 표의 유효강우량은 6.5 cm이므로 유효유량에 6.5를 나누어야 한다. 기저유출량 분리는 직선분리법으로 10 m^3/s로 가정한다.

시간 (hr)	유량 (m^3/s) (1)	기저유량 (m^3/s) (2)	유효유출량 (m^3/s) (3) = (1) − (2)	3시간 단위유량도 (m^3/s) (4) = (3)/6.5
0	10	10	0	0.00
1	10	10	0	0.00
2	20	10	10	1.54
3	70	10	60	9.23
4	100	10	90	13.85
5	80	10	70	10.77
6	70	10	60	9.23
7	50	10	40	6.15
8	40	10	30	4.62
9	30	10	20	3.08
10	15	10	5	0.77
11	10	10	0	0.00

유량(1)에서 직선분리법으로 기저유량(2)을 제거하면 유효유량(3)이 된다. 이때 유효유량(3)은 단위유량도가 아니기 때문에 6.5를 나누어 3시간 단위유량도(4)를 만든다. 위의 표를 그래프로 도시한 결과는 다음과 같다.

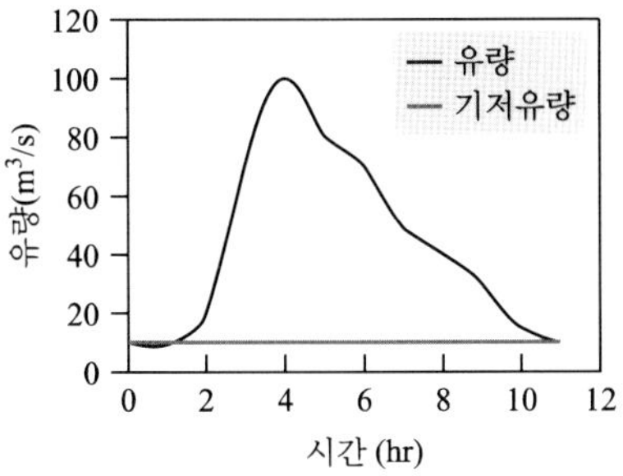

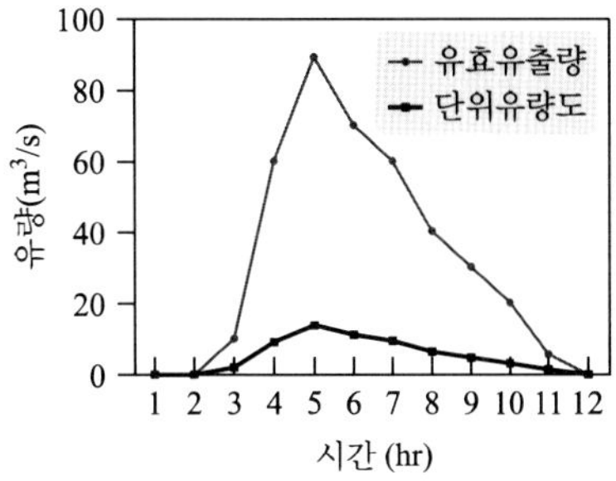

3.3.3 강우지속시간의 변경

3.3.2에서 설명한 대표단위도는 길지 않은 임의의 시간을 강우지속시간으로 가진 1 cm 유효강우에 대한 단위도이다. 따라서 다른 지속시간의 강우에 대한 단위도를 유도할 수 있어야 다양한 강우조건에 부합하는 단위도를 만들 수 있다. 본 절에서는 정수배법과 S-곡선법을 이용하여 다양한 강우지속시간에 대한 단위도 유도를 설명한다.

1. 정수배법

정수배법은 대표단위도의 강우지속시간을 정수배하여 확장하여 다양한 강우지속시간에 대한 유출수문곡선을 유도하는 과정이다. 대표단위도로부터 강우지속시간을 증가시킬 때 주로 이용하는 방법으로 지체 - 중첩방법이라고도 불린다. 하지만 단위도라는 것이 1 cm 유효강우에 대한 유출수문곡선을 작성하는 것인 만큼 비례에 대한 가정 역시 이용된다.

두 시간 지속시간을 가진 1 cm 유효강우에 대한 대표단위도로 가지고 있는 경우의 예를 들어 정수배법에 대해 살펴보자(그림 3.16 참고). 두 시간 강우 단위강우가 연속하여 2회 발생하였다고 가정하는 경우에는 각각의 강우에 대한 유출수문곡선을 2시간을 지체시켜 작성할 수 있다(그림 3.16의 ①과 ②곡선). 두 개 곡선을 중첩시키면 4시간 지속시간을 가진 2 cm 유효강우에 대한 유출수문곡선을 유도할 수 있다(그림 3.16의 ③곡선). 이 곡선에 대해 비례의 가정을 적용하여 0.5배(1 cm/2 cm) 하면 4시간 지속시간을 가진 1 cm 유효강우(강우강도 0.25 cm/hr)에 대한 단위도(그림 3.16의 ④곡선)를 얻을 수 있다.

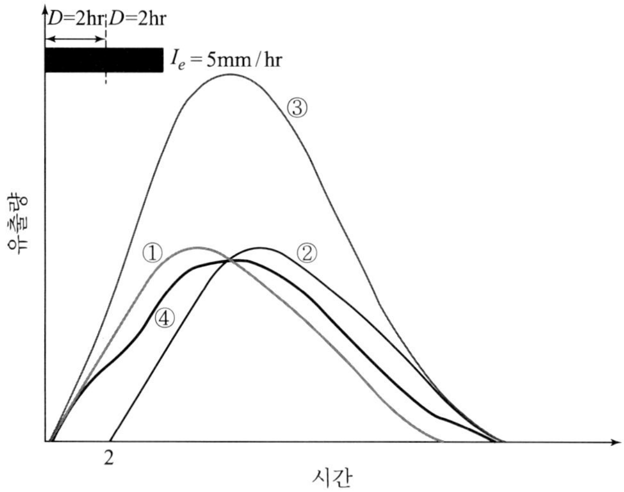

» **그림 3.16** 정수배법을 이용한 지속시간의 변경

예제 3.6 다음 1시간 단위유량도를 이용하여 3시간 단위유량도를 유도하라.

시간 (hr)	1시간 단위도
0	0
1	2
2	4
3	8
4	6
5	4
6	2
7	0

[풀이] 3시간 단위유량도를 산정하면 다음과 같다.

시간 (hr)	1시간 단위도 (1)	1시간 지체된 단위도 (2)	2시간 지체된 단위도 (3)	전체 유량도 (4) = (1) + (2) + (3)	3시간 단위도 (5) = (4)/3
0	0			0	0
1	2	0		2	0.67
2	4	2	0	6	2
3	8	4	2	14	4.67
4	6	8	4	18	6
5	4	6	8	18	6
6	2	4	6	12	4
7	0	2	4	6	2
8		0	2	2	0.67
9			0	0	0

1시간 단위유량도인 (1)을 1시간, 2시간 지체시킨 결과 (2), (3)과 같이 나온다. 이 값들을 합산한 표가 3시간 유량도 (4)가 되며 이를 3시간으로 나누면 3시간 단위도인 (5)가 된다.

2. S-곡선법

정수배법이 대표단위도의 유효우량보다 지속시간이 긴 강우에 대한 단위도만을 유도하는 과정인 것에 비해 S-곡선법은 보다 다양한 상황에 적용이 가능하며 지속시간을 감소시켜 단위도를 유도하는 과정까지 가능하다. 이 방법이 S-곡선법인 이유는 동일 강도로 쉬지 않고 강우가 발생하는 경우에 대해 단위유량도를 이용하여 유출수문곡선을 산정하였을 때 부드러운 S형태의 곡선(S-수문곡선)을 나타내기 때문이다(그림 3.17 참고). 즉 동일한 수문곡선이 지속적으로 중첩될 때 어느 시점을 지나며 평형상태에 도달하고 이후에는 직선형의 평형유출량(Equilibrium Outflow, Q_e)을 보이게 되는 것이다. 강우의 지속시간이 D이고 기저시간을 T_b라고 생각하면 평형유출량 Q_e는 T_b/D개의 단위도가 중첩되어 나타나는 강우와 유출의 평형상태로 생각할 수 있다. 즉 내리는 비의 전부가 유출로 기여하고 있는 상황으로 가정할 수 있다. 이 가정 아래, D 강우지속시간 1 cm 유효강우의 강우강도는 $1/D$에 해당하므로 식 (3.36)을 유도할 수 있다.

$$Q_e = \frac{1(\text{cm})}{D(\text{hr})} \times A(\text{km}^2) = 2.78\frac{A}{D} \quad (\text{m}^3/\text{s}) \tag{3.36}$$

여기서 A는 km^2의 단위를 가지는 유역의 면적이다.

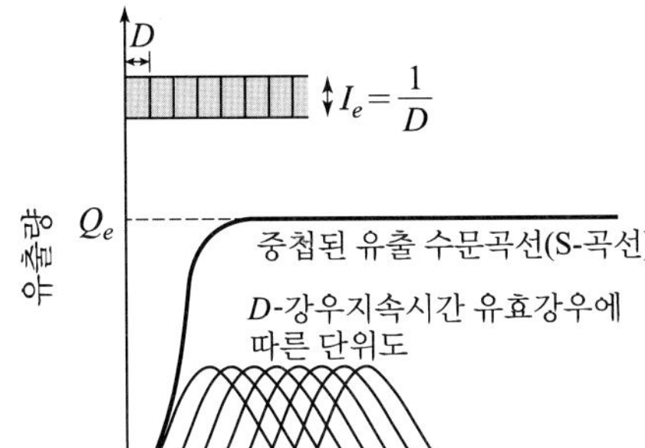

» **그림 3.17** S-수문곡선의 개념

S-수문곡선이 유도된 이후에는 다음 절차에 의해 t-강우지속시간 1 cm 유효강우량에 따른 단위도를 유도할 수 있다(그림 3.18 참고).

① D-강우지속시간에 따른 S-수문곡선을 도시한다(그림 3.18 ①곡선).

② 동일한 S-수문곡선을 t시간만큼 지체시켜 그래프에 도시한다(그림 3.18 ②곡선).

③ ①의 과정에서 나타난 S-수문곡선으로부터 ② 과정의 S-수문곡선을 빼서 t-강우지속시간에 따른 유출수문곡선을 유도한다. 이때 유도된 유출수문곡선은 t-강우지속시간 t/D cm의 유효강우량에 따른 시간별 유출을 나타내는 곡선이다(그림 3.18 ③곡선).

④ 1 cm 유효강우에 따른 유출량인 단위도를 생성하기 위해 ③ 과정에서 도출된 유출수문곡선에 D/t 곱해(비례의 가정) t-강우지속시간 1 cm 유효강우에 대한 단위도를 유도할 수 있으며 D-강우지속시간 S-수문곡선으로부터 유도된 점을 나타내어 일반적으로 UH(t, D)로 표기한다.

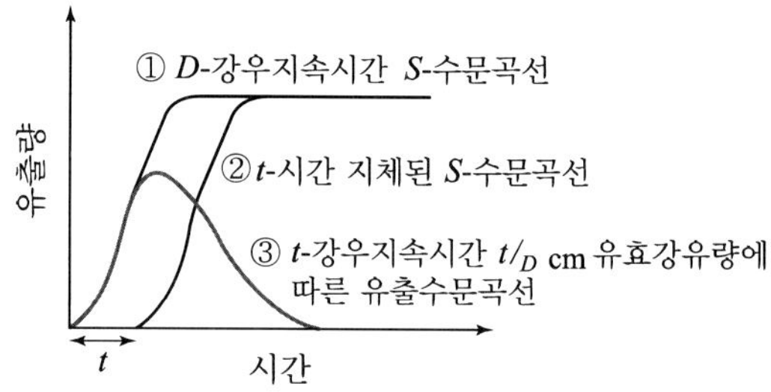

≫ **그림 3.18** t–강우지속시간 단위도의 유도

예제 3.7 다음은 2시간 단위유량도이다. S–곡선법을 사용하여 3시간 단위유량도를 유도하여라.

시간 (hr)	0	1	2	3	4	5	6	7	8	9
U (m³/s)	0	10	30	45	35	25	13	10	5	0

[풀이] (1)을 합성하여 (2)를 작성한다. (1)과 (2)를 합하여 2시간 S-곡선인 (3)을 만든다.
구하려고 하는 3시간 단위도를 구하기 위해서 S-곡선을 구하는 시간만큼 지체시킨다. S-곡선을 지체시켜 구한 값이 (4)가 된다. S-곡선과 지체된 S-곡선의 종거차 (5)에 2/3를 곱한 값 (6)이 되며 이는 3시간 단위유량도가 된다.

시간 (hr)	2시간 단위유량도 (1)	2시간 지체된 2시간 단위유량도 (2a)	4시간 지체된 2시간 단위유량도 (2b)	(1) + (2a) + (2b) + …	S-곡선 (3)	3시간 지체시킨 S-곡선 (4)	(5) = (3) − (4) (5)	3시간 단위유량도 = (5) × 2/3 (6)
0	0			0	0		0	0.0
1	10			10	10		10	3.3
2	30	0		30	30		30	10.0
3	45	10		55	55	0	55	18.3
4	35	30	0	65	65	10	55	18.3
5	25	45	10	80	80	30	50	16.7
6	13	35	30	78	85	55	30	10.0
7	10	25	45	90	90	65	25	8.3
8	5	13	35	83	90	80	10	3.3
9	0	10	25	90	90	85	5	1.7
10		5	13	83	90	90	0	0.0
11		0	10	80	90	90	0	0.0
12			5	53	90	90	0	0.0

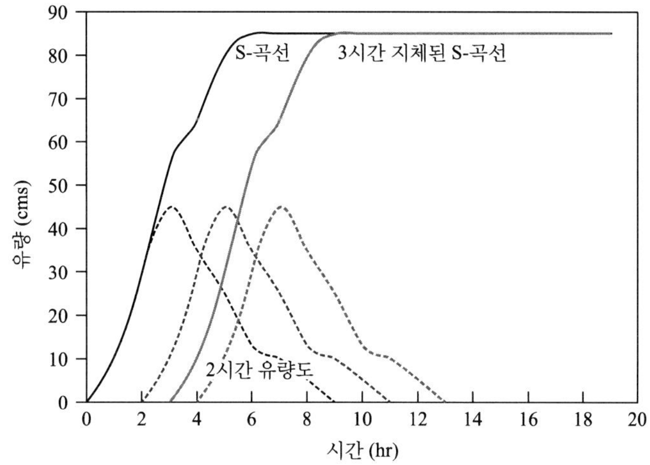

3. 수문곡선의 결합

단위유량도는 강우로 인한 유출량을 유도하기 위해 사용되는 개념이다. 이를 위해서는 단위유량도와 시간별로 발생하는 초과강우량을 결합하여 계산하는 과정이 필요한데 이러한 과정을 수문곡선의 결합(Convolution)이라고 표현한다. 수문곡선을 유도하기 위한 이산 형태는 다음 수식으로 표현된다.

$$Q_n = \sum_{i=1}^{n} P_i U_{n-i+1}$$

또는

$$Q_n = P_n U_1 + P_{n-1} U_2 + P_{n-2} U_3 + \cdots + P_1 U_j$$

여기서, P_n은 초과 강우량이고, U_j는 단위유량도에서 j시간에서의 유량을 의미한다.

예제 3.8 다음은 어떤 유역의 1시간 단위유량도이다. 강우강도와 침투량이 다음 표와 같이 주어져 있을 때 유출곡선을 유도하여라.

시간 (hr)	0	1	2	3	4	5	6	7	8
i (cm/hr)	0	2.0	2.5	5.0	2.0				
f (cm/hr)	0	1.0	0.8	0.7	0.5				
U (m^3/s)	0	43	77	102	88	67	46	20	0

[풀이] 유출곡선을 작성하기 앞서 시간별 유효 강우강도를 구해야 한다.
유효 강우강도는 강우강도에서 침투량을 뺀 값으로 $i-f$로 구한다.

$$[P_1,\ P_2,\ P_3,\ P_4] = [1.0,\ 1.7,\ 4.3,\ 1.5]$$

유효강우강도와 단위도를 이용한 유출곡선 작성결과는 아래 표와 같다.

시간 (hr)	UH	P_1U_n	P_2U_n	P_3U_n	P_4U_n	Q (m³/s) ΣP_iU
0	0	0				0
1	43	43	0			43
2	77	77	73.1	0		150.1
3	102	102	130.9	184.9	0	417.8
4	88	88	173.4	331.1	64.5	657
5	67	67	149.6	438.6	115.5	770.7
6	46	46	113.9	378.4	153	691.3
7	20	20	78.2	288.1	132	518.3
8	0	0	34	197.8	100.5	332.3
9			0	86	69	155
10				0	30	30
11					0	0

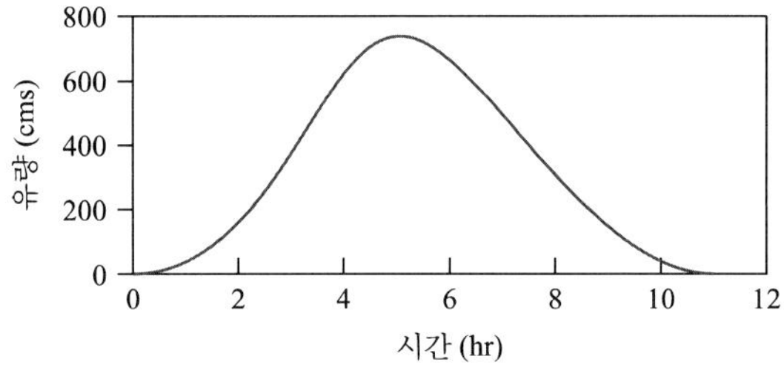

3.3.4 순간단위도

3.3.3절에서 유도한 단위도는 일정한 지속시간을 가지는 강우에 대한 유출수문곡선이다. 본 절에서는 지속시간이 0에 가까운 순간적인 강우가 발생하였다는 가정 하에서의 단위도인 순간단위도(Instantaneous Unit Hydrograph, IUH)를 유도한다. 실제 1 cm의 강우가 순간적으로 내리는 상황은 거의 없겠지만 수문곡선에 대한 이해와 다양한 응용을 위해 순간단위도에 대한 이해가 필요하다.

순간단위도를 유도하는 과정은 S-곡선법에 기초한다. UH(t, D)는 S-수문곡선(S_D)과 t시간 지체된 S-수문곡선(S_{D-t})을 기본으로 유도되며 다음 식과 같이 표현할 수 있다(그림 3.19 참고).

$$\mathrm{UH}(t,\ D) = \frac{D}{t}\left(S_D - S_{D-t}\right) \tag{3.37}$$

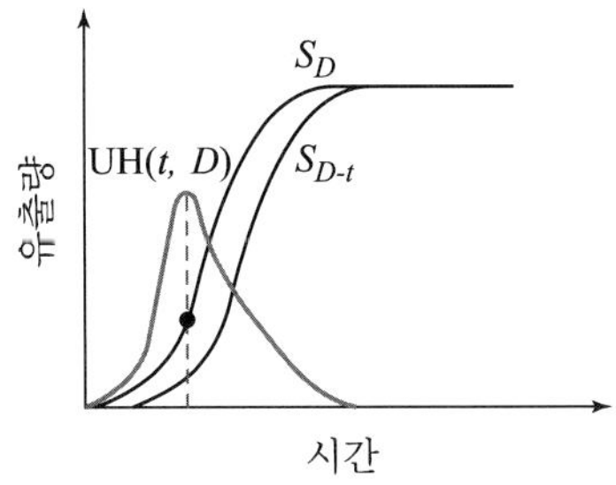

≫ **그림 3.19** 순간단위도의 이해

만약 지체된 시간 t가 0에 수렴할 정도로 작아진다고 가정한다면 위 식을 미분방정식으로 나타낼 수 있으며 다음과 같다.

$$\mathrm{UH}(dt,\ D) = \mathrm{UH}(0,\ D) = D\frac{dS_D}{dt} \tag{3.38}$$

즉 S-수문곡선의 경사에 따른 함수로 생각할 수 있으며 S-수문곡선의 변곡점에서 첨두유출량을 나타낸다는 점을 알 수 있다.

순간단위도가 유도되었다면 다양한 지속시간을 가진 단위도를 간편하게 유도할 수 있다. 순간단위도에서 가정하는 강우가 지속시간이 0에 가까운 것인 만큼 강우지속시간에 대한 영향을 배제할 수 있다. 작성된 순간단위도를 t시간만큼 지체시키고 중첩시킨다면 t시간 간격을 가진 두 개의 1 cm 유효강우에 따른 직접유출수문곡선으로 생각할 수 있다. 이를 다시 평균하면 t-강우지속시간 1 cm의 유효강우에 따른 유출수문곡선으로 생각할 수 있고 t-시간 단위도가 된다(그림 3.20 참고).

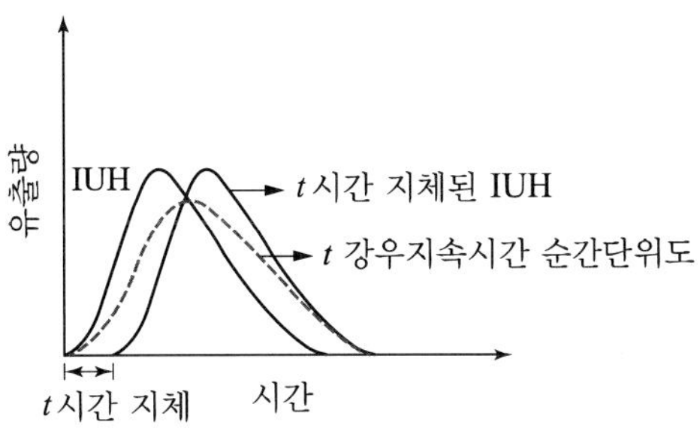

≫ **그림 3.20** 순간단위도를 이용한 단위도의 유도

3.3.5 합성단위도

단위도는 강우와 유출에 대한 측정자료가 있는 경우에만 유도가 가능하다. 하지만 유역에서의 유출에 대한 측정자료가 현재까지도 충분히 수집되지 않은 경우가 많다. 따라서 미계측 유역에

대한 유출수문곡선을 작성하기 위해서는 다양한 가정과 함께 경험적인 방법을 적용하는 과정이 필요하다. 본 절에서는 이러한 상황에서의 유출수문곡선을 작성하는 합성단위도에 대한 내용을 제시한다. 다양한 합성단위도 중 실무에서 주로 이용되는 Snyder 합성단위법, SCS 합성단위도법에 대해 소개한다.

1. Snyder 합성단위도법

그림 3.21은 단위도의 대략적인 형태를 나타낸다. 이 때 강우의 중심으로부터 첨두발생까지의 시간인 지체시간 t_p, 첨두유출량 Q_p, 각각 첨두유출량의 75%와 50%에 해당하는 유출량 발생시간 간격인 W_{75}와 W_{50}, 기저시간 T_b를 결정할 수 있다면 단위도의 형태를 결정하고 D시간 1 cm 유효강우에 따른 유출수문곡선을 유도할 수 있다. 각각의 변수를 결정하는 방법은 다음과 같다.

지체시간 t_p(hr)는 다음 식에 의해 결정된다.

$$t_p = C_t (LL_c)^{0.3} \tag{3.39}$$

여기서 C_t는 1.4에서 1.7의 값을 가지는 계수, L은 km 단위의 유역 경계에서 유출점까지의 본류길이, L_c는 km 단위로 유출점에서 유역의 무게중심까지의 본류길이를 의미한다.

첨두유출량 Q_p(m^3/s)는 유역의 면적과 지체시간의 함수로서 다음과 같다.

$$Q_p = C_p \frac{A}{t_p} \tag{3.40}$$

C_p는 저류계수로서 1.5～1.9의 값을 가진다. A는 km^2의 단위인 유역면적이다.

첨두유출량의 75%와 50%에 해당하는 유출량 발생시간 간격인 W_{75}와 W_{50}은 다음 식에 의해 결정한다.

$$W_{75} = 1.22\left(\frac{Q_p}{A}\right)^{-1.08} \tag{3.41}$$

$$W_{50} = 2.14\left(\frac{Q_p}{A}\right)^{-1.08}$$

기저시간 T_b(day 또는 hrs)는 지체시간의 함수로 다음과 같다.

$$T_b\,(\text{day}) = 3 + \frac{3t_p}{24} \tag{3.42a}$$

$$T_b\,(\text{hrs}) = 4t_p \tag{3.42b}$$

Snyder 합성단위도법에서의 강우는 1 cm의 유효강우량만 제시될 뿐 강우지속시간 D(hr)는 지체시간을 통해 계산된다.

$$D = \frac{t_p}{5.5} \tag{3.43}$$

즉 단위도를 형성하는 강우지속시간이 유역의 특성에 따라 달라지며 임의 지속시간(D', hr) 강우에 따른 단위도는 식 (3.44)를 통해 지체시간을 조정하고 식 (3.39), 식 (3.40), 식 (3.42)의 t_p를 $t_p{}'$으로 교체하여 계산한다.

$$t_p{}' = t_p + \frac{1}{4}(D' - D) \tag{3.44}$$

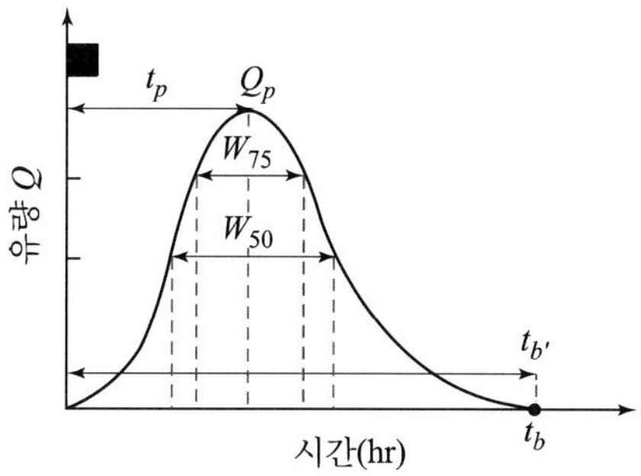

» **그림 3.21** Snyder 합성단위도법

예제 3.9 Snyder 방법을 이용하여 다음과 같은 특성을 가지고 있는 유역의 단위유량도를 유도하고 그래프로 그려라.

$$C_t = 1.6,\quad L = 30\text{ km},\quad C_p = 1.7,\quad L_c = 17\text{ km}$$

[풀이] 식 (3.39)로부터 $t_p = C_t(LL_c)^{0.3} = 1.6 \times (30 \times 17)^{0.3} = 10.38\text{ hr}$

식 (3.40)으로부터 $Q_p = C_p \dfrac{A}{t_p} = 1.7 \times \dfrac{250}{10.38} = 40.94\text{ m}^3/\text{s}$

이 유역의 기저시간은 단위가 시간이므로 식 (3.42b)를 이용한다.

$$T_b = 4t_p = 4 \times 10.38 = 41.51\text{ hr}$$

그리고 강우시간은 식 (3.43)을 통하여 다음과 같이 구한다.

$$D = \frac{t_p}{5.5} = \frac{10.38}{5.5} = 1.89\text{ hr}$$

마지막으로 snyder의 합성단위도법은 원점(0,0)과 첨두유량점(t_p, Q_p), 기저시간점(T_b,0) 등 3개의 점을 연결하여 단위도를 스케치하는 방법이다. 하지만 이 방법으로만 스케치하기에는 주관성이 너무 많이 개입되므로 첨두유출량의 75%와 50%에 해당하는 유출량 발생시간 간격인 W_{75}와 W_{50}을 추가한다.

W_{75}, W_{50}는 식 (3.41)을 통하여 구할 수 있다.

$$W_{75} = 1.22\left(\frac{40.94}{250}\right)^{-1.08} = 8.61\text{ hr} \qquad W_{50} = 2.14\left(\frac{40.94}{250}\right)^{-1.08} = 15.1\text{ hr}$$

$$T_p = t_r + D/2 = 10.38 + 1.89/2 = 11.3\text{ hr}$$

$$(0,\ 0)$$

$$(T_p - W_{50}/3,\ 0.5Q_p) = (11.3 - 15.1/3\text{ hr},\ 0.5 \times 40.94\text{ m}^3/\text{s})$$

$$(T_p - W_{75}/3,\ 0.75Q_p) = (11.3 - 8.61/3\text{ hr},\ 0.75 \times 40.94\text{ m}^3/\text{s})$$

여기서 첨두유출량의 75% 및 50% 유출량 발생시점은 곡선의 모양을 고려하여 첨두 발생시점 이전과 이후 간격을 1 : 2로 가정하였다.

$$(T_p,\ Q_p) = (11.3\text{ hr},\ 40.94\text{ m}^3/\text{s})$$

$$(T_p + W_{75} \times 2/3,\ 0.75Q_p) = (11.3 + 8.61/3\text{ hr},\ 0.75 \times 40.94\text{ m}^3/\text{s})$$

$$(T_p + W_{50} \times 2/3,\ 0.5Q_p) = (11.3 + 15.1 \times 2/3\text{ hr},\ 0.5 \times 40.94\text{ m}^3/\text{s})$$

$$(T_b,\ 0) = (45.2\text{ hr},\ 0)$$

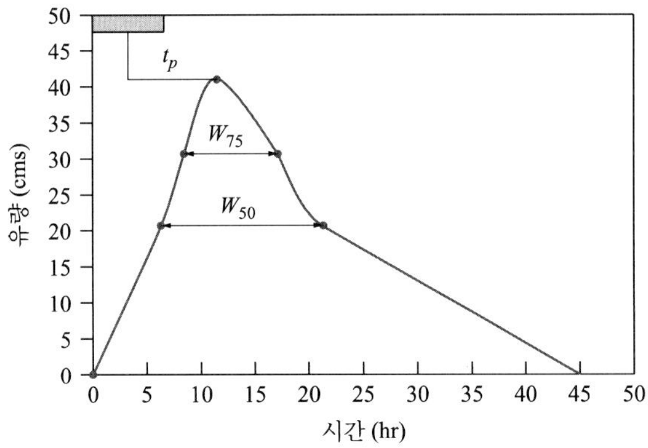

2. SCS 합성단위도법

SCS 합성단위도법은 미국 토양보존국(Soil Conservation Service, 현재 NRCS)에서 개발한 방법으로 삼각형 단위도 방법과 무차원 단위도 방법을 통해 계측자료가 없는 지역에서의 단위도를 유도할 수 있다.

그림 3.22a는 삼각형 단위도를 이용한 SCS 합성단위도법을 보여준다. 강우지속시간 D의 조건에서 첨두발생시간 T_p(hr), 감수시간 $B(=1.67\,T_p$, hr)에 대한 조건을 제시하고 단위도를 작성하는 방법이다. 기하학적으로 전체 면적을 계산하면 다음과 같다.

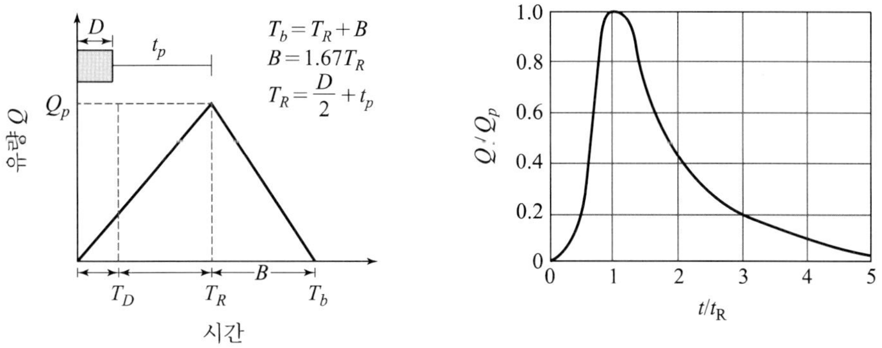

(a) 삼각형 단위도 (b) 무차원 단위도

그림 3.22 SCS 합성단위도법

$$\text{Volume} = \frac{Q_p T_R}{2} + \frac{Q_p B}{2}$$

이를 정리하면

$$Q_p = \frac{2\,\text{Volume}}{T_R + B}$$

여기서 감수시간은 수많은 실험을 통해 다음과 같은 관계가 유도된 바 있다.

$$B = 1.67\,T_R$$

따라서 첨두유량 공식은 다음과 같이 유도된다.

$$Q_p = \frac{0.75\text{Volume}}{T_R}$$

초과강우량이 1 cm에 대해 첨두유량을 계산하면

$$Q_p = \frac{0.75 \times 0.01\ \text{m} \times 1{,}000{,}000\ \text{m}^2/\text{km}^2 \times A\ \text{km}^2}{3600\ \text{s}/\text{hr} \times T_R\,(\text{hr})} = 2.08\,\frac{A}{T_R} \qquad (3.45)$$

여기서, A는 km^2 단위의 유역면적이다. 이때 T_R은 다음과 같이 결정될 수 있다.

$$T_R = \frac{D}{2} + t_p$$

여기서, D는 강우지속시간이고, t_p는 강우량 중심으로부터 첨두유량이 발생하는 시간 사이의 시간으로 정의된다. t_p는 SCS에 의해 개발된 경험식을 토대로 다음과 같이 유도된 바 있으며 폭넓게 활용되고 있다.

$$t_p = \frac{L^{0.8}(2540 - 22.86\,CN)^{0.7}}{14,104\,CN^{0.7}y^{0.5}}$$

여기서, y는 유역 경사이고 L은 출구점부터 하천을 따라 유역경계까지의 연장(m)을 의미한다.

첨두발생시간 T_p는 다음과 같다.

$$T_p = D/2 + 0.6t_c \tag{3.46}$$

여기서, t_c는 3.2.5절에서 논의한 도달시간에 해당된다.

그림 3.22b는 단위도에 대한 무차원 그래프를 보여준다. 유출량과 시간은 각각 첨두유출량과 첨두발생시간으로 나누어져 무차원화 되었다. 따라서 유출량이 첨두유출량과 동일한 시간에 x와 y값이 모두 1.0에 해당된다. 식 (3.45)와 식 (3.46)을 이용하여 첨두유출량과 첨두발생시간을 계산한 이후에는 그림 3.22b를 이용하여 해당 유역의 단위도를 유도할 수 있다.

예제 3.10 SCS 방법을 이용하여 다음 특성을 갖는 유역의 단위유량도를 유도하여라. 유역면적은 250 km^{2}이고 강우의 지속시간은 2시간이다. 유역의 토지이용은 목초지(meadow)이고 토양그룹은 D에 해당하며 경사도는 0.019이다. L=8 km, L_c=3 km

[풀이] SCS에 의해 개발된 t_p공식은 다음과 같다

$$t_p = \frac{L^{0.8}(2540 - 22.86\,CN)^{0.7}}{14,104\,CN^{0.7}y^{0.5}}$$

여기서 목초지, 토양그룹 D 조건이다. 이때 CN은 78이며, y는 유역의 경사도이므로 t_p는 다음과 같다.

$$t_p = \frac{8000^{0.8}(2540 - 22.86 \times 78)^{0.7}}{14,104 \times 78^{0.7} \times 0.019^{0.5}} = 3.35\ \text{hr}$$

$$T_R = \frac{D}{2} + t_p = \frac{2}{2} + 3.35 = 4.45\ \text{hr}$$

$$Q_p = 2.08\frac{A}{T_p}$$

여기서, A는 유역면적이며 km^2 단위이다.

그러므로 Q_p는 다음과 같다.

$$Q_p = 2.08 \times \frac{250}{3.35} = 116.85\ \text{m}^3/\text{s}$$

첨두시간과 첨두유량 자료와 그림 3.22의 무차원단위도를 이용하여 다음과 같이 단위유량도를 산정한다.

SCS 합성단위도법에 의한 유량도 유도

SCS종거		단위도의 시간별 종거		SCS종거		단위도의 시간별 종거	
t/T_p	Q/Q_p	$t=3.35\times(t/T_p)$	$Q=116.85\times(Q/Q_p)$	t/T_p	Q/Q_p	$t=3.35\times(t/T_p)$	$Q=116.85\times(Q/Q_p)$
0	0	0	0	1.7	0.460	5.70	53.75
0.1	0.030	0.34	3.51	1.8	0.390	6.03	45.57
0.2	0.100	0.67	11.69	1.9	0.330	6.37	38.56
0.3	0.190	1.01	22.20	2.0	0.280	6.70	32.72
0.4	0.310	1.34	36.22	2.2	0.207	7.37	24.19
0.5	0.470	1.68	54.92	2.4	0.147	8.04	17.18
0.6	0.660	2.01	77.12	2.6	0.107	8.71	12.50
0.7	0.820	2.35	95.82	2.8	0.077	9.38	9.00
0.8	0.930	2.68	108.67	3.0	0.055	10.05	6.43
0.9	0.990	3.02	115.68	3.2	0.040	10.72	4.67
1.0	1.000	3.35	116.85	3.4	0.029	11.39	3.39
1.1	0.990	3.69	115.68	3.6	0.021	12.06	2.45
1.2	0.930	4.02	108.67	3.8	0.015	12.73	1.75
1.3	0.860	4.36	100.49	4.0	0.011	13.40	1.29
1.4	0.780	4.69	91.14	4.5	0.005	15.08	0.58
1.5	0.680	5.03	79.46	5.0	0	16.75	0.00
1.6	0.560	5.36	65.44				

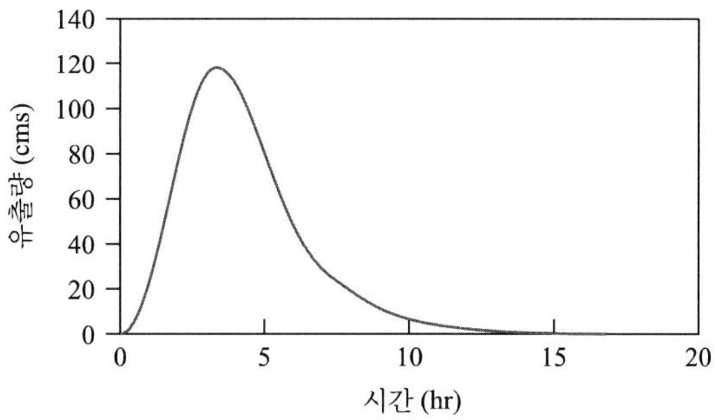

3.4 홍수 추적

3.4.1 홍수 추적의 기본 개념

홍수 추적(Flood Routing)은 하천의 어느 한 지점 또는 일정 구간 내의 수문곡선이 시간에 따라 어떻게 변화하는지를 계산할 수 있는 방법이다. 이 방법은 반드시 하천 또는 하도에서만 적용하는 것이 아니라 저수지, 유역 등 다양한 수계에서의 응용이 가능하여 널리 이용된다. 홍수 추적은 결국 부정류, 부등류 상태의 흐름이 가지는 시공간적 변화를 검토하는 방법으로 다양한 지형에서 여러 접근법을 통해 이루어진다. 가장 널리 이용되는 두 가지 접근법은 수문학적 추적(Hydrologic Routing)과 수리학적 추적(Hydraulic Routing)이다. 수문학적 추적은 저수지 추적(Reservoir Routing), 하도 추적(Channel Routing), 유역 추적(Watershed Routing) 등의 방법을 포함한다. 수리학적 추적은 유체역학에서 널리 이용되는 Navier-Stokes 식에 기초하여 편미분 형태의 연속방정식, 운동량방정식을 풀이하며 홍수의 전파에 따른 수문곡선을 해석하는 방법이다. 본 절에서는 수문학적 추적에 집중하여 홍수 추적에 대해 살펴본다.

3.4.2 수문학적 홍수 추적

수문학적 홍수 추적은 연속방정식에 기초하여 이루어진다. 수문시스템의 하나로서 저수지 또는 하도의 예를 들어 설명하면(그림 3.23 참고), 단위시간당 저수지 또는 하도로 들어오는 물의 양인 유입량(I)과 저수지 또는 하도로부터 빠져나가는 유출량(O) 사이의 차이는 저수지 또는 하도 내에 저류되는 저류량의 단위시간당 변화($\Delta S/\Delta t$)로 나타낼 수 있다(식 3.47).

$$\frac{\Delta S}{\Delta t} = I(t) - O(t) \tag{3.47}$$

이산형인 식 (3.47)을 연속형으로 표현하면 식 (3.48)과 같다.

$$\frac{dS}{dt} = I(t) - O(t) \tag{3.48}$$

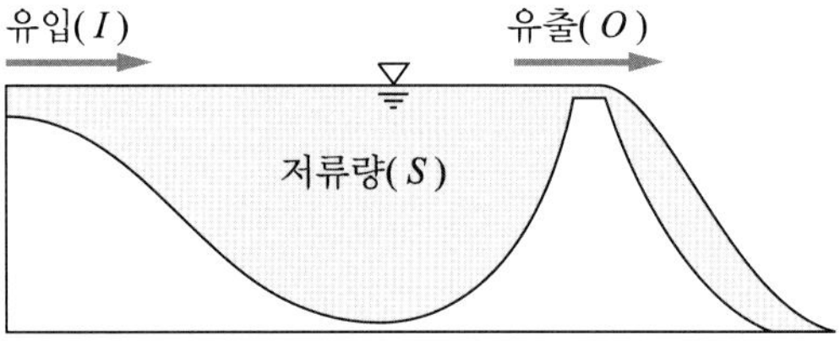

» **그림 3.23** 저수지 내 유입, 유출과 저류

1. 저수지 홍수 추적

저수지 홍수 추적 방법에서는 유입과 유출이 선형적으로 변화하고 저수지의 수표면이 수평이라는 가정 하에 추적기간(Routing Period) Δt의 간격을 가지는 i시간과 $i+1$시간에서의 저류량 변화를 다음 식과 같이 나타낸다.

$$S_{i+1} - S_i = \frac{I_{i+1} + I_i}{2}\Delta t - \frac{O_{i+1} + O_i}{2}\Delta t \tag{3.49}$$

이 식을 연속형으로 표현하면 다음과 같다.

$$\int_{i}^{i+1} dS = \int_{i}^{i+1} I(t)\,dt - \int_{i}^{i+1} O(t)\,dt \tag{3.50}$$

여기서 저수지 상류로 유입되는 수문곡선인 I에 대한 값을 이미 알고 있다는 가정 하에 식을 재정리하면 다음과 같다.

$$\left(\frac{2S_{i+1}}{\Delta t} + O_{i+1}\right) = I_{i+1} + I_i + \left(\frac{2S_i}{\Delta t} - O_i\right) \tag{3.51}$$

초기조건의 개념으로 $i=1$에 해당하는 초기값을 이미 알고 있다면 위 식의 우변은 모두 기지의 값에 해당된다. 따라서 위 식을 반복계산하는 방법을 통해 미지값에 해당하는 좌변이 순차적으로 계산된다. 즉 반복계산을 통해 결정되는 값은 $2S_{i+1}/\Delta t + O_{i+1}$에 대한 것으로 저류량과 유출량의 수문곡선을 산정하기 위해서는 이들에 대한 관계를 나타내는 또 다른 식과 방법이 필요하다.

저수지의 댐을 통한 유출은 월류, 수문을 통과한 유출, 방류수로를 이용한 유출 등의 형태로 이루어진다. 수문의 완전개방(그림 3.24a), 부분개방(그림 3.24b) 조건에 따른 유출은 각각 식 (3.52)와 (3.53)을 이용하여 계산할 수 있다. 방수로를 이용한 유출량(그림 3.24c)은 식 (3.54)를 통해 계산할 수 있으며 수문과 방수로가 동시에 존재하는 경우는 두 가지 형태의 유출을 합하여 산정한다.

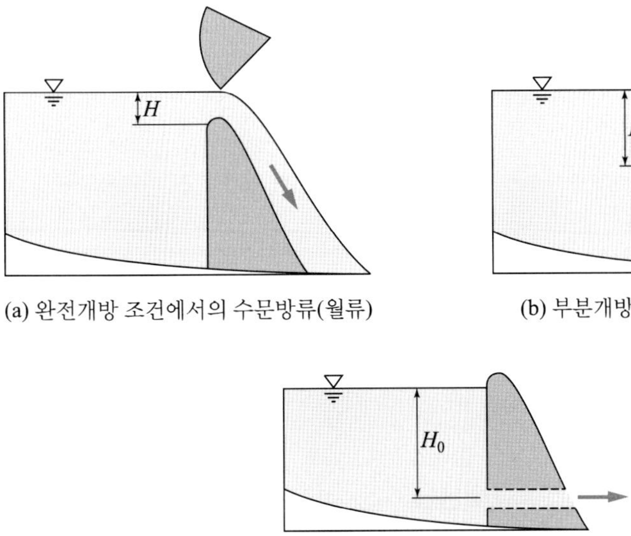

(a) 완전개방 조건에서의 수문방류(월류)

(b) 부분개방 조건에서의 수문방류

(c) 방수로를 이용한 방류

» **그림 3.24** 방류조건과 유출

$$O = CLH^{3/2} \tag{3.52}$$

$$O = \frac{2}{3}\sqrt{2g}\,CL\left(H_1^{3/2} - H_2^{3/2}\right) \tag{3.53}$$

$$O = C_0 A\sqrt{2gH_0} \tag{3.54}$$

여기서, C와 L은 유량계수와 위어마루 또는 여수로의 유효길이이다. 유량계수는 주로 1.705보다 작은 값을 가진다. C_0는 오리피스의 유량계수, A는 방류수로의 단면적을 의미한다.

저수지 수위별 저류량은 지형자료를 통해 산정되며 주로 사다리꼴에 대한 가정을 통해 계산한다(식 3.55).

$$S = \frac{1}{2}\Delta h\left(a_0 + a_n + 2\sum_{i=1}^{n-1} a_i\right) \tag{3.55}$$

여기서, $\Delta h(=h_{i+1} - h_i)$는 표고 사이의 간격, a_i는 각 표고에서의 저수지내 수평면적, a_0와 a_n은 각각 가장 아래 면과 수표면에 해당하는 표고에서의 저수지 면적을 의미한다. 식 (3.52)에서 식 (3.55)까지의 관계를 이용하여 그림 3.25와 같이 수위(H)-유출(O)-$\frac{2S}{\Delta t}+O$ 사이의 관계곡선을 도시한 후 식 (3.51)의 결과를 적용하여 저수지의 수위와 유출량에 대한 수문곡선을 작성할 수 있다.

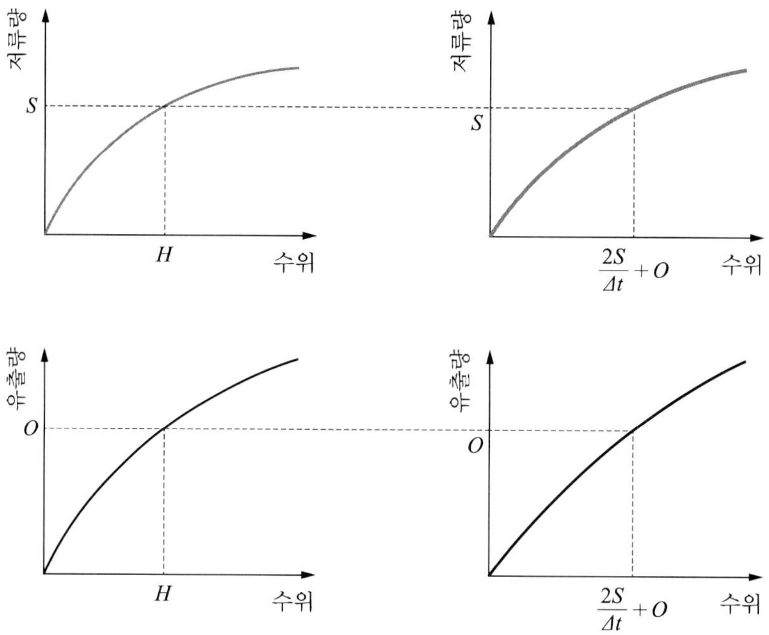

그림 3.25 저수지 추적을 위한 저류량-유출량 관계곡선

2. 하도 홍수 추적(Muskingum 방법)

본 절에서는 하도 홍수 추적 중 가장 널리 이용되는 Muskingum 방법에 대해 설명한다. 이 방법은 미 공병단이 Ohio 주 Muskingum 강의 홍수 문제를 이해하기 위해 개발한 것으로 하도의 일정 구간 내에 저류되는 공간을 쐐기(Wedge) 저류와 프리즘 저류로 나누어 살펴보는 것을 기본으로 한다(그림 3.26).

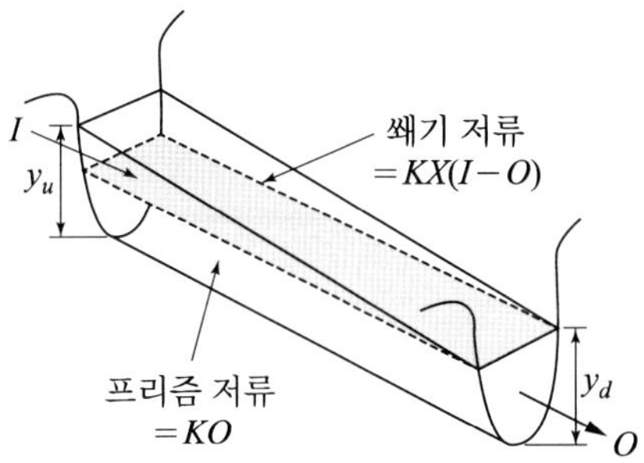

≫ **그림 3.26** 쐐기 저류와 프리즘 저류

유입량, 유출량, 저류량이 수심의 영향을 받는다고 가정하고 지수법칙을 이용하여 다음 식을 제안할 수 있다.

$$I = ay_u^n \tag{3.56}$$

$$O = ay_d^n \tag{3.57}$$

$$S_I = by_u^m \tag{3.58}$$

$$S_O = by_d^m \tag{3.59}$$

여기서 y_u, y_d는 각각 상류부와 하류부에서의 수심을 의미한다. S_I와 S_O는 각각 상류부와 하류부를 기준으로 하였을 때의 저류량으로 주어진 하도구간 내의 저류량을 추정하기 위해 제안되는 가상의 저류량에 해당한다. 즉 두 개의 저류량에 적절한 가중치(X)를 부여하여 하도구간 내의 저류량을 추정하게 된다(식 3.60). 따라서 X는 1.0보다 적은 값을 가지게 되지만 Muskingum 방법에서는 하류 쪽에 더 큰 가중치를 두어 $0.0 < X < 0.5$의 범위를 가지는 것이 일반적이다.

$$S = XS_I + (1-X)S_O \tag{3.60}$$

식 (3.56)과 식 (3.58), 식 (3.57)과 식 (3.59)를 연립하면 다음과 같이 저류량과 유입량, 유출량 사이의 관계식을 제안할 수 있다.

$$S_I = I^{m/n}\frac{b}{a^{m/n}} \tag{3.61}$$

$$S_O = O^{m/n}\frac{b}{a^{m/n}} \tag{3.62}$$

식 (3.61), 식 (3.62)를 식 (3.60)에 대입하면 다음 식이 유도된다.

$$S = \frac{b}{a^{m/n}}\left[XI^{m/n} + (1-X)S_O\right] \tag{3.63}$$

Muskingum 방법에서는 자연하천에서의 m/n을 1.0으로 가정한다. 그리고 저류상수 또는 이동시간의 개념을 가지는 $K(\equiv b/a^{m/n})$를 지정하여 하도 내 저류량, 유입량, 유출량의 관계를 다음과 같이 간략히 표현한다.

$$S = K[XI + (1-X)O] \tag{3.64}$$

그림 3.26에서 보이는 것과 같이 위 식은 프리즘 저류의 양을 KO, 쐐기저류의 양을 $KX(I-O)$로 고려하여 두 개의 합을 전체 저류량으로 보는 것과 같은 것을 의미한다.

식 (3.64)에 기초하여 임의 시간 i와 $i+1$ 동안(Δt)의 저류량 변화를 나타내면 아래 식과 같다.

$$S_{i+1} - S_i = K\left[X(I_{i+1} - I_i) + (1-X)(O_{i+1} - O_i)\right] \tag{3.65}$$

연속방정식인 식 (3.49)를 위 식에 대입하면 다음과 같은 식을 유도할 수 있다.

$$O_{i+1} = C_1 I_{i+1} + C_2 I_i + C_3 O_i \tag{3.66}$$

여기서 C_1, C_2, C_3는 세 개의 합이 1이 되는 계수로서 다음과 같다.

$$C_1 = \frac{\Delta t - 2KX}{2K(1-X) + \Delta t} \tag{3.67}$$

$$C_2 = \frac{\Delta t + 2KX}{2K(1-X) + \Delta t} \tag{3.68}$$

$$C_3 = \frac{2K(1-X) - \Delta t}{2K(1-X) + \Delta t} \tag{3.69}$$

유입량을 알고 있고 유출량의 초기값에 대한 정보를 가지고 있다면 시간에 따른 유출량의 변화를 식 (3.66)을 통해 계산할 수 있다. 하지만 이를 위해서는 X와 K를 산정하여 C_1, C_2, C_3를 결정하여야 한다.

식 (3.64)에서 보이는 것과 같이 K는 S와 $XI + (1-X)O$의 선형관계식에서의 기울기에 해당한다. 따라서 S와 $XI + (1-X)O$이 선형관계를 나타낼 때까지 반복적으로 도시하여 기울기를 찾아내는 과정이 필요하다. 이를 위해 홍수 자료가 존재하는 경우에는 먼저 X값을 가정하고 S와 $XI+(1-X)O$를 각각 y축과 x축의 값으로 가지는 그래프를 작성한다. 다양한 X값을 가정하며 가장 직선형에 가까운 형태를 보일 때의 X값과 그 직선의 기울기를 확인하여 K값으로 산정할 수 있다. 또 다른 방법으로는 식 (3.49)와 식 (3.65)를 연립하여 K에 대해 정리하는 과정(식 3.70)이 있다. 즉 식 (3.70)의 분모와 분자를 각각 x축의 값, y축의 값으로 두고 그래프상에 도시하여 가장 직선형에 가깝게 나타나는 X와 그때의 기울기 K값을 산정하는 것이 가능하다.

$$K=\frac{0.5\Delta t\left[\left(I_{i+1}+I_i\right)-\left(O_{i+1}+O_i\right)\right]}{X(I_{i+1}-I_i)+(1-X)(O_{i+1}-O_i)} \tag{3.70}$$

과거 홍수 자료가 없어 그래프로 도시하기 불가능한 경우에는 X는 0.2, K는 홍수파 이동시간(홍수파가 하도구간을 통과할 때 소요되는 시간)으로 가정하여 Muskingum 방법을 적용한다.

예제 3.11 다음 표에 제시된 유입량이 $x=0.15$이고 $K=2$일인 하도를 통과한 뒤 출구점에서 유출량을 추정하여라. 홍수추적 시간 간격은 1일이고 첫 날은 유입량과 유출량이 같았다고 가정하고 Muskingum 방법을 이용하여라.

시간	유입량 (m^3/s)	시간	유입량 (m^3/s)
1	20	10	210
2	50	11	180
3	90	12	150
4	150	13	100
5	200	14	60
6	250	15	30
7	280	16	20
8	260	17	20
9	230	18	20

[풀이] 식 (3.67), (3.68), (3.69)를 이용하면 다음과 같이 C_1, C_2, C_3은 다음과 같이 계산된다.

$$C_1=\frac{\Delta t-2KX}{2K(1-X)+\Delta t}=\frac{1-2\times2\times0.15}{2\times2(1-0.15)+1}=0.0909$$

$$C_2=\frac{\Delta t+2KX}{2K(1-X)+\Delta t}=\frac{1+2\times2\times0.15}{2\times2(1-0.15)+1}=0.3636$$

$$C_3=\frac{2K(1-X)-\Delta t}{2K(1-X)+\Delta t}=\frac{2\times2(1-0.15)-1}{2\times2(1-0.15)+1}=0.5455$$

C_1, C_2, C_3의 합계는 다음과 같이 1.0임을 확인할 수 있다.

$$C_1+C_2+C_3=0.0909+0.3636+0.5455=1.0000$$

가정으로부터 1일째 유출량은

$$Q_1=I_1=20\ \mathrm{m^3/s}$$

이렇게 산정한 C_1, C_2, C_3을 식 (3.66)에 대입하면 다음과 같이 2일째 유출량, Q_2가 계산된다.

$$Q_2 = 0.0909(50) + 0.3636(20) + 0.5455(20) = 22.7 \text{ m}^3/\text{s}$$

같은 방법으로 3일째 유출량은

$$Q_3 = 0.0909(90) + 0.3636(50) + 0.5455(22.7) = 38.8 \text{ m}^3/\text{s}$$

결국 다음과 같이 18일째까지 유출량을 계산할 수 있다.

시간	유입량 (m^3/s)	유출량 (m^3/s)
1	20	20
2	50	22.7
3	90	38.8
4	150	67.5
5	200	109.5
6	250	155.2
7	280	201.0
8	260	235.1
9	230	243.7
10	210	235.6
11	180	221.3
12	150	199.8
13	100	172.6
14	60	136.0
15	30	98.7
16	20	66.6
17	20	45.4
18	20	33.9

3.4.3 수리학적 홍수 추적

수리학적 홍수 추적은 본류 구간에서의 연속방정식과 비보존 형태의 운동량 방정식에 해당하는 Saint-Venant 방정식을 풀이하며(식 3.71, 식 3.72) 홍수파의 시공간적 변화를 해석하는 방법이다. Saint-Venant 방정식은 Navier-Stokes 식과 동일한 물리적 의미를 가진다.

$$\frac{\partial (AV)}{\partial x} + \frac{\partial A}{\partial t} - q = 0 \tag{3.71}$$

$$\frac{\partial V}{\partial t} + V\frac{\partial V}{\partial x} + g\left(\frac{\partial y}{\partial x} + S_f\right) = 0 \tag{3.72}$$

여기서, A는 흐름단면적(m^2), q는 비유량(단위폭당 유량, m^2/s), V는 주흐름방향의 평균 유속(m/s), S_f는 에너지 경사를 의미한다.

하도 또는 유역의 상당 구간을 포함하는 계산영역에서 Saint-Venant 식의 해석해를 통해 계산하는 것은 불가능하므로 주로 컴퓨터 수치 모형을 통해 수리학적 홍수 추적을 수행하고 있다. 주로 이용되는 컴퓨터 수치 모형으로는 DWOPER, UNET, FLDWAV 등이 있다. DWOPER 모형은 1970년대 초 미국 기상청에서 개발하여 다양한 지역에 적용된 모형으로 1차원 개수로에서의 홍수파 거동을 모의할 수 있다. UNET 모형 역시 1차원 부정류 모의를 목적으로 미국 공병단에서 개발된 모형으로 지류가 존재하는 복잡한 하도망에 적합하다. FLDWAV 모형은 DWOPER 모형에 댐붕괴파 모의 등의 기능을 추가하여 미국 기상청이 개발한 모형으로 사류의 발생 등 복잡한 흐름 특성까지 모의할 수 있다.

연습문제

3.1 NRCS 방법을 동남아시아 지역에 적용할 때 예상되는 문제점을 논의하시오.

3.2 소규모유역과 중대규모유역 유출량 산정시 중요한 차이점에 대해 서술하시오.

3.3 지표면의 이용상태가 유출에 미치는 영향에 대해 설명하시오.

3.4 단위도 작성시 중첩의 가정을 통해 얻을 수 있는 결과에 대해 서술하시오.

3.5 다음은 3시간 단위유량도이다. 2시간 단위유량도를 유도하여라.

Time (hr)	0	1	2	3	4	5	6	7
U (m^3/s)	0	20	45	65	45	30	15	0

3.6 다음 A, B 유역의 단위유량도를 이용하여 O1지점의 유출곡선을 유도하여라. 이때 강우량과 침투량을 고려하여라.

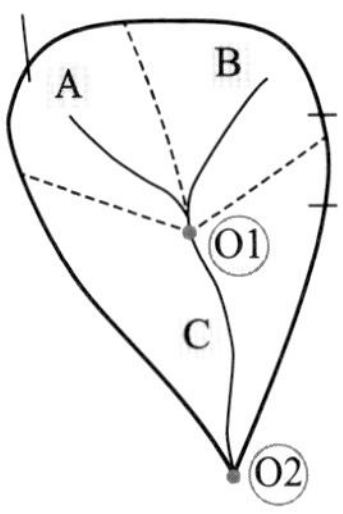

Time	0	1	2	3	4	5	6	7	8
i (cm/hr)	0	1	2.3	6.5	1.8				
f (cm/hr)	0	0.6	0.3	0.2	0.2				
UH_a (m^3/s)	0	25	50	70	45	30	15	0	
UH_b (m^3/s)	0	15	35	55	50	35	20	10	0

3.7 다음 C 소유역의 단위유량도를 이용하여 O2에서 발생하는 유출량을 유도하여라. 이때 O1에서 O2까지 흘러가는데 걸리는 시간을 3시간으로 가정하고 홍수추적은 고려하지 말고 지체되는 것으로 가정하라.

Time (hr)	0	1	2	3	4	5	6	7	8
i (cm/hr)	0	2.0	2.5	5.0	2.0				
f (cm/hr)	0	1.0	0.8	0.7	0.5				
UH_c (m^3/s)	0	43	77	102	88	67	46	20	0

3.8 Snyder 방법을 사용하여 다음 자료에 해당하는 단위유량도를 그려라. 그리고 첨두홍수량을 계산하여라.

$$A = 300\text{ km}^2,\quad L = 45\text{ km},\quad L_c = 25\text{ km},\quad C_t = 1.5,\quad C_p = 1.8$$

3.9 예제 3.11에 제시된 유입량이 $x = 0.2$이고 $K = 1.5$일인 하도를 통과한 뒤 출구점에서 유출량을 추정하여라. 홍수 추적 시간 간격은 1일이고 첫 날은 유입량과 유출량이 같았다고 가정하고 Muskingum 방법을 이용하여라.

4

SWAT 모형을 이용한 유출모의

Chapter 04

SWAT 모형을 이용한 유출모의

4.1 SWAT 모형

4.1.1 SWAT 모형 소개

SWAT 모형은 장기 - 강우유출 모형으로 미국 농무성 농업연구소(USDA ARS, United States Department of Agricultural Research Service)에 의해 개발되었다. 장기간에 걸친 다양한 토양 속성과 토지이용 그리고 관리상태의 변화에 따른 크고 복잡한 유역의 유출량 및 비점오염발생량을 추정하기 위해 개발된 유역유출수질모의 모형이다.

SWAT 모형은 일 단위의 모의가 가능한 유역단위의 준 분포형 장기 - 강우유출모의 모형으로서 4가지의 부모형으로 구성되어 있다. 즉, 수문 부모형, 토양유실 부모형, 영양물질 부모형, 하도추적 부모형으로 구분된다. 이 중에서 수문 부모형은 연속방정식에 의해 일 단위로 물수지를 산정하며, 차단, 지표면, 유출, 측방유출 또는 중간유출, 침투, 지하수 흐름, 수로손실, 증발산 등으로 구성된다. SWAT 모형의 상세한 이론은 Neitsch 등(2009)에 제시되어 있다.

4.1.2 SWAT 모형 모의

1. SWAT 모형 모의를 위한 지형 및 기상 파일 구축

SWAT 모형 모의를 위해 필요한 자료는 공간(spatial), 기상(meteorological) 데이터로 공간데이터는 DEM(Digital Elevation Model), 토지이용도(Land use map), 토양도(Soil map)이며 구성 형태는 아래와 같다.

Digital Elevation Model(DEM) : raster 파일로 구성
Land use map : shp 파일로 구성
Soil map : shp 파일로 구성
Weather (daily precipitation, max & min temperature, relative humidity, wind speed, solar radiation) : dbf 파일로 구성

(1) DEM 구축

① raster 파일의 유역도 자르기 : Spatial Analyst Tools > Extraction > Extract by Mask

② 전체 DEM 파일(raster 파일 추가 - Input raster), 해당 유역도 추가(shp 파일 추가 - input raster or feature mask data), 저장경로 지정(Output raster)

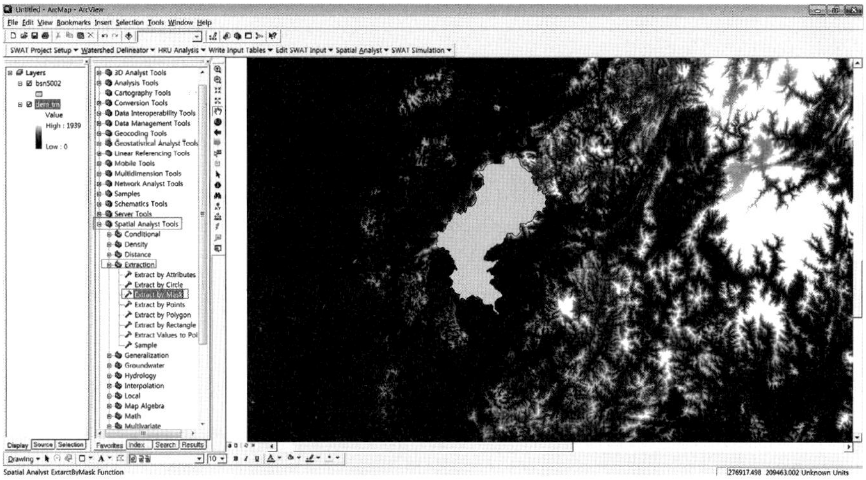

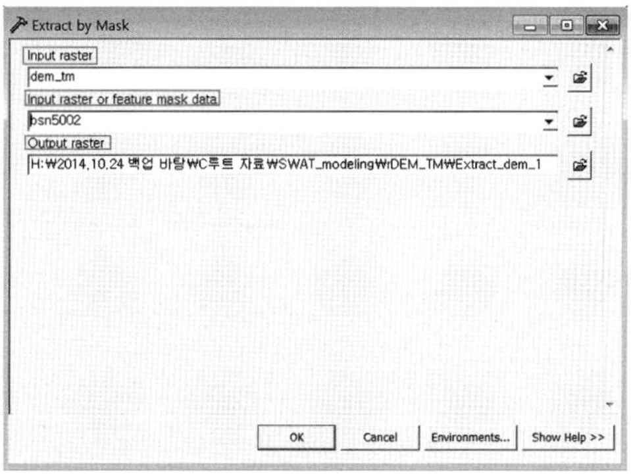

③ 해당 유역의 DEM 생성

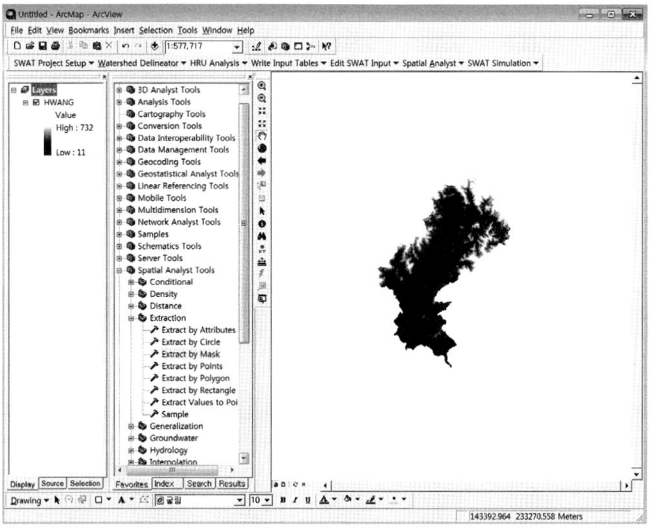

(2) Land use map 구축

① shp 파일의 유역도 자르기 : Analysis Tools > Extract > Clip

② 전체 토지이용도 파일(shp 파일 추가 - Input Features), 해당 유역도 추가(shp 파일 추가 - Clip Feature Class), 저장경로 지정(Output Feature Class)

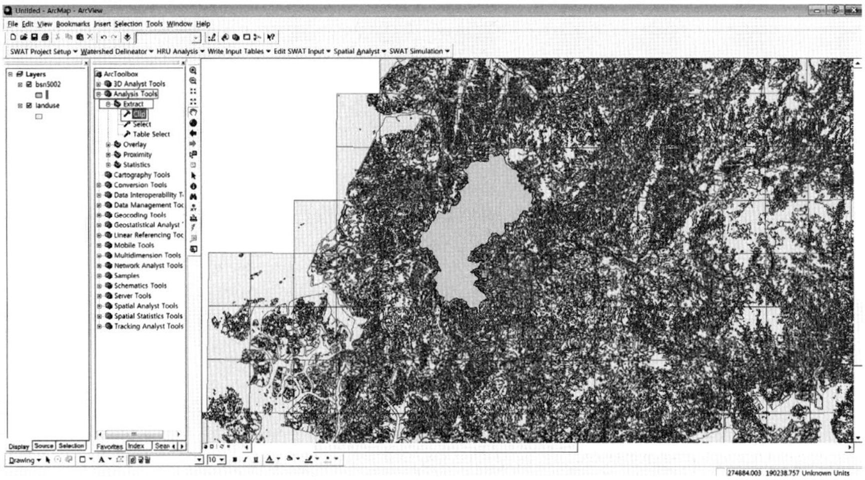

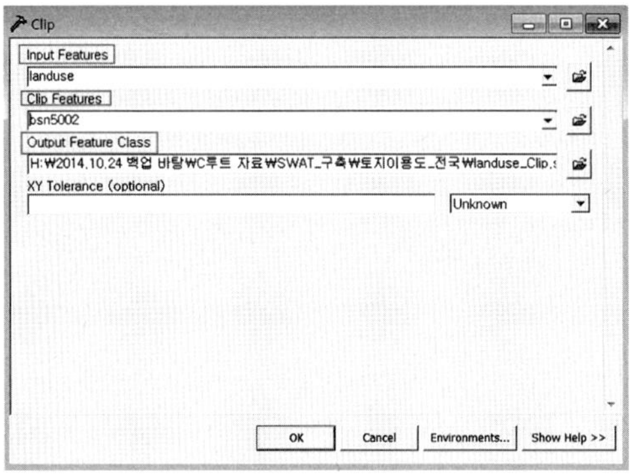

③ 코드에 따른 토지이용 dbf 파일의 생성(본 교재는 환경부에서 제시한 토지 이용에 따른 토지 피복도의 사용)

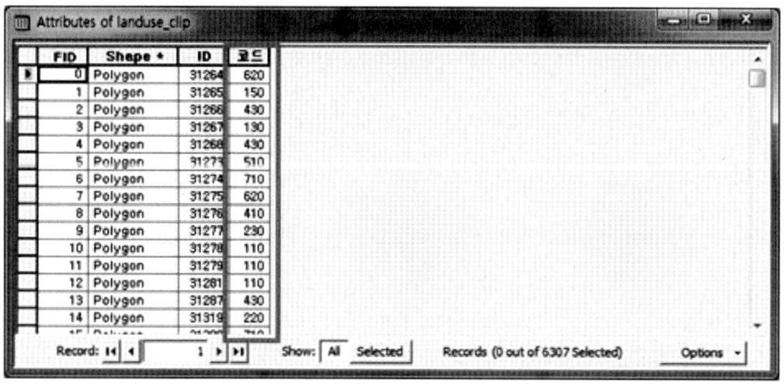

Value	LANDUSE	토지이용
110	URML	주거지역
120	UIDU	공업지역
130	UCOM	상업지역
140	UCOM	위락시설지
150	UTRN	교통지역
160	UINS	공공시설지
210	RICE	논
220	AGRL	밭
230	AGRL	하우스재배
240	ORCD	과수원
250	AGRL	기타재배지
310	FRSD	활엽수림
320	FRSE	침엽수림
330	FRST	혼효림
410	RNGE	자연초지
420	RNGE	골프장
430	RNGE	기타초지
510	WETL	내륙습지
610	WETL	채광지역
620	SWRN	기타 나지
710	SWRN	내륙수

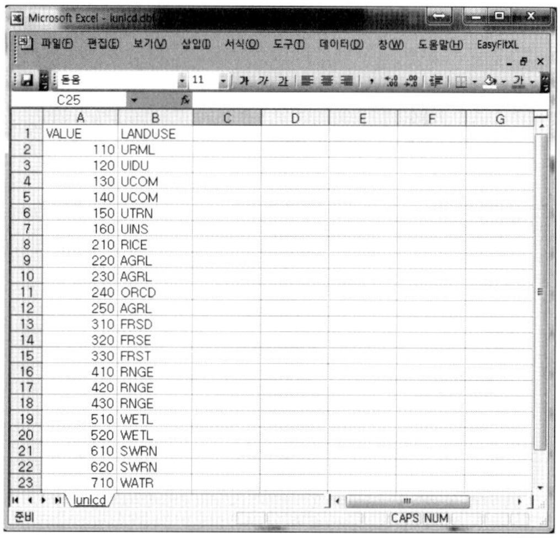

④ 해당 유역 Land use map의 생성

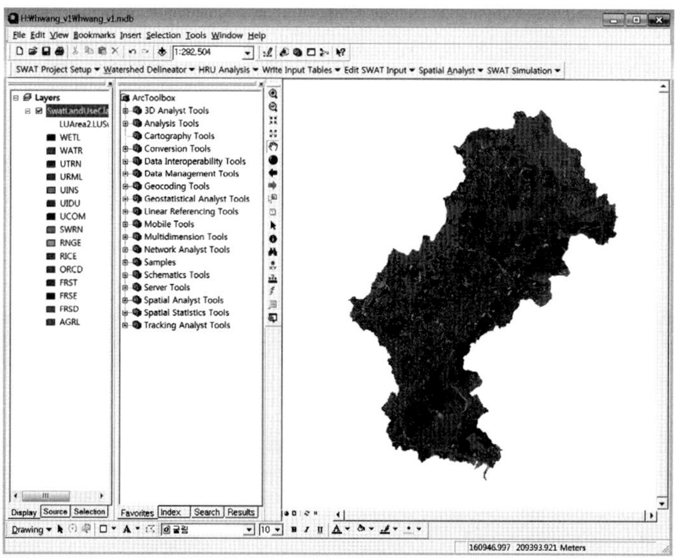

(3) Soil map 구축(유역도 도출 - Land use와 동일)

① shp 파일의 유역도 자르기 : Analysis Tools > Extract > Clip

② 전체 토양도 파일(shp 파일 추가 - Input Features), 해당 유역도 추가(shp 파일 추가 - Clip Feature Class), 저장경로 지정(Output Feature Class)

③ 토양기호에 따른 text 파일의 생성

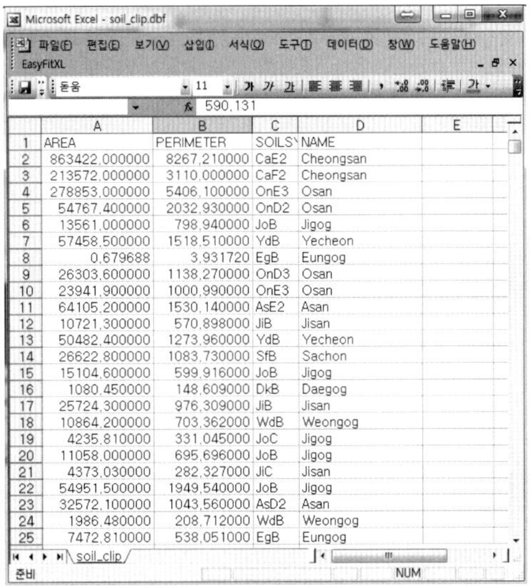

	A	B	C	D
1	AREA	PERIMETER	SOILS\	NAME
2	863422.000000	8267.210000	CaE2	Cheongsan
3	213572.000000	3110.000000	CaF2	Cheongsan
4	278853.000000	5406.100000	OnE3	Osan
5	54767.400000	2032.930000	OnD2	Osan
6	13561.000000	798.940000	JoB	Jigog
7	57458.500000	1518.510000	YdB	Yecheon
8	0.679688	3.931720	EgB	Eungog
9	26303.600000	1138.270000	OnD3	Osan
10	23941.900000	1000.990000	OnE3	Osan
11	64105.200000	1530.140000	AsE2	Asan
12	10721.300000	570.898000	JiB	Jisan
13	50482.400000	1273.960000	YdB	Yecheon
14	26622.800000	1083.730000	SfB	Sachon
15	15104.600000	599.916000	JoB	Jigog
16	1080.450000	148.609000	DkB	Daegog
17	25724.300000	976.309000	JiB	Jisan
18	10864.200000	703.362000	WdB	Weongog
19	4235.810000	331.045000	JoC	Jigog
20	11058.000000	695.696000	JoB	Jigog
21	4373.030000	282.327000	JiC	Jisan
22	54951.500000	1949.540000	JoB	Jigog
23	32572.100000	1043.560000	AsD2	Asan
24	1986.480000	208.712000	WdB	Weongog
25	7472.810000	538.051000	EgB	Eungog

④ 해당 유역의 Soil map 생성

(4) 기상자료 데이터 구성

① 각 유역의 관할 기상관측소에 따른 daily precipitation, max & min temperature, relative humidity, wind speed, solar radiation 파일을 구축하는데 유역별 기상관측소 현황 dbf 파일을 다음과 같이 구성

- 온도, 상대습도, 풍속, 일사량도 다음 그림과 같이 구축

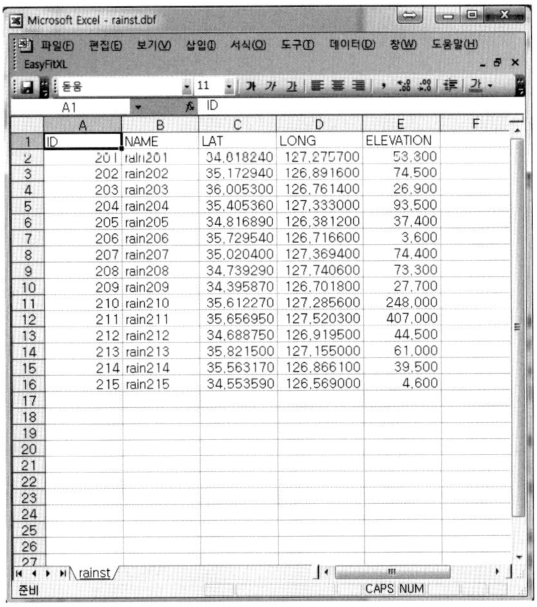

- 기상관측소 dbf 파일의 NAME별로 기상자료 파일 구축 - 파일 저장명 동일시

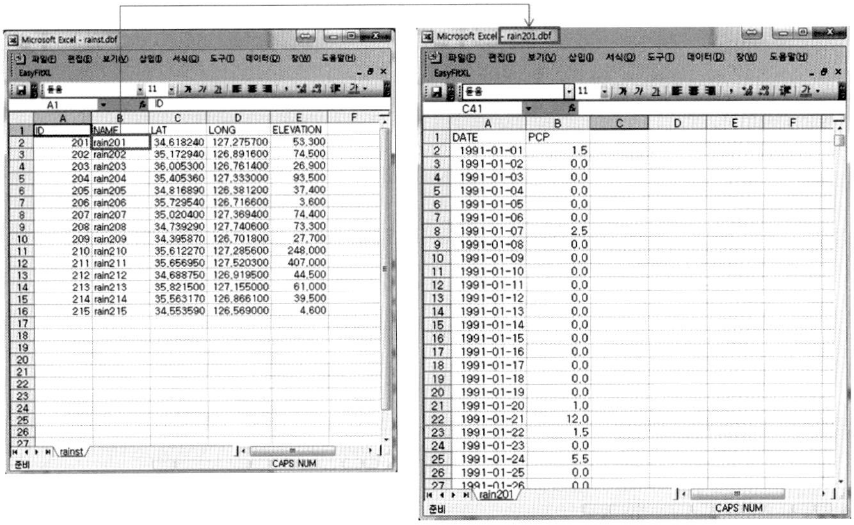

- 다른 기상 자료도 기상관측소 및 기상 데이터 구축

최고/최저 온도		
DATE	MAX	MIN

상대습도	
DATE	HMD

평균 풍속	
DATE	WND

일사량	
DATE	SLR

2. SWAT 모형 모의 과정

자료 구축이 완료되었다면 다음 단계는 SWAT 모형의 모의 단계이다. SWAT 모형의 메뉴 구성은 아래와 같다. 구동 순서는 SWAT Project Setup부터 SWAT Simulation까지 왼쪽에서 오른쪽으로 차례대로 진행하면 된다.

SWAT Project Setup ▾ Watershed Delineator ▾ HRU Analysis ▾ Write Input Tables ▾ Edit SWAT Input ▾ SWAT Simulation ▾

본 예제에서 주로 사용할 메뉴 구성은 아래 표와 같다.

Main menu	Sub-main menu
(1) SWAT Project Setup	New SWAT Project
(2) Watershed Delineator	Automatic Watershed Delineation
(3) HRU Analysis	Land Use/Soils/Slope Definition
	HRU Definition
(4) Write Input Tables	Weather Stations
	Write All
(5) SWAT Simulation	Run SWAT

1단계: SWAT Project 구성

① [New SWAT Project]를 클릭 > Output 파일을 저장할 경로 지정

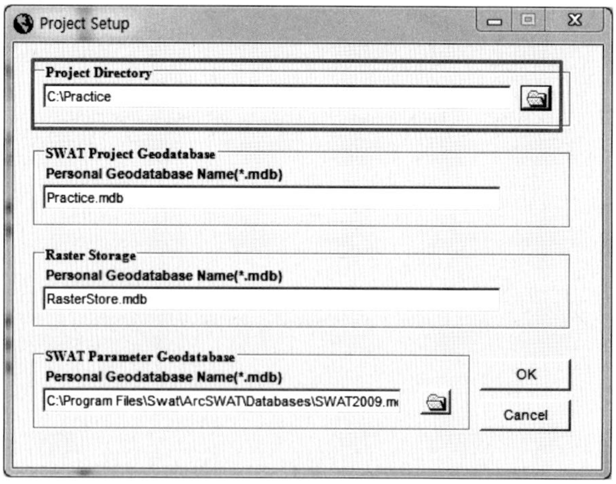

2단계: 유역분할 및 하천망 구축

① DEM Setup: 폴더 클릭하고 [Load from Desk] 클릭한 후 해당 유역의 DEM 경로 지정

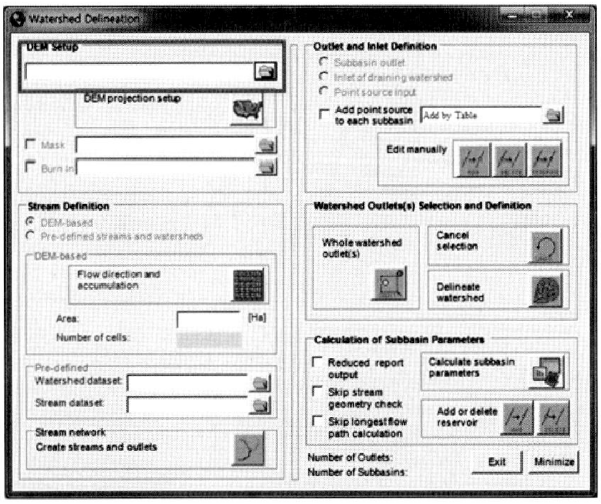

② [DEM projection setup] 클릭 → z unit: meter로 변경

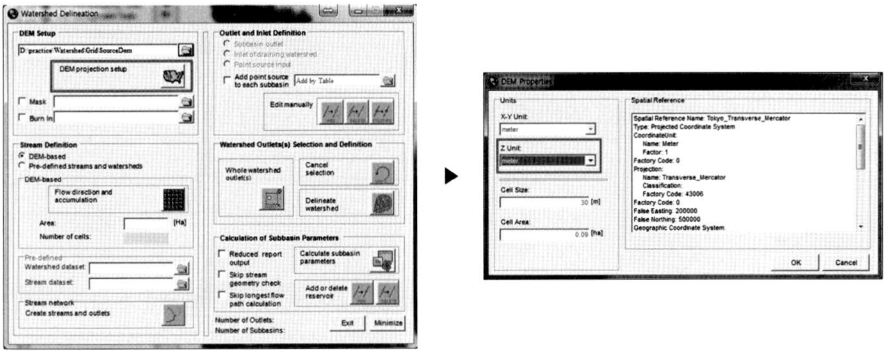

③ Stream Definition: [Flow direction and accumulation] 클릭

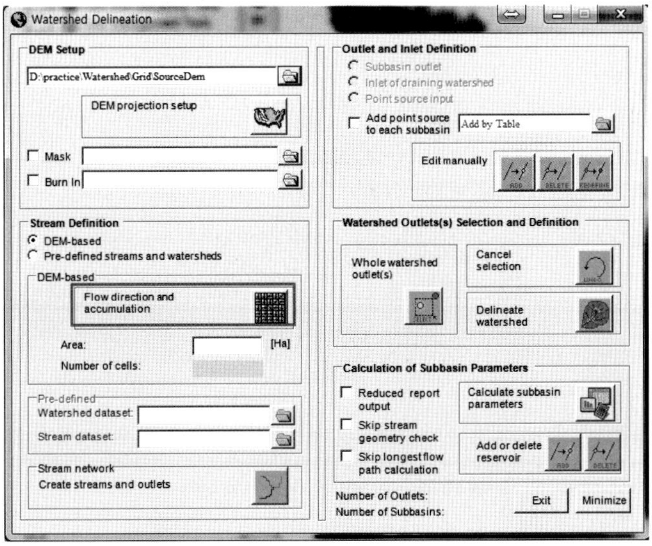

④ Stream network: [Create streams and outlets] 클릭

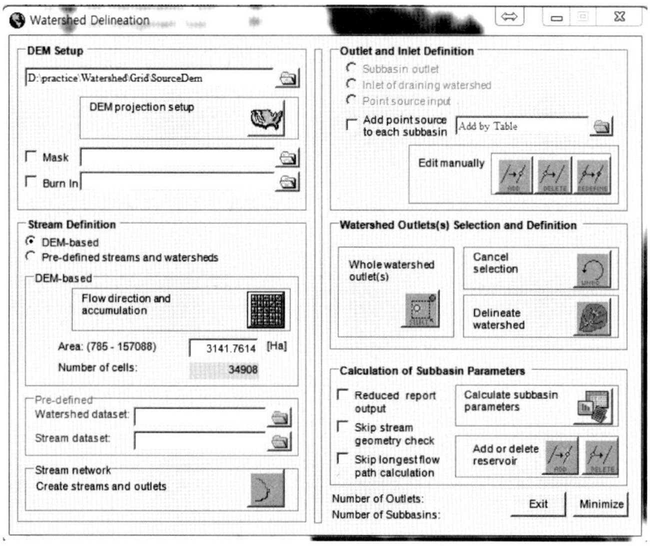

⑤ Outlet and Inlet Definitions: 전 단계에서 생성된 하도 및 출구점 삭제, 전체 영역 지정 삭제

- 삭제 후 해당 유역에 맞는 monitoring지점과 outlet지점 클릭
  → 완료 후 마우스 오른 쪽 클릭 후 stop editing 선택

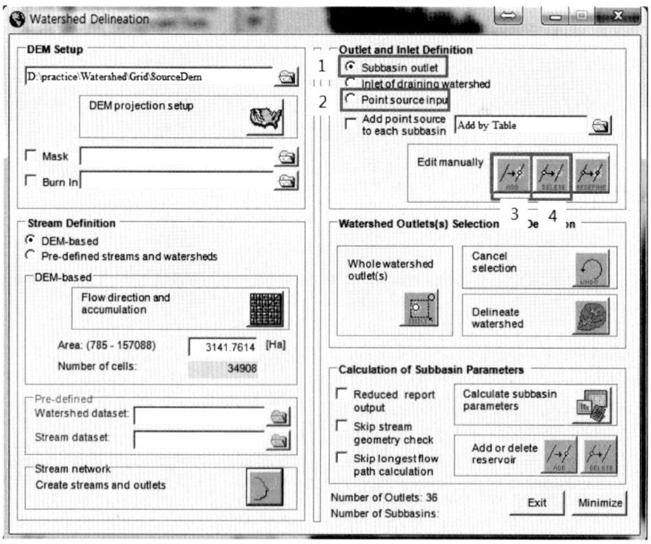

⑥ Watershed Outlet(s) Selection and Definition: Whole Watershed Outlet(s)의 버튼을 클릭하여 해당 유역의 outlet 지정

→ [Delineate watershed] 버튼 클릭

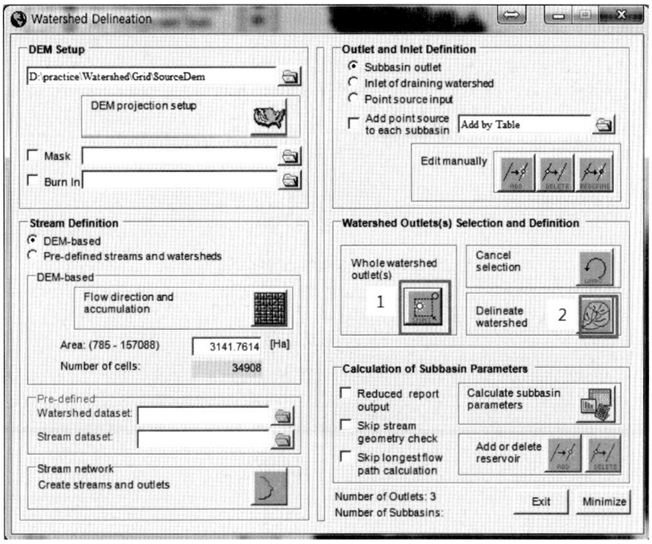

⑦ Calculation of Subbasin Parameters: [Calculate subbasin parameters] 버튼 클릭 → [exit] 클릭 → 최종적으로 유역이 생성됨

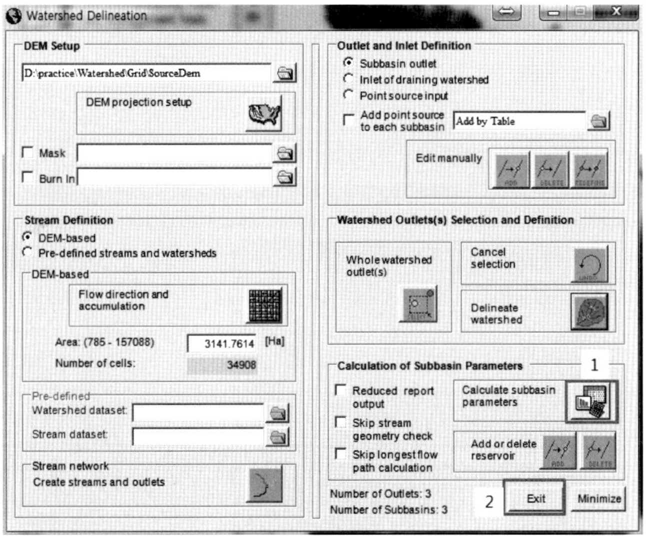

3단계: 토지이용도, 토양도, 경사 입력

1) Land use 설정

① Land Use Grid에서 폴더 모양 클릭 → [Load Land Use dataset(s) from disk] 클릭 → (파일 형태 모든 파일로 설정) 해당 유역의 Land use shp 파일 지정 → 코드 선택

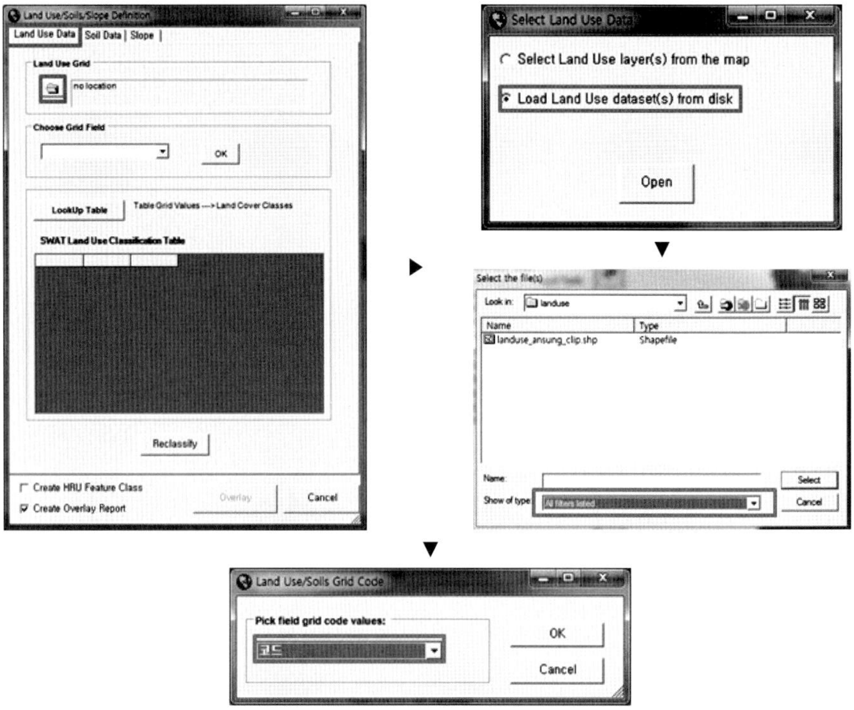

② Choose Grid Field는 Value 선택 후 OK 클릭 → [LookUp Table] 클릭 → [User Table] 클릭 → 코드와 그에 따른 토지이용도를 지정한 dbf 파일 선택(lunlcd.dbf 파일 선택) → [Reclassifiy] 클릭

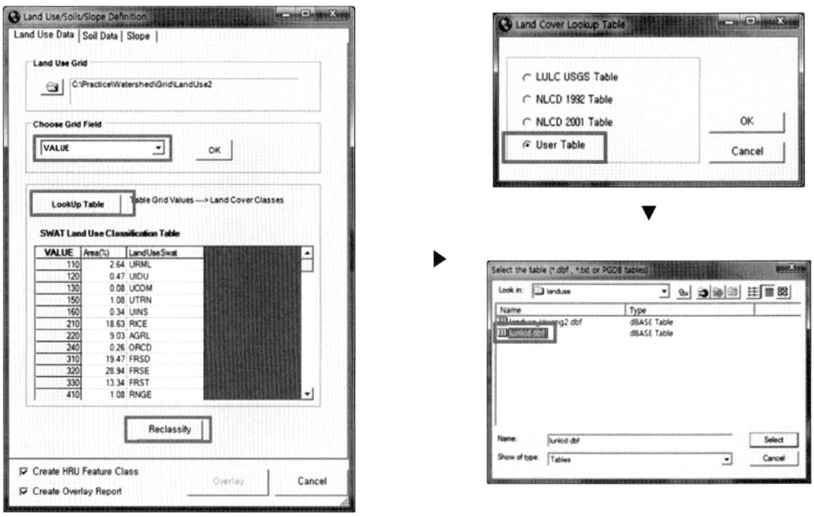

2) Soil 설정

① Soil : Land Use와 마찬가지로 해당 유역의 토양도 shp파일의 경로를 지정 → Grid Code는 NAME 선택

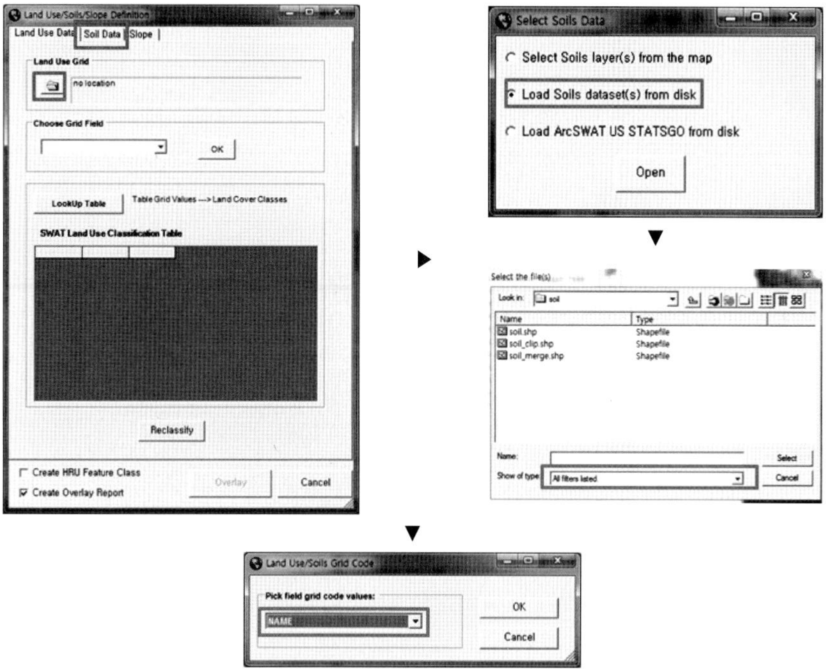

② Choose Grid Field는 Value 선택 → Options는 Name 선택 → LookUp Table 클릭하여 solic.txt 선택 → [Reclassify] 클릭

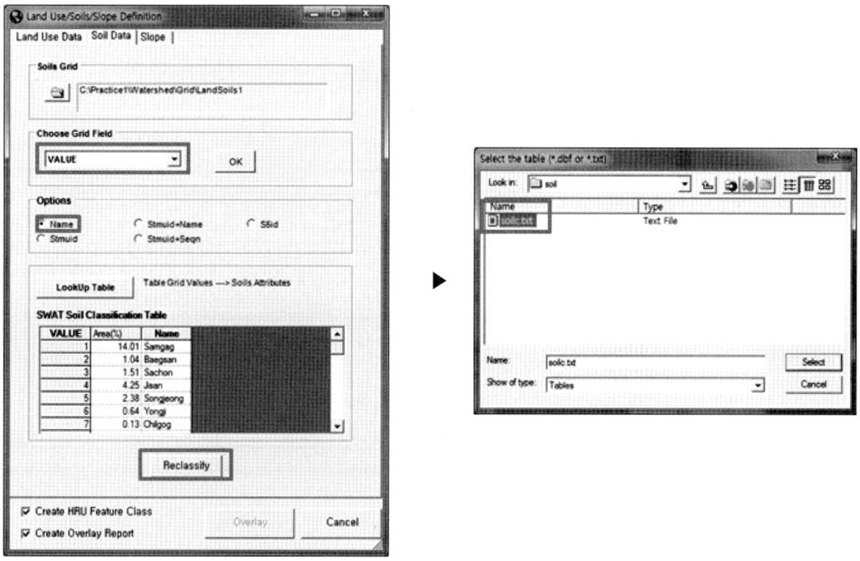

3) Slope 설정

① Multiple Slope 선택(Single Slope 선택해도 무방함) → Number of Slope Classes 설정 → 추가한 경사의 Upper Limit 설정 후 add 클릭 → [Reclassify] 클릭

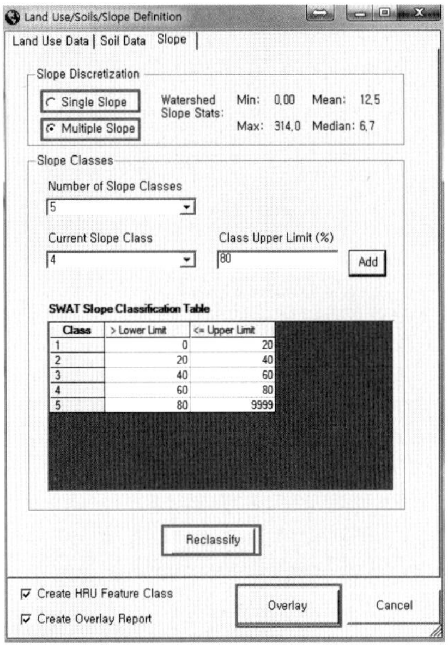

② 모든 단계가 완료되면 Overlay 버튼 클릭 → Land Use/Soil/Slope 데이터 구축 완료

4단계: HRU 생성

① 소유역 면적에 대한 Land use/Soil/Slope의 수문반응단위 비율 지정(큰 비율일수록 세세한 수문반응단위를 의미하지만 작은 비율에서도 유출량 결과에는 큰 변동이 없음) → Create HRUs 클릭

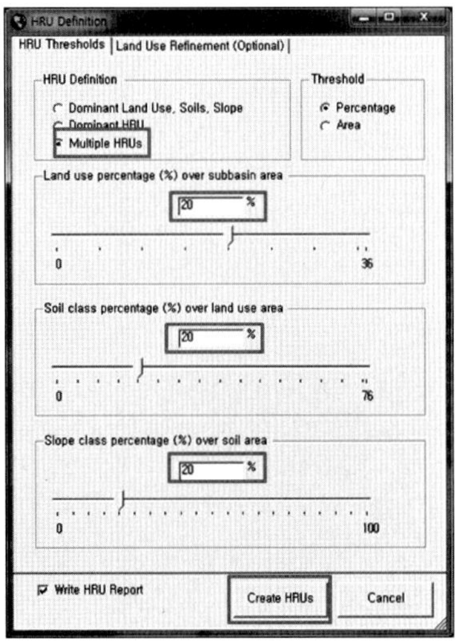

5단계: 기상자료 구축

① [Weather Generator Data] → [Custom Database] 클릭 후 해당 유역의 기상 관측 지점으로 구성된 dbf 파일경로 지정

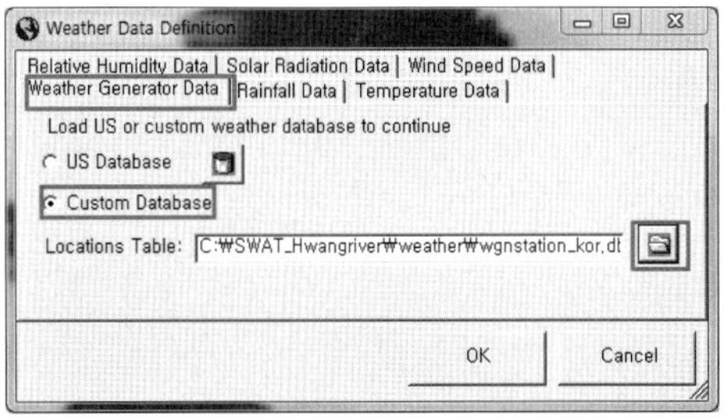

② 강우 관측소 데이터 입력

- [Rainfall Data] 클릭 → 강우 관측소 정보가 들어있는 dbf 파일 경로 지정
- [Temperature Data] 클릭 → [Climate Stations] 클릭 → 온도의 관측소 정보 dbf 파일 경로 지정
- [Relative Humidity Data] 클릭 → [Relative Humidity Gages] 클릭 → 상대습도의 관측소 정보 dbf 파일 경로 지정
- [Solar Radiation Data] 클릭 → [Solar Gages] 클릭 → 일사량의 관측소 정보 dbf 파일 경로 지정
- [Wind Speed Data] → [Wind Gages] 클릭 → 풍속 관측소 데이터 dbf 파일 경로 지정

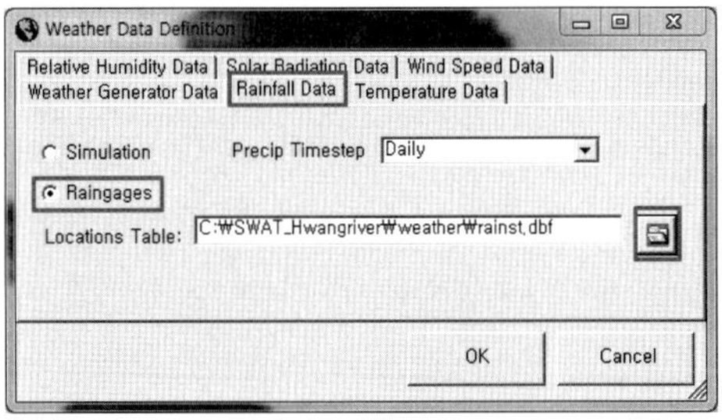

③ 모든 기상 자료 구축이 완료 되면 [OK] 버튼 클릭

④ 모든 기상 자료 구축 후 [Write All] 버튼 클릭 → 예 클릭

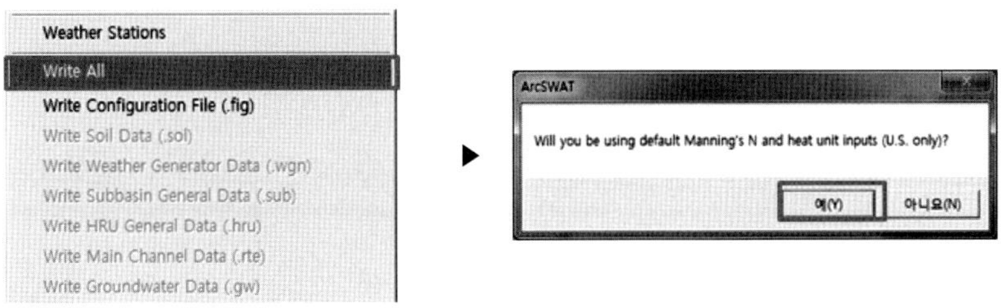

6단계: SWAT 모의

① [Run SWAT] 클릭 → SWAT 모의 세팅 후 [Setup SWAT Run] 클릭

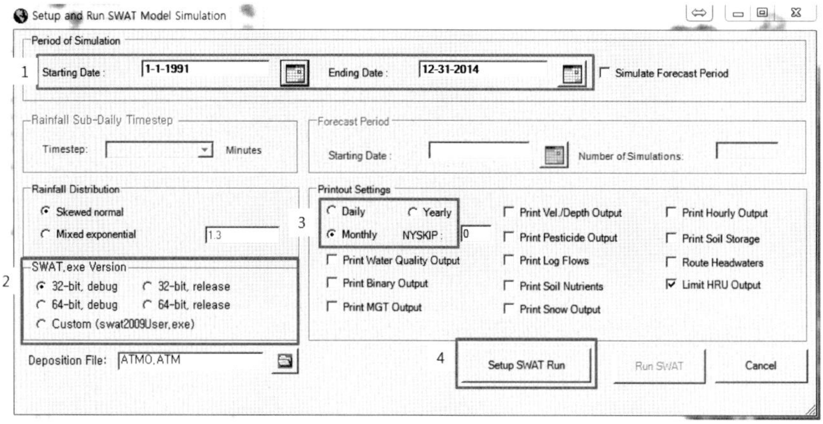

(1 : 모의 기간 설정, 2 : SWAT 버전 선택, 3 : 일/월/연 모의 단위 설정)

3. 적용 예제

본 교재의 예제인 한강은 수도 서울을 관통하는 우리나라 중부의 최대하천으로서 크게 북한강과 한강으로 구성되어 있다. 북한강과 한강은 서울 한강대교 상류 약 41 km의 양수리에서 합류하여 약 5 km의 급류부인 팔당 협착부를 통과한 후, 광활한 평야지와 서울도심을 만곡되어 흐르다가 하구에서 임진강 만난다. 유역의 표고는 북동부의 산악지역은 해발 약 1,700 m에 달하며 800 m 이상이 약 14%, 200 m 이상의 지역이 약 27%로 되어 있다. 지형은 전반적으로 기복이 심하여 깊게 침식된 협곡에 의하여 비탈 끝이 분리되어 있는 것이 특징이며 지질은 주로 화강암, 석회암, 편마암으로 되어 있다. 한강 유역은 북위 36°30′~38°55′, 동경 126°24′~129°02′에 걸쳐 한반도 중앙부에 위치하고 있으며, 유역면적은 25,953.6 km^2(북한 포함시 35,770.4 km^2)이고, 유로연장은 494.4 km, 유역 평균폭은 75.5 km, 유역형상계수는 0.164인 남한 제1의 하천으로 전 국토면적의 약 23%를 차지하고 있다. SWAT 모형 구축을 위한 한강 유역 분할은 그림 4.1과 같다.

» **그림 4.1** 한강 유역 분할도 (출처: WAMIS, http://www.wamis.go.kr)

SWAT 모형의 모의를 위해 필요한 데이터는 DEM, 토지이용도, 토양도, 기상자료로 그림 4.2와 같이 한강 유역 관련 데이터를 구축하였다. 이 때 기상자료는 한강 유역의 기상청 관할 16개의 강우 관측소(속초, 철원, 대관령, 춘천, 강릉, 서울, 인천, 원주, 수원, 충주, 강화, 양평, 이천, 인제, 홍천, 제천)를 바탕으로 구성하였으며, 관측소 정보는 표 4.1과 같다.

표 4.1 기상 관측소 정보

Station ID	Name of weather station	Latitude (°N)	Longitude (°E)	Elevation (m)
90	Sokcho	128.5647	38.2509	18.06
95	Cheorwon	127.3042	38.1479	153.70
100	Daegwallyeong	128.7182	37.6771	772.57
101	Chuncheon	127.7357	37.9026	77.71
105	Gangneung	128.8910	37.7515	26.04
108	Seoul	126.9658	37.5714	85.80
112	Incheon	126.6249	37.4777	71.43
114	Wonju	127.9466	37.3376	148.64
119	Suwon	126.9853	37.2723	34.06
127	Chungju	127.9527	36.9704	28.91
201	Ganghwa	127.4463	37.7074	47.01
202	Yangpyeong	127.4945	37.4886	47.98
203	Icheon	128.4842	37.2640	78.01
211	Inje	128.1671	38.0599	200.16
212	Hongcheon	127.8804	37.6836	140.92
221	Jecheon	128.1943	37.1593	263.61

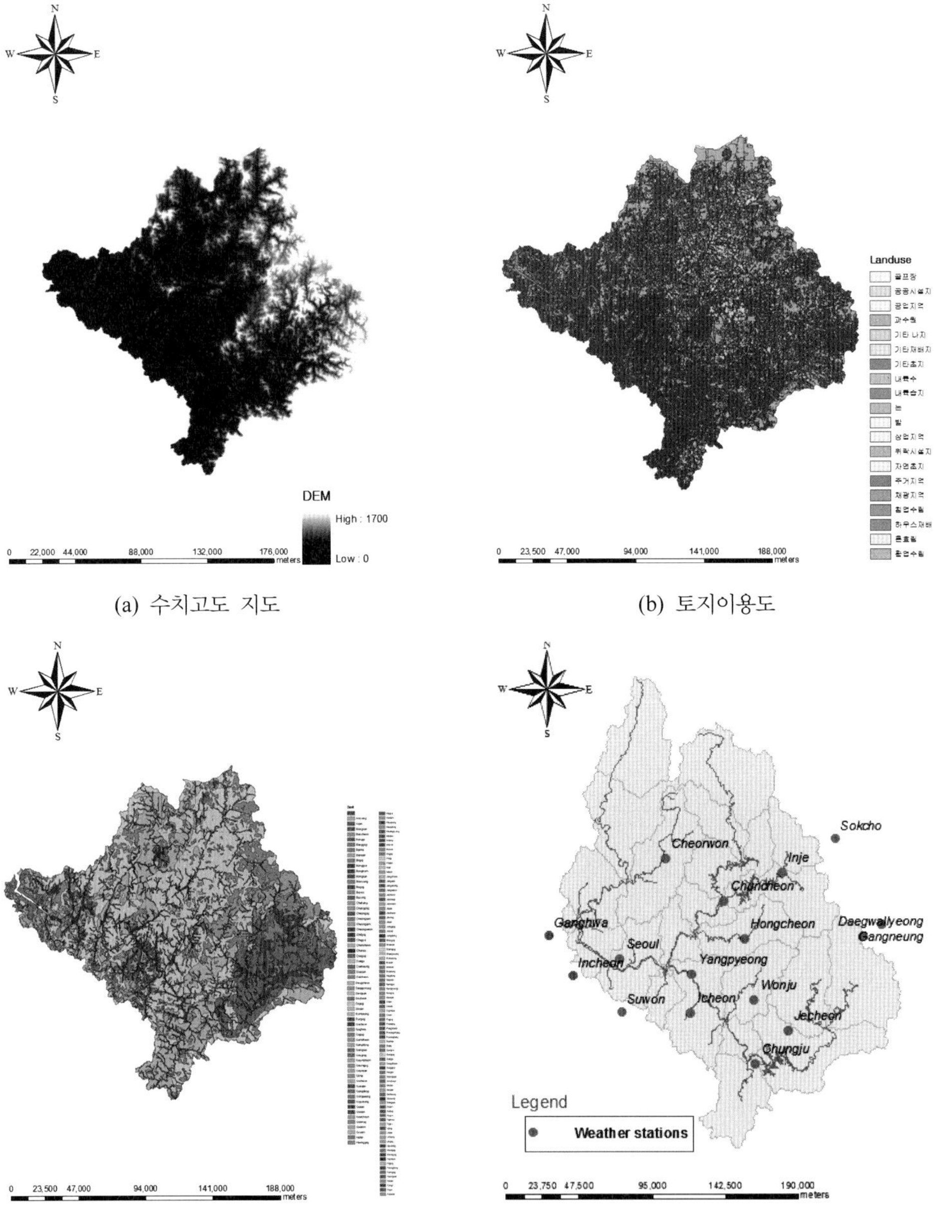

(a) 수치고도 지도

(b) 토지이용도

(c) 토양도

(d) 관측소 현황

≫ **그림 4.2** 한강 유역 구축 자료

1단계: SWAT Project 구성

SWAT 모의를 위한 Project 경로 지정 및 파일 이름을 지정한다. 본 교재는 han_example로 지정하였다.

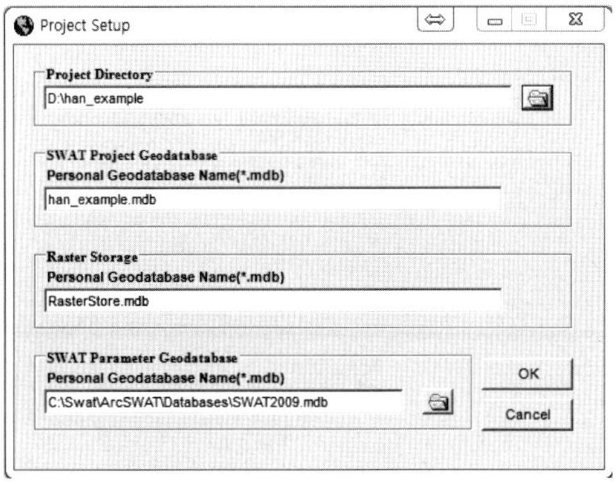

2단계: 유역 분할 및 하천망 구축

DEM 파일을 불러내고 DEM을 바탕으로 하천을 형성한 후 각 중권역의 출구를 지정하여 분할한 결과 아래의 그림과 같이 도출된다.

3단계: 토지이용도, 토양도, 경사 입력

토지이용도, 토양도, 경사를 지정한 결과 아래 그림과 같다. 본 예제에서는 single slope를 적용하였다.

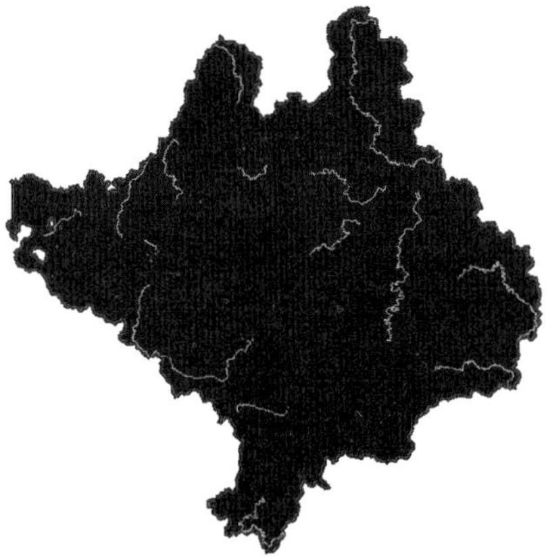

4단계: HRU 생성

토지이용도, 토양도, 경사의 수문반응단위(HRU)의 %를 지정한 결과 아래의 그림과 같이 도출된다.

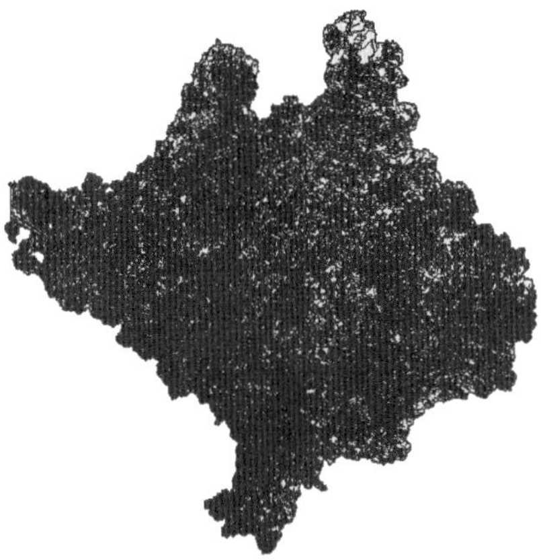

5단계: 기상자료 입력

해당 기상 관측소의 정보를 입력한 결과는 아래의 그림과 같다.

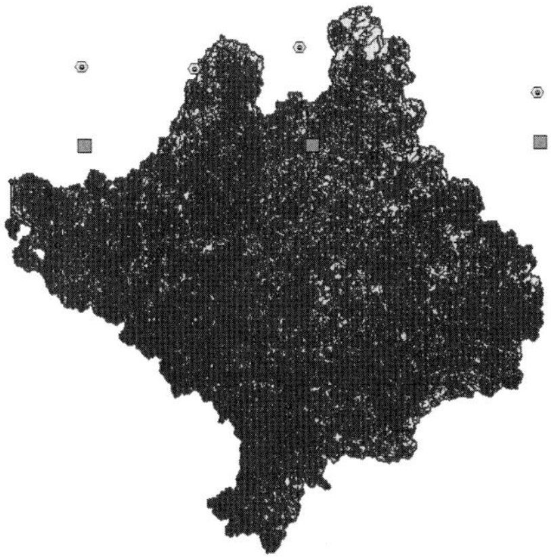

6단계: SWAT 모형 모의

해당 기상 관측 데이터의 시계열에 따라 일 / 월 / 연별로 모의를 실시하며, 모의된 결과는 첫 번째 단계에서 지정한 파일 경로에 들어가 Scenarios → Default → TxtInOut → output.rch에서 해당 유역별 유출량의 확인이 가능하다. 또한 모의 결과별로 저장이 가능하다. SWAT Simulation → Read SWAT Output으로 들어가면 아래와 같은 창이 뜬다. 첫 번째로 6개의 항목에 대해 체크하고 Import Files to Database를 클릭하고 모의 결과 저장명 지정 후 Save Simulation을 클릭하면 모의 결과별로 저장이 가능하다.

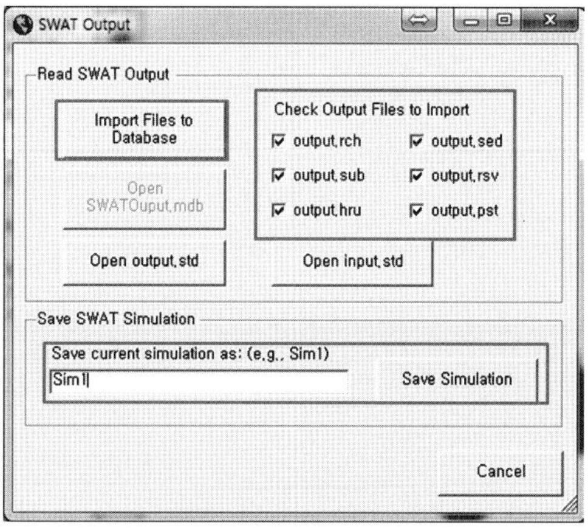

4.2 SWAT-CUP 모형

4.2.1 SWAT-CUP 모형 소개

SWAT 모형의 매개변수 최적화를 위해 개발된 SWAT-CUP 모형은 SUFI-2(Sequential Uncertainty Fitting Ver.2), GLUE(Generalized Likelihood Uncertainty Estimation), ParaSol(Parameter Solution), PSO(Particle Swarm Optimization), MCMC(Markov Chain Monte Carlo) 기법으로 구성되어 있다.

1. SUFI-2 방법

SUFI-2는 순차적으로 매개변수를 추정하는 방법으로 GLUE 알고리즘의 개념과 유사하며, 다양한 연구 분야에서 최적화 방법으로 사용되고 있다[Won et al., 2015(a)와 Won et al., 2015(b)]. SUFI-2 알고리즘은 개념적 모델, 매개변수, 추정값, 강우량 등과 같은 모든 불확실한 매개변수로 이루어져 있다.

모든 불확실성의 정도는 P-factor로 불리는 95% 예측의 불확실성(95PPU)의 비율로 측정되며, 모든 과정과 강우량, 온도와 같은 모델의 입력자료의 정확성은 모델 예측의 불확실성을 증가시킨다. 그러므로 예측의 불확실성에 의해 선택된 자료의 비율은 불확실성 분석의 강도를 평가하는 좋은 척도가 된다. 95PPU는 심한 오류가 5%에 불가한 추정으로, Latin Hypercube Sampling을 통해 얻은 출력변수의 누적 분포 2.5%와 97.5% 수준에서 계산된다.

SUFI-2는 측정값과 가장 작은 d-factor를 갖는 브래킷을 찾는다. 95PPU에 속하는 매개변수를 가정하고, P-factor와 R-factor를 기준으로 불확실성을 감소시킨다. 그림 4.3은 SUFI-2의 매개변수 추정 과정을 보여준다.

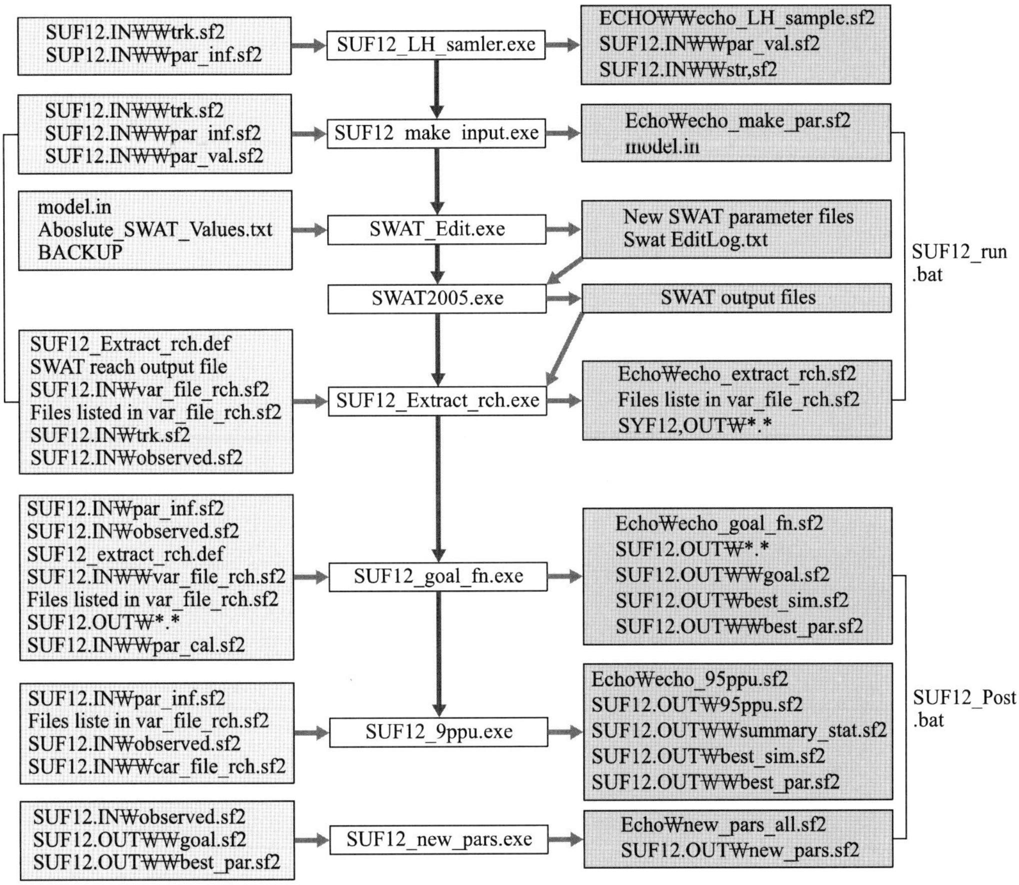

≫ **그림 4.3** SWAT-CUP에서의 SUFI-2 알고리즘 (Abbaspour, 2008)

2. GLUE 방법

GLUE 알고리즘은 일반화 가능성의 불확실성에 의한 추정으로 그림 4.4와 같은 순서에 의해 최적 매개변수를 추정한다. GLUE는 복잡한 유역수문을 있는 그대로 모의할 수 없기 때문에 비슷한 성능을 낼 수 있는 모형과 매개변수가 다수가 될 수 있음을 가정한다. 따라서 매개변수의 사전 분포형에서 매개변수 세트를 무작위로 발생시키고, 우도함수의 가중치를 산정하여 우수한 성능을 가진 변수 세트에 대한 가중치를 부여한다. 몇몇의 우도함수 중 SWAT-CUP에서는 모형 효율성 계수가 주로 쓰이고 있다.

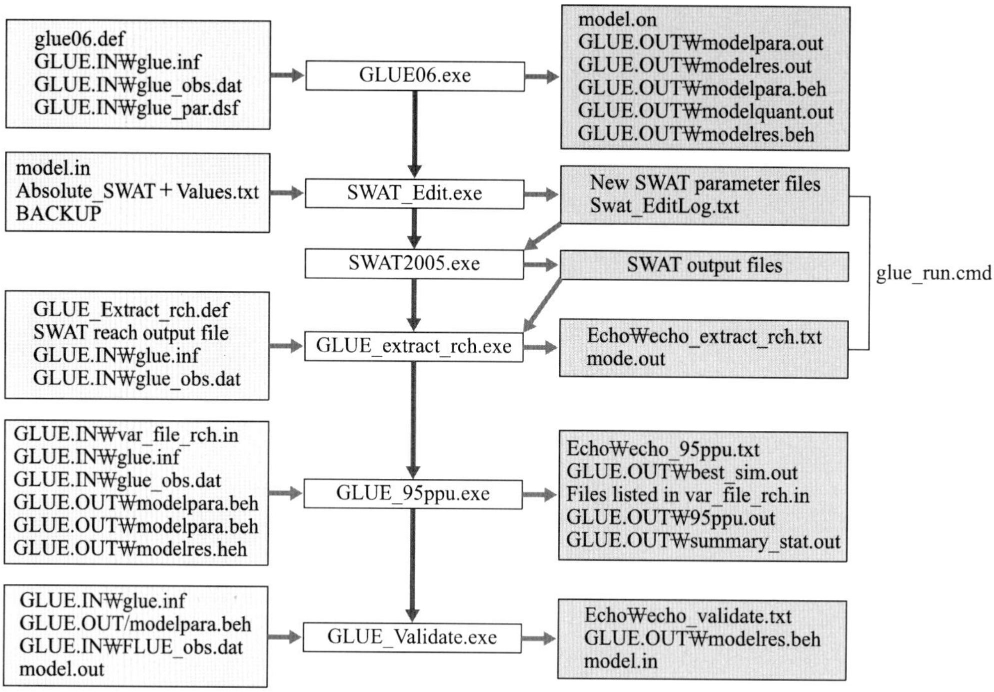

» **그림 4.4** SWAT-CUP에서의 GLUE 알고리즘 (Abbaspour, 2008)

3. PSO 방법

PSO 알고리즘은 부분 최적화 기법으로 확률적 최적화 기법을 기반으로 하고 있다. 이는 유전자 알고리즘과 같은 점진적인 기법을 기반으로 하고 있다. 이 시스템은 경로의 업데이트에 의한 최적의 솔루션과 탐색에 의해 초기 설정을 한다. 그러나 유전자 알고리즘과 다르게 교차 및 변화와 같은 진화된 연산자는 가지고 있지 않다. 유전자 알고리즘과 비교할 때, PSO 알고리즘은 구현이 쉽고 적용되는 매개변수가 적다. 그래서 함수의 최적화, 인공신경망기법, 퍼지 제어 시스템 등의 많은 부분에서 성공적으로 적용되었다.

4. ParaSol 방법

ParaSol 방법은 Shuffle Complex Evolution 알고리즘(SCEUA)을 이용하여 목적함수 값을 최소화하며, 불확실성 분석을 할 수 있는 프로그램이다. SCE-UA 알고리즘은 자연진화의 과정을 최적해 산정과정에 도입한 것으로 첫 번째 단계에서 매개변수들의 최소값과 최대값의 범위 내에서 무작위 표본 추출에 의해 초기모집단(Population)을 구성한다. 초기 모집단의 무작위 추출 후에 개체의 모집단은 p개의 집합체로 나누어지고, 한 개의 집합체는 2p+1개의 개체로 구성된다. 개개의 집합체가 구성된 후에 simplex 알고리즘을 이용하여 개개의 집합체를 독립적으로 진화시키며 탐색과정의 새로운 정보 공유를 위해 집합체를 주기적으로 혼합(Suffling)하여 새로운 집합체를 형성하고 수렴조건이 만족할 때까지 반복 모의를 수행하여 전체매개변수에 대한 최적해를 찾을 수 있다(이도훈, 2006, 이은형과 서동일 2011). 알고리즘 적용 순서는 그림 4.5와 같다.

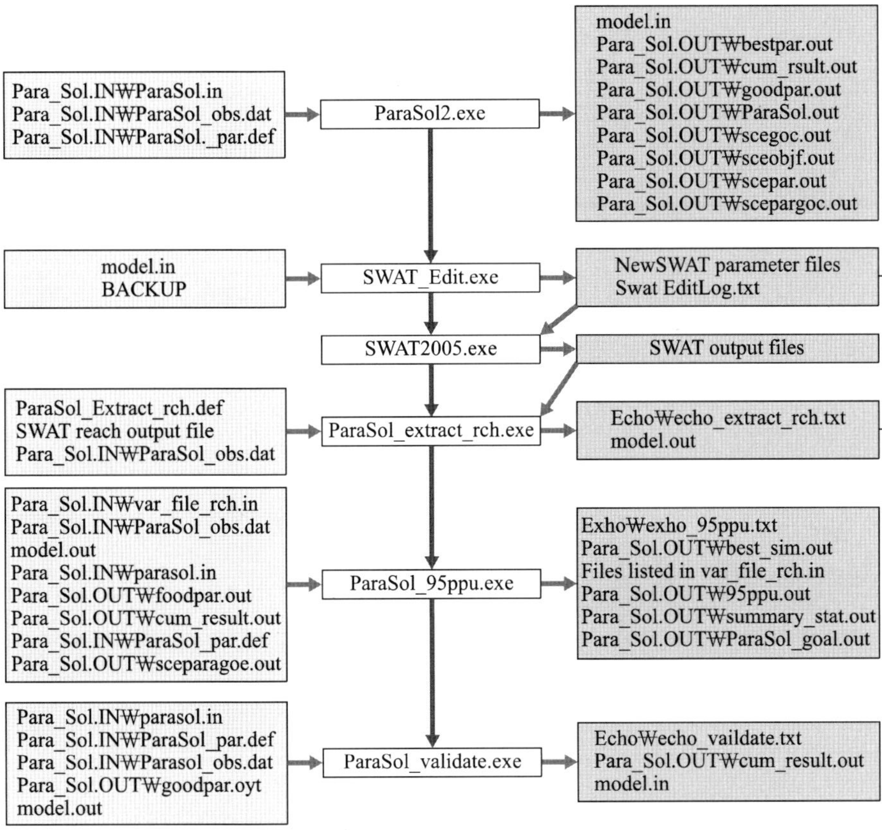

» **그림 4.5** SWAT-CUP에서의 ParaSol 알고리즘 (Abbaspour, 2008)

5. MCMC

MCMC는 마코프 연쇄(Markov chain)와 몬테카를로 적분(Monte Carlo Integration)을 이용하여 사후분포로부터 모수를 추출하고 통계적 특성치를 계산하는 방법이다(김상욱 등, 2008). SWAT-CUP의 MCMC 프로그램에서는 임의보행(Random walk)기법을 통해 확률분포로부터 무작위 표본을 추출하는 알고리즘의 하나로 가장 간단한 기법인 metropolis-Hastings algorithm을 이용하여 최적의 매개변수 세트를 산정한다(이은형, 2011). 적용 순서는 그림 4.6과 같다.

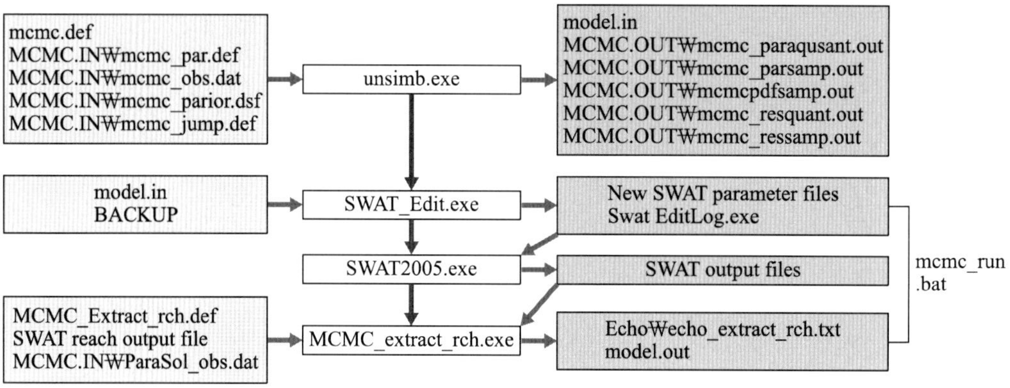

» **그림 4.6** SWAT-CUP에서의 MCMC 알고리즘 (Abbaspour, 2008)

4.2.2 SWAT-CUP 모형 모의 방법

본 교재는 매개변수 최적화를 위해 총 9단계를 제시하고 있으며 그 과정은 다음과 같다.

1단계: 네모 박스 클릭

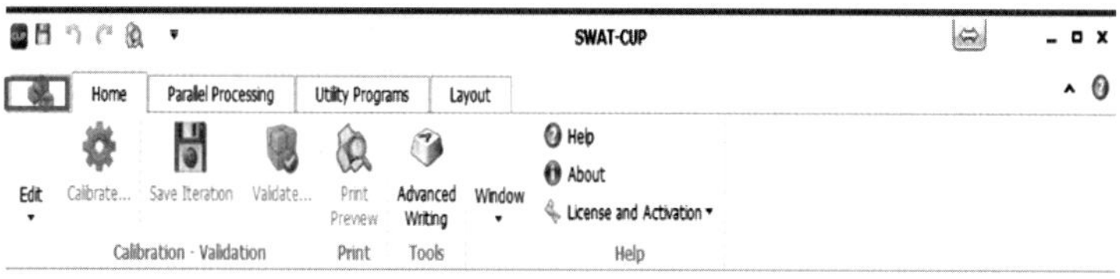

2단계: New 클릭

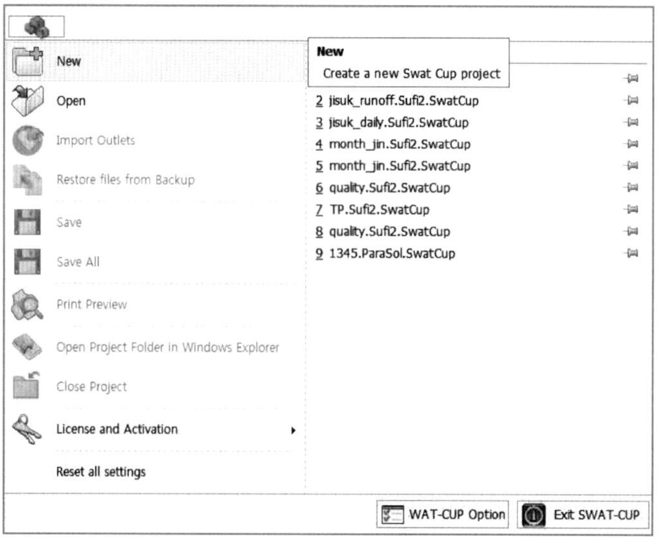

3단계: Next 클릭

4단계: SWAT 모델링 한 TxtInOut 경로 지정 후 Next 클릭

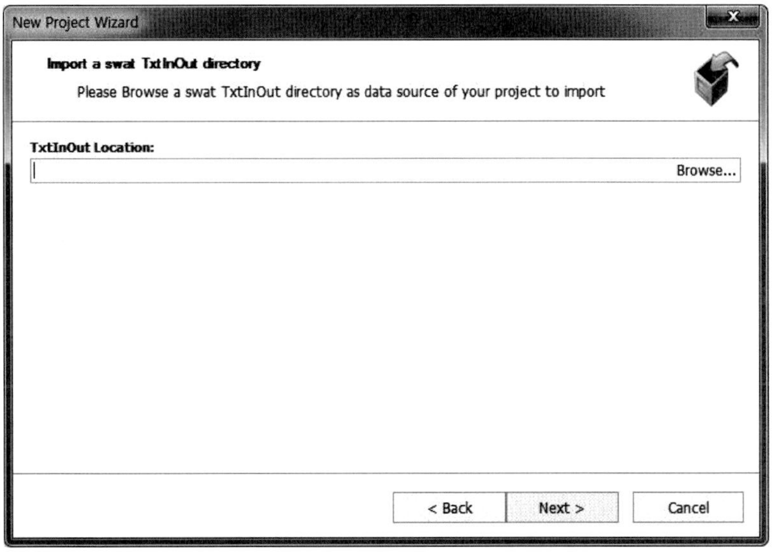

5단계: SWAT 버전 및 윈도우 버전(32bit/64bit) 선택

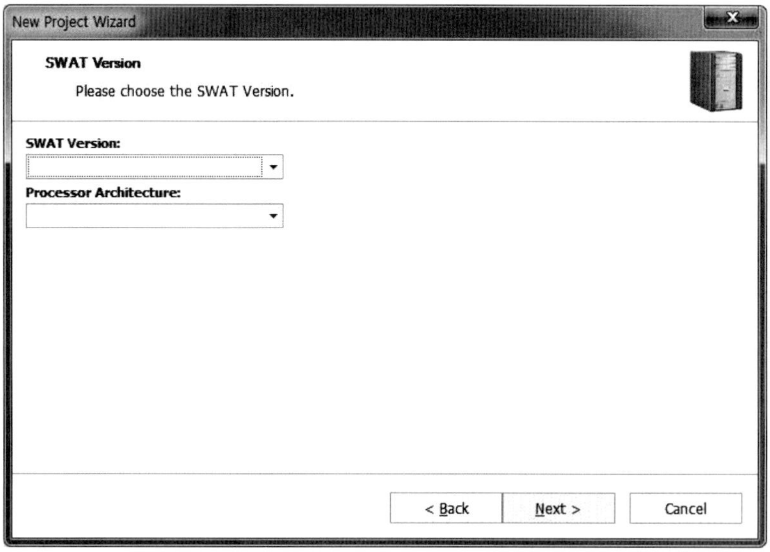

6단계: Optimization 방법 선택

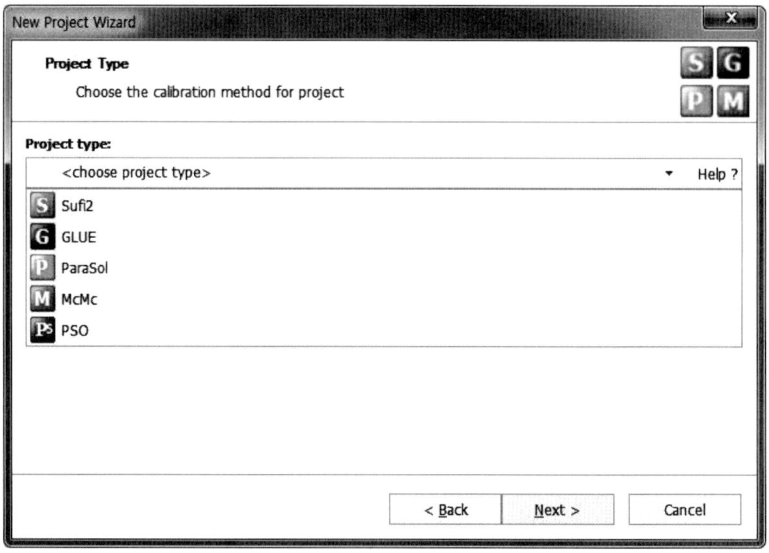

7단계: Project Name 입력과 경로 지정

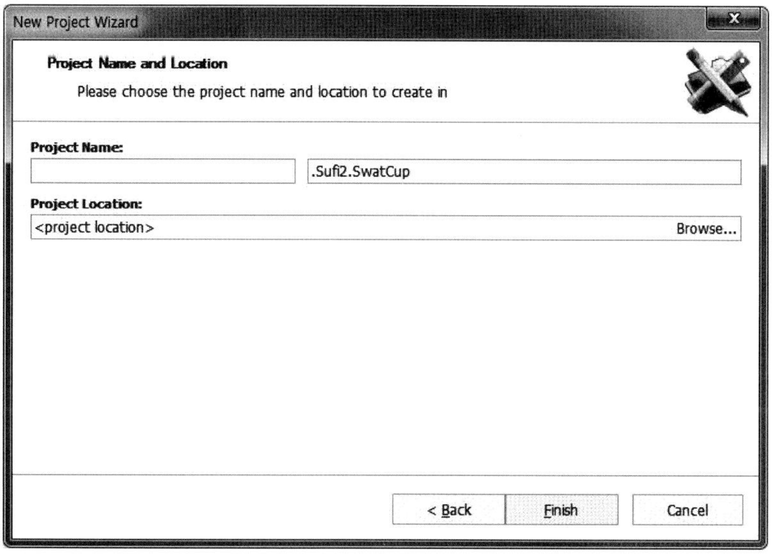

8단계: 매개변수 최적화 과정

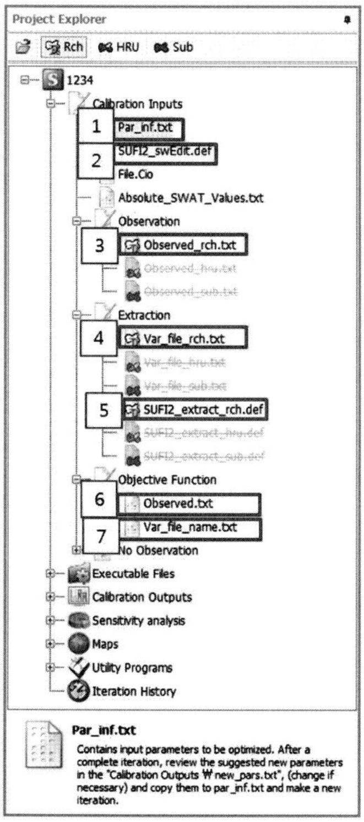

8-1단계: 매개변수 선택 및 범위 지정
8-2단계: 모의 횟수 지정
8-3단계: 관측유량 지정
8-4단계: File 이름 지정
8-5단계: SWAT output 파일 수정
8-6단계: 관측유량 및 목적함수 지정
8-7단계: File 이름 지정
9단계: 결과 확인

8-1단계: 매개변수 선택 및 범위 지정

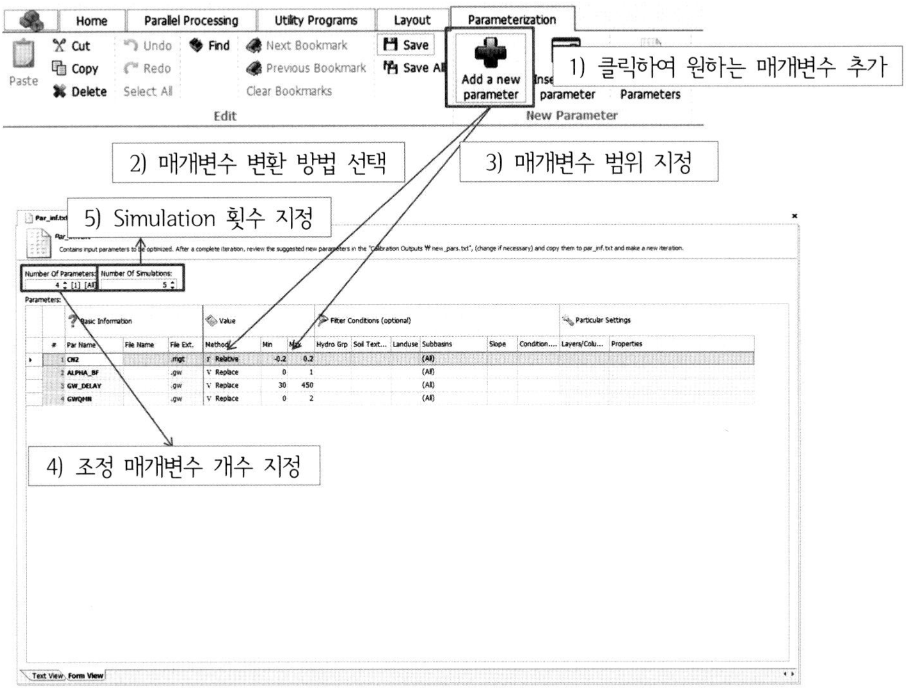

8-2단계: 모의 횟수 지정

8-3단계: 관측유량 지정

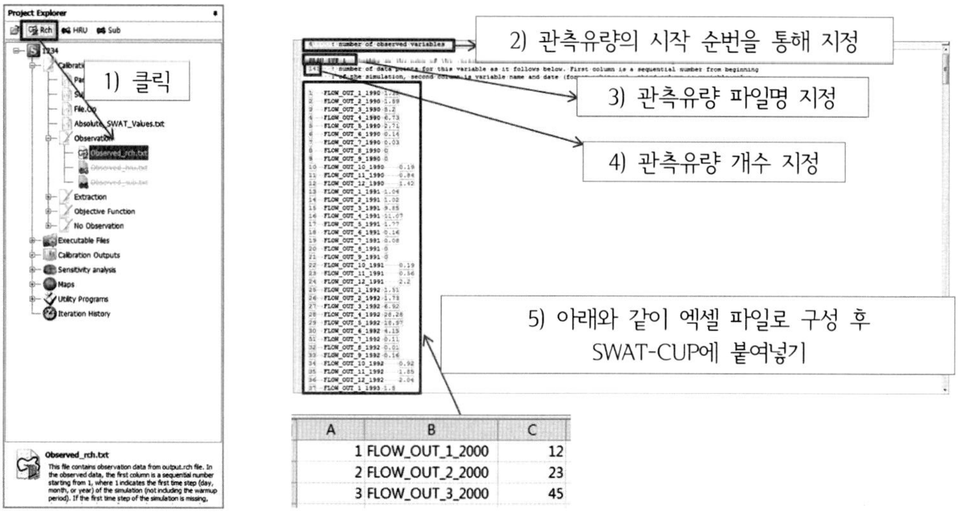

8-4단계: File 이름 지정

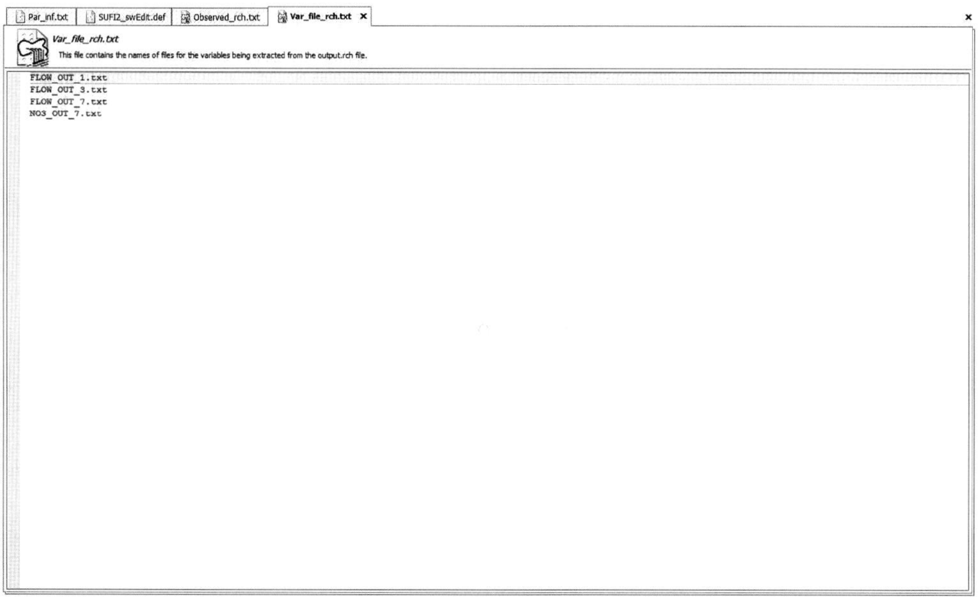

8-5단계: SWAT output 파일 수정

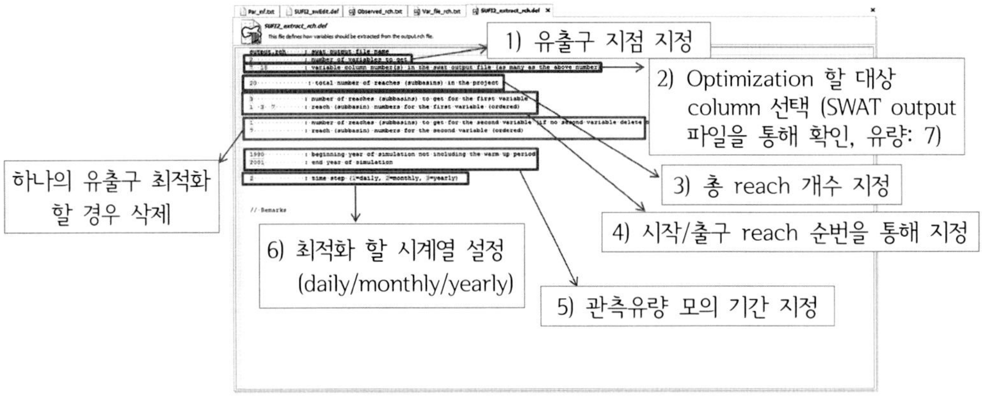

8-6단계: 관측유량 및 목적함수 지정

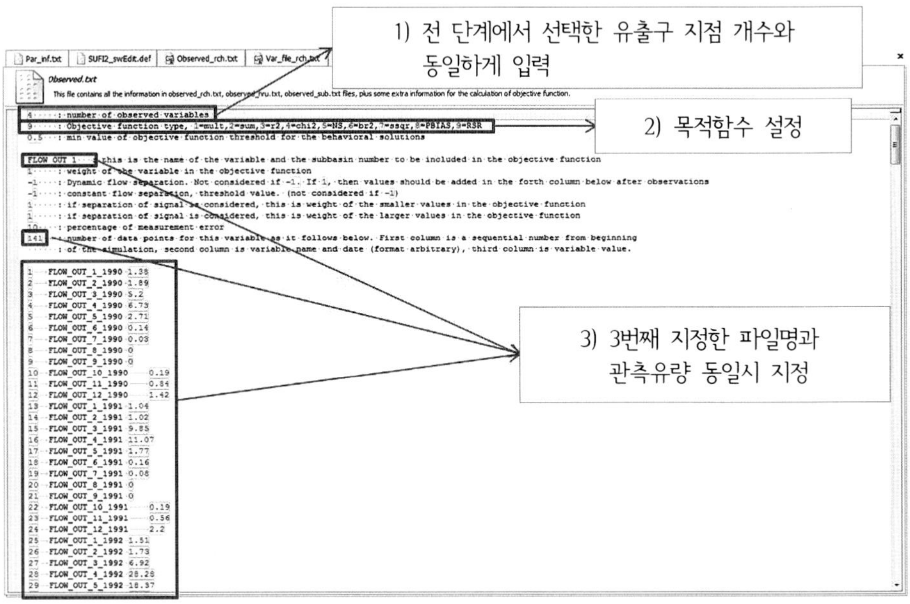

8-7단계: File 이름 지정

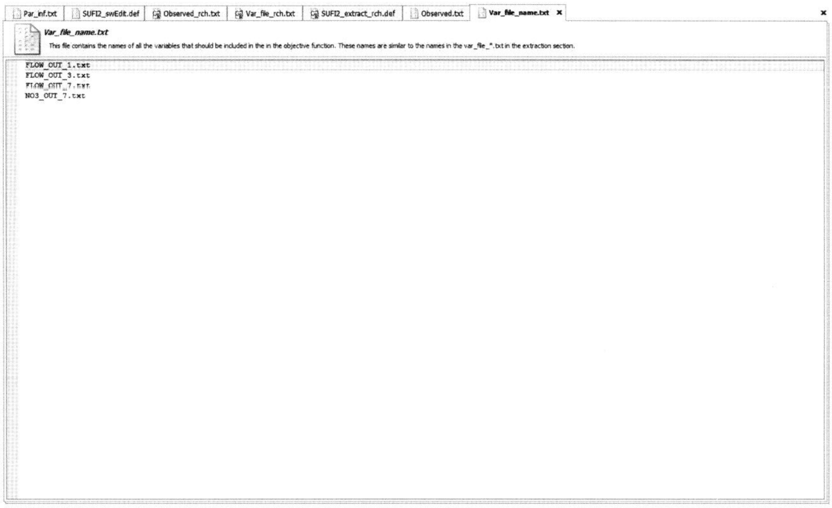

9단계: 결과 확인

4.2.3 SWAT-CUP 적용 예시

1단계부터 7단계의 과정을 바탕으로 8단계와 9단계를 적용한 결과는 다음과 같다.

1. 한강 유역에 대한 SWAT-CUP 적용

1단계부터 9단계까지의 과정을 통해 SWAT 모의 결과를 불러들인다. 본 예제는 한강 유역의 2009년의 일별 유출량에 대한 SUFI-2 방법을 이용하여 매개변수 최적화 작업을 실시했다. 매개변수 최적화 작업 전 그림 4.7과 같이 모의값과 관측값 사이에 큰 차이가 있음을 알 수 있다.

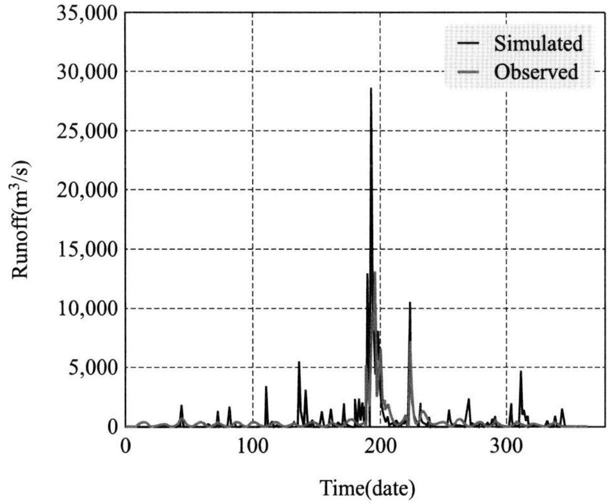

» **그림 4.7** 한강 유역의 관측 및 모의 유출량 비교

이를 정량적으로 확인하기 위해 매개변수 최적화 작업 전 해당 모형의 적합도를 평가하는 지수인

NSE(Nash-Sutcliffe Efficiency; Nash and Sutcliffe, 1970)를 산정하였다.

$$1-\frac{\sum_{t=1}^{N}(q_{t,o}-q_{t,s})^2}{\sum_{t=1}^{N}(q_{t,o}-\overline{q_o})^2} \tag{4.1}$$

여기서 $q_{t,o}$와 $q_{t,s}$는 관측 및 모의된 유량이며, $\overline{q_o}$는 평균 관측유량값을 의미한다.

산정결과 1에 가까울수록 최적값을 의미하는 NSE의 경우 -0.38로 관측값과 모의값에 큰 차이가 있음을 확인하였다.

8-1단계: 매개변수 선택 및 범위 지정

본 예제의 경우 총 15개의 매개변수를 선택하였으며, 모의 횟수는 100회로 지정하였다. 이때 매개변수의 최대/최소값의 경우 Absolute_SWAT_Values.txt에서 제시한 범위를 사용하였다.

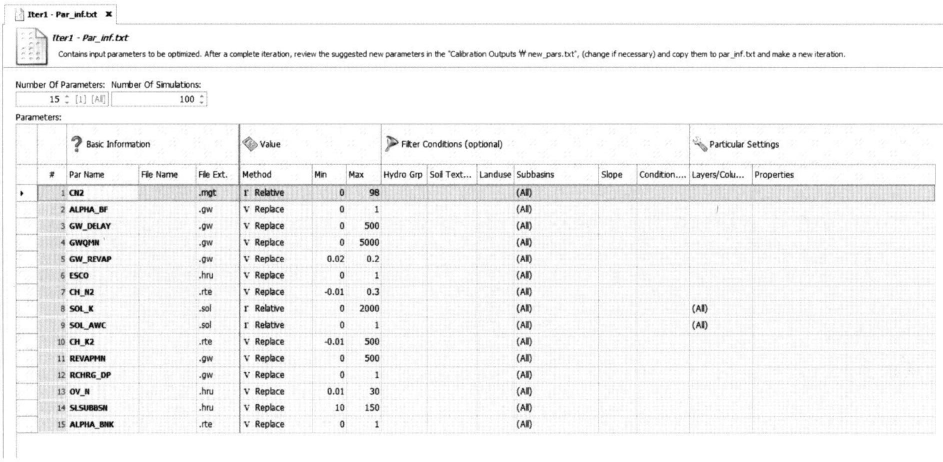

8-2단계: 모의 횟수 지정

앞선 단계에서 모의 횟수를 100회로 지정했기 때문에 두 번째 단계에서도 모의 횟수를 100회로 지정하였다.

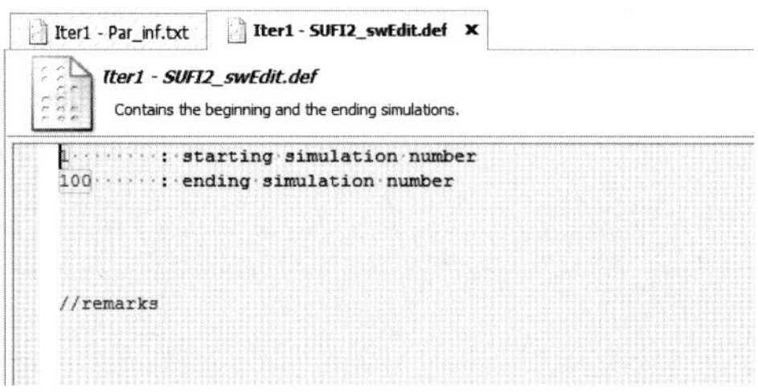

8-3단계: 관측유량 지정

한강 유역의 최종 유출구에 대한 일 유출량 관련 매개변수 최적화를 실시하였으므로 관측 지점의 수는 1로, FLOW_OUT_1로 지정하였다. 2009년은 총 365일로 관측유량값도 총 365개이다.

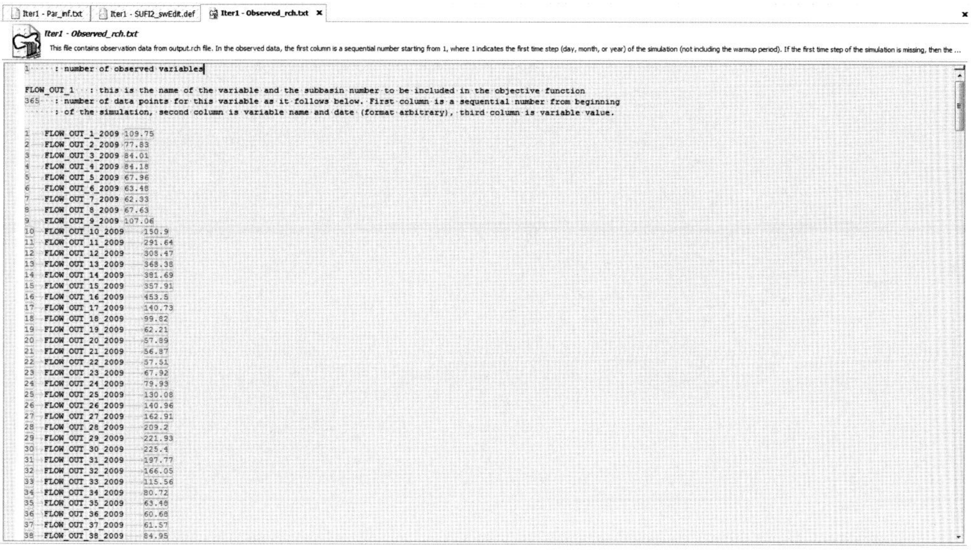

8-4단계: File 이름 지정

전 단계에서 FLOW_OUT_1로 지정하였기 때문에 본 단계에서도 Iter1-Var_file_rch.txt로 변경한다.

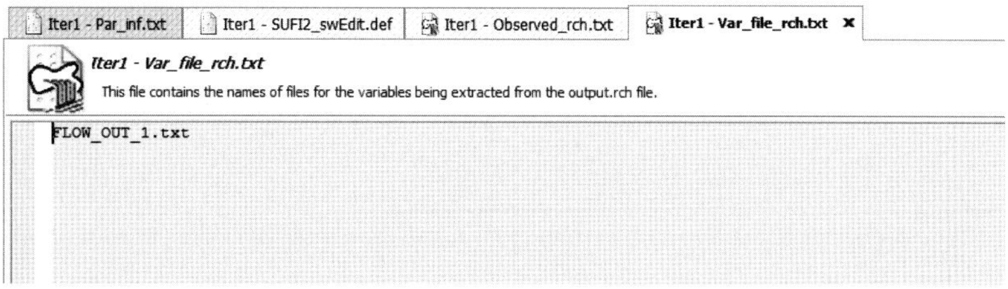

8-5단계: SWAT output 파일 수정

최종 유출구에 대해 매개변수 최적화 작업을 실시하므로 1로 지정하고 유출량의 경우 결과 파일에서 7번째 열에 존재하기 때문에 7로 지정하였다. 한강 유역의 경우 17개의 중권역으로 분할하여 모의하였으며, 최종 유출구의 유역 번호는 SWAT 결과에서 5를 나타내므로 5로 수정하였다. 모의 기간은 2009년의 일 단위이므로 모의 기간의 시작과 끝을 2009년으로 시계열은 일 단위를 의미하는 숫자 1로 변경하였다.

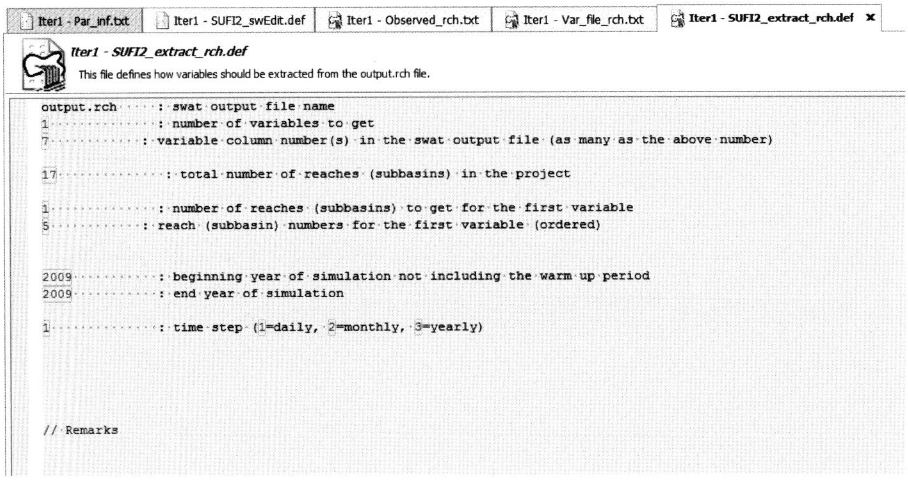

8-6단계: 관측유량 및 목적함수 지정

관측값의 수는 1로 목적함수의 경우 본 예제에서는 NSE를 사용하였으므로 NSE를 의미하는 숫자 5로 변경하였으며, FLOW_OUT_1로 수정하였다. 2009년의 관측값의 경우 365개이므로 365로 수정하였으며, 해당 연도의 일 단위 관측값을 넣어준다.

8-7단계: File 이름 지정

이 단계도 역시 앞선 단계와 마찬가지로 FLOW_OUT_1로 변경해준다.

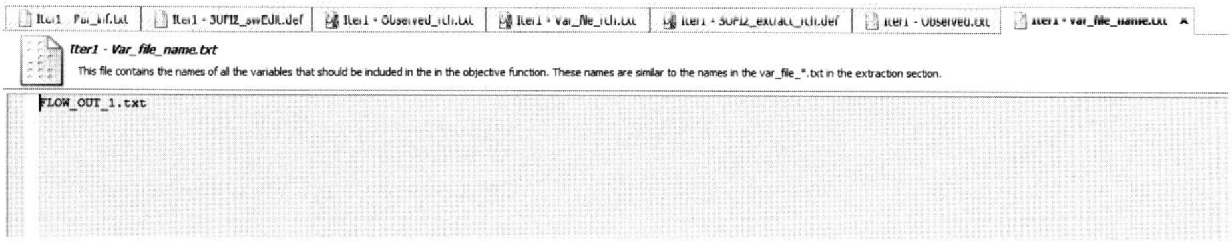

9단계: 결과 확인

Iteration History를 통해 매개변수 최적화의 다양한 결과들을 확인할 수 있다.

① 관측 및 모의값의 수문곡선

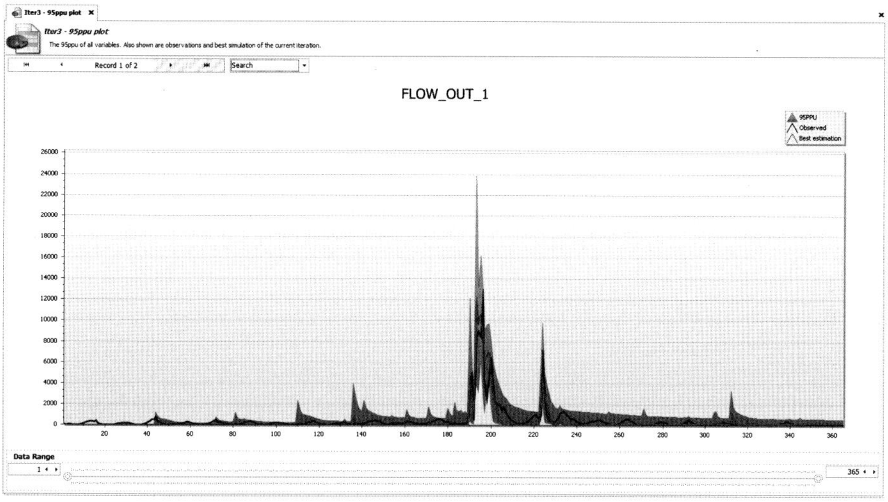

② 최적 매개변수 확인

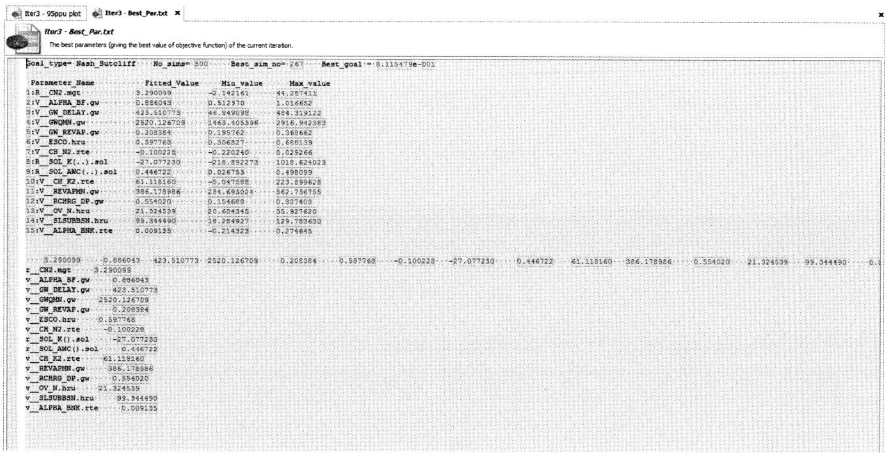

③ 관측 및 모의 유량값 확인

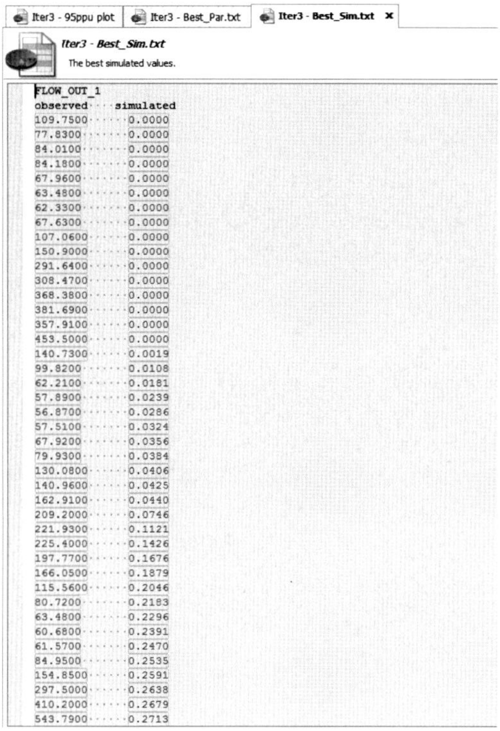

④ 새로운 매개변수 범위 확인

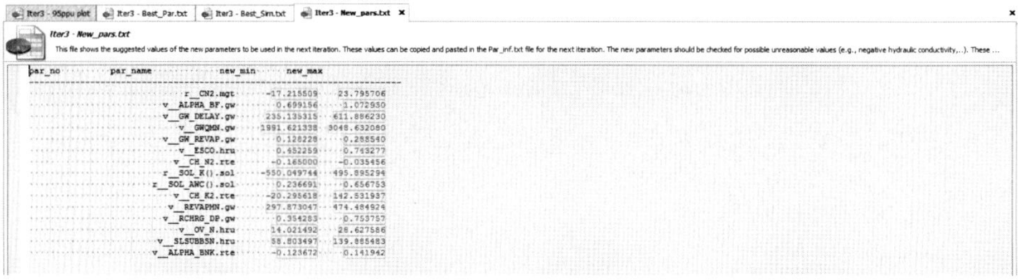

⑤ 모형 평가 지표 결과 확인

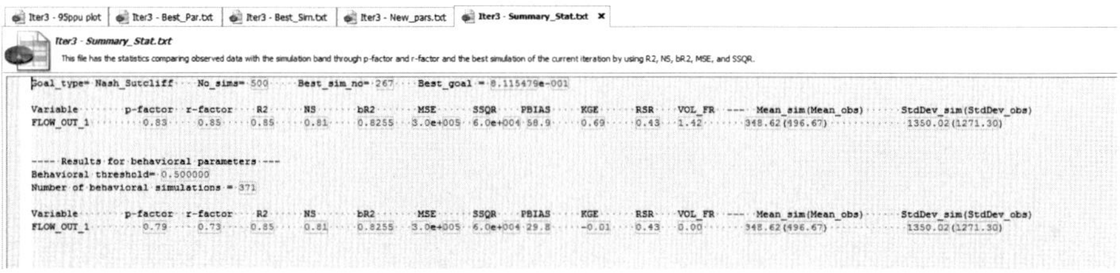

⑥ 매개변수 민감도 분석 결과 확인

SWAT-CUP 모형을 이용한 매개변수 최적화 결과 NSE는 매개변수 최적화 작업을 거치기 전인 －0.38에서 0.81로 관측값과 모의값에 차이를 줄였음을 확인하였다.

참고문헌

김상욱, 이길성 (2008). “Bayesian MCMC를 이용한 저수량 점 빈도분석: I. 이론적 배경과 사전분포의 구축”. 한국수자원학회지, 41(1): 35-47

이도훈, (2006). “LH-OAT 민감도 분석과 SCE-UA 최적화 방법을 이용한 SWAT 모형의 자동보정”. 한국수자원학회지, 39(8): 677-690.

이은형, 서동일 (2011). “SWAT-CUP을 이용한 대청호 유역 장기 유출 유량 보정 및 검증”. 한국수자원학회지, 44(9): 711-720.

Abbaspour. K. C. (2008). “*SWAT-CUP2: SWAT Calibration and Uncertainty Programs – A User Manual*”. Duebendorf, Switzerland: Swiss Federal Institute of Aquatic Science and Technology (Eawag), Department of Systems Analysis, Integrated Assessment, and Modeling (SIAM).

Nash. J.E., and Sutcliffe, J.V. (1970). “River flow forecasting through conceptual models: Part I: A discussion of principles”. *Journal of Hydrology*, 10(3): 283-290.

Neitsch, S.L., Arnold, J.G., Kiniry, J.R., Williams, J.R. (2009). Soil & Water Assessment Tool Theoretical Documentation Version 2009. Texas Water Resources Institute Technical Report No. 406.

Won, K.J., Sung, J.H., and Chung, E.S. (2015a). “Parametric assessment of water use vulnerability of South Korea using SWAT model and TOPSIS,” *Journal of Korean Water Resources Association*, Vol. 48(8), pp.647-657.

Won, K.J., Chung, E.S., and Choi, S.U. (2015b). “Parametric assessment of water use vulnerability variations using SWAT and Fuzzy TOPSIS coupled with Entropy.” *Sustainability*, Vol. 7, pp. 12052-12070.

5

기후변화와 수자원 계획 및 관리

Chapter 05

기후변화와 수자원 계획 및 관리

5.1 서론

1988년 설립된 기후변화정부간협의체(Intergovernmental Panel on Climate Change: IPCC)가 5~6년 주기로 기후변화 평가보고서 발간을 통해 꾸준히 인간활동에 의한 기후변화와 그 영향에 대한 과학적인 증거들을 제시함에 따라 「발리로드맵」 채택('07.12)으로 '12년 이후 기후변화 체제에 대한 국제적인 협상이 본격화되었다. 이로 인해 우리나라도 각종 사업을 통해 국가 기후변화 대응을 위한 기후변화 과학정보를 산출하고 있는데, 이는 우리나라 또한 급격한 기후변화 및 그 영향이 가시화되고 있어 조속한 대응이 요구되기 때문이다.

우리나라 기온은 지난 '97년간 1.7℃ 상승하였으며, 강수량은 19% 증가하는 등 급격한 기후변화를 겪고 있다. 이에 따라 기후변화 영향 및 취약성 평가를 바탕으로 기후변화 적응을 위한 국내 연구가 활성화됨에 따라 기후변화 시나리오에 대한 요구가 급격히 증대되고 있다. 이에 따라 국립기상연구소는 SRES 온실가스 시나리오에 대하여 전지구 및 한반도 기후변화 시나리오를 개발하여 IPCC 4차 평가보고서(the 4th Assessment Report; AR4) 작성에 기여한 바 있으며, 최근에는 IPCC의 5차 평가보고서인 AR5에 수록된 온실가스 시나리오인 '대표 온실가스 농도 시나리오(Representative Concentration Pathway, RCP)'에 대한 국가 표준 기후변화 시나리오 개발을 위한 사업을 추진하였다.

IPCC AR5를 위한 국제적인 기후변화 시나리오 개발은 2007년 계획 수립 이후 표준 온실가스 시나리오 RCP의 제공이 2008년에서 2009년으로 수정됨에 따라 전체 일정이 조정되어 2011년에는 전지구 기후변화 시나리오를 IPCC 자료 센터에 제공하고 있으며, 국제사업인 CMIP5에 참여하여 RCP4.5와 8.5에 대한 미래 기후변화 시나리오를 산출하여 CMIP5에 제출한 바 있다.

또한 지구온난화의 영향은 지역마다 차이가 있기 때문에 지역기후변화와 영향평가 및 적응대책을 위한 지역기후변화 시나리오 개발을 위한 지역기후상세화실험(CORDEX) 국제사업이 2009년부터 시작되었으며, 국립기상연구소는 이 사업의 표준 해상도인 50 km 격자규모에 대한 아시아 영역 지역기후변화 시나리오 개발에 참여하여 그 결과를 도출하였다. 또한 우리나라는 매우 복잡한 지형과 3면이 바다로 둘러싸인 지리적 위치로 인하여 시공간적인 기후의 변동폭도 매우 클 뿐만 아니라, 해마다 집중호우, 태풍, 가뭄 등 대규모 기상재해가 반복적으로 발생한다. 그러므로 기후변화 영향 및 취약성 평가를 위해서는 우리나라에 적합한 규모의 기후변화 전망이 필요하다. 즉, 부문별(농업, 생태계, 수자원 등), 지역별(도시, 연안, 산악 등) 영향평가를 위해서는 이에 타당한 시공간해상도의 시나리오 자료가 필요하며, 이에 따라 한반도 영역에 대한 12.5 km 격자규모 국가 기후변화 시나리오를 개발하고 RCP4.5와 8.5에 대한 시나리오를 산출하였다.

한편, 최근 기후변화가 가속화됨에 따라 계절 규모에 대한 기후예측에 있어, 호우, 태풍, 가뭄 등 극한 기상/기후 현상에 대한 예측이 점점 어려워지고 있다. 기상청은 영국기상청과의 공동협력을 통하여 세계 최고 수준의 통합모델을 도입하였고, 이를 기반으로 한 공동기후예측시스템

구축을 추진하고 있다. 2009년 기상청의 현업 장기예보모델과 국립기상연구소의 기후예측모델은 대기 - 해양 상호작용이 고려되지 않는 시스템으로, 기후변화가 가속화되고 있는 현 실정에 부적절 하므로, 대기 - 해양 - 해빙이 결합된 영국기상청의 기후예측시스템(GloSea4)을 도입하여 시스템구축 및 기후값 생산을 통한 시스템의 성능평가를 추진 중이다.

본 장에서는 최근 이상기후 발생의 원인이 되고 있는 각종 원인을 우리나라 자료를 이용하여 소개하고 이와 같은 미래 기후변화 예측자료를 수자원분야에서 어떻게 이용할 수 있으며 주의해야 할 점에는 어떤 것이 있는지에 관하여 서술하였으며, 기후변화의 세부적 자료는 수자원 설계와 직접적인 관련이 있는 강우, 온도, 증발산 등만을 대상으로 서술하고 해양 등 기타 자료에 대해서는 별도의 설명을 추가하지 않았다.

5.2 기후변화의 정의 및 시나리오 소개

5.2.1 기후변화의 정의 및 원인

먼저 기후변화(climate change)라는 용어를 정의하자. 기후변화의 사전적인 또는 일반적인 정의는 인간의 활동에 의한 온실효과 등의 인위적 요인과 화산폭발, 성층권 에어로졸의 증가 등의 자연적 요인에 의한 효과를 포함하는 전체 자연의 평균 기후변동을 의미한다. 또한 IPCC에서는 기후변화를 수십 년 또는 그 이상의 장기간에 걸친 기간 동안 지속되면서 기후의 평균상태나 그 변동 속에서 통계적으로 의미있는 변동으로 인간 및 자연적 원인을 포괄한 변동을 의미한다.

기후변화는 크게 자연적 요인과 인위적 요인에 의해 나타난다. 먼저 자연적 요인은 기후시스템과의 상호작용으로서 대기권, 수권, 빙권, 지권, 생물권과의 상호작용을 통해 끊임없이 변화하는 과정에서 기후변화가 유발된다. 자연적 원인에 큰 영향을 주는 세부 요인은 태양 에너지의 변화, 밀란코비치 주기에 따른 궤도변화, 환산폭발에 의한 태양 에너지의 변화 등이며, 다음의 그림 5.1에서와 같은 각각의 시스템의 상호작용으로 인해 연쇄반응이 일어난다.

기후변화를 발생시키는 인위적 요인 중 가장 두드러지는 것은 온실가스이다. 인류의 활동에 의하여 발생하는 온실가스(Green House Gases, GHGs) 배출량은 산업화 이전 시대부터 증가하여 왔으며 1970년부터 2004년 사이에는 과거 온실가스량 대비 약 70%나 증가하였다. 제3차 당사국 총회에서는 주요 6대 온실가스로 이산화탄소(CO_2), 메탄(CH_4), 아산화질소(N_2O), 수소불화탄소(HFCs), 과불화탄소(PFCs), 육불화황(SF_6)을 지정하였다. 온실가스는 지표에서 나오는 장파복사의 부분적 담요역할을 한다. 이 담요효과를 자연적 온실효과라고 부른다. 인간 활동은 온실가스 방출을 통해 이 담요효과를 강화시키게 된다. 예로써 대기의 이산화탄소양은 산업 시대에 비해 약 35% 증가하였는데 이 증가분은 인간 활동, 그 중에서도 주로 화석 연료연소 등 때문인 것으로 알려져 있다. 이러한 온실가스들은 대기 중에서 장기간 또는 단기간 동안 머무르며 지구 대기의 화학적 조성을 변경시키고 기후변화를 유발하고 있다.

인간 활동으로 인한 두 번째 요인은 에어로졸의 영향이다. 에어로졸이란 기체상에 부유하는 미세입자로 액체나 고체의 입자가 주로 공기와 같은 기체 내에 미세한 형태로 균일하게 분포되어 있는 것을 말한다. 이 입자의 크기, 농도, 화학적 조성은 매우 다양하며 직접적으로 대기에 방출되는 것도 있고 방출된 다른 화합물로부터 생성되는 것도 있다. 화석 연료와 바이오매스 연소로 인한 황화합물, 유기화물 등을 함유하는 에어로졸이 증가했는데 온실가스와 마찬가지로 인간의 활동으로 인한 사업화가 대기 중 에어로졸의 양을 심하게 변화시켰으며 이로 인해 기후변화의 요인이 되고 있다.

이 외에도 과잉 토지이용이나 장작, 숯 채취 등에 의한 토지 이용도의 변화와 도로의 건설, 벌목, 농업확장, 도시화 및 산업화로 인한 삼림 파괴는 지표면의 반사율 변화를 유발시켜 결국 기후변화를 야기한다. 특히 대규모의 삼림제거는 물순환에 심각한 영향을 미쳐 산림의 성장이나 농업에 부정적 영향을 끼치고 또한 산불 등에 의해 대기 중으로 이산화탄소를 배출하여 온실효과를 증가시키게 된다.

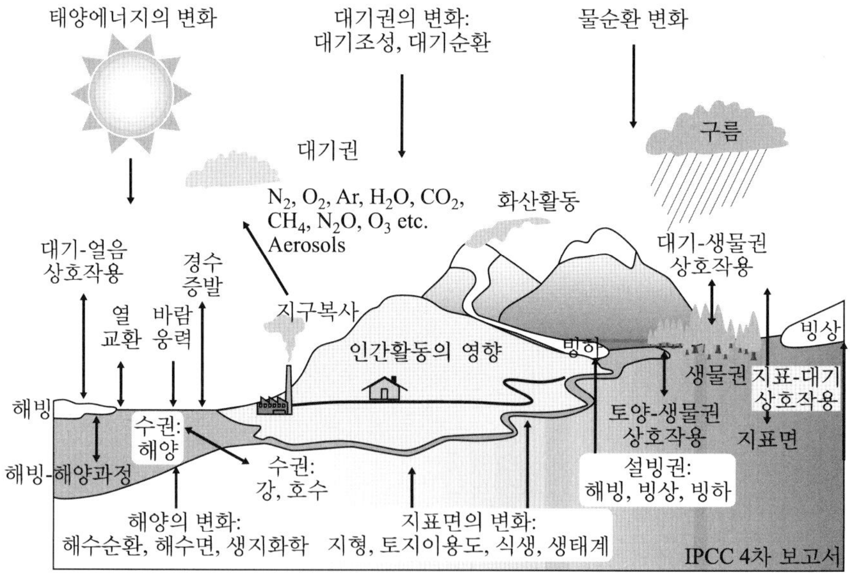

그림 5.1 기후변화를 일으키는 개별시스템의 요인 및 순환

5.2.2 IPCC와 AR4 기후변화 시나리오

IPCC(Intergovernmental Panel on Climate Change: IPCC)는 1988년 11월 인간의 활동이 기후변화에 미치는 영향을 평가하고, 국제적인 대책을 마련하기 위한 목적으로 유엔 산하 세계기상기구(WMO)와 유엔환경계획(UNEP)이 기후변화와 관련된 전지구적 환경문제에 대처하기 위해 각국의 기상학자, 해양학자, 빙하전문가, 경제학자 등 3천여 명의 전문가로 구성한 정부 간 기후변화협의체이다. 본부는 스위스 제네바에 있으며 의장, 사무국장, 3개의 실무그룹과 1개의 Task Force로 조직되어 있다. 제1실무그룹(WG Ⅰ: Working Group Ⅰ)은 기후변화에 대한 과학적 이해 및 기후 모델링 등의 분야를 연구하고, 제2실무그룹(WG Ⅱ: Working Group Ⅱ)은 기후변화 영향 평가와 적응 및 취약성 분야 연구, 제3실무그룹(WGⅢ: Working Group Ⅲ)은 배출량 완화와 사회경제적인 비용편익분석 등 정책분야를 담당하고, TF(Task Force)는 국가온실가스 배출량 테스크 포스이다. 그리고 기술지원단(Technical Support Units, TSUs)이 있는데 이 기관은 실무그룹 및 TF의 주저자회의 준비 및 보고서 초안 발간 등 지원역할을 수행한다고 한다. 2007년 노벨위원회는 IPCC가 인간이 기후변화에 미친 영향을 연구하고, 기후변화 문제의 해결을 위한 초석을 다지는 데 노력한 공로를 인정해 미국 전 부통령 앨 고어(Al Gore)와 함께 노벨평화상을 수상하였다. 주요활동으로는 1992년 “리우환경정상회담”에서 채택한 유엔기후변화협약(UNFCCC)과 1997년 발효된 “교토의정서”의 이행과 관련한 문제 및 2001년 마라케시합의문, 2007년 발리로드맵 등 기후변화 협상을 위한 평가보고서를 작성하는 일이다. 이들 보고서는 과학적 증명을 통해 미래 기후변화의 심각성을 알리기 위한 것으로 전 세계 197개 회원국 전문가들이 모여 기후변화 추세와 원인, 영향, 대응전략 등의 내용으로 1990년 8월 제1차 평가보고서가 처음 발표된 이후 5~6년마다 한 번씩 발간되고 있는데 2014년 9월 27일 발표된 제5차 평가보고서를 포함하여 총 5차례 발표되었다. 이들 보고서는 인간의 활동으로 인해 비롯된 공해물질이 기후변화에 어떠한 영향을 끼치는지 과학적, 기술적, 사회경제학적으로 분석한 결과를 제공함으로서 기후변화에 관한 국제협약의 근거자료로 사용되고 있으며, 또한 각국의 정책결정자들을 위한 정책결정의 근거자료로 활용되고 있다.

1990년 8월 발간된 제1차 평가보고서는 1992년 기후변화협약을 이끌어 내는 역할을 제공했으며, 1995년 11월 발표된 제2차 평가보고서는 1997년의 교토의정서의 채택을 이루게 하는 단초를 제공하였다. 또한 2001년 1월 발간된 제3차 평가보고서는 교토의정서 이행을 위한 마라케시 합의문을 채택하도록 하였으며, 2007년 7월 발표된 제4차 평가보고서 및 2013년부터 발간되고 있는 제5차 평가보고서에서는 다양한 기후변화 시나리오를 제공하고 향후 대응을 위한 여러 가지 정책들을 제안하고 있다.

최근 IPCC 5차 평가보고서(AR5)의 발간에 따라 AR4까지 사용된 과거 시나리오가 사용되는 경우는 적으나, 본 절에서는 기후변화 시나리오 작성의 연혁을 제공하는 차원에서 AR4에서의 기후변화 시나리오를 간단하게 요약하였다. IPCC 4차 평가보고서(AR4)에서는 SRES(Special Report on Emission Scenarios)에 따른 A1B, A2, B1 온실가스 증가 시나리오를 작성하여 이를 활용한 전지구 기후변화전망모델(ECHO-G)을 구축하고 인위적 기후변화 강제력 적용에 따른 전지구 기후변화 시나리오를 산출하였다. 특히 AR4에서는 전지구모델의 지역화를 위하여 지역기후모델, MM5(Fifth-Generation Penn State/NCAR Mesoscale Model)를 이용하여 역학적 상세화를 이용한 한반도 상세 기후변화 시나리오를 산출하였다. 현재 국내에서 제공되고 있는 시나리오의 종류는 SRES 전지구 시나리오(400 km × 400 km), SRES 한반도 시나리오(27 km × 27 km), SRES 남한 상세 시나리오(10 km × 10 km)이다. AR4에 사용된 A1B, A2, B1 시나리오에 사용된 시나리오별 예상 이산화탄소 배출량은 각각 720 ppm, 830 ppm, 550 ppm이며 이를 활용한 시나리오 산출의 개요는 그림 5.2에 나타내었다.

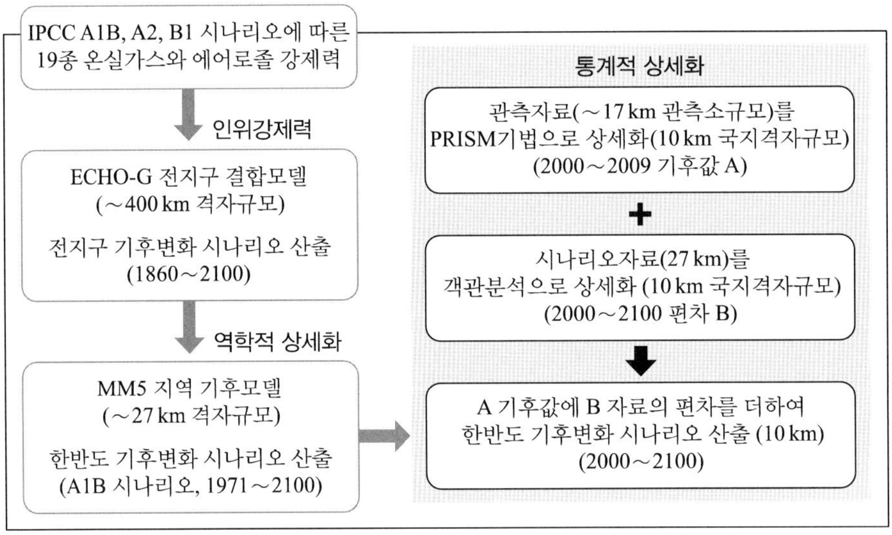

» **그림 5.2** AR4 시나리오(A1B, A2, B1)의 생산 과정

5.2.3 AR5 기후변화 시나리오

IPCC 5차 평가보고서(AR5)에서는 인간 활동이 대기에 비치는 복사량으로 온실가스 농도를 추정하여 사용하였다. 하나의 대표적인 복사강제력에 대해 사회 및 경제 시나리오는 여러 가지가 될 수 있다는 의미에서 '대표(representative)'라는 표현을 사용하였으며 온실가스 배출 시나리오의 시간에 따른 변화를 강조하기 위해 '경로(pathway)'라는 의미를 포함하였다. 정해진 용어에

따라 AR5의 시나리오 명칭은 대표농도경로(Representative Concentration Pathways, RCPs)라고 불린다. RCP 시나리오는 최근 온실 농도 변화경향을 반영하였으며, 최근 예측모델에 맞게 해상도 등을 업데이트 하였다. RCP에서는 4가지 대표 온실가스 농도는 2.6, 4.5, 6.0, 8.5를 사용하고 있으며 온실가스 농도 산출과정에서 사회경제적 가정을 미래사회 구조기반에서 기후변화 대응정책 수행여부로 변경하였다.

표 5.1과 표 5.2는 4가지의 RCP 시나리오에 대한 각종 특성을 AR4에서 작성된 3개의 시나리오와 비교한 것으로서 RCP 시나리오의 숫자(2.6, 4.5, 6.0, 8.5)는 복사강제력, 즉 온실가스 등으로 에너지의 평형을 변화시키는 영향력의 정도를 의미하는 양으로서 단위는 W/m^2이며, RCP 8.5, 6.0, 4.5, 2.6은 각각 태양복사량(238 W/m^2)의 약 3.6%, 2.5%, 1.9%, 1.1%를 의미한다.

표 5.1 AR5의 RCPs와 AR4의 SRES에 따른 이산화탄소 농도기준(ppm)

시나리오 종류	RCPs (AR5)				SRES (AR4)		
이산화탄소 농도	2.6	4.5	6.0	8.5	B1	A1B	A2
	420	540	670	940	550	720	830

표 5.2 AR5의 RCPs와 AR의 SRES의 특성

RCPs	SRES
특성 : 기후변화 대응정책과 연계하여 시나리오를 선정함	특성 : 미래 사회구조를 중심으로 시나리오를 선정함
RCP2.6 : 인간 활동에 의한 영향을 지구 스스로가 회복 가능한 경우	-
RCP4.5 : 온실가스 저감정책이 상당히 실현되는 경우	B1(지속발전형 사회) : 지역 간 격차가 적고 인구감소, 청정자원 절약기술을 도입하는 경우
RCP6.0 : 온실가스 저감정책이 어느 정도 실현되는 경우	A1B(고성장 사회) : 화석에너지와 비화석에너지원이 균형을 이루고 신기술 및 고효율화 기술이 도입되는 경우
RCP8.5 : 현재 추세로 저감 없이 온실가스가 배출되는 경우	A2(다원화 사회) : 인구증가, 경제성장은 낮고 환경에의 관심도 상대적으로 낮은 경우

5.3 지역 상세화 기법의 소개

5.3.1 GCM과 RCM의 소개

전지구대기순환모델(General Circulation Model: GCM)이란 기후계 구성요소들의 물리적, 화학적, 생물학적 특성, 구성요소 간의 상호작용 과정, 피드백 과정을 토대로 이미 알려진 특성의 전부나 일부를 고려하여 기후계를 수치로 표시한 것을 의미한다. 최근에는 기후변화 연구에 초점을 두고 지구 기후 시스템을 구성 요소뿐만 아니라, 에어로졸, 탄소순환, 대기 화학과정 등 거의 대부분의 기후 시스템 요소를 포함하는 접합대순환 모형으로 발전하고 있다. GCM은 기후를 결정하는 데 중요한 여러 물리과정의 상호작용을 동시에 고려하여 과거, 현재 및 미래의 기후변화를 객관적인 수치로 제공해 주는 이유로 기후변화 연구의 가장 강력한 수단으로 알려지고 있다. 미래 기후변화시나리오 생산을 위하여 각 배출시나리오에 따라 추정된 대기 복사강제력을 모델에 적용시키고 100년 이상의 장기적분을 수행함으로 온실가스 농도 증가로 인한 미래 기후변화 자료를 생산한다.

전지구 규모의 GCM은 공간 분해능이 수백 km정도로 낮기 때문에 기후변화의 예측에 있어 어려움을 내포하고 있으며, 또한 수자원 연구에서 필요한 유역규모의 기후 현상을 포착할 수 없다는 한계를 지니고 있다. 낮은 공간분해능의 GCM은 기후요소의 결정에 있어서 중요한 지형효과의 하나인 산맥의 효과를 무시하게 될 수 있다. 또한 저해상도의 GCM에서는 남한지역은 대부분이 바다로 처리되어 좁고 복잡한 지형 조건에 의해 지역적으로 다양한 기후 양상을 보이는 한국의 기후 특성을 고려하지 못하는 문제가 있다. 이와 같은 문제점을 극복함으로써 미래의 기후변화 자료를 특히 수자원 설계분야에서 활용이 가능하도록 정확도를 증가시킨 자료를 지역상세화자료라 한다.

상세화 기법은 저해상도의 GCM기후자료를 이용하여 수문모델 등의 입력자료로 활용하기 위해 사용되는데, 적용 방법에 따라 크게 지역기후 모형(Regional Climate Model, RCM)을 사용하는 동적 상세화 기법(dynamical downscaling)과 광역 기후자료에서 상대적으로 정확하게 예측한 변수를 이용하는 통계적 상세화 기법(statistical downscaling)으로 구분할 수 있는데, 두 가지 기법의 장점 및 단점은 다음 표와 같다.

표 5.3 AR5의 RCPs와 AR의 SRES의 특성

구분	동적 상세화 기법	통계적 상세화 기법
장점	물리적으로 일관성 있는 결과를 생산할 수 있으며 산지효과 등의 국지적 대기과정을 현실적으로 모의 가능함	GCM 결과로부터 관측소 스케일의 기후정보 생산이 가능하며 상대적으로 저비용으로 자료의 생산이 가능함
단점	고성능 컴퓨터 및 상대적으로 많은 시간이 필요하고 초기조건이 최종결과에 미치는 영향이 큼	모형의 결과를 검증하기 위한 장기적인 고품질 관측자료가 필요하며, 분석범위와 위치 등에 따른 조건이 결과에 영향을 미침

5.3.2 동적 상세화 기법

동적 상세화 기법은 지역기후모델(Regional Climate Model, RCM)을 이용하여 GCM의 결과를 상세화하는 것으로 대상지역에 대해 공간적으로 자세한 정보를 얻을 수 있다. 지역기후모델링 기법 중 고분해 RCM은 초기조건, 시간에 따라 변하는 측면 기상 조건 그리고 지표 경계조건을 사용하는 것을 포함하고 있다. 동적 상세화 기법에 이용되는 RCM은 기본적으로 GCM과 동일한 역학적인 구조를 지니고 있다. 그러나 RCM을 이용하여 기후를 모의하기 위해서는 초기 및 바닥 경계조건 이외에 공간차원을 위한 측면 경계조건이 요구된다. 또한 RCM의 모의를 위해서는 바닥의 경계조건으로 고해상도 수평 분해능에 적합한 지형 및 지면 자료가 필요하다. 따라서 RCM은 지형고도와 해안선이 GCM보다 현실에 가깝게 고려될 수 있다. RCM의 초기 및 경계조건으로는 GCM의 결과인 3차원 수평바람, 온도, 습도, 2차원 해면 기압 및 해면온도 등이 RCM해상도에 맞게 수평·수직으로 내삽하여 사용된다. 온실가스 농도가 고려된 GCM의 결과는 초기 및 측면 경계조건으로만 사용되므로 RCM에서도 배출시나리오에 따른 온실가스 농도가 포함되어야 한다. 다만 동적 상세화 기법을 사용한 지역 상세화 자료의 산출은 수자원공학의 분야에 포함되기 보다는 기상학적인 요소가 많아 이 책에서는 세부적 사항을 생략하였다.

5.3.3 통계적 상세화 기법

통계적 상세화 기법은 대규모의 대기 순환패턴이 지역기후의 대기 순환패턴과 관계가 있다는 것에 착안하여 대규모의 GCM에서 모의한 값과 지역기후요소 사이의 통계적 관계를 찾아내어 상세화하는 방법이다. 통계학적 축소화 기법은 대규모 기후상태와 지역이나 국지지형의 특성의 두 가지 지역기후의 요인에 의해 제약을 받을 수도 있다는 것을 가정하여 이루어진다. 이로부터 저해상도를 갖는 기후인자의 통계적 변수들을 지역의 국지변수에 연결시켜 변수를 축소화한다. 즉, GCM 결과인 기후 인자들을 통계 모형의 입력자료로 이용하여 국지 및 지역기후의 특성을 산출한다. 다만 통계학적 기법들은 다른 기법에 비해 계산이 경제적이기 때문에 GCM 자료를

이용하여 쉽게 적용할 수 있는 장점을 가지고 있는 반면, 현재까지의 추세가 현재의 조건과 상반되는 조건 하에서도 반영이 된다는 한계를 가지고 있어 최종결과에 오류가 인입될 가능성이 존재한다는 단점이 있다.

통계학적 축소화 기법을 사용하기 지역상세화 자료를 산출하기 위해서는 먼저 예측인자는 유도된 국지 기후변수와 관련된 변수들이며, GCM에 의해서 사실에 가까운 예측인자를 만들어야 하며, 미래의 기후 조건하에서 통계적 상관성이 유지된다는 결정적인 가정을 사용해야 한다.

이러한 통계적인 상세화는 지역기후는 두 가지 요인(대규모 기후상태 및 지역/국지 지형 특색)에 의하여 제약을 받을 수도 있다는 견해를 바탕으로 하고 있다. 이러한 관점에서, 대규모 기후 변수들(또는 예측인자)을 지역 그리고 국지 변수들(또는 예측량)에 연결시켜 주는 통계모델을 처음으로 결정함으로써 지역 또는 국지 기후정보가 얻어진다. 따라서 GCM으로부터 얻어진 예측인자들은 통계모델의 입력 자료로 들어가 대응되는 국지 그리고 지역기후 특성들을 산출하게 된다.

이 기법들의 주요 장점은 계산할 때 경제성이다. 즉 적용기법이 간단하여 수자원 설계를 위한 특정 지역의 자료를 생산하는 작업이 크게 어렵지 않다. 따라서 이 기법들을 다른 GCM 실험들로부터 얻어진 출력자료에 쉽게 응용할 수 있다. 또 다른 장점은 많은 기후변화 영향분석 연구에서 가장 필요한 지역 정보를 산출할 때 이 기법들이 이용될 수 있다는 점이다. 통계적인 상세화 기법의 타당성은 지역, 공간 그리고 시간규모, 예측인자와 예측량의 형태, 그리고 기후 통계에 따라 광범위하게 달라진다. 대표적인 통계적 상세화 기법에는 전이함수(Transfer Function)를 이용한 방법, 일기분류(Weather Type)에 의한 방법, 그리고 기상발생기(Weather Generator)를 이용한 방법이 있다.

1. 일기분류 기법

일기분류에 의한 지역 상세화 기법은 Bardossy와 Caspary(1991)에 의해 개발된 기법으로 기압, 풍향, 구름 등을 이용하여 날씨의 형태를 분류하고 이를 이용하여 결과를 도출하는 기법이다. 이 기법은 대순환 패턴(Atmospheric Circulation Pattern)을 이용하여 GCM자료를 지점단위의 강수량으로 상세화(Downscaling)하기 위해 개발되었다. 관측 일 기압분포 자료는 순환패턴을 이해하기 위해 이용되는데, 기후변화 하에서의 미래 강수량을 산정하기 위해 GCM산출물 중 하나인 일 기압자료로부터 유도된 대기순환패턴을 추계학적 강수 모형의 제한조건으로 이용한다(Wilby and Dawson, 2007). GCM은 기압 같은 대기변수를 정확히 모의하는데, 이로 인해 넓은 지역에 대한 기압분포와 국소 강수량과의 관계성이 존재한다. 즉 단일한 GCM의 격자로부터 얻은 정확성이 낮은 값을 사용하는 것 대신 격자로부터 추출된 일기압 분포 등의 대기 순환패턴을 이용하여 기상자료를 산출하는 방법이다.

2. 기상발생기 기법

기상발생기 방법은 연속적으로 관측한 일기 변수들에 대한 통계적인 모델이다(Wilks and Wilby, 1999). 많은 영향평가모델이 요구하는 것처럼, 그것들의 대부분은 1일 시간규모에 초점이 맞춰져 있으나, 반일 모델들도 이용이 가능하다(Katz and Parlange, 1995). 매일의 강수발생을 모델링하는 연구방법에 근거를 둔, 다양한 형태의 일별 기상발생기의 이용이 가능하고 이것들은 항상 통계적인 과정에 의존한다. 보다 일반적인 두 가지는 Markov Chain 연구방법과 Spell Length 연구방법이다. 이 연구에서 분석된 통계모델의 타당성은 그 지역의 기후적인 특색에 따라 달라질 수 있다.

강수 빈도와 강도를 위한 통계모델뿐만 아니라, 기상발생기도 가장 일반적인 최고와 최저온도, 태양복사와 같은 다른 변수들의 시계열을 항상 포함하고 있다. 강수 이외의 변수들을 포함하는 가장 흔한 방법들은 대부분 복합적인 가변 1계 자기회귀적인 과정을 거쳐, 강수발생의 유무에 따라 그들에게 조건을 지우는 것이고, 대규모 상태를 근거로 하여 일별 기상발생기의 매개변수들에게 조건을 지울 수 있으며, 또는 일련의 대규모 매개변수와 국지규모매개변수의 관계식들을 개발할 수 있다(Wilks and Wilby, 1999). 현재 가장 많이 적용되고 있는 일별 기상발생기는 LARS-WG(The Long Ashton Research Station Weather Generation)와 WGEN(Weather GENerator)방법이다. Semenov등(1998)은 대표적인 추계학적 기상발생기인 LARS-WG와 WGEN의 두 모델을 유럽, 미국, 아시아 등 상이한 기후지역에 적용하여 모의 정확성을 평가한 결과 LARS-WG가 WGEN에 비해 적용성이 높다고 제시하였다. 또한 배덕효 등(2007)은 우리나라 56개 기상관측소를 대상으로 적용하여 기후 모형에서 모의하지 못하는 지역적인 기후특성을 잘 반영하는 것으로 분석하였다. 홍은미 등(2009)은 기상자료와 국립기상연구소에서 제공하는 A2 시나리오에 따른 기후변화 예측 결과를 바탕으로 LARSWG를 이용하여 미래 기후변화 추이를 분석하고, FAOBlaney-Criddle방법을 이용하여 관개 기간 동안의 논벼의 작물증발산량을 산정하였다.

3. 전이함수 기법

전이함수(Transfer Function)를 이용한 축소화 기법은 관측치와 지역규모의 예측인자에 대한 경험적인 방법을 이용하는 것이다. 각각의 축소화 기법은 수학적 전이함수의 선택에 따라 다르게 선택되어 지는데, 여기서 수학적 전이함수는 예측변수와 통계적 적합성 판단과정에서 사용되는 함수를 나타낸다. 최근 선형 및 비선형 회귀분석과 인공신경망, 정규상관, 주요요소분석 등의 방법을 이용하여 예측인자와 예측변수간의 관계를 설명하고 있다. 전이함수 기법의 가장 큰 장점은 상대적으로 적용하기 간편하다는 것인 반면, 모형의 결과가 전체보다는 부분의 현상을 설명하는 경향이 있다는 점이 단점으로 작용한다. 이 기법 역시 일기분류 기법과 마찬가지로 모형

매개변수에 의한 영향을 크게 받기 때문에 예측인자의 선택이 중요하다.

전이함수를 이용한 상세화 기법은 GCM격자 값을 국지온도와 같은 지표변수들에 대한 예측인자로 하여, 다중회귀 모형을 만드는 것이다. 이때 회귀 모형을 전이함수(Transfer Function)라고 부르며, 전이함수의 형태로는 선형 회귀방정식, 구분적 선형방정식, 비선형 방정식 및 인공신경망 기법 등이 있으나 전이함수 모형인 SDSM 방법의 적용이 가장 흔히 이용된다.

SDSM 모형은 영국의 환경청의 지원으로 개발된 지역상세화 모형으로서 다중회귀분석을 이용하여 미래의 기상자료를 발생한다. 원하는 지점의 미래 일단위 기상자료를 얻기 위해서 SDSM 모형에 입력해야 하는 자료는 1961년부터 2000년까지의 예측하고자 하는 지점의 관측자료와 미국의 국가환경 예측센터에서 제공하는 관측값을 토대로 구축된 설명변수, GCM을 기반으로 작성된 예측변수 등이다. SDSM 모형에서 사용되는 다중회귀분석은 예측하고자 하는 기상자료가 종속변수가 되고 미국의 국가환경 예측센터의 자료는 보정을 위한 설명변수로 사용된다. 모형의 보정으로부터 얻은 매개변수를 이용하여 GCM 기반으로 작성된 예측변수에 의해 기상자료를 생성하게 된다.

SDSM 모형은 무상으로 배포(http://co-public.lboro.ac.uk/cocwd/SDSM/software.html)되고 있다는 점과 종속변수의 적용범위가 크다는 점, 자료를 앙상블로 생성하여 불확실성에 대한 분석이 가능하다는 점을 들 수 있다. 또한 지역의 기후특성을 매우 잘 반영할 수 있으며 사용이 매우 용이하다는 것이 장점이다. 그러나 GCM의 자체적인 오류가 그대로 반영될 수 있고 IPCC에서 월단위의 자료로 배포된 GCM의 결과를 그대로 사용할 수 없어서 일단위로 변환된 GCM의 결과가 반영된 예측변수를 이용해야 한다는 단점이 있다. 그림 5.3은 SDSM version 5.2의 초기화면을 나타내며, 이 프로그림을 이용하면 간편하게 지역상세화 자료를 생성할 수 있다.

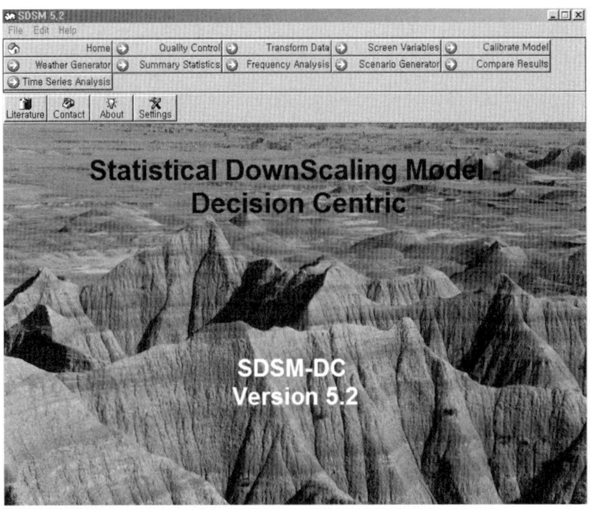

» **그림 5.3** SDSM ver 5.2의 초기화면

5.4 AR5 전지구 및 한반도 기후변화 시나리오

과거 IPCC 4차에서는 독일과 한국이 개발한 GCM인 ECHOG가 주로 사용되었으나, IPCC 5차에서는 한국의 기후변화 관련 GCM은 영국이 개발한 GCM인 HadGEM2 계열이 사용되었다. HadGEM2 계열 GCM은 그림 5.4와 같이 기온에서는 IPCC 4차에서 사용된 GCM과 큰 차이가 없으나, 강수에 있어서 특히 여름철 강수에 있어서 ECHOG보다 과거 강수에 대한 모의결과가 월등히 우수한 것을 알 수 있다.

우리나라는 평균 CO_2 농도인 RCP(Representative Concentration Pathway)4.5와 최대 CO_2 농도인 RCP8.5의 두 가지 RCP에 대한 미래 기온, 강수, 해빙면적 등을 먼저 산정하였으므로 본 절에서도 RCP4.5 및 8.5에 대해서만 전지구적 모의 결과와 한반도 상세 지역화 결과를 수록하였다. 여기서 RCP4.5 는 2099년 CO_2 농도를 540 mm로, RCP8.5는 940 mm으로 추정한 대표농도경로이며, 기상청은 HadGEM 계열의 GCM을 사용함에 있어 전지구 모델링은 수평분해능이 135 km인 HadGEM2-AO를 채택하였으며, 한반도 모델링을 위해서는 수평분해능이 12.5 km인 HadGEM3-RA를 적용하였다.

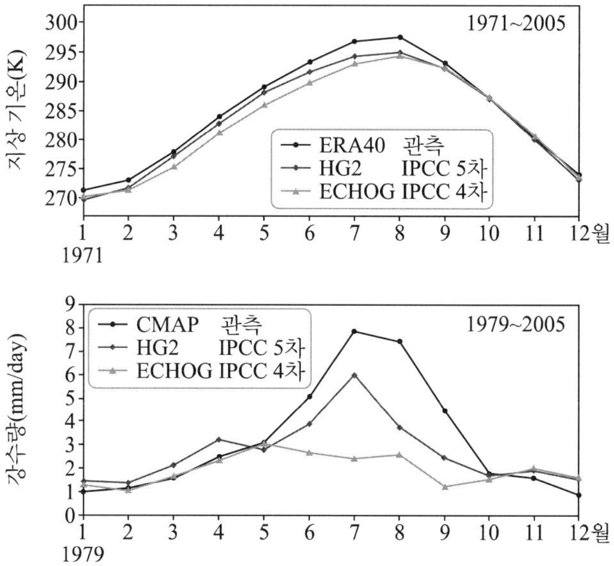

» **그림 5.4** IPCC 4차와 5차의 참여모델 비교(우리나라의 기온/강수의 연변화)

5.4.1 AR5 전지구 기후변화 시나리오의 모의 결과

전술한 바와 같이 우리나라 기상청에서는 GCM으로는 영국 기상청 모델(Unified Model, UM)의 두 번째 버전인 HadGEM2(Hadley Centre Global Environment Model version 2) 대기 - 해양 결합 모델을 이용하여, 과거 1860년부터 2005년까지 약 150년간의 적분실험을 수행하였는데 그 결과를 요약하면 다음과 같다. 먼저 온실가스와 지표사용량 변화, 자연강제력 및 에어로졸 등 모든 강제력을 포함하여 과거 기후를 재현한 실험(HIST)을 수행하였으며, 다음으로 에어로졸이 기후변화에 미치는 영향력을 살펴보고자 에어로졸 강제력을 제외한 나머지 변수에 대해 산업화 이전 값으로 고정시킨 실험(AERO)을 수행하였으며, 에어로졸 중 인위적인 방출량이 가장 큰 황산염 에어로졸의 경우 추가 실험(SULP)을 구성하였다. 지구온난화의 가장 큰 요인으로써 온실가스 강제력만을 고려한 실험(GHGS)을 수행하여 에어로졸 실험과 비교하였다. 실험의 대조군으로써 모든 강제력을 산업화 이전 수준으로 고정시킴으로써, 산업 활동에 의한 인위적인 배출이 없다고 가정한 제어 실험(CTRL: pre-industrial run)을 수행하였다.

1. 현재 기후의 모의 결과 및 검증

HadGEM2-AO의 전지구 기온, Hadley centre에서 전세계 지점 관측자료를 이용하여 복원한 전지구 기온 관측자료(이하 HadCRU)와 IPCC AR4에 참여하기 위해 국립기상연구소가 모의한 ECHO-G 모델의 기온 시계열을 비교하였다(그림 5.5).

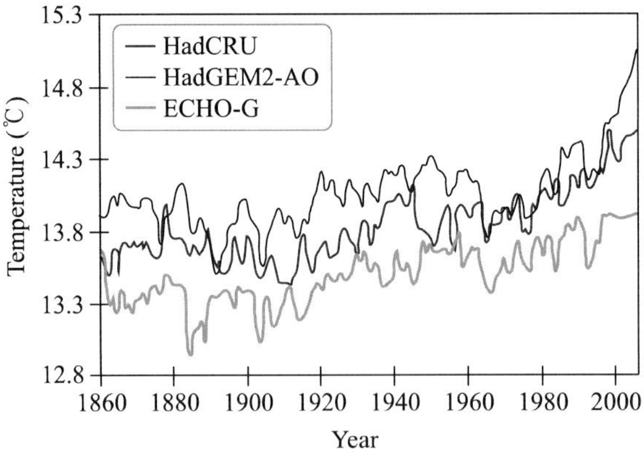

≫ **그림 5.5** 1860~2005년의 1.5 m 평균 기온 변화(단위: ℃) (기상청, 2012)

현재(1971~2000, 30년 평균) 기준으로 HadGEM2-AO의 전지구 평균기온은 14.2℃, 관측은 14.1℃, ECHO-G는 13.7℃로 나타났으며, HadGEM2-AO는 관측에 비하여 0.1℃정도 높게 모의하였으나 관측의 추세 등 전반적인 기온변화를 잘 모사하였고 특히, ECHO-G의 한랭편차

(cold bias)가 개선된 것을 알 수 있으며, HadGEM2-AO가 모의한 기온(1971～2000년)과 강수(1979～2005년)의 기후값과 관측과의 차이를 각각 그림 5.6과 그림 5.7에 나타내었다.

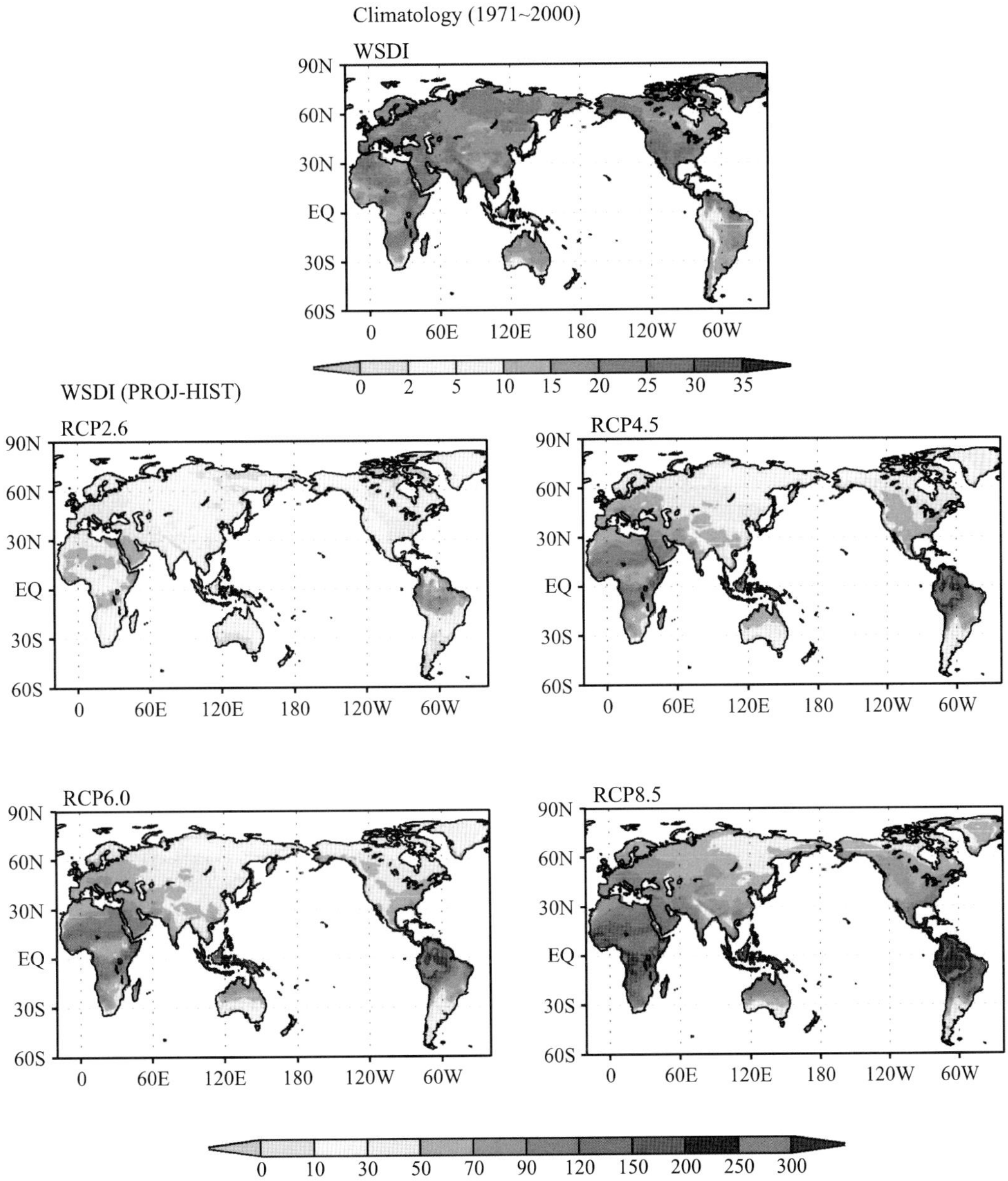

≫ **그림 5.6** 과거모의 1971～2000년간 연 평균 온난기와 RCP 4종의 1971～2000년 대비 2071～2100년의 온난기 변화(단위: days) (기상청, 2012)

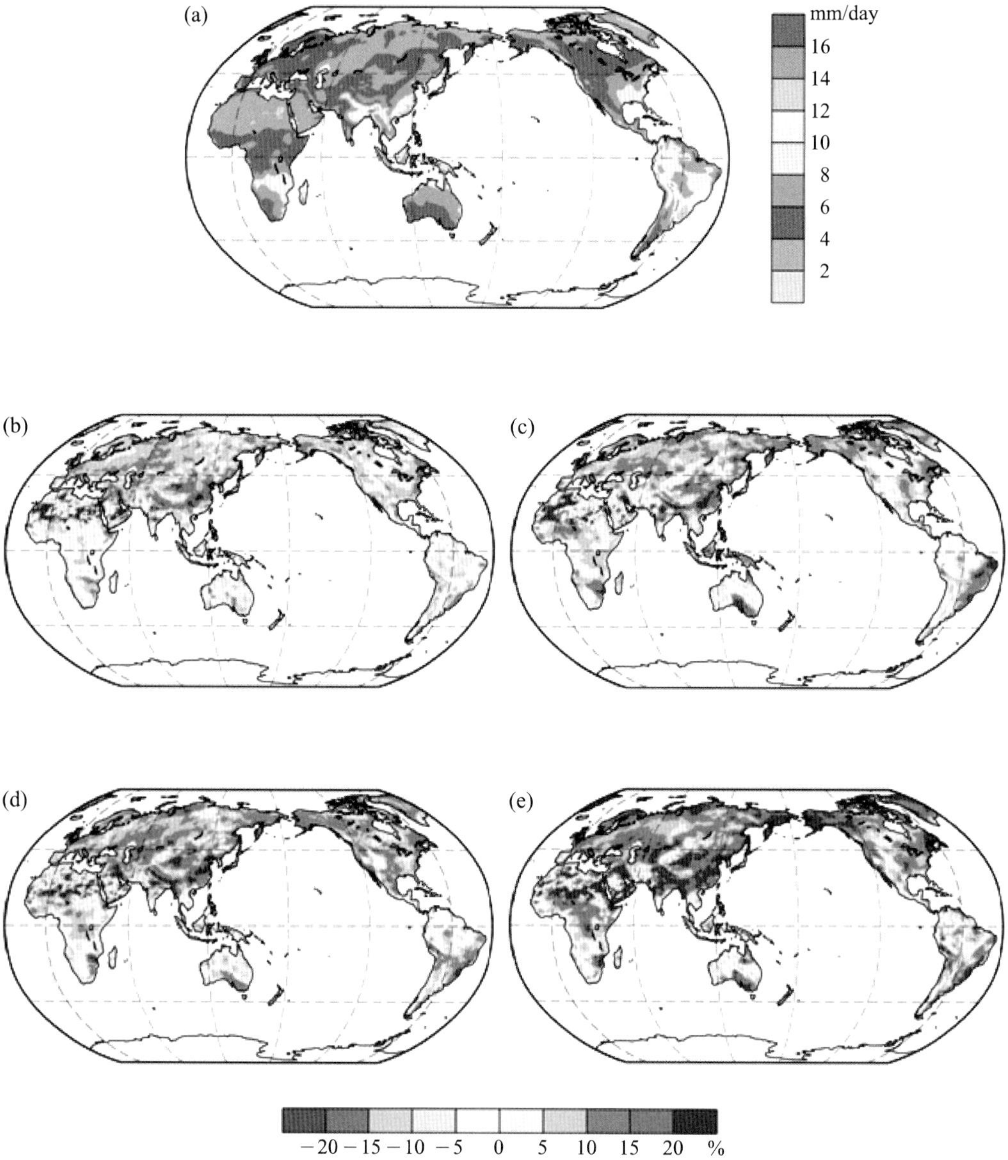

» **그림 5.7** HadGEM2-AO의 현재기후(a)에 대한 강수강도지수의 공간분포와 RCP 4종에 근거한 현재기후 대비 미래기후의 강수강도지수의 변화 (기상청, 2012)

2. 전지구 미래의 전망

전지구 미래기후를 전망하기 위해 현재기후(1971~2000년)를 기준으로 21세기 말(2070~2099년)이 변화를 살펴보면 다음과 같다. 먼저, 1860년부터 2099년까지 전지구 평균한 기온과 강수의 변화(그림 5.8)에서 강수는 현재기후를 기준으로 그 변화를 퍼센트(%)로 표현하였는데, RCP4.5에 의해 모의된 기온은 현재에 비해 21세기 말(2070~2099년)에 약 2.6℃, RCP8.5 시나리오 하에서는 약 4.1℃ 상승하는 것으로 나타났고 강수는 RCP4.5 시나리오에서는 21세기 말에 약 4.2%, RCP8.5에서는 약 4.6% 증가될 것으로 전망되었다.

특히 기온과 강수는 RCP4.5와 RCP8.5 시나리오에서 모두 상승 추세를 보이고 있으며, 고농도 시나리오인 RCP8.5에서 상승폭이 더 높게 나타났다. 그림 5.8의 1971~2000년 대비 1860~2099년 기온(좌)과 강수(우)의 변화에서 5개의 그래프는 각각 관측(HadCRU), 과거모의실험, RCP4.5 시나리오, RCP8.5 시나리오, 1850년 강제력으로 고정된 제어실험을 나타낸다.

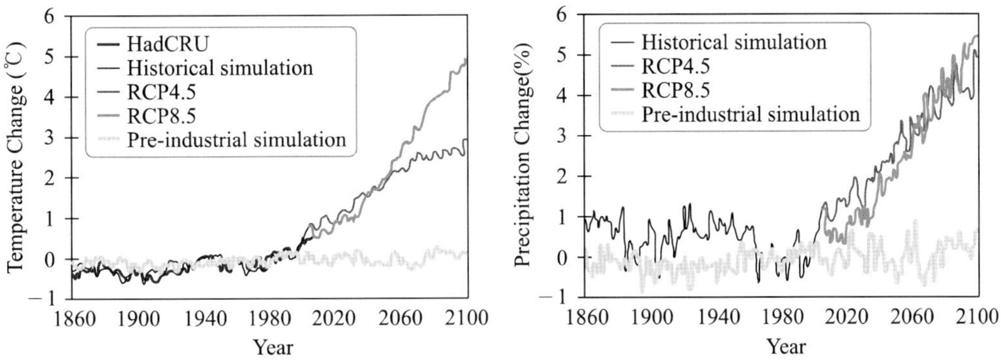

» **그림 5.8** 2100년까지의 온도(좌) 및 강수량(우)의 전지구 미래 전망 (기상청, 2012)

전지구 미래기후의 전망을 공간적으로 살펴보면, 대부분의 지역에서 기온이 상승할 것으로 나타났고 강수의 경우에는 지역적으로 차이를 보였다(그림 5.9 및 그림 5.10). 연평균, 여름철, 겨울철의 영역 평균된 값을 살펴보면 RCP4.5 시나리오에서는 각각 2.6℃, 2.5℃, 2.9℃으로 나타났고, RCP8.5 시나리오에서는 4.1℃, 3.9℃, 4.3℃으로 나타났다. 또한 여름철보다는 겨울철에 기온 상승이 두드러질 것으로 전망되었다. 그리고 육지의 기온 상승이 RCP4.5에서는 2.6℃, RCP8.5에서는 4.1℃로 나타나 해양보다 육지에서 기온 상승이 클 것으로 나타났다.

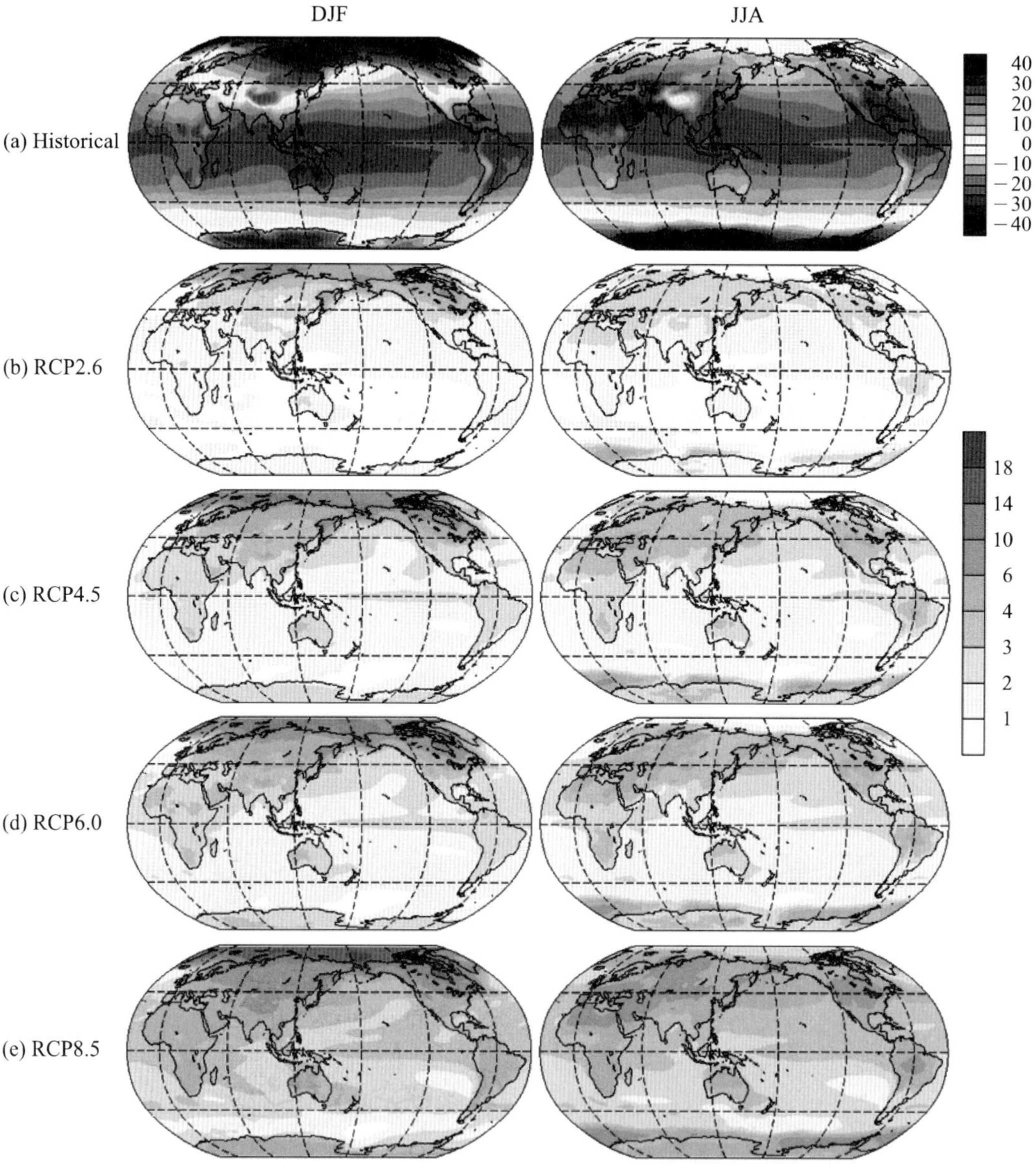

≫ **그림 5.9** 지상 기온의 기후값 (a) 현재기후(1971~2000년) 및 현재기후 대비 미래(2071~2100년) 시나리오 RCP4종에서의 변화 (b) RCP2.6, (c) RCP4.5, (d) RCP6.0, (e) RCP8.5 (기상청, 2012)

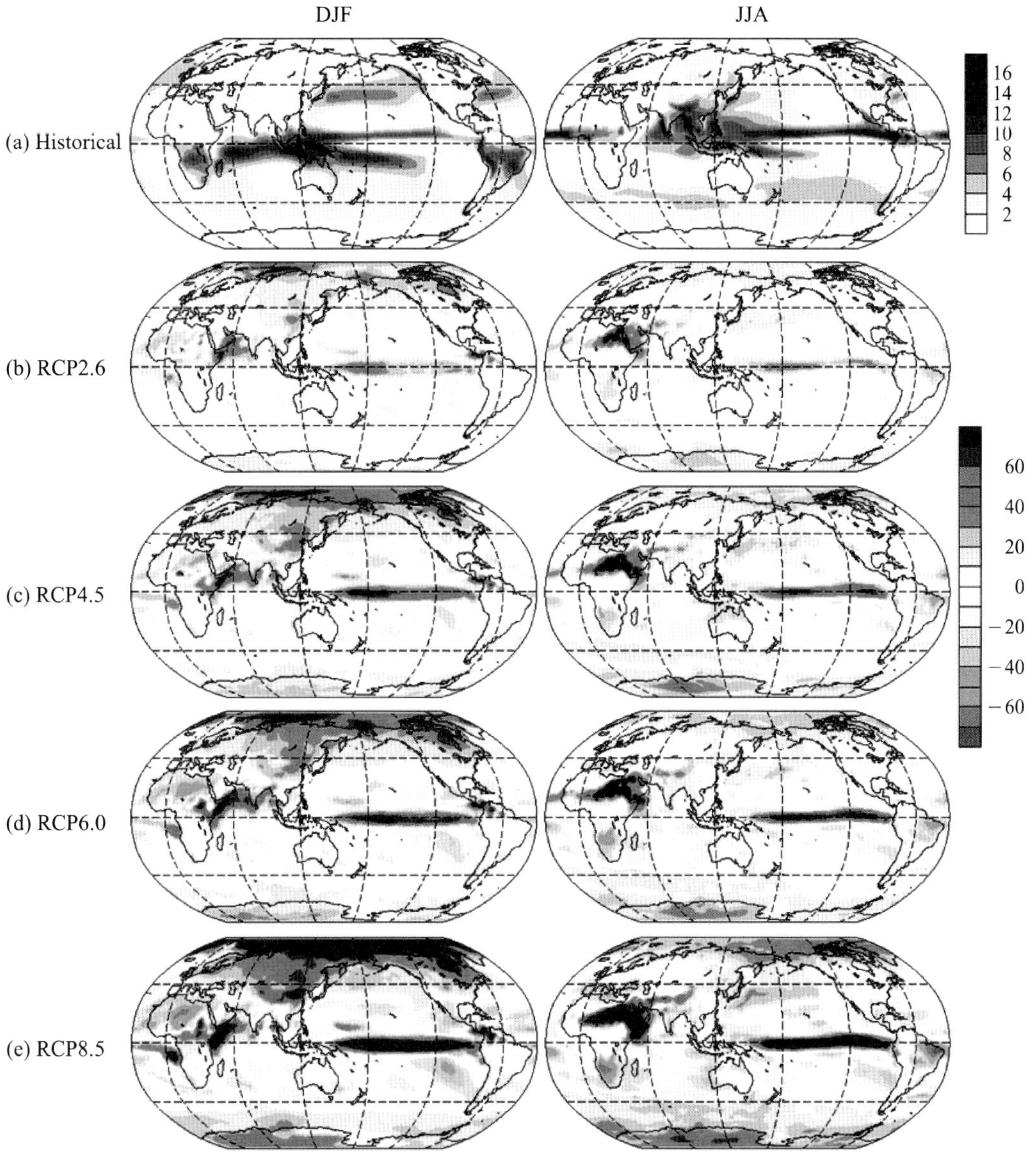

≫ **그림 5.10** 강수량의 기후값 (a) 현재기후(1971~2000년) 및 현재기후 대비 미래(2071~2100년) 시나리오 RCP4종에서의 변화 (b) RCP2.6, (c) RCP4.5, (d) RCP6.0, (e) RCP8.5 (기상청, 2012)

5.4.2 AR5 우리나라 상세 기후변화 미래 전망

앞서 언급한 바와 같이 우리나라 기상청에서는 AR5 기후변화 시나리오(RCP4.5 및 8.5)에 대한 한반도 지역 상세화를 위해 동적 지역화 기법을 적용하였으며, 사용된 모형은 HadGEM3-RA이다. 이 모형은 우리나라 상세 기후변화를 전망하기 위해, 12.5 km 수평분해능의 고해상도 지역 기후변화 시나리오를 이용하여, 현재기후(1980~2009년)를 기준으로 21세기 말까지의 변화를 살펴보았다.

먼저 1950년부터 2099년까지 한반도 영역을 평균한 기온과 강수의 변화를 그림 5.11과 그림 5.12에 나타내었다. 여기에서 강수는 현재기후를 기준으로 그 변화를 백분율(%)로 표현하였는데, 기온의 경우에는 증가 추세가 뚜렷이 나타나며, 현재에 비교하여 RCP4.5 시나리오 하에서는 21세기 후반(2070~2099년)에 약 3.0℃, RCP8.5 시나리오 하에서는 5.6℃까지 상승할 것으로 전망되었다.

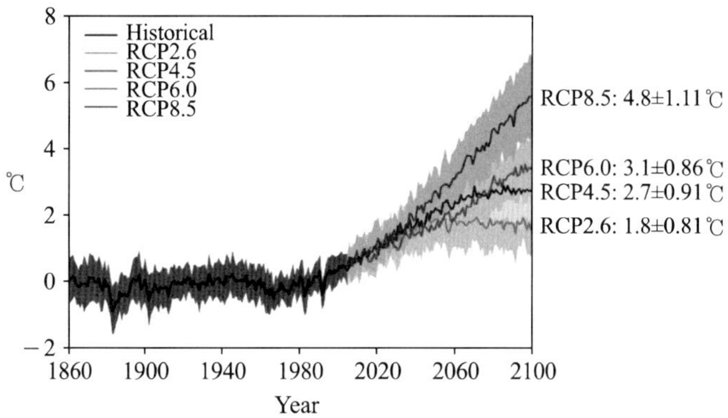

» **그림 5.11** 한반도 영역의 연평균 기온 변화 시계열(1860~2099년) (기상청, 2012)

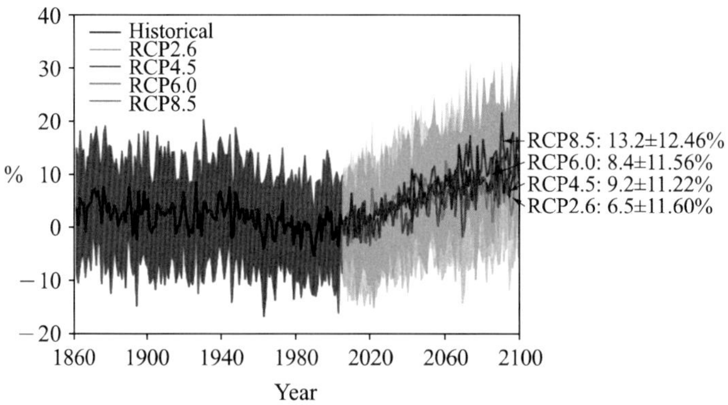

» **그림 5.12** 한반도 영역의 연평균 강수량 변화 시계열(1860~2099년) (기상청, 2012)

반면에, 강수의 경우에는 증가 추세가 약하게 나타나며, 21세기 후반에는 RCP4.5 시나리오 하에서는 15.8%, RCP8.5 시나리오 하에서는 18.7% 증가할 것으로 전망되었다. 이와 같이, 기온과 강수 모두 RCP4.5와 RCP8.5 시나리오에서 상승 추세를 보이고 있으며, 고농도 시나리오인 RCP8.5에서 상승폭이 더 높게 나타났다.

한반도 평균 기온 및 강수의 변화를 계절별로 전망해보면(그림 5.13~그림 5.16), 봄(3~5월)·여름(6~8월)·가을(9~11월)·겨울(12~2월) 모든 계절에서 뚜렷한 증가 추세가 나타나지만, 그 크기는 계절에 따라 상이하였으며, 특히, 겨울철의 기온 상승 및 강수 증가가 다른 계절에 비해 크게 나타났다. 기온의 경우에는 가을철의 미래변화가 연평균 미래변화의 크기와 비슷해, RCP4.5 시나리오 하에서는 21세기 후반에는 3.0℃까지 상승할 것으로 전망되고, RCP8.5 시나리오 하에서는 5.6℃까지 상승할 것으로 전망되었다. 봄철과 여름철에는 상대적으로 작은 증가를 보이는데, RCP4.5 시나리오 하에서는 각각 2.6℃, 2.9℃ 상승할 것으로 전망되고, RCP8.5 시나리오 하에서는 각각 5.1℃, 5.4℃ 상승할 것으로 전망되었으나 겨울철은 상승폭이 매우 크며, RCP4.5 시나리오 하에서는 3.4℃, RCP8.5 시나리오 하에서는 6.3℃ 상승할 것으로 전망되었다.

한편, 강수의 경우에는 기온에 비해 계절별 차이가 매우 크며, 고농도 시나리오인 RCP8.5 보다 저농도 시나리오인 RCP4.5에서 상승폭인 큰 계절도 있다. 봄철과 겨울철에는 RCP8.5에서의 강수 증가량이 크며, 반면에 여름철과 가을철에는 RCP4.5의 강수 증가량이 컸으나 두 시나리오 모두 겨울철의 증가 추세가 다른 계절에 비해 월등히 높았다.

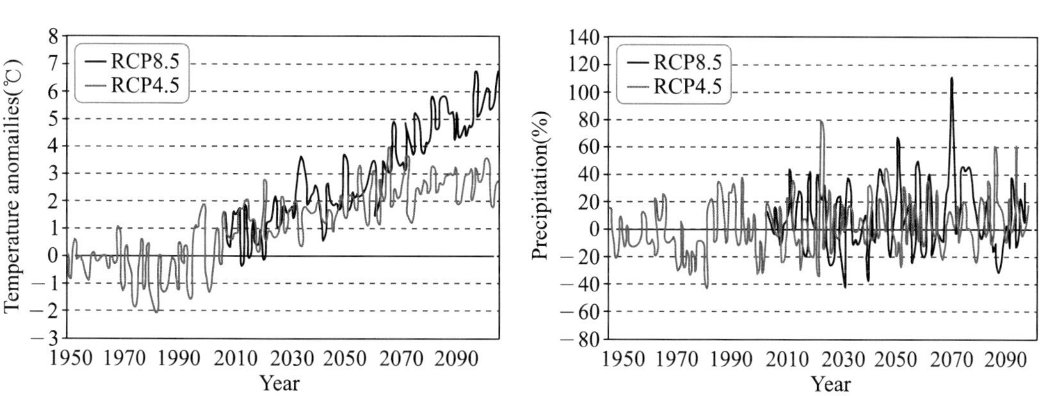

» **그림 5.13** 1980~2009년 대비 1950~2099년 봄철(MAM) 기온(좌) 및 강수(우)의 변화 (기상청, 2012)

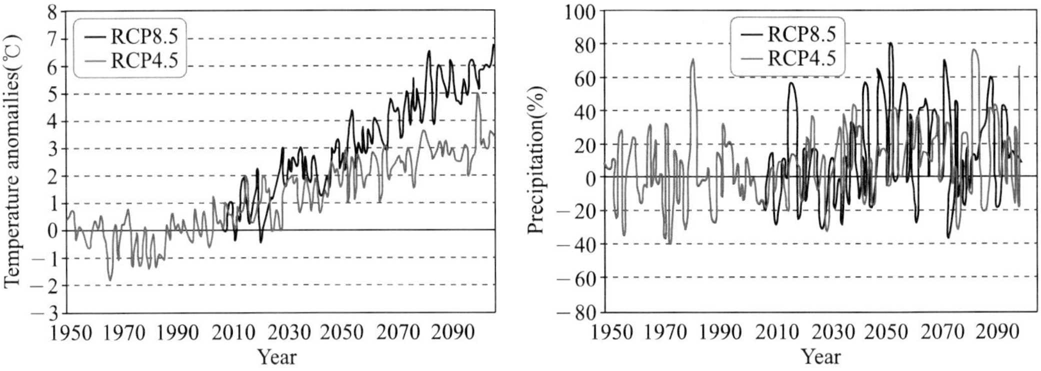

》 **그림 5.14** 1980~2009년 대비 1950~2099년 여름철(JJA) 기온(좌) 및 강수(우)의 변화 (기상청, 2012)

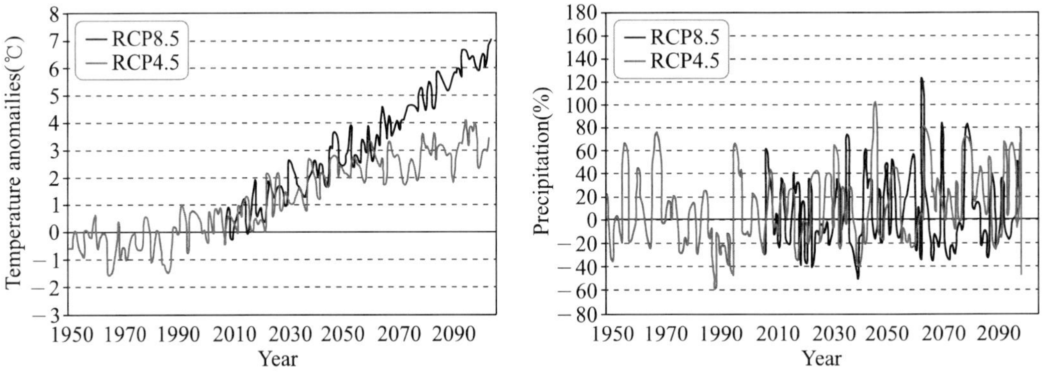

》 **그림 5.15** 1980~2009년 대비 1950~2099년 가을철(SON) 기온(좌) 및 강수(우)의 변화 (기상청, 2012)

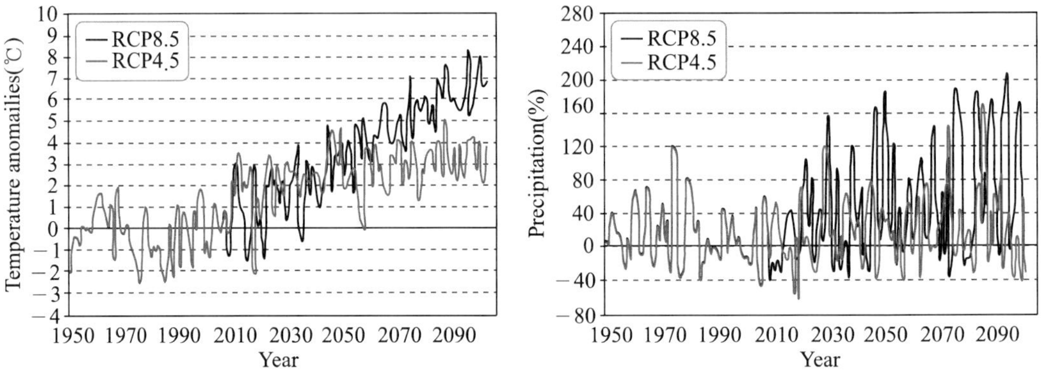

》 **그림 5.16** 1980~2009년 대비 1950~2099년 겨울철(DJF) 기온(좌) 및 강수(우)의 변화 (기상청, 2012)

앞에서는 우리나라의 미래 상세 기후를 시간적으로 살펴보았으나, 기후의 변화에 대한 결과를 공간적으로 살펴보는 것도 매우 중요한 사항이다. 우리나라 상세 기후변화를 공간적으로 살펴보면, 대부분의 지역에서 기온이 상승하고(그림 5.17), 강수가 증가할 것으로 전망되었다(그림 5.18). 기온의 미래 변화에서 21세기 전반(2020~2049년)과 21세기 후반(2070~2099년) 시기로 구분하여 한반도 평균값을 살펴보면, RCP4.5 시나리오에서는 각각 1.8℃, 3.0℃ 상승하고, RCP8.5 시나리오에서는 2.2℃, 5.6℃ 상승하였다. 기온의 상승은 전체적으로 비슷하지만 남부지역보다는 중북부 지역에서 컸다.

한편, 강수의 미래 변화에서 21세기 전반과 21세기 후반에서의 한반도 평균 변화값이 RCP4.5 시나리오에서는 각각 8.4%, 15.8% 증가로 전망되고, RCP8.5 시나리오에서는 5.2%, 18.7% 증가로 전망되어, 21세기 말에 가까워질수록 강수 증가가 뚜렷하였으며, 강수의 증가는 지역적으로 변화의 폭이 매우 크며, 전반적으로 남해안과 중서부 지역에서의 두드러지게 나타남을 알 수 있다.

우리나라 기후변화의 공간 분포 또한 계절에 따라 차이가 컸는데, 기온의 경우 봄철에는 두 시나리오 모두 남서부 보다는 북동부 지역의 기온 상승이 두드러지는 가운데, 그 상승폭이 RCP8.5 시나리오에서 더욱 크게 나타났다(그림 5.19). 여름철에는 내륙지역 보다 해안지역에서의 기온 상승이 컸으며(그림 5.20), 가을철에는 남부지역 보다는 북부지역의 기온 상승이 컸다(그림 5.21). 겨울철 또한 남부지역 보다는 북부지역의 기온 상승이 컸으며(그림 5.22) 기온 변화의 공간 분포를 살펴보면 현재기후가 따뜻한 지역보다는 추운 지역의 기온 상승이 뚜렷했으며, 강수의 경우에는 계절별 지역 차이가 더욱 두드러졌다.

봄철에는 한반도 대부분 지역의 강수가 증가할 것으로 전망되나, 일부 동해안 지역은 다소 감소할 것으로 전망되었고(그림 5.23), 여름철의 경우에는 지역적 차이가 더욱 크며 대체로 남부지역에 강수 증가가 나타나고 내륙 일부 지역은 강수량 감소가 전망되었다(그림 5.24). 가을철에는 중·남부 내륙 지역은 다소 감소할 것으로 전망되고, 북부지역은 뚜렷이 증가할 것으로 전망되었으며(그림 5.25), 겨울철에는 대체로 한반도 전역의 강수가 증가할 것으로 전망되었다. 특히 RCP8.5 시나리오의 경우에는 남해안 일부 지역 및 중북부 지역의 강수량이 현재의 두 배 이상으로 증가할 것으로 전망됨을 알 수 있었다(그림 5.26).

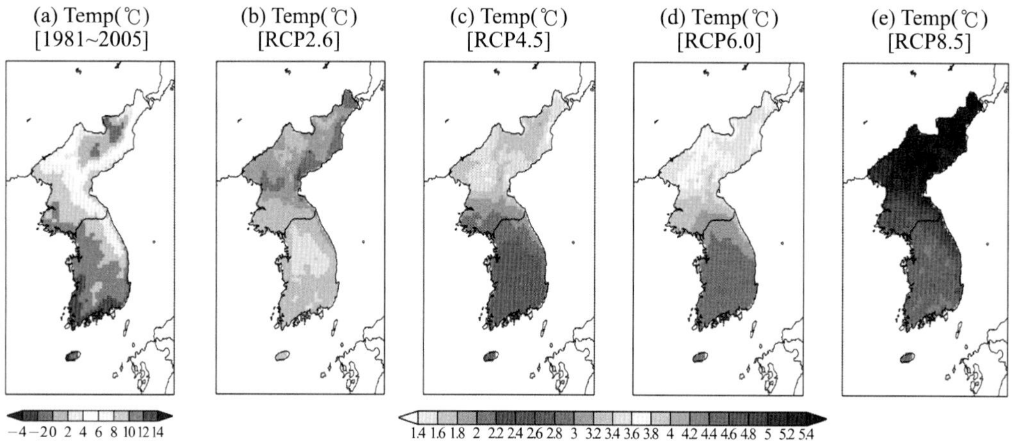

≫ **그림 5.17** RCP 시나리오 4종에 의해 모의된 연평균 기온의 현재기후와 미래변화 분포(℃). (a) 현재기후(1981~2005년), (b) RCP2.6의 21세기 말(2076~2100년) 변화 전망, (c) RCP4.5의 21세기 말(2076~2100년) 변화 전망, (d) RCP6.0의 21세기 말(2076~2100년) 변화 전망, (e) RCP8.5의 21세기 말(2076~2100년) 변화 전망 (기상청, 2012)

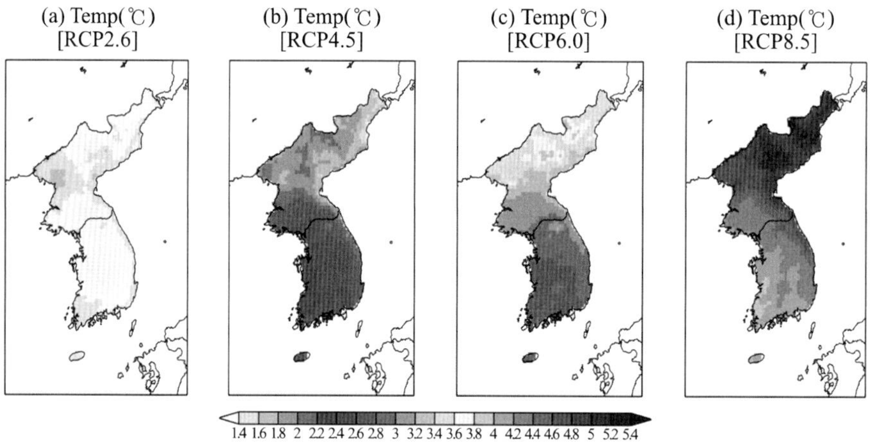

≫ **그림 5.18** RCP 시나리오 4종에 의해 모의된 봄철(MAM) 기온의 현재기후 대비 미래변화 분포(℃). (a) RCP2.6의 21세기 말(2076~2100년) 변화 전망, (b) RCP4.5의 21세기 말(2076~2100년) 변화 전망, (c) RCP6.0의 21세기 말(2076~2100년) 변화 전망, (d) RCP8.5의 21세기 말(2076~2100년) 변화 전망 (기상청, 2012)

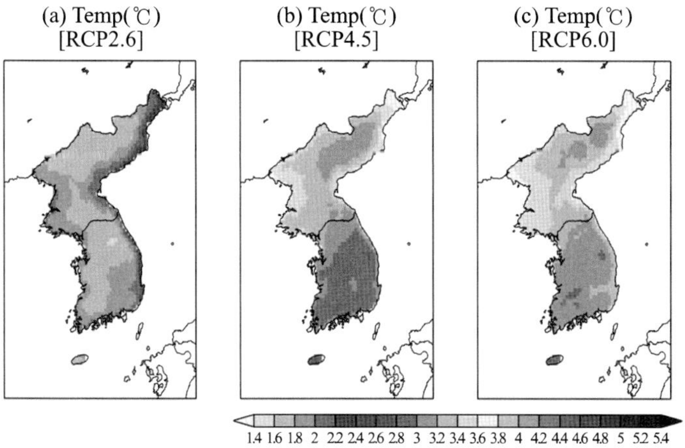

» **그림 5.19** RCP 시나리오 4종에 의해 모의된 여름철(JJA) 기온의 현재기후 대비 미래변화 분포(℃). (a) RCP2.6의 21세기 말(2076~2100년) 변화 전망, (b) RCP4.5의 21세기 말(2076~2100년) 변화 전망, (c) RCP6.0의 21세기 말(2076~2100년) 변화 전망, (d) RCP8.5의 21세기 말(2076~2100년) 변화 전망 (기상청, 2012)

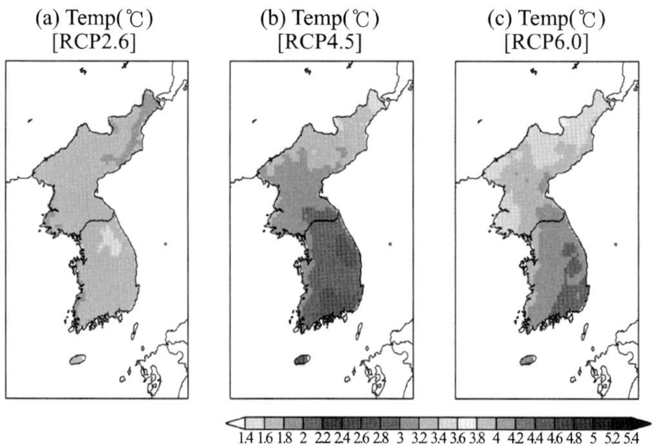

» **그림 5.20** RCP 시나리오 4종에 의해 모의된 가을철(SON) 기온의 현재기후 대비 미래변화 분포(℃). (a) RCP2.6의 21세기 말(2076~2100년) 변화 전망, (b) RCP4.5의 21세기 말(2076~2100년) 변화 전망, (c) RCP6.0의 21세기 말(2076~2100년) 변화 전망, (d) RCP8.5의 21세기 말(2076~2100년) 변화 전망 (기상청, 2012)

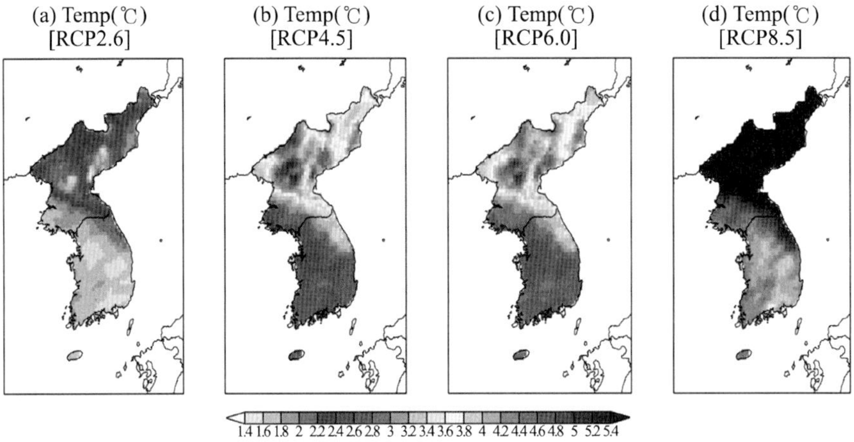

그림 5.21 RCP 시나리오 4종에 의해 모의된 겨울철(DJF) 기온의 현재기후 대비 미래변화 분포(℃). (a) RCP2.6의 21세기 말(2076~2100년) 변화 전망, (b) RCP4.5의 21세기 말(2076~2100년) 변화 전망, (c) RCP6.0의 21세기 말(2076~2100년) 변화 전망, (d) RCP8.5의 21세기 말(2076~2100년) 변화 전망 (기상청, 2012)

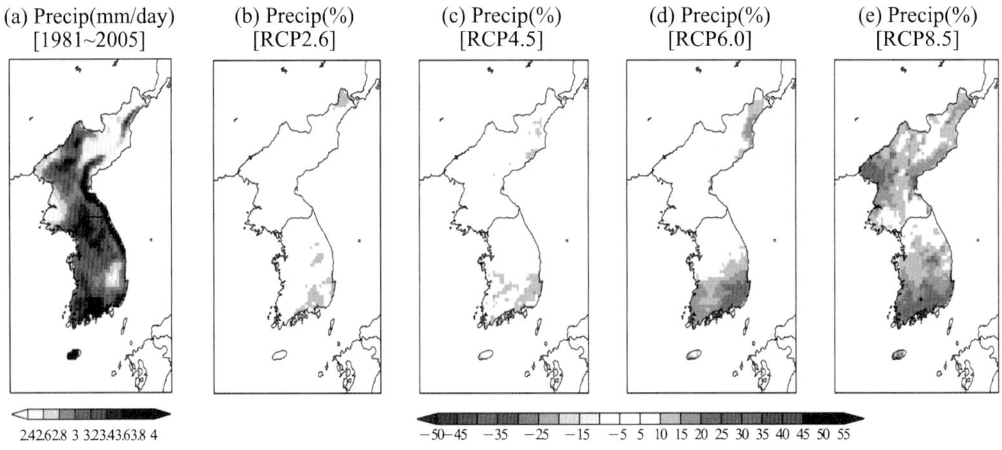

그림 5.22 RCP 시나리오 4종에 의해 모의된 연평균 강수의 현재기후와 미래변화 분포(℃). (a) 현재기후(1981~2005년), (b) RCP2.6의 21세기 말(2076~2100년) 변화 전망, (c) RCP4.5의 21세기 말(2076~2100년) 변화 전망, (d) RCP6.0의 21세기 말(2076~2100년) 변화 전망, (e) RCP8.5의 21세기 말(2076~2100년) 변화 전망 (기상청, 2012)

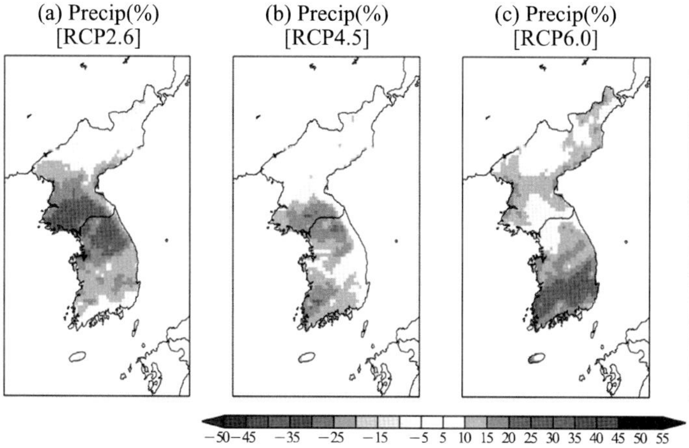

》 **그림 5.23** RCP 시나리오 4종에 의해 모의된 봄철(MAM) 강수의 현재기후 대비 미래변화 분포(℃). (a) RCP2.6의 21세기 말(2076~2100년) 변화 전망, (b) RCP4.5의 21세기 말(2076~2100년) 변화 전망, (c) RCP6.0의 21세기 말(2076~2100년) 변화 전망, (d) RCP8.5의 21세기 말(2076~2100년) 변화 전망 (기상청, 2012)

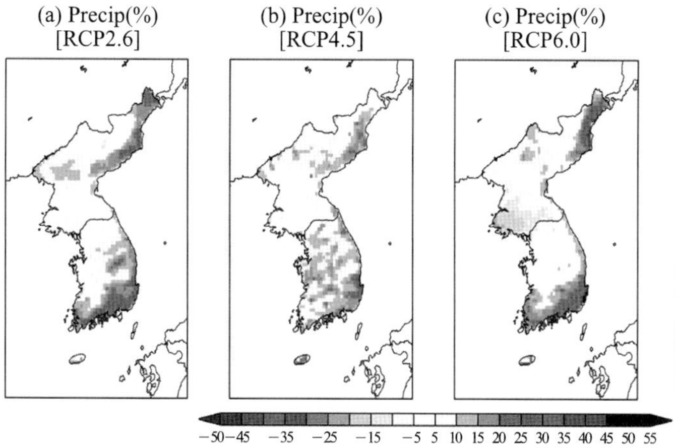

》 **그림 5.24** RCP 시나리오 4종에 의해 모의된 여름철(JJA) 강수의 현재기후 대비 미래변화 분포(℃). (a) RCP2.6의 21세기 말(2076~2100년) 변화 전망, (b) RCP4.5의 21세기 말(2076~2100년) 변화 전망, (c) RCP6.0의 21세기 말(2076~2100년) 변화 전망, (d) RCP8.5의 21세기 말(2076~2100년) 변화 전망 (기상청, 2012)

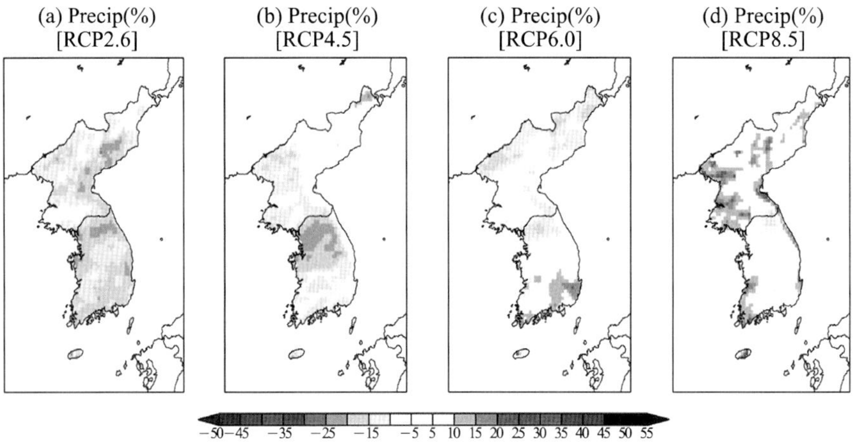

≫ **그림 5.25** RCP 시나리오 4종에 의해 모의된 가을철(SON) 강수의 현재기후 대비 미래변화 분포(℃). (a) RCP2.6의 21세기 말(2076~2100년) 변화 전망, (b) RCP4.5의 21세기 말(2076~2100년) 변화 전망, (c) RCP6.0의 21세기 말(2076~2100년) 변화 전망, (d) RCP8.5의 21세기 말(2076~2100년) 변화 전망 (기상청, 2012)

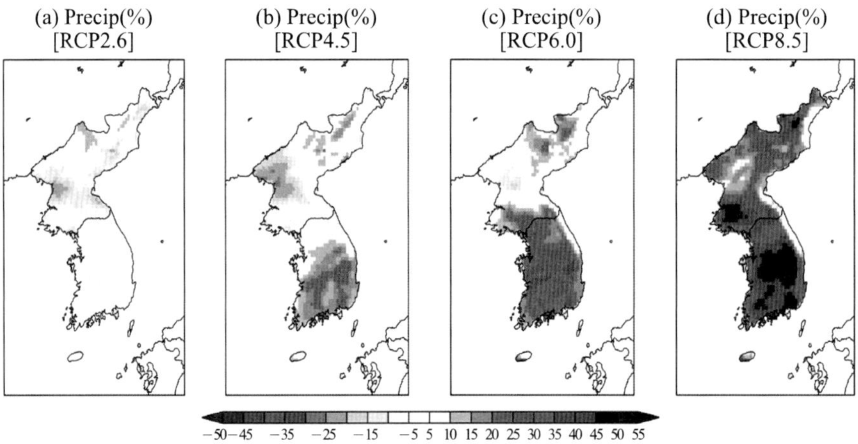

≫ **그림 5.26** RCP 시나리오 4종에 의해 모의된 겨울철(DJF) 강수의 현재기후 대비 미래변화 분포(℃). (a) RCP2.6의 21세기 말(2076~2100년) 변화 전망, (b) RCP4.5의 21세기 말(2076~2100년) 변화 전망, (c) RCP6.0의 21세기 말(2076~2100년) 변화 전망, (d) RCP8.5의 21세기 말(2076~2100년) 변화 전망 (기상청, 2012)

우리나라 기온과 강수의 미래변화를 비교하면 중요한 특징이 있음을 알 수 있다. 기온의 경우에는 경년 변동성 및 공간 변동성이 상대적으로 작고 점진적인 증가 추세는 매우 강하였다. 반면에, 강수의 경우에는 경년·공간 변동성이 크고 증가 추세는 상대적으로 약하였으므로, 강수에 대한 미래 전망은 기온과 비교해 불확실성이 크다고 할 수 있었으며, 마지막으로 20년 기간별 RCP 시나리오별, 시기별, 계절별 한반도 평균 기온 및 강수의 미래변화 전망을 표 5.4에 정리하였다.

표 5.4 현재(1980~2009년) 대비 미래 한반도 평균 기온 및 강수량 전망

RCP 시나리오			RCP4.5		RCP8.5	
			2020~2049년	2070~2099년	2020~2049년	2070~2099년
한반도 평균	기온 (℃)	연평균	1.8	3.0	2.2	5.6
		봄	1.5	2.6	2.0	5.1
		여름	1.4	2.9	2.1	5.4
		가을	1.7	3.0	2.1	5.6
		겨울	2.7	3.4	2.5	6.3
	강수량 (%)	연평균	8.4	15.8	5.2	18.7
		봄	6.0	10.2	5.7	17.7
		여름	8.9	16.3	2.9	14.6
		가을	12.1	23.2	0.5	12.8
		겨울	14.3	27.5	45.9	81.4

5.5 AR5 기후변화 시나리오의 적용 문제: 편의의 보정

5.5.1 편의 보정의 개념 및 필요성

지구온난화로 인한 강수와 기온 등의 증가는 기존의 수문순환에 변화를 발생시키며 안정적인 수자원 확보에 어려움을 줄 수 있다. 우리나라의 기온은 지구온난화와 도시화의 영향으로 1912~2010년 동안 0.18℃/10년의 속도로 상승하였고, 강수량은 21 mm/10년의 추세로 증가하였다. 안정적인 수자원 관리를 하기 위해서는 기후변화에 따른 수자원의 변화를 정량적으로 평가해야 할 필요가 있다. 이를 위해서 우리나라 기상청은 IPCC 4차 기후변화 평가보고서에서 사용된 대표 온실가스 시나리오에 근거하여 미래 2100년까지의 한반도 기후변화 시나리오를 제공한바 있으며, IPCC 5차 기후변화 평가보고서에서는 새로운 표준 온실가스 시나리오인 대표농도경로(Representative Concentration Pathways, RCP) 4종이 선정되었다.

우리나라 기상청은 전 지구 대기-해양 결합모델인 HadGEM2-AO에 RCP 시나리오를 강제 입력자료로 도입하여 약 135 km 해상도의 전 지구 기후변화 시나리오를 생산하였으며, 이 자료

에 기초한 지역기후모델인 HadGEM3-RA를 이용하여 지역기후변화 시나리오를 산출하였다. 지역기후변화 시나리오는 기후변화에 대응한 수자원의 효율적인 관리를 위해 중요한 근거를 제공하는 자료이다. 지역기후변화 시나리오는 200년의 적분결과를 이용하여 산출한 모의자료로서 시계열 형태로 제공되지만 시간 개념이 결여되어 있어 같은 시간대에서 관측치의 경향성을 반영하지 못하는 결과를 도출할 수 있다. 기후변화 모형으로부터 축소된 결과는 어느 정도의 편의를 보이며 이러한 계통적 오차(Systematic Bias)는 모형 내부에서 해결하기가 쉽지 않다. 관측치와 모의치 간의 존재하는 편의를 보정하여 강수특성을 정확히 분석한다면, 미래 수자원 관리의 불확실성을 줄이고 안정적인 수자원 공급을 할 수 있을 것이라 판단된다.

기후 모델 산출물은 장기 미래의 가상 시나리오 선정과 대기현상에 대한 불완전한 물리적 이해, 그리고 컴퓨터 계산 능력의 한계 등으로 인한 불확실성을 내포하고 있으므로(Kunkel et al., 2006) 미래 기후 정보를 활용하기에 앞서 그 불확실성을 정량화하고 최소화하기 위한 방법론의 개발과 적용이 필요하다(Hwang and Kang, 2013). 특히 기후 모델의 불확실성이 큰 강수량과 밀접한 영향을 가지는 수자원 관리에 대해 시나리오 기반 기후 모델 결과를 효율적으로 활용하기 위해서는 평가 과정의 불확실성을 정량화하고 최소화하는 과정이 필수적이라 할 것이다. 기후변화에 따른 미래 수자원의 양적 질적 영향 평가가 활발히 이루어지면서, 전지구 및 지역기후 모델[General Circulation Model(GCM) 및 Regional Climate Model(RCM)] 결과의 효율적 활용을 위한 다양한 방법론이 제시되고 있다. 일반적으로 수자원에 대한 기후변화 영향 평가를 위해서는 기후 모델링 결과로부터 수문, 수질 모델의 적용에 이르기까지 기상 정보에 대한 몇 가지 후처리 과정이 적용된다.

우선 역학적 기후 모델의 경우, 적용되는 특정 모수화(parameterization) 및 물리적 대기 기작(physical schemes)의 불확실성에 의한 일률적 편의 경향(systematic bias)을 가지므로 과거 관측자료와 통계적 기법을 이용한 ① 편의 보정(bias correction)이 선행 작업으로 요구된다(Ehret et al., 2012). 또한 지역 단위 영향 평가를 위해 요구되는 기상 자료의 공간 해상도는 GCM 산출물 해상도(100~300 km)에 비해 높기 때문에 ② 공간 상세화 과정을 통한 고해상도 자료의 생산이 필수적이다(Mearns et al., 2001; Hwang et al., 2011). 이러한 과정들에 있어 기법의 선정에 따른 결과의 다양성은 과정별 불확실성을 의미하며 이에 대한 정량적 평가와 고찰은 기후변화 연구의 신뢰도 및 실효성을 향상시키기 위한 필수 과제일 것이다.

지금까지 공간 상세화 기법[통계적 방법(statistical downscaling)과 동역학적 모델을 이용한 방법(dynamical downscaling)]에 대한 불확실성과 수문 모형의 종류와 특성에 따른 불확실성에 대한 연구는 활발히 진행되어 온 반면 편의 보정방법에 따른 수문 영향 분석 결과의 불확실성에 대한 연구는 상대적으로 미비하다. 편의 보정방법은 과거관측 자료의 기본 통계량(평균, 분산 등)에 대한 동기간 기후 모델 결과의 편의 정도를 일률적으로 또는 월별로 적용하는 기본적인 방법(국내 연구 사례: Park et al., 2010; Yun et al., 2011; Chung et al., 2009)에서부터 확률분포함수(Probability Distribution Function, PDF) 또는 누적분포함수(Cumulative Distribution Function, CDF)를 이용하는 방법(Wood et al., 2004; Piani et al., 2010; Park et al., 2012; Jee et al., 2012)에 이르기까지 다양하다.

Teutschbein과 Seibert(2012)는 RCM 결과 보정을 위해 선형 비례(linear scaling), 분산 비례(variance scaling), power 변환(power transformation), 분포 보정(distribution mapping) 등의 편의 보정방법을 적용하여 그 성능을 비교한 결과 누적분포함수를 이용한 분포 보정방법이 가장 뛰어나다는 결론을 도출한 바 있다. 하지만 이 방법은 한정된 자료를 이용하여 최적 CDF를 도출하는 과정에서 발생하는 오차 중에서 특히 극값(extremes)에 대해서는 CDF 생성 방법과 편의 추정 방법에 따라 그 결과가 다를 수 있으므로 이에 대한 고찰과 개선이 필요하다(Lenderink, 2010; Li et al., 2010).

더불어 기후 모델(RCM)의 월 단위 산출물의 활용이 주를 이루는 가운데, 변수의 시공간적 변동성(spatiotemporal variability)을 물리적으로 재현할 수 있는 일 단위 및 시간 단위의 고해상도 산출물을 이용한 기상 변수의 고차원 특성 변화에 대한 연구의 필요성이 대두되고 있다(Maurer and Hidalgo, 2008). 월 단위 기후 모델 결과를 보정 후 일 단위로 시간 상세화(temporal down-scaling/disaggregation) 할 경우(Hidalgo et al., 2008)에 비해 편의 보정을 통하여 일 단위 기후 모델 자료를 이용하는 경우, 모델 결과를 보다 적극적으로 활용할 수 있다는 장점이 있지만, 고해상도 시공간에 대한 모의치의 오차는 저해상도에 비해 상대적으로 크므로 결과 활용 시 고려해야 한다.

본 연구의 주된 대상이 되는 편의 보정기법을 기존 연구사례에 비추어 크게 구분하여 보면 다음과 같이 구분될 수 있다.

1. 관측치와 모의치의 차이를 2차 선형 회귀식으로 산정하여 모의치에 적용하는 기법
2. 추계학적 일기상발생기를 사용하는 Weather generator 기법
3. 월별 평균 및 표준편차를 비교하여 보정하는 Change factor 기법
4. 모의치의 누적확률분포를 이용하여 보정하는 분위사상법 (Quantile Mapping)

첫 번째와 두 번째 기법은 기존의 GCM, RCM에서 도출된 특성을 그대로 반영하기 때문에 불확실성이 적으나 극한사상에 대한 보정효과가 낮은 단점이 있다. Weather generator 기법 역시 기존의 값과 유사한 거동을 보이나 극한사상에 대한 보정효과가 낮은 단점이 있다.

세 번째와 네 번째 기법은 과거 관측자료를 이용하여 통계적인 방법으로 모의자료를 보정하는 대표적 기법으로 이 기법들이 현재 미래 강수자료의 편의 보정을 위하여 가장 많이 사용되고 있는 것으로 분석되었다. 따라서 본 연구에서도 Change factor 기법과 분위사상법을 미래 강수자료의 보정을 위한 분석기법으로 선정하였으며, 특히 분위사상법을 사용하기 위해서는 관측치 및 모의치에 적합시킬 확률분포형으로 GEV(Generalized Extreme Value, GEV) 분포를 선정하

였다. GEV 분포는 상위 꼬리부분의 면적이 커서 극한사상의 비초과확률을 구하는데 일반적으로 사용되는데, 기후변화에 따른 미래의 극한사상이 어떻게 변화할지 예측하기 위해서는 확률분포형이 시간에 따라 변하는 비정상성을 가정하여 산정할 필요가 있다.

과거 관측자료와 미래 예측자료 사이의 통계적 특성 및 분포특성을 확인하여 심각한 수준의 오차가 인입되어 있다면 반드시 미래 예측자료에 대한 편의를 보정하여야 한다. 편의 보정을 위한 다양한 기법은 위에서 이미 알아본 바와 같이 다양한 방법이 존재하며, 편의 보정기법의 선정에 따라 최종 평가결과에 영향을 미칠 수 있다. 특히 수문 분야에서 활용하기 위해 기후변화 시나리오 중 가장 중요한 요건은 과거 관측치의 월별 및 계절별 변동성이 잘 반영되는지에 대한 여부이다. 따라서 본 절에서는 우리나라의 안동, 대구, 창원, 부산의 4개 강우관측지점에 대한 과거 관측강우 및 미래 예측강우를 비교분석함으로써, 낙동강 유역 내 미래 강우자료가 얼마나 많은 오차가 포함되어져 있는지를 규명해 보았다.

과거 관측강우와 미래 예측강우를 이용하여 정성적으로 얻어진 결과를 보다 정량적으로 분석하기 위하여 표 5.5와 표 5.6에 수록하였다. 먼저 표 5.5는 각 관측소에 따른 월별자료 및 이 자료에 대한 평균, 표준편차, 왜곡도, 첨예도를 나타낸 것이다.

안동 강우관측소의 경우 관측강우의 평균과 RCP8.5 미래 강우의 평균은 각각 88.8 mm와 89.0 mm로 상당히 비슷한 값을 가지는 것을 알 수 있었고 RCP4.5의 경우도 84.5 mm로 다른 두 자료와 큰 차이를 보이지는 않고 있음을 알 수 있다. 그러나 표준편차의 경우 관측자료와 미래 자료 사이의 큰 차이가 있었다. 왜곡도는 세 자료가 모두 유사한 값을 보였으며, 첨예도는 관측자료는 음수로 계산되어 정규분포보다 첨예하지 않았으나 미래 자료는 정규분포보다 첨예하였다. 다만 첨예도의 경우 그 차가 크지 않아 사실상 세 자료가 모두 비슷한 정도의 첨예도를 가지고 있음을 알 수 있었다.

대구 강우관측소의 경우는 관측강우의 평균이 90.6 mm였으며, 미래 강우는 84 mm에서 87 mm의 범위에서 평균값이 존재하여 세 자료가 사실상 크게 다르다고 보기는 어려웠다. 그러나 표준편차는 안동과 마찬가지로 과거 자료와 미래 자료 사이에 큰 차이가 있었으며, 과거 강우가 가장 큰 표준편차를 가지고 있었다. 왜곡도의 경우는 모두 양의 값을 가졌으며 크기에 있어서도 큰 차이는 없었고, 첨예도는 모든 자료가 음의 값을 가져 세 자료 모두 유사한 성질을 가지고 있음을 알 수 있었다.

창원 및 부산 강우관측소의 경우는 낙동강 상류 및 중류에 위치한 안동 및 대구 강우관측소보다 평균값이 크게 나타났으며, 창원의 경우는 과거 강우에서 부산의 경우는 RCP4.5 미래 강우에서 가장 큰 값을 나타냈다. 표준편차의 경우는 두 관측소 모두 과거 강우의 표준편차가 크게 나타났고, 왜곡도와 첨예도는 세 자료 모두 유사한 값을 나타냈다.

표 5.5 관측소별 강수자료 및 기술통계적 특성(평균값)

평균	안동 (관측)	안동 (미래 4.5)	안동 (미래 8.5)	대구 (관측)	대구 (미래 4.5)	대구 (미래 8.5)	창원 (관측)	창원 (미래 4.5)	창원 (미래 8.5)	부산 (관측)	부산 (미래 4.5)	부산 (미래 8.5)
Jan	18.9	19.2	23.3	19.3	23.5	25.8	26.8	31.4	36.0	31.7	37.0	44.1
Feb	26.4	31.3	39.7	28.2	32.9	42.1	43.9	47.7	60.6	50.2	56.6	71.6
Mar	45.6	60.0	69.8	50.4	67.8	70.2	73.7	98.6	110.0	85.7	111.4	124.2
Apr	69.0	99.5	116.1	66.9	110.5	114.3	122.3	162.5	173.0	135.3	182.3	192.6
May	89.7	120.0	110.1	82.4	112.4	107.0	141.8	162.8	163.9	160.8	191.2	182.6
Jun	137.8	149.8	173.9	139.1	158.7	158.4	204.7	231.8	236.9	202.0	287.4	323.0
Jul	233.2	220.5	215.4	234.3	196.8	163.4	310.3	203.4	220.7	319.6	263.9	259.0
Aug	223.3	124.5	115.2	236.1	129.6	118.9	284.0	149.7	162.8	260.7	138.6	154.4
Sep	131.0	76.4	72.1	142.1	90.2	81.5	155.9	95.4	99.5	152.5	90.4	101.6
Oct	41.0	35.8	44.8	40.8	38.9	46.2	55.6	45.9	56.3	69.5	49.5	61.4
Nov	32.6	42.9	44.9	31.7	48.4	45.4	46.7	67.5	63.9	48.6	74.7	68.6
Dec	17.0	34.0	42.3	16.0	39.4	42.2	20.6	51.2	58.3	27.1	58.6	64.6
Mean	88.8	84.5	89.0	90.6	87.4	84.6	123.9	112.3	120.1	128.6	128.5	137.3
std.	76.7	60.5	59.2	79.5	55.3	47.2	99.0	67.7	69.1	94.6	85.2	87.9
Skewness	1.0	1.1	1.0	1.1	0.7	0.5	0.9	0.5	0.5	0.8	0.8	1.0
Kurtosis	−0.1	0.7	0.4	−0.2	−0.5	−1.1	−0.4	−1.1	−1.2	−0.2	−0.5	0.2

표 5.6 관측소별 강수자료 및 기술통계적 특성(최대값)

최대	안동 (관측)	안동 (미래 4.5)	안동 (미래 8.5)	대구 (관측)	대구 (미래 4.5)	대구 (미래 8.5)	창원 (관측)	창원 (미래 4.5)	창원 (미래 8.5)	부산 (관측)	부산 (미래 4.5)	부산 (미래 8.5)
Jan	94.8	89.4	134.7	110.7	153.8	121.1	94.0	262.5	161.7	123.8	289.7	217.2
Feb	116.1	132.2	191.9	90.5	121.9	171.5	146.6	168.6	360.6	126.0	191.4	498.0
Mar	116.5	156.5	163.7	110.9	171.7	175.9	165.7	414.5	230.3	173.9	499.4	260.4
Apr	188.4	209.1	354.9	150.0	295.5	371.9	271.5	376.0	545.1	384.8	374.3	574.8
May	234.8	439.0	311.8	233.7	272.6	265.2	301.5	334.8	532.1	418.5	459.9	531.1
Jun	301.8	426.2	590.5	313.2	448.9	479.4	397.5	809.0	814.5	447.0	829.3	1369.1
Jul	551.6	782.5	993.8	568.1	710.2	405.5	818.6	737.5	1230.4	886.1	1265.6	1111.3
Aug	558.7	467.4	565.2	680.3	728.7	548.4	714.3	761.3	648.8	699.8	945.8	763.7
Sep	318.9	355.6	317.9	398.3	349.2	319.4	598.9	332.2	486.1	398.5	291.2	540.5
Oct	140.5	117.3	185.5	124.0	165.4	212.0	273.2	190.6	220.8	248.2	170.1	205.3
Nov	129.8	122.6	201.7	136.3	138.5	188.2	183.8	216.5	216.8	266.4	195.1	203.2
Dec	49.4	115.5	216.7	55.5	149.9	178.0	86.5	234.4	245.3	162.7	220.6	206.6
Mean	233.4	284.4	352.4	247.6	308.9	286.4	337.7	403.2	474.4	361.3	477.7	540.1
std.	170.8	212.5	251.2	203.0	215.9	137.7	246.2	233.3	313.3	235.6	352.6	379.7
Skewness	1.2	1.2	1.8	1.3	1.3	0.7	1.0	1.0	1.4	1.2	1.3	1.2
Kurtosis	0.3	1.2	3.1	0.5	0.4	−0.7	−0.2	−0.6	1.9	1.0	0.8	0.8

표 5.6에 나타낸 최대값에 대한 자료 및 통계적 특성은 평균값에 대한 분석과 상당히 다른 결과를 보여준다. 먼저 안동 관측소의 경우 최대값의 월별 평균은 평균값에 대한 분석과 달리 미래 강수자료가 과거 강우자료보다 크다. 또한 표준편차도 미래 강우자료가 과거 강우자료보다

매우 큰 것을 알 수 있다. 왜곡도와 첨예도는 세 자료 모두 유사하게 나타난 것을 알 수 있다.

대구 관측소도 안동 관측소와 마찬가지로 미래 강우자료에 대한 평균가 표준편차가 과거 강우에 대한 평균 및 표준편차보다 큰 값으로 산정되었고, 왜곡도는 유사하였으나, 첨예도에서는 RCP8.5가 다른 성질을 나타냈다. 창원 및 부산 강우관측소의 경우도 RCP8.5 미래 강우에 대한 월별평균값과 표준편차가 과거 관측강우보다 상당히 크게 산정된 것을 알 수 있었으며, 왜곡도는 두 관측소 모두 유사하게 나타났으나, 창원 관측소의 경우 첨예도는 상당히 다른 양상을 나타내었고 부산의 경우는 세 자료에 대한 첨예도가 유사하게 산정되었다.

그림 5.27과 그림 5.28은 각각 평균값 및 최대값에 대한 과거, RCP 미래 4.5, RCP 미래 8.5에 대한 월별 분포 및 (과거 관측 - RCP4.5)와 (과거 관측 - RCP8.5)의 차이를 그림으로 표시한 것으로써 미래 강우자료에 대한 편의 보정이 반드시 필요함을 나타내는 중요한 그림이다.

먼저 평균값에 대한 분석결과인 그림 5.27에서 안동 강우관측소의 경우를 보면, (과거 강우 - 미래 강우)의 값이 1월부터 시작하여 감소하다가 4월과 6월에 가장 작은 값을 가지게 됨을 볼 수 있다. 이는 4월과 6월에는 미래 강우가 과거 강우보다 큰 강우총량을 가지게 됨을 의미하는 것이다. 또한 7월을 중심으로 (과거 강우 - 미래 강우)의 값이 양수로 바뀌게 되며 8월과 9월에 가장 큰 값을 가지다가 11월 이후 다시 음수로 바뀜을 볼 수 있다. 이는 8월과 9월에 과거 강우가 미래 강우보다 더 큰 값을 가진다는 의미이며 11월 이후 다시 미래 강우의 값이 과거 강우의 값보다 큰 값을 가진다는 것을 의미한다. 이와 같은 양상은 강우총량 값은 차이가 있지만 그 패턴에 있어서는 안동, 대구, 창원, 부산 모두 흡사하였다.

즉 편의가 보정되지 않은 미래 강우자료는 8월과 9월의 강우는 과거 강우보다 적어지며, 4~6월 강우는 과거 강우보다 커지게 됨을 보여준다. 따라서 이러한 강우자료를 이용하여 미래의 하천 유출량을 모의하면 강우자료의 패턴이 그대로 유출로 전이되어 유출량에 있어서도 미래의 여름철 유출량은 과거보다 감소하고 봄철 유출량은 과거보다 증가하게 된다. 따라서 평균값을 사용하는 경우에 대해서는 반드시 적절한 편의 보정기법에 의함 편의 보정 과정의 수행이 필수적이라 판단된다.

최대값에 대한 분석결과인 그림 5.27은 평균값에 대한 분석결과와 상당히 다른 결과를 보여준다. 먼저 안동 강우관측소의 경우는 8월을 제외한 대부분의 기간에 대하여 미래 강우의 최대값이 과거 강우의 최대값보다 크게 산정되고 있음을 알 수 있으며(우측 그래프에서 음수를 가짐), 특히 7월에 가장 큰 차이를 보임을 알 수 있다. 따라서 최대값을 이용하는 경우 안동 강우관측소는 별도의 편의 보정을 하지 않아도 됨을 알 수 있으며 이는 편의 보정에 의한 효과가 크지 않음을 나타낸다. 부산 강우관측소의 경우도 안동 강우관측소와 같이 대부분의 기간에 대해 미래 강우의 최대값이 과거 강우의 최대값보다 크게 산정되어 편의 보정으로 인한 효과는 크지 않을 것으로 판단된다.

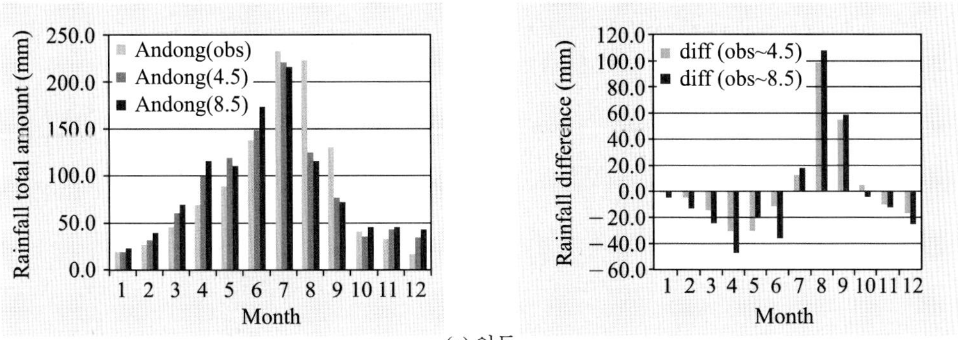

(a) 안동

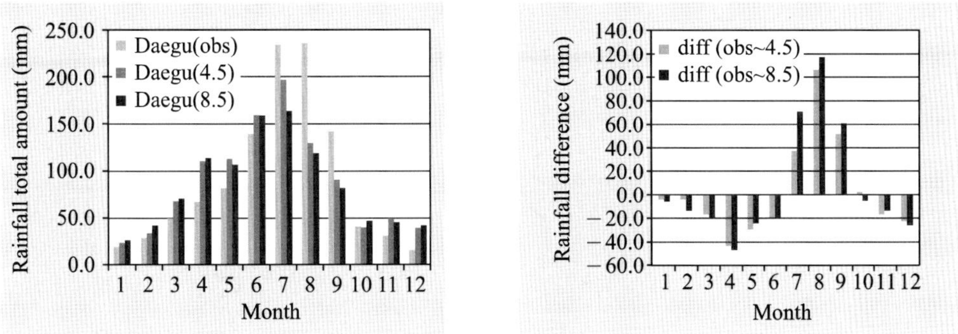

(b) 대구

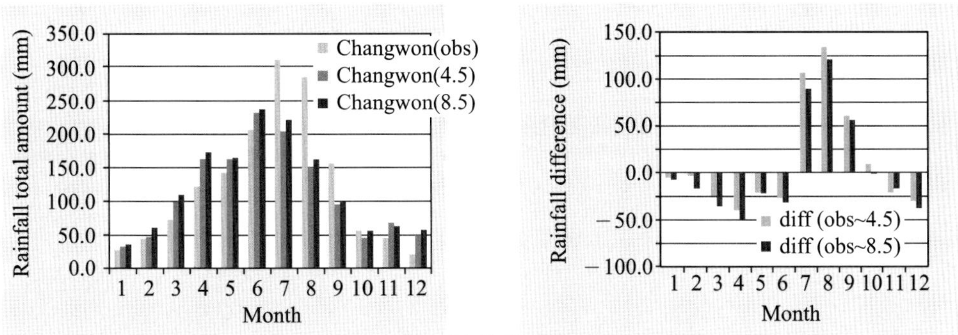

(c) 창원

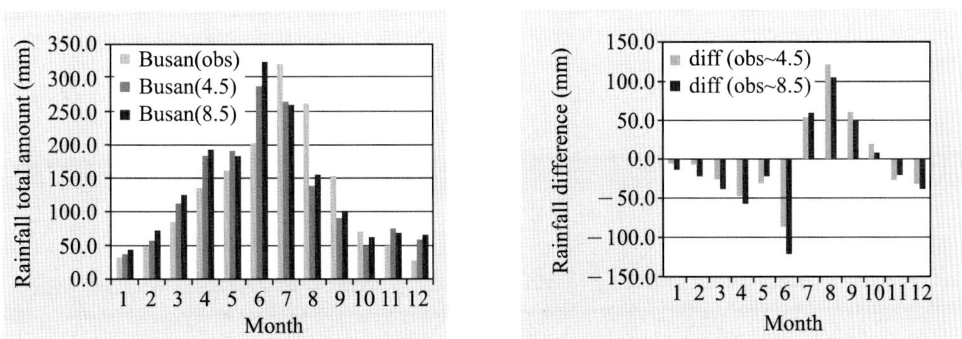

(d) 부산

≫ **그림 5.27** 지점별 월별 분포의 차이 (평균값)

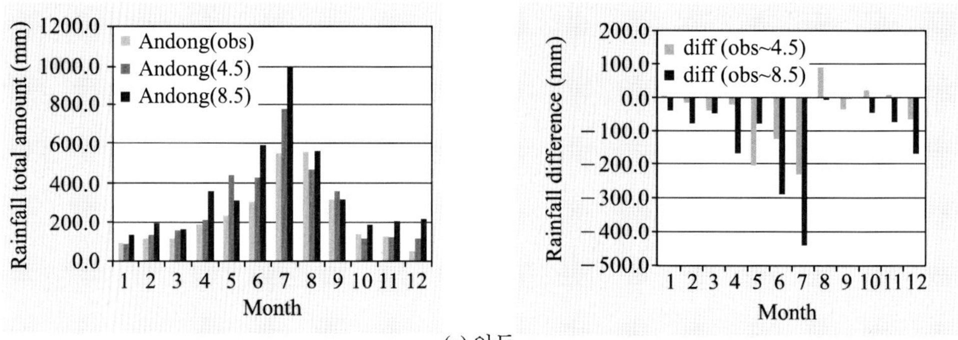

(a) 안동

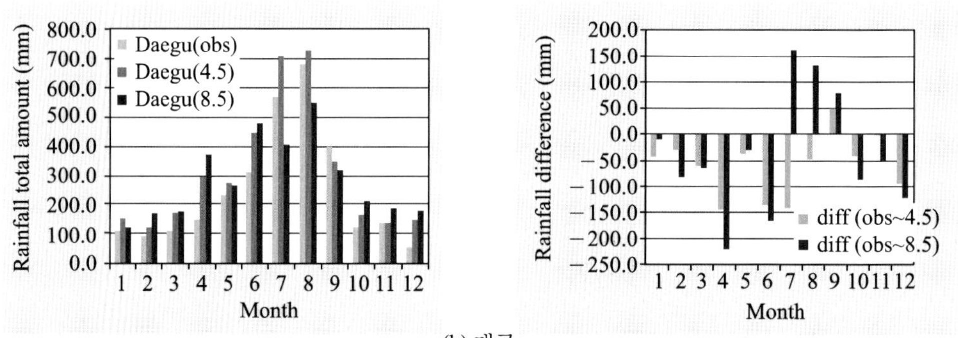

(b) 대구

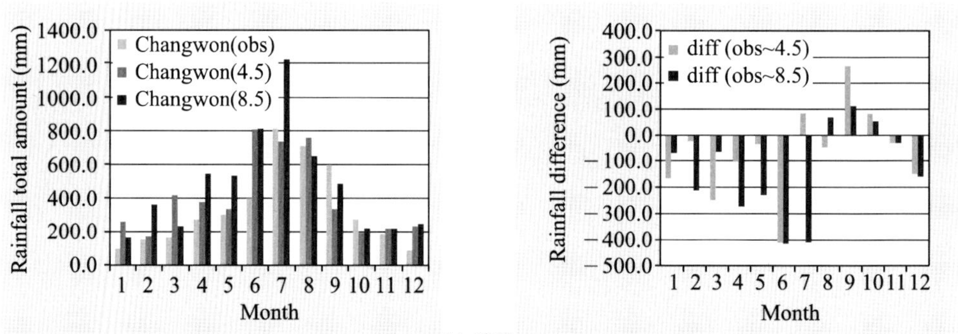

(c) 창원

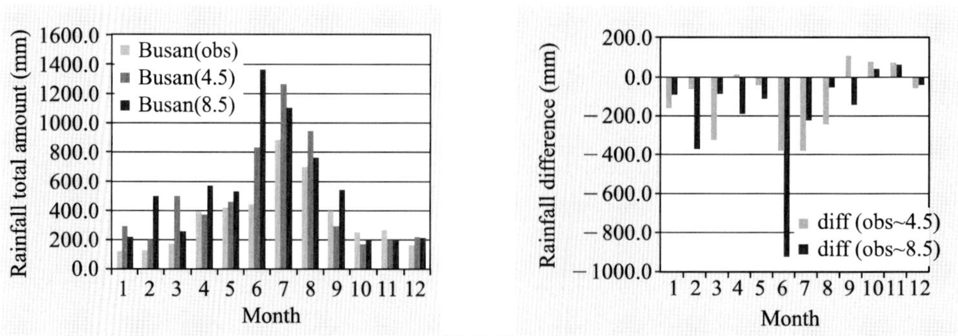

(d) 부산

≫ **그림 5.28** 지점별 월별 분포의 차이 (최대값)

그러나 평균값에서는 4개 강우관측소가 모두 편의 보정이 필요한 동일한 패턴의 분포를 나타내었으나, 최대값에서는 안동과 부산은 편의 보정 효과가 미미하나, 대구와 창원은 편의 보정이 필요한 지점으로 분석되었다. 특히 대구는 RCP4.5의 경우는 대부분의 구간에서 미래 강우가 큰 값을 가지므로 편의 보정이 필요 없었으나 RCP8.5의 경우는 7월, 8월, 9월에서 과거 강우가 오히려 큰 값을 가지고 있어 평균값을 이용한 경우와 유사한 경우로 평가되어 반드시 편의를 보정해 주어야 하는 지점으로 판단되었다. 창원은 RCP4.5와 8.5 모두 일부 구간에서 과거 강우가 크게 산정되어 편의의 보정이 필요함으로 알 수 있었으며, 평균값을 사용하는 경우는 모든 지점에 대한 편의 보정이 필수적이고, 최대값을 사용하는 경우는 지점에 따라 특성이 반영되므로 편의 보정의 효과를 사전에 분석할 필요가 있었다.

5.5.2 편의 보정의 이론

GCM(Global Climate Model)은 대부분 100 km × 100 km 이상의 해상도를 가지고 있으므로 기후변화에 의한 수문순환의 변화를 모색하기 위한 특정 강우-유출 모형의 해석에 그 결과를 직접 활용하기가 어려우며, 국토 면적이 작은 우리나라의 경우 GCM의 직접적 이용은 사실상 거의 불가능하다. 따라서 이와 같은 문제를 해결하기 위해서 상세화 기법(down scaling)을 사용하며 상세화 기법은 크게 특정 물리 모형을 이용하는 역학적(dynamical) 상세화 기법과 통계적 처리에 의한 통계적(statistical) 상세화 기법으로 분류된다.

역학적 상세화 기법과 통계적 상세화 기법은 모두 각각의 장단점을 가지고 있어 어느 기법이 더 우수한 기법인지를 객관적으로 평가하기는 매우 어려우나 최근의 연구들은 통계적 상세화 기법보다는 역학적 상세화 기법을 보다 선호하는 경향이 있다. 우리나라 기상청도 역학적 상세화 기법에 의해 모델링된 지역 모형(Regional Climate Model, RCM)인 HadGEM3-RA에 의한 대표농도경로(Representative Concentration Pathway, RCP) 시나리오 결과를 산정하여 이 RCM 모형의 결과를 각종 기후변화 관련 연구에 사용할 것을 권장하고 있는 실정이다.

RCM을 활용한 수문순환 모형의 필요성이 증대되면서 GCM과 RCM사이의 정확도에 대한 문제가 발생될 수 있음이 지적되고 있다(Frei et al., 2003, Frei et al., 2006). RCM의 정확도에 대해 연구를 수행한 두 논문에서는 50 km 격자크기를 가지는 RCM 모형의 정확도를 비교하기 위하여 RCM 모형의 결과를 ECMWF의 ERA-15라는 재생산된 강수자료와 Hadley Center의 GCM인 HadAM3에 의한 강수자료와 각각 비교하는 연구를 수행하였다. 연구 결과 RCM이 가을과 겨울철에는 매우 정확도 높은 결과를 산정하다는 결과를 얻었으나 대류형 강수가 지배적인 지역에서의 여름철 강수에서는 RCM과 두 자료 사이에 의미있는 편의(bias)가 발생됨을 제시되었다.

미래의 물순환을 예측하기 위한 기후변화 분석용 강우-유출 모형의 성능은 강수자료의 시공간적 패턴에 의해 좌우될 수 있으므로, 과거 강수와 미래 강수의 시공간적 패턴의 일치성(consistency)은 수자원 공학 분야에서 매우 중요하게 평가되어야 할 사안이다. 따라서 특정 과거 기간에 대한 관측강우와 GCM 및 RCM 모형의 결과를 비교하고 발생된 편의를 보정함으로써 미래 강우자료의 현실성을 제고시킬 필요가 있다.

GCM과 RCM 결과 사이의 편의가 의심되자 많은 연구자들은 수문 모형의 적용에 있어 이와 같은 편차를 감소시키기 위한 연구를 수행하였으며, 가장 흔히 사용된 기법은 GCM과 RCM 결과 자료 사이의 차이를 계산하고 이를 특정 인자로 환산하여 자료를 보정(correction)하는 것이다. 그러나 이와 같은 방법은 주어진 시계열자료의 시간적 구조까지는 보정할 수 없는 단점이 있기 때문에 추계학적 강우생성기(stochastic wether generator)를 이용한 다양한 편의 보정기법이 제시되었으나 이 기법 역시 추계학적 강우생성기가 가지고 있는 공간적 적용성의 한계가 있어 GCM과 RCM 사이의 편의를 보정하기에 어려움이 있음이 제시되었다.

특히 GCM과 RCM의 편의의 보정의 용도가 미래의 수문순환 구조를 규명하기 위한 강우-유출 모형의 정확도 제고에 있는 경우에는 일강수량자료의 보정에 있어 월별 변화 및 변동 요인과 함께 계절별 변화 및 변동요인, 극치 강수자료의 분포, 특정 지역의 계절적 요인의 반영 등이 상당히 중요하게 고려될 필요가 있음이 제시되었다(Fowler et al., 2007).

본 절에서는 앞에서 소개한 편의 보정방법 중 선형 보정기법, 비선형 보정기법, Gamma 확률분포를 이용한 분위사상법을 수행하기 위한 간단한 이론적 근거를 제시하고자 하며, 경험적 확률분포를 이용한 편의 보정은 인공 신경망 등의 별도의 이론적 개념이 필요하므로 본 절에서는 생략하였다.

1. 선형 보정기법의 이론

선형 보정기법은 관측된 강수자료의 월별 변동성을 이용하여 RCM 결과를 변환하는 기법으로서 다음과 같은 간단한 식을 이용하는 일종의 변동인자(factor of change)방법이다.

$$P^* = \frac{\overline{O_i}}{\overline{P_i}} P \tag{5.1}$$

식 (5.1)에서 P^*는 최종적으로 변환된 일강수량, P는 변환 전의 RCM에 따른 일강수량, $\overline{O_i}$는 관측된 연도별 일강수의 1월부터 12월까지의 월평균값, $\overline{P_i}$는 RCM의 연도별 일강수의 1월부터 12월까지의 월평균값이다. 이 선형 보정기법은 식 (5.1)에서 보는 바와 같이 계산과정이 매우 간단하고 그 결과도 아주 나쁘지는 않아서 계산과정이 복잡하지 않아야 하는 실무에서 매우 적용성이 높은 방법이라고 할 수 있으나, 오직 월평균 강수만을 사용하여 일강수자료를 보정하기 때문에 월간(inter-monthly) 강수의 분포의 변동성을 왜곡시킬 수 있는 가능성을 가지고 있으며,

평균만 고려하고 편차를 고려하지 못한다는 점에서 일강수의 분포를 왜곡시킬 수 있다는 비판이 제기된 바 있다(Arnell et al., 2003, Diaz-Nieto & Wilby, 2005).

2. 비선형 보정기법의 이론

앞서 제시한 바와 같이 선형 보정기법은 월평균만을 보정 인자로 활용하기 때문에 월강수량 간의 편차를 고려할 수 없는 단점이 있으므로 최종적으로 보정된 일강수량에 많은 편차가 인입되거나 제거하고자 하는 편차가 제거되지 않을 수 있다. 이와 같은 문제를 극복하기 위해서 Shabalove et al.(2003)과 Leander & Buishand(2007)는 다음과 같은 방법의 간단한 형태의 비선형 함수를 이용하여 RCM 자료를 보정하였다.

$$P^* = \frac{\overline{O_i}}{\overline{P^{b_i}}} P^{b_i} \tag{5.2}$$

식 (5.2)에서 P^*, P, $\overline{O_i}$, $\overline{P_i}$는 식 (5.1)과 동일한 의미를 가지며, b는 크기를 변환시키는 별도의 인자로 여기서는 '월별척도지수'로 명명하여 사용하기로 한다. 비선형 보정기법을 사용하여 RCM 일강수량을 보정하기 위해서는 다음과 같은 과정을 적용한다.

Step 1 RCM 일강수량자료의 월별변동계수 CV_1를 산정하고 관측 일강수자료의 월별변동계수 CV_2를 산정하여, $CV_2 = CV_1 \times b_i$를 만족시키는 월별척도지수, b_i를 산정한다.

Step 2 각 월별로 산정된 월별척도지수 b_i를 이용하여 RCM 일강수자료를 변환함으로써 변환된 일강수량 P^{b_i}를 산정한다.

Step 3 관측 일강수의 월평균값 $\overline{O_i}$와 RCM 일강수의 월평균값 $\overline{P^{b_i}}$를 산정하고 식 (5.2)를 활용하여 최종적으로 편의 보정된 일강수량 P^*를 산정한다.

비선형 보정기법은 적용절차가 크게 복잡하지 않으면서도 자료의 평균값 이외에도 변동계수를 활용하기 때문에 편차를 고려할 수 있다는 장점이 있으나 이 방법은 3차 모멘트 이상으로부터 발생되는 편의는 보정하기 어려운 측면이 있다. 그러나 이와 같은 단점에도 불구하고 평균과 표준편차를 비교적 쉽게 편의 보정할 수 있다는 장점이 있어 실무적 영역이나 기후변화 연구에서의 활용이 추천되고 있는 기법이다.

3. Gamma 확률분포를 이용한 분위사상법

RCM을 이용하여 상세화된 결과에는 어느 정도의 계통오차(systematic bias)가 내재되어 있으며, 이러한 편의는 RCM 내부 자체로는 해결하기가 쉽지 않으므로 외부적인 보정을 수행할 수

밖에 없다. 이러한 외부적 보정에는 앞서 설명한 선형 보정기법이나 비선형 보정기법과 같이 특정 인자를 산정하여 이를 월단위로 보정하는 방법도 사용되지만, 많은 연구에서는 이 방법보다는 조금 복잡하더라도 특정 확률분포를 이용한 분위사상법(quantile mapping)을 주로 사용하고 있다.

분위사상법은 모의치, 관측치의 누적확률분포를 각각 구한다음 모의치의 누적확률분포를 관측치의 누적확률분포에 사상시키는 방법이다. 이를 나타내면 다음 식 (5.3)과 같다.

$$Z_j = F_{oj}^{-1}[F_{sj}(\widehat{Y}_j)] \tag{5.3}$$

여기서, Z_j^i는 j기간 동안의 보정 후의 RCM 모의값, $\widehat{Y}_j$는 같은 기간 동안의 보정 전의 RCM 모의값, F_{oj}는 사상(mapping)의 관측강우의 누적확률분포(cumulative distribution function), F_{sj}는 RCM 모의값의 누적확률분포(cumulative distribution function)이다.

따라서 모의 자료군의 특정값(여기서는 RCM 모형의 일강수량) 분위사상법을 그 자료의 누적확률과 동일한 관측자료군의 누적확률에 대응하는 자료로 변환되며, 결과적으로 변환된 자료군의 확률분포는 관측확률분포와 동일한 확률분포를 지니게 되는 결과를 도출한다. 따라서 평균이나 편차 이외의 왜곡도, 첨예도 등의 고차 모멘트도 같은 성향을 가지게 되는 결과를 도출할 수 있으며, 더 나아가 자료가 가지고 있는 경향성도 유사하게 조율될 수 있다는 장점이 있다.

분위사상법을 사용하기 위해서는 가장 먼저 취득된 자료의 변환에 효율적일 수 있는 확률분포함수를 먼저 선정해야 한다. 특히 본 연구에서와 같이 강우량을 사용한 분위사상법을 이용한 보정은 다음과 같은 연구자들에게 의해 수행된 바 있다. Kwon and Kang(2008)은 강수자료에 대하여 Gamma 분포와 혼합분포를 통한 분위사상법 적용결과 Gamma 분포가 오차보정 효과가 더욱 뚜렷함을 확인한 바 있다. Lee and Kang(2008)도 Gamma 분포를 이용한 분위사상법을 적용하여 오차보정을 수행한 결과를 제시한 바 있다. 이와 같이 기존 연구자들이 Gamma 분포를 강우자료 선정에 사용한 이유는 Gamma 분포가 강우자료의 보정에 적정하면서도 비교적 매개변수의 추정이 간편하기 때문이다. Gamma 분포의 경우 모멘트법을 사용하면 비교적 간단하게 두 개의 매개변수의 추정이 가능하다. 따라서 본 연구에서도 먼저 Gamma 분포를 사용한 분위사상법을 활용하여 RCM 자료의 변화를 수행하기로 하였다. 다음의 식 (5.4)는 Gamma 분포의 확률밀도함수를 식 (5.5)는 Gamma 분포의 누적확률분포함수를 나타내며, 식 (5.6)은 모멘트법을 이용하여 추정한 Gamma 분포의 매개변수들에 대한 추정식을 나타낸다.

$$f(x;\alpha,\beta) = \frac{x^{\alpha-1}\exp[-x/\beta]}{\beta^{\alpha}\,\Gamma(\alpha)} \quad \text{for } x,\ \alpha,\ \beta > 0 \tag{5.4}$$

$$F(x;\alpha,\beta) = \int_0^x f(u;\alpha,\beta)du = \frac{\gamma\left(\alpha, \frac{x}{\beta}\right)}{\Gamma(\alpha)} \tag{5.5}$$

$$\alpha = \left(\frac{\mu}{\sigma}\right)^2 \ \& \ \beta = \frac{\sigma^2}{\mu} \tag{5.6}$$

여기서, α, β는 각각 Gamma 분포의 형태모수(shape parameter) 및 축척모수(scale parameter)이고, μ, σ는 각각 관측강수 및 RCM 미래 강수로부터 얻어진 평균과 표준편차이며 γ는 불완전감마함수(incomplete gamma function)이다. 분위사상법을 이용하여 RCM 강우자료를 보정하는 절차를 간단히 요약하면 다음과 같고 그림으로 나타내면 그림 5.29와 같다.

Step 1. 자료를 표현할 수 있는 확률분포함수를 선택한다. (여기서는 Gamma 분포)
Step 2. 미래 RCM 강우자료로부터 Gamma 분포의 모수를 모멘트법으로 추정한다. (α_1, β_1)
Step 3. 관측 강우자료로부터 Gamma 분포의 모수를 모멘트법으로 추정한다. (α_2, β_2)
Step 4. 추정된 모수들을 이용하여 미래 및 관측 강우자료에 대한 누적확률분포를 구축한다.
Step 5. 각각의 RCM 일강우자료에 대한 누적확률을 미래 누적확률분포에서 구한다.
Step 6. 산정된 누적확률과 동일한 관측강우를 관측 강우자료의 누적확률분포에서 찾는다.
Step 7. 찾아진 일강우자료를 보정된 미래의 RCM 일강우자료로 저장하고 계산을 종료한다.

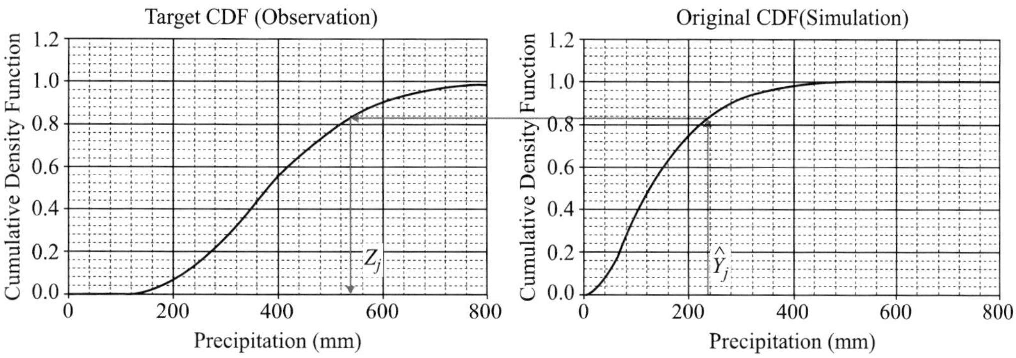

» **그림 5.29** 분위사상법의 적용절차에 관한 모식도

5.5.3 편의 보정 결과

본 절에서는 보정기법별 결과를 비교 평가하고 장단점을 기술한다. 먼저 그림 5.30, 그림 5.31, 그림 5.32, 그림 5.33은 각각 안동, 대구, 창원, 부산지점의 관측 강우자료와 원자료 및 3가지 보정기법으로 보정된 자료의 평균만을 비교한 것이다. 4개의 관측지점 모두에서 월강우총량의 평균은 매우 우수하게 편의가 보정된 것을 알 수 있으며, 그 경향 역시 선형, 비선형, Gamma 분포의 분위사상법이 모두 거의 일치된 결과를 제시하고 있다. 따라서 평균만을 보정하는 경우라면 편의 보정에 있어서는 기법의 복잡성에 상관없이 모든 기법이 유사하므로 가장 간

편한 선형 보정기법을 사용하는 것이 바람직할 것으로 보인다. 다만 RCP4.5 및 RCP8.5와 같은 강우 시나리오가 가지고 있는 특성이 모두 사라져 버릴 수 있다는 점을 명확히 인지할 필요가 있다.

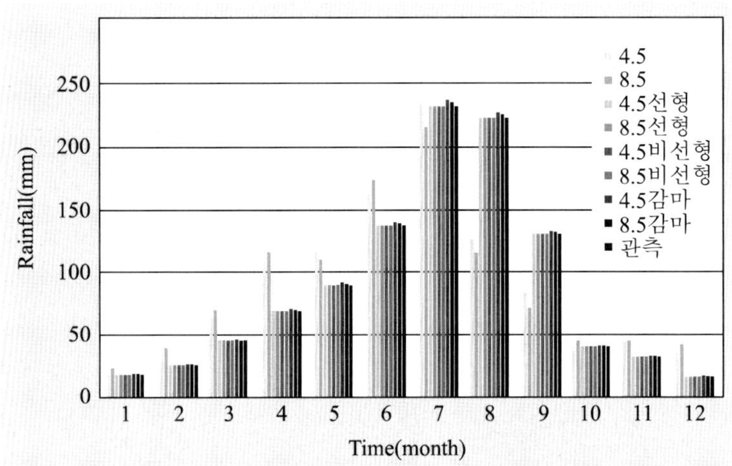

≫ **그림 5.30** 평균의 비교 (안동)

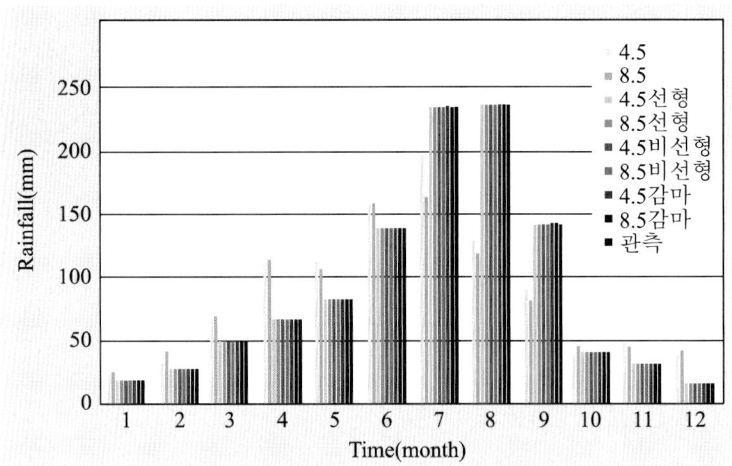

≫ **그림 5.31** 평균의 비교 (대구)

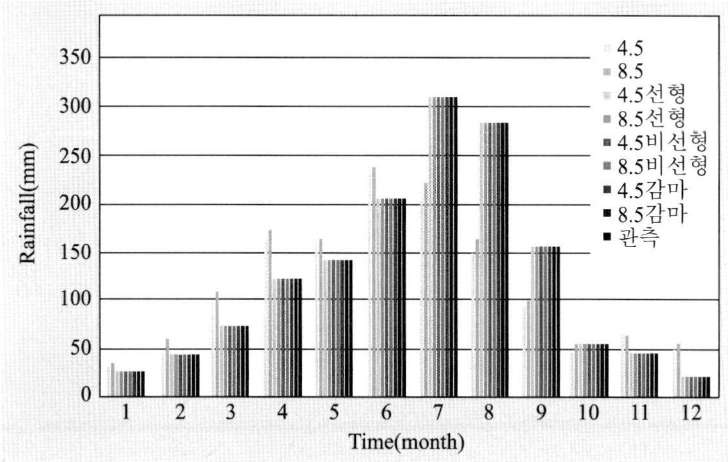

≫ **그림 5.32** 평균의 비교 (창원)

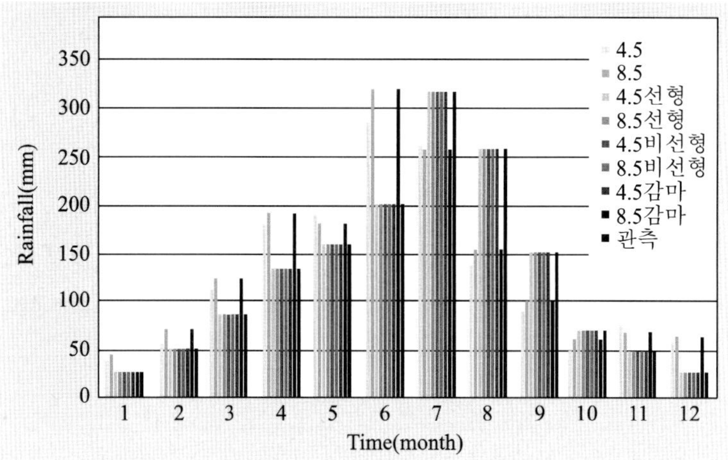

≫ **그림 5.33** 평균의 비교 (부산)

그림 5.34부터 그림 5.37까지는 4개 지점에 대한 편차를 비교한 것으로 4개 지점 모두에서 선형 보정기법보다는 비선형 보정기법 및 Gamma 기법이 관측자료와 유사한 결과로 산정되어 보다 우수한 기법이 될 수 있음을 알 수 있다. Gamma 기법의 경우에는 평균과 편차 이외의 사분위수 등에서 있어 비선형 보정기법 보다 우수한 결과가 예상된다. 그러나 Gamma 기법을 적용함에 있어서는 확률분포의 매개변수 추정의 적정성을 고려하기 위해 상당한 수동적인 노력을 필요로 하기 때문에 아주 정확도 높은 편의 보정을 사용하는 경우를 제외하고서는 오히려 비선형 보정기법을 적용하는 것이 적정할 수 있다는 결론을 얻을 수 있었다.

마지막으로 가장 중요한 사항은 편의 보정은 미래 자료와 같이 모의된 자료를 결국 과거 자료와 유사하게 만들어주는 기법을 의미한다. 따라서 기후변화와 관련된 연구에서 편의 보정이 가지는 의미를 다시금 신중히 고려할 필요가 있다. 기후변화는 과거의 자료가 미래에는 다르게 거동할 수 있다는 가정이 가장 중요한 사항이다. 그러나 편의를 제거한다는 것은 결국 산정된 기후변화자료를 다시 과거의 자료와 유사한 거동을 하도록 변경하는 작업을 의미하므로 우수한 편의 보정기법은 결국 기후변화 관련 연구의 기본적인 가정을 위배할 수 있는 측면이 있다. 따라서 본 연구를 통해 다루어지고 있는 모든 미래 자료들(RCP4.5 및 8.5 원자료, RCP4.5 및 8.5 선형 보정기법 자료, RCP4.5 및 8.5 비선형 보정기법 자료, RCP4.5 및 8.5 Gamma 보정기법자료)에서 어떤 자료가 올바르고 틀리고를 논하기 보다는 모든 8가지의 모든 강우자료가 미래에 발생 가능한 자료로 인식되는 것이 바람직하다고 판단된다.

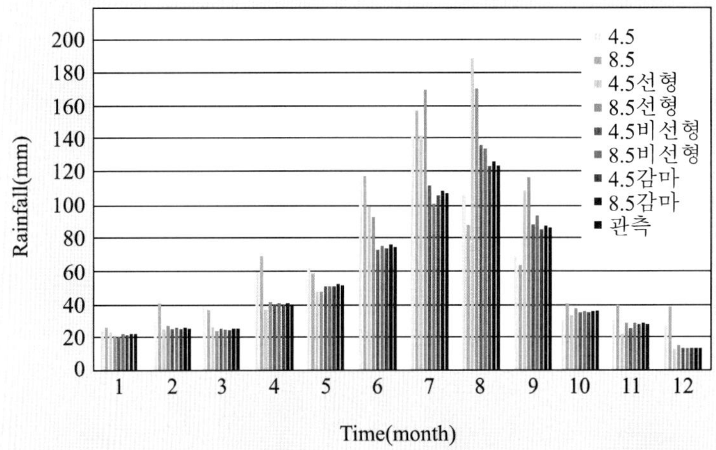

» **그림 5.34** 편차의 비교 (안동)

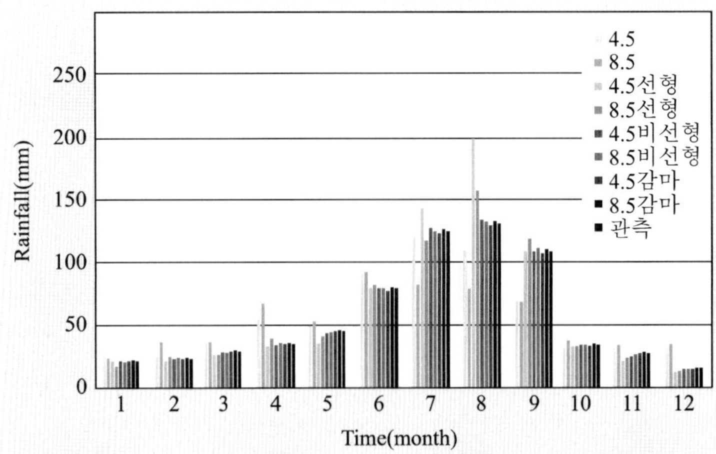

» **그림 5.35** 편차의 비교 (대구)

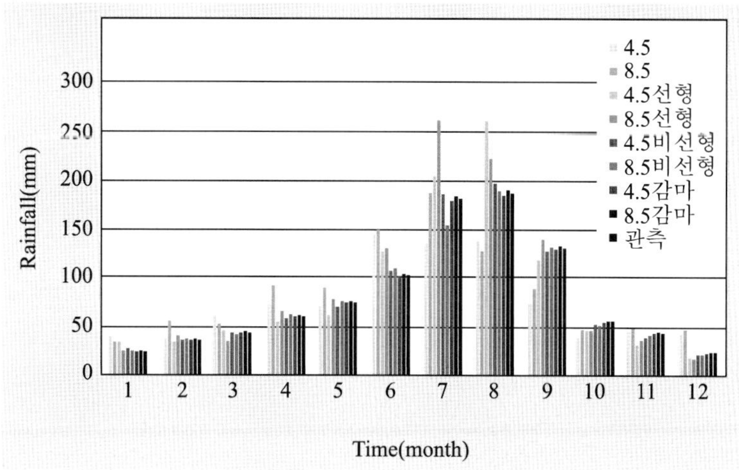

≫ **그림 5.36** 편차의 비교 (창원)

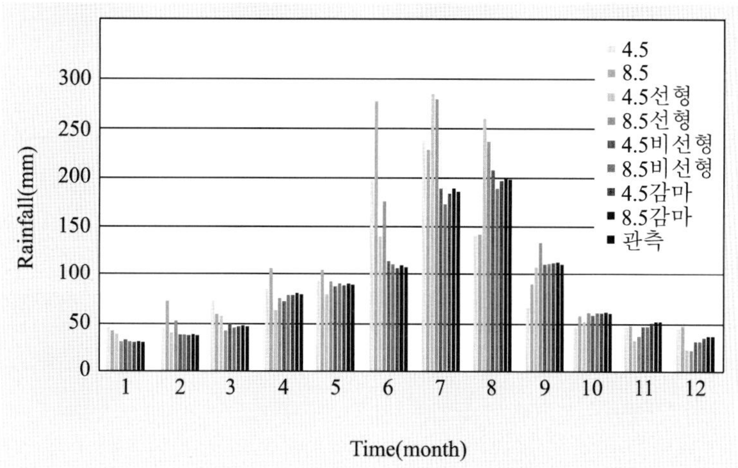

≫ **그림 5.37** 편차의 비교 (부산)

연습문제

5.1 최근 기후변화로 인한 문제점이 국가적 문제로 부상되고 있다. 기후변화로 인해 발생될 수 있는 문제 중 수자원의 계획 및 관리와 관련되어 변화될 수 있는 문제를 물순환 변화의 관점에서 서술하라.

5.2 우리나라에서 최근 발생되고 있는 가뭄 및 홍수와 관련된 사건 중 기후변화와 관련되어 발생된 사례를 두 가지 이상 조사하고, 이를 해결하기 위한 의견을 제시하라.

5.3 AR4와 AR5의 진행절차를 간략히 요약하고 두 보고서에서 진행된 절차상의 차이점에 대하여 기술하라.

5.4 GCM과 RCM의 차이점에 대하여 논하고, AR5를 통해 산출된 GCM 및 RCM 결과를 우리나라 사례를 이용하여 요약하라.

5.5 기후변화 시나리오의 편의 보정 필요성에 대하여 논하고 주요 편의 보정 절차를 요약하라.

참고문헌

국립기상연구소 (2012). IPCC 5차 평가보고서 대응을 위한 전지구 기후변화 보고서 2012.

정상옥 (2009). "지역기후 모형 자료를 이용한 낙동강 권역의 논 관개용수 수요량 예측." 한국농공학회논문집, 제51권, 제4호, pp. 7-13.

지용근, 이진희, 김상단 (2012). "기후변화에 따른 낙동강 유역 농업용수 영향 분석." 한국농공학회논문집, 제54권, 제3호, pp. 149-157.

박지훈, 강문성, 송인홍 (2012). "분위사상법을 이용한 RCP 기반 미래 극한강수량 편의 보정: 우리나라 20개 관측소를 대상으로." 한국농공학회논문집, 제54권, 제6호, pp. 133-142.

박근애, 박종윤, 신형진, 박민지, 김성준 (2010). "기후변화에 따른 홍수기 논의 저류능 변화 분석." 한국농공학회논문집, 제52권, 제6호, pp. 27-37.

윤동균, 정상옥, 김성준 (2011). "기후변화가 논 필요수량에 미치는 영향." 한국농공학회논문집, 제53권, 제4호, pp. 39-47.

Ehret, U., E. Zehe, V. Wulfmeyer, K. Warrach-Sagi, and J. Liebert, (2012). HESS Opinions "Should we apply bias correction to global and regional climate model data?". *Hydrology and Earth System Sciences* 16(9): 3391-3404.

Hidalgo, H. G., M. D. Dettinger, and D. R. Cayan, (2008). *Downscaling with constructed analogues: daily precipitation and temperature fields over the United States*, California Energy Commission, PIER Energy-Related Environmental Research. CEC-500-2007-123.

Kunkel K. E., X-Z. Liang, J. Zhu, and Y. Lin, 2006. Can CGCMs simulate the 20th century "Warming hole: in the central United States? *Journal of Climate* 19: 4137-4153.

Lenderink, G. (2010). Exploring metrics of extreme daily precipitation in a large ensemble of regional climate model simulations. *Climate Research* 44: 151-166.

Li, H., J. Sheffield, and E. F. Wood, (2010). Bias correction of monthly precipitation and temperature fields from Intergovernmental Panel on Climate Change AR4 models using equidistant quantile matching. *Journal of Geophysical Research* 115: D10101.

Maurer, E. P., and H. G. Hidalgo, (2008). Utility of daily vs. monthly large-scale climate data: an intercomparison of two statistical downscaling methods. *Hydrology and Earth System Sciences* 12: 551-563.

Piani, C., J. O. Haerter, E. Coppola, (2010). Statistical bias correction for daily precipitation in regional climate models over Europe. *Theor. Appl. Climatol.* 99: 187-192.

Teutschbein, C., and J. Seibert, (2012). Bias correction of regional climate model simulations for hydrological climate-change impact studies: Review and evaluation of different methods. *Journal of Hydrology* 456-457: 12-29.

Wood, A.W., L. R. Leung, V. Sridhar, and D. P. Lettenmaier, (2004). Hydrologic implications of dynamical and statistical approaches to downscaling climate model outputs. *Climatic Change* 15(62): 189-216.

6

수자원 관리를 위한 다기준 의사결정기법의 적용

Chapter 06

수자원 관리를 위한 다기준 의사결정기법의 적용

6.1 다기준 의사결정기법

6.1.1 다기준 의사결정기법의 개요

다기준 의사결정기법(MCDM, Multi-Criteria Decision Making)을 소개하기에 앞서 일반적인 의사결정과정에 대해 설명하면 다음과 같다. 인간은 매 순간 선택의 갈림길에 놓여 있다. 따라서 현재의 문제점과 기회요인을 확인하여 바람직한 결과를 산출하기 위한 문제 해결 방법을 선택하는 과정을 의사결정과정(decision making process)이라고 한다. 의사결정자(decision maker, DM)가 문제를 인식하여 이를 체계화하고, 문제해결에 필요한 정보를 수집하고, 분석하여 최종 대안을 찾아내는 일련의 과정으로 그림 6.1과 같다.

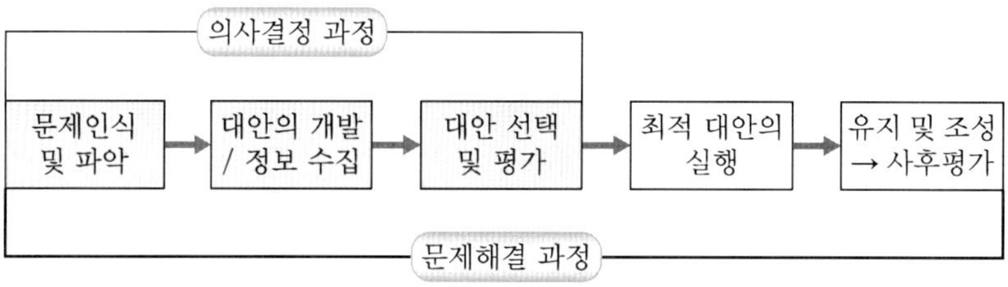

» **그림 6.1** 일반적인 의사결정과정

선택의 과학인 의사결정과정은 결국 의사결정자의 선호도 및 목적을 기초로 하여 최적의 대안(alternative)을 선택하는 일이다. 의사결정자의 선호도(preference)를 표현하기 위해서는 목표(goals), 목적(objectives), 기준(criteria), 속성(attributes), 대안(alternatives)을 사용한다. 자동차를 구입하는 의사결정 문제를 예로 들면 목표, 기준, 대안 사이의 관계는 일반적으로 그림 6.2와 같다. 목표는 문제 해결을 위한 성취(achievement) 수준을 파악하는데 유용하다(Keeney and Raiffa, 1993). 목표는 미래에 원하는 결과와 관련이 있으며, 목적은 추구해야 할 최대 수준의 무언가 또는 일반적으로 원하는 변화의 방향을 의미한다. 기준은 목표와 목적에 비해 좀 더 구체적이며 측정 가능한 결과를 의미하며, 하나의 기준은 일반적으로 문제를 나은 방향으로 해결하기 위한 방향을 의미한다. 모든 의사결정 문제에서 우리는 모든 것을 이루고 싶어 한다.

즉 다기준과 의사결정이 합쳐진 다기준 의사결정기법은 의사결정자의 목표에 따른 최선의 대안을 선정하는 의사결정과정에서 어느 하나의 기준이 아닌 여러 기준이 동시에 고려되어야 하는 경우와 상충되는 복수의 기준을 절충(trade-off)하고자 할 때 적용할 수 있다. 이는 다양한 시장 상황과 다수의 이해 당사자를 고려한다면, 현실에서 유용한 기법이라고 할 수 있다.

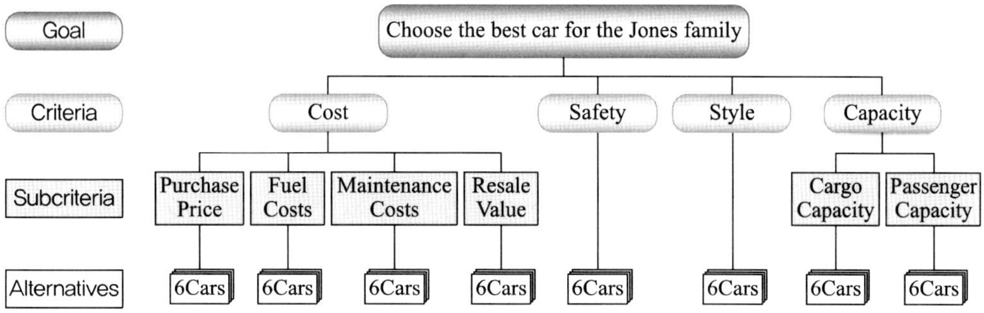

≫ **그림 6.2** 목표(Goals), 기준(Criteria), 대안(Alternatives) 사이의 관계(Wikipedia)

6.1.2 다기준 의사결정기법 용어 설명

다기준 의사결정기법 문제는 그림 6.3과 같이 3가지 주요 구성으로 이루어져 있다. 첫 번째는 의사결정자, 두 번째는 대안, 마지막으로 기준이다. 다기준 의사결정기법의 문제의 구성 요소의 정의는 다음과 같다.

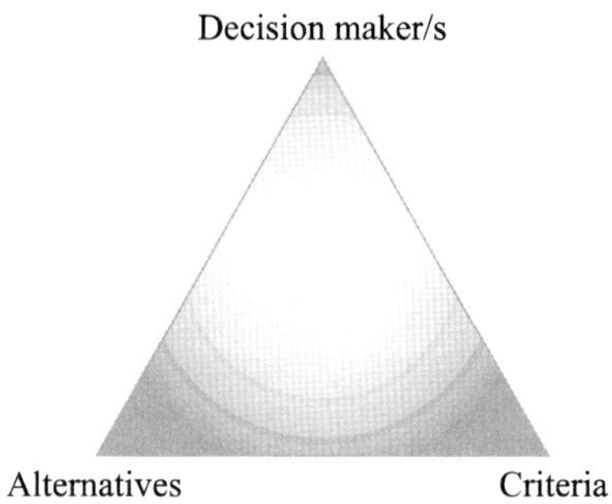

≫ **그림 6.3** 다기준 의사결정기법의 구성 요소 (Hwang and Yoon, 1995)

1. 의사결정자

특정 문제에서 우리는 의사결정 과정에 속해져 있는 기관(organization) 또는 몇몇 사람들이 하고자 하는 의사결정에 책임이 있는 의사결정자들이 존재한다. 첫 번째는 그러한 의사결정 과정에서 한 명의 의사결정자가 있는 경우, 두 번째는 다수의 의사결정자가 있는 경우가 있다. 한 명 또는 그 이상의 의사결정자가 존재할 때, 의사결정자에 따라 서로 다른 선호도, 목표, 목적, 기준들을 가지고 있다. 이것은 어떠한 의사결정이 모든 의사결정자들을 만족할 수 없다는 의미이며, 수집된 정보가 다양한 의사결정자들을 얼마나 만족시키느냐에 따라 결과가 달라질 것이다. 다시 말해, 결과는 서로가 얼마나 협조할 것인가에 대한 의사결정자들의 의지에 달렸다는 의미이기도 하다. 따라서 다기준 의사결정기법은 의사결정자의 다양한 목적 사이에서 발생할 수 있는 의견 충돌 및 갈등을 최소화 할 수 있는 도구이다.

2. 대안

대안은 의사결정을 위한 가능성(possibility)이며, 의사결정 문제를 해결하기 위해 의사결정자가 선택해야 할 행동이다. 대안은 다른 표현으로 'option', 'strategy' 등으로도 사용될 수 있다. 모든 가능한 대안들의 구성은 의사결정 공간(decision space)이라 할 수 있다. 이러한 의사결정 공간은 요소의 한정된 수로 이루어져야 한다. 예를 들어, 4개의 가능성 중에서 선택한 결과는 4개의 대안으로 이루어진 의사결정 공간에서 이루어진다.

3. 기준 또는 속성

기준 또는 속성은 대안 선택 및 문제해결을 위한 정보라고 할 수 있으며, 다기준 의사결정기법에서 의사결정 매트릭스(decision matrix) 구성을 위한 중요한 요소이다.

6.1.3 다기준 의사결정기법의 의의

다기준 의사결정 분야는 최근 40년간 지속적으로 발전되어 왔으며 수자원 분야 역시 1990년대 이후 MCDM의 적용에 대해 꾸준히 연구되어 왔다. 다기준 의사결정기법은 다목적 의사결정 모형(Multi-Objective Decision Making, MODM)과 다속성 의사결정 모형(Multi-Attribute Decision Making, MADM)으로 구분될 수 있다(Hwang and Yoon, 1981). MODM은 수학적 모형을 토대로 연속적인(continuous) 해의 공간을 찾아내는 도구로서 최적해(optimal solution)를 찾아내는데 유용하다. 반면에 이산(discrete) 의사결정 문제에 사용되는 MADM은 유한개의 대안이 존재하기 때문에 최적해를 찾지는 않지만 많은 대안들의 우선순위를 결정하는데 사용된다. 즉, 고려한 대안과 판단기준에 대해 가장 우선순위가 높은 대안들을 제시하기 때문에 현실에서 더 많은 문제를 해결할 수 있다. MCDM은 MADM과 엄격한 차이가 있음에도 불구하고 대부분의 MCDM 문제들이 MADM으로 해결되기 때문에 MCDM 용어는 MADM 문제에도 동일한 의미로 사용되고 있다.

국내의 경우 MCDM 기법을 수자원 계획 분야에 사용한 연구는 Ko 등(1992)이 댐 운영에 Compromise Programming(CP)을 적용하기 시작한 이후 지속적으로 적용되어 왔다. Kim 등(2006)은 댐 사업의 투자우선순위를 결정하기 위해 ELECTRE I, II와 CP을 사용하였다. Lim and Lee(2009)는 Compromise Programming과 GIS 기술을 결합하여 치수 저감 시설에 대한 우선순위를 분석한 바 있으며 Chung 등(2011)은 유역환경개선 사업들의 우선순위를 제시하기 위해 연속유출모의 모형인 SWMM 모형을 이용하여 사업의 효과분석을 실행하고 사회적, 경제적, 공학적 기준들을 고려하여 다양한 다기준 의사결정기법을 사용하였다.

국외의 경우 Raju 등(2000)은 물 관리 시나리오에 대한 MCDM 평가를 수행하기 위해

PROMETHEE II, ELECTRE III, ELECTRE IV, Compromise Programming 등을 사용한 바 있고, Ganoulis(2003)는 ELECTRE III, ELECTRE IV를 사용하여 하수처리수 재이용에 대한 전략을 평가하였고 Srdjevic 등(2004)은 TOPSIS 방법을 사용하여 물 관리 시나리오들을 평가한 바 있다. Elshorbagy(2006)는 ELECTRE II와 Additive Value 함수를 이용해서 유역 관리 프로그램의 효과를 분석하였고 Levy 등(2007)은 AHP를 이용하여 홍수 위험도 저감을 위한 의사결정지원시스템을 구축하였고 Zardari 등(2010)은 ELECTRE 방법을 이용하여 농업용수 할당을 위한 의사결정을 수행하였다.

이렇듯 국내뿐 아니라 국외에서도 최근 MCDM 기법을 적용하여 다양한 분야에서 광범위하게 사용되고 있으며, 수자원 평가의 정량화를 위해 MCDM 기법은 상당한 효과가 있다.

6.1.4 다기준 의사결정기법의 예시

다기준 의사결정기법을 이용한 간단한 적용 예시는 다음과 같다. 의사결정의 첫 번째 단계는 문제인식 및 파악이다. 본 예시에서는 자동차 구입이라는 문제를 목표로 하겠다. 이러한 자동차 구입을 위한 대안은 H사, B사, O사, S사 총 4개의 대안이 있다고 가정하자. 이러한 대안을 평가하기 위해 자동차 구입을 위한 기준을 설정한다. 가격, 안전도, 디자인, 연비 총 4개의 평가 기준을 설정하였다. 이러한 기준별 각 대안의 평가를 위해 의사결정자의 선호도에 따라 1점부터 4점까지의 점수를 각 기준별 최고의 대안에는 4점을 최악의 대안에는 1점을 할당한다. 또한 자동차 구입에서 선호하는 평가 기준에 따라 총 합이 1 또는 100점이 되도록 각 평가 기준에 점수를 할당한다. 할당한 결과는 표 6.1이고 기준별 선호도는 표 6.2와 같다고 하자.

표 6.1 기준에 따른 대안별 평가 결과

대안	가격	안전도	디자인	연비
H사	4	2	1	1
B사	1	4	3	2
O사	3	3	4	3
S사	2	1	2	4

표 6.2 기준별 선호도 결과

기준	선호도
가격	0.2
안전도	0.5
디자인	0.1
연비	0.2
총합	1

대안의 개발 및 정보 수집이 끝났다면 다음은 대안평가 단계이다. 각 대안별 평가는 아래와 같이 이루어진다.

$$\text{H사}: 0.2\times4+0.5\times2+0.1\times1+0.2\times1=2.1$$
$$\text{B사}: 0.2\times1+0.5\times4+0.1\times3+0.2\times2=2.9$$
$$\text{O사}: 0.2\times3+0.5\times3+0.1\times4+0.2\times3=3.1$$
$$\text{S사}: 0.2\times2+0.5\times1+0.1\times2+0.2\times4=1.9$$

평가 결과를 바탕으로 최종 평가값이 가장 큰 O사의 자동차가 의사결정자에게는 최적의 대안임을 알 수 있다.

6.2 다기준 의사결정기법의 종류

6.2.1 SAW (Simple Additive Weighting)

1. 개요

SAW 방법을 적용하는데 있어 의사결정자는 모든 기준의 상대적 중요도(relative importance)를 의미하는 가중치(weight)를 할당해야 한다. 만약 평가 기준에 대한 의사결정자의 중요도가 100%라고 한다면, w_i는 평가 기준 i에 대한 중요도의 비율이며, 모든 평가 기준 i에 대해서 $w_i \geq 0$고 $\sum_{i=1}^{n} w_i = 1$일 것이다. 의사결정자가 서로 다른 평가 기준에 대한 평가값의 가중화된 평균(weighted average)을 의미하는 새로운 목적함수를 제시할 수 있는 가장 간단한 방법으로 가중화된 평가치 평균은 다음 식 (6.1)과 같다.

$$F_j = \sum_{i=1}^{n} w_i a_{ij} \tag{6.1}$$

여기서, a_{ij}는 대안 j의 평가치이다. 가중화된 평균은 대안 j의 전체적인 평가를 의미하며 SAW(Simple Additive Weighted)라고 정의 내릴 수 있다.

적용 단계에서 a_{ij} 값은 단위가 다르거나 평가점수 체계가 다른 경우가 많다. 만약 평가치 값을 식 (6.1)에 그대로 사용한다면 숫자의 크기에 따라 전체 평균평가치가 크게 영향을 받을 수 있다. 예를 들면, 기준 C_i의 단위를 백억에서 십억으로 변경한다면 평가값은 10으로 나눠줘야 할 것이다. 이는 해당 평가 기준에 대한 가중치에 1/10을 할당하는 것이나 마찬가지이다. 이러한 어려움을 해결하기 위해 평가값에 대한 정규화(normalization)를 해야 한다. 일반적으로 단순 선형 변형(simple linear transformation) 방법을 사용할 수 있으며 식 (6.2)와 같다.

$$\overline{a_{ij}} = \frac{a_{ij} - m_i}{M_i - m_i} \tag{6.2}$$

여기서, m_i와 M_i는 기준 i에 대한 평가값의 최소값과 최대값을 의미한다. $\overline{a_{ij}}$는 항상 0은 최하(worst)의 값을 1은 최상(best)의 값을 가지는 0과 1 사이의 값을 나타낸다. 단순 선형 변형을 대신하여, 평가 기준 i에 대한 평가값 a_{ij}의 만족도를 보여주는 모든 기준에 대한 효용 함수(utility function) $u_{ij}(a_{ij})$를 소개하겠다. 가중화된 평균은 식 (6.3)과 같이 대안 j의 평균 만족도를 나타낸다.

$$F_j = \sum_{i=1}^{n} w_i u_i(a_{ij}) \tag{6.3}$$

식 (6.3)은 선형 효용 함수와 결합하며 가장 큰 목적함수 값을 가진 대안이 최고의 대안으로 선택될 것이다.

2. 예제

표 6.3과 같이 댐의 위치 선택 문제에 있어 각 기준 i는 C_1은 경제적 편익, C_2는 사회적 선호도, C_3는 환경이라고 가정하며, 평가값의 최소값 $m_1 = 85.7$, $m_2 = 4$, $m_3 = 10$과 최대값 $M_1 = 101.1$, $M_2 = 50$, $M_3 = 70$을 선정한다.

표 6.3 평가값(performance value) 구성

Criteria	Alternatives			
	A_1	A_2	A_3	A_4
C_1	109.6	95.7	111.1	105.1
C_2	14	29	50	60
C_3	80	60	20	30

각 대안 $j(j = 1, 2, 3, 4)$에 대한 기준의 정규화는 아래와 같은 방법으로 제시할 수 있다.

$$\overline{a_{1j}} = \frac{a_{1j} - 95.7}{111.1 - 95.7} = \frac{a_{1j} - 95.7}{15.4}$$

$$\overline{a_{2j}} = \frac{a_{2j} - 14}{60 - 14} = \frac{a_{2j} - 14}{46}$$

$$\overline{a_{3j}} = \frac{a_{3j}-20}{80-20} = \frac{a_{3j}-20}{60}$$

표 6.4와 같이 각 기준에 대한 가중치를 각각 $C_1=0.2$, $C_2=0.5$, $C_3=0.3$이라고 가정하고 서로 다른 단위로 인한 평가의 어려움을 해결하고자 모든 단위를 무차원화 시킨다.

표 6.4 각 기준별 가중치(weight) 및 정규화(normalization)

Criteria	Alternatives				
	Weights	A_1	A_2	A_3	A_4
C_1	0.3	0.903	0.000	1.000	0.610
C_2	0.3	0.000	0.326	0.783	1.000
C_3	0.4	1.000	0.667	0.000	0.167

4개의 댐의 위치 대안들에 대한 가중화된 평균 만족값은 다음과 같다.

$$F_1 = 0.3(0.903)+0.3(0)+0.4(1)=0.671$$

$$F_2 = 0.3(0)+0.3(0.326)+0.4(0.667)=0.364$$

$$F_3 = 0.3(1)+0.3(0.783)+0.4(0)=0.535$$

$$F_4 = 0.3(0.610)+0.3(1)+0.4(0.167)=0.550$$

가중화된 평균 만족값이 가장 큰 대안이 A_1이므로 A_1이 최고의 대안임을 의미하며, 크기에 따른 순위를 나타내면 다음과 같다.

$$A_1 > A_4 > A_3 > A_2$$

6.2.2 WPM (Weighted Sum Method)

1. 개요

SAW 방법에서는 평가 값의 서로 다른 단위로 인해 정규화 과정을 통해 무차원화한 후 각각의 대안을 평가했다. 하지만 곱셈(multiplication)을 통해 수식이 이루어진다면 정규화는 필요 없을 것이다. 평가값에 곱셈을 사용한 후, 기준은 각 각의 대안의 평가값과 그에 대한 가중치 지수(exponent)로 이루어 질 것이다. 대안 A_i의 평가값은 식 (6.4)와 같다.

$$V(A_i) = V_i = \sum_{j=1}^{n} x_{ij}^{w_j} \quad (i=1,\ 2,\ \cdots,\ m) \tag{6.4}$$

지수의 속성으로 인해 WPM 방법은 1이상의 평가값을 필요로 할 것이다. 대안이 표 6.5와 같이 분수로 평가값이 이루어졌을 때, 1보다 큰 평가값을 요하는 조건을 충족시키기 위해 대안의 모든 평가값에 10^m을 곱해준다. 표 6.5의 평가값은 WPM 방법을 적용하기 전에 1 이상의 값을 가질 것이다.

표 6.5 지수의 속성을 통한 평가값(evaluation value) 변형

Sites	X_3	Rescaled X_3
S_1	0.5	5
S_2	1.0	10
S_3	1.0	10
S_4	0.1	1
S_5	0.2	2
S_6	0.9	9
S_7	1.0	10

곱셈으로 이루어진 평가값은 상한값(upper bound)을 갖지 않을 것이다. 의사결정자는 곱셈으로 이루어진 값에서 진정한 의미를 찾지 못하지만 이것은 표준값을 가진 각각의 평가값을 비교하는데 편리할 것이다. 만약 비교를 위해 이상적인 평가값 A^*(ideal alternative)를 사용한다면 평가값과 이상적인 평가값 사이의 비율은 다음 식 (6.5)와 같다.

$$R_i = \frac{V(A_i)}{V(A^*)} = \frac{\sum_{j=1}^{n} x_{ij}^{w_j}}{\sum_{j=1}^{n} (x_j^*)^{w_j}} \tag{6.5}$$

여기서 x^*는 대안 j에 대한 가장 선호하는 값이다. R_i는 $0 \le R_i \le 1$의 범위를 갖으며, R_i가 1에 가까운 값을 가질 경우 평가값 A_i의 선호도는 증가함을 의미한다.

2. 예제

표 6.6과 같은 SAW 방법의 적용을 위해 사용된 예제를 바탕으로 WPM 방법을 적용해보자.

표 6.6 가중치(weight) 및 평가값의 구성

Criteria	Alternatives				
	Weights	A_1	A_2	A_3	A_4
C_1	0.3	109.6	95.7	111.1	105.1
C_2	0.3	14	29	50	60
C_3	0.4	80	60	20	30

모든 평가값이 1 이상을 이루고 있으므로 10^m을 곱해줄 필요가 없다. 대안 A_1은 아래와 같이 얻을 수 있다.

$$V(A_1) = (109.6)^{0.3}(14)^{0.3}(80)^{0.4} = 12.0701$$

나마지 3개의 대안도 A_1과 같이 평가값과 그에 대한 가중치의 지수의 곱을 통해 구할 수 있다.

$$V(A_2) = (95.7)^{0.3}(29)^{0.3}(60)^{0.4} = 11.8186$$

$$V(A_3) = (111.1)^{0.3}(50)^{0.3}(20)^{0.4} = 10.6569$$

$$V(A_4) = (105.1)^{0.3}(60)^{0.3}(30)^{0.4} = 11.3544$$

평가값의 선호도 순위는 $A_1 > A_2 > A_4 > A_3$와 같다. 이 결과는 SAW 방법과는 다른 순위를 보임을 확인하였다. 또한, 이상적인 평가값 A^*는 해당 기준의 가장 선호하는 값의 평가값과 그에 대한 가중치의 지수의 곱으로 나타낼 수 있다.

$$V(A^*) = (111.1)^{0.3}(60)^{0.3}(80)^{0.4} = 80.9833$$

이상적인 평가값과 평가값의 비율 R_i는 다음과 같다.

$$(R_1,\ R_2,\ R_3,\ R_4) = (0.1490,\ 0.1459,\ 0.1316,\ 0.1402)$$

Bridgman(1922)에 의해 처음 소개된 WPM 방법 과정은 논리적이고 간단한 연산을 통해 산정되지만 실제 현상들은 선형적인 관계가 더 많아 사용이 용이하지는 않다.

6.2.3 ELECTRE (ELimination Et Choix Traduisant la REalite)

1. 개요

ELECTRE는 Benayoun et al.(1966)에 의해 제안되었으며 '모든 기준을 고려하여 대안 i는 대안 i'보다 나쁘지 않다'라는 순위 선호관계(iSi')를 기반으로 한다. ELECTRE는 각 평가 기준에 해당하는 대안의 평가 기준값을 2개씩의 조합으로 선택하여 만족도와 불만족도에 따른 일치(concordance) 및 불일치(disconcordance) 지수를 산정하여 각 대안을 평가한다. 두 개의 대안 중 i가 i'보다 순위가 우위에 있다면 $C(i,\ i')=1$, $D(i,\ i')=0$이며 이 경우 일반적으로 주어진 값 c^*과 d^*에 대하여 i가 i'보다 순위가 우선한다고 할 수 있다. 즉 $C(i,\ i') \ge c^*$인 경우 기준은 충분히 대안 i를 선호한다고 할 수 있고 $D(i,\ i') \ge d^*$인 경우 선호도에서 기각된다고 할 수 있다. 따라서 평가 기준을 중심으로 대안들과 비교평가를 통하여 순위를 결정하게 된다.

그러나 ELECTRE은 전체 대안들에 대한 완전한 순위를 제시하지 못하는 단점이 있어서 Roy and Bertier(1971)는 강한 우선순위와 약한 우선순위, 두 개의 기준값으로 정의된 집합으로 순위를 정하는 ELECTRE Ⅱ의 일치지수와 불일치지수를 식 (6.6)과 같이 제시하였다.

$$C(i, i') = \frac{W^{+} + W^{=}}{W^{+} + W^{=} + W^{-}} \tag{6.6}$$

여기서, W^{+}는 대안 i가 i'보다 우수한 결과를 보이는 기준들의 가중치의 합이고, W^{-}는 대안 i'가 i보다 우수한 결과를 보이는 기준들의 가중치의 합이며, $W^{=}$는 어느 쪽에도 속하지 않는 기준의 가중치 합이다.

$$D(i, i') = \max(v_{ji'} - v_{ji}) \tag{6.7}$$

여기서, $v_{ji'}$는 대안 i'가 j에 대해 미치는 영향에 대한 값이며, v_{ji}는 대안 i가 기준 j에 대해 미치는 영향에 대한 값이다. 즉 대안 i가 대안 i'보다 우수한 경우에 $C(i, i')$이 $D(i, i')$보다 크며 $C(i, i')$과 $D(i, i')$ 모두 c^{*}과 d^{*} 사이에 존재해야 한다.

ELECTRE는 순위선호(outranking) 관계와 유사기준(pseudo-criteria)을 기반으로 해서 여러 선호 대안을 선정하는 데 유용하게 사용되어 왔다. ELECTRE는 대상의 특성에 따라 I, Is, II, III, IV, TRI 등으로 구분되며, I, Is는 선호되는 대안을 선정하는 문제, II, III, IV는 대안들 간의 순서를 정하는 문제, TRI는 사전에 정의된 카테고리로 대안들을 분류하고자 하는 문제에 효과적으로 적용된다. 표 6.7은 의사결정문제에 따른 ELECTRE 방법의 적용 가능성을 나타낸다.

표 6.7 의사결정문제에 따른 ELECTRE 방법

Decision problem	Method
Choice problem	ELECTRE I
	ELECTRE Iv
	ELECTRE Is
Ranking problem	ELECTRE II
	ELECTRE III
	ELECTRE IV
Sorting problem	ELECTRE-Tri-B
	ELECTRE-Tri-C
Elicitation problem	Elicitation of the weights in ELECTRE
	Elicitation for ELECTRE-Tri: - IRIS method - other elicitation methods

2. 예제

Roy(1971)가 소개한 예제를 바탕으로 ELECTRE I 기법을 적용해 보도록 하겠다. 본 예제의 의사결정자는 가족을 위해 차를 선택해야 하는 가장이라고 가정한다. 차를 선택하기 위한 4가지 기준이 있다. 그 기준은 가격(price), 편의성(comfort), 속도(speed), 외관 및 내관 디자인(beauty)이 있다. 의사결정자는 해당 기준별로 중요도의 간격을 나눴으며, 가장 중요한 기준은 가격이며, 그 다음은 편의성, 속도와 외관 및 내관 디자인은 마지막으로 산정하였다. 결론적으로 가격이 낮고, 편의성이 좋으며, 속도가 빠르고, 디자인이 예쁜 자동차를 선택하기 위함이다. 대안은 총 7개이며, 조건에 따른 점수는 표 6.8과 표 6.9와 같이 선정하였다.

표 6.8 기준별 선호도 분류

Criteria	Levels	Code
$i=1$; Price	Less than 2700	25
	From 2800 to 3200	30
	From 3300 to 3700	35
	From 3800 to 4200	40
	From 4300 to 4700	45
$i=2$; Comfort	High	H
	Medium	M
	Low	L
$i=3$; Speed	Fast	F
	Slow	S
$i=4$; Beauty	Beautiful	B
	Acceptable	A

표 6.9 대안별 점수 산정

Type	1	2	3	4	5	6	7
Price	45	40	40	35	35	35	25
Comfort	H	H	M	M	M	L	L
Speed	F	S	F	F	S	F	S
Beauty	B	B	B	A	B	B	A

ELECTRE I 방법의 선호도 산정에는 일치와 비일치 지수로 나뉜다. 우선 일치지수 산정을 위한 첫 번째 단계는 가중치 산정이다. 앞서 설명한 바와 같이 가격이 5점으로 가장 중요한 기준이며, 편의성이 3점, 속도, 외관 및 내관 디자인이 1점 순으로 가중치 총 합이 10이 되도록 분배했다. 본 예제에서는 다음과 같이 가중치를 산정하였다.

Price : 5
Comfort : 3
Speed : 1
Beauty : 1

$$\sum \text{Weights} = 10$$

예를 들어 타입 2 & 타입 4와 타입 6 & 타입 1을 비교할 시 아래와 같다. 타입 2의 자동차는 타입 4의 자동차보다 가격이 비싸므로 가격에 해당하는 가중치를 할당하지 않으므로 0점을 할당하고, 편의성의 경우에는 타입 4보다 높으므로 편의성 가중치에 해당하는 3점을, 속도의 경우는 가격과 마찬가지로 타입 4가 더 빠르므로 속도에 해당하는 가중치 1점을 할당하지 않았으며, 디자인의 경우 타입 2가 뛰어나므로 디자인의 가중치인 1점을 할당했다. 이렇게 할당한 가중치를 총 가중치 합인 10으로 나누어 타입 2와 타입 4의 일치지수를 산정한다. 이렇듯 각각 타입의 쌍대비교를 통해 일치지수 행렬을 구성해준다.

$$c(2,4) = \frac{1}{10}(0+3+0+1) = 0.4$$

$$c(6,1) = \frac{1}{10}(5+0+0.5+0.5) = 0.6$$

각 자동차 타입별로 일치지수를 산정한 결과 일치지수 매트릭스 C는 아래와 같다.

$$C = \begin{pmatrix} - & 0.3 & 0.4 & 0.45 & 0.45 & 0.4 & 0.5 \\ 0.6 & - & 0.6 & 0.4 & 0.4 & 0.35 & 0.45 \\ 0.6 & 0.4 & - & 0.3 & 0.3 & 0.4 & 0.5 \\ 0.55 & 0.6 & 0.7 & - & 0.5 & 0.6 & 0.4 \\ 0.55 & 0.6 & 0.7 & 0.5 & - & 0.7 & 0.45 \\ 0.6 & 0.65 & 0.6 & 0.4 & 0.3 & - & 0.55 \\ 0.5 & 0.55 & 0.5 & 0.6 & 0.55 & 0.55 & - \end{pmatrix}$$

다음은 불일치지수를 산정한다. 산정을 위해선 각 기준별로 점수를 할당한다. 표 6.10을 보듯이 각 기준별 최적의 기준에는 가격은 100점, 편의성은 60점, 속도는 50점, 디자인은 40점을 할당한다. 속도, 편의성, 디자인은 기준의 중요도가 내려갈수록 20점을 차감하였으며, 속도의 경우 25점을 차감하였다.

표 6.10 평가 기준별 점수 배분

Criteria	Levels	Code	Allocation of points
$i=1$; Price	Less than 2700	25	100
	From 2800 to 3200	30	80
	From 3300 to 3700	35	60
	From 3800 to 4200	40	40
	From 4300 to 4700	45	20

Criteria	Levels	Code	Allocation of points
$i=2$; Comfort	High	H	60
	Medium	M	40
	Low	L	20
$i=3$; Speed	Fast	F	50
	Slow	S	25
$i=4$; Beauty	Beautiful	B	40
	Acceptable	A	20

다음은 각 자동차 타입별로 불일치 정도를 판단하는 일이다. 예를 들어 본 예제에서는 타입 2 & 타입 6과 타입 7 & 타입 1에 대한 불일치지수를 산정해 보도록 하겠다. 일단 각 타입별 비교를 통해 불일치지수를 산정할 기준을 선택하도록 하겠다. 불일치지수의 산정을 위한 기준 산정에서 비교가 되는 대안의 해당 기준에 대한 점수가 높을 경우 해당 기준의 불일치지수를 산정한다(표 6.11). 예를 들어 타입 2와 타입 6의 비교 시 기준이 되는 대안은 타입 2이고 비교가 되는 대안은 타입 6이다. 아래의 표에서 나타나듯, 타입 6은 가격과, 속도면에서 타입 2보다 점수가 높으므로 뛰어나다는 결론을 낼 수 있다. 따라서 타입 2와 타입 6의 불일치지수 산정시 고려해야 할 기준은 가격과 속도이다. 이와 마찬가지로 타입 7과 타입 1의 경우 고려해야 할 기준은 편의성, 속도, 디자인이다.

표 6.11 불일치지수 산정을 위한 대안 비교

Criteria	Type 2			Type 6	
	Code	Point		Code	Point
Price	40	40	<	35	60
Comfort	H	60	>	L	20
Speed	S	25	<	F	50
Beauty	B	40	=	B	40

Criteria	Type 7			Type 1	
	Code	Point		Code	Point
Price	25	100	>	45	20
Comfort	L	20	<	H	60
Speed	S	25	<	F	50
Beauty	A	20	<	B	40

기준을 선택하였으면 다음은 불일치지수를 산정한다. 기준 중 가장 큰 점수를 할당한 값을 각 타입의 기준에 해당하는 점수를 빼서 나누어 준 다음, 산정한 불일치지수 중 가장 큰 불일치지수를 선택하여 불일치지수 매트릭스를 구성한다. 예를 들면, 타입 2와 타입 6의 불일치지수 산정시 고려해야 할 기준은 가격과 속도였다. 본 예제는 가격의 최적의 기준에 100점을 할당하였으므로, 기준 중 가장 큰 점수를 할당한 값은 100이 되고, 타입 6과 타입 2의 경우 가격은 60점과 40점을, 속도는 50점, 25점을 할당하였으므로 아래의 식과 같이 구할 수 있다. 이렇게 산정된 각 기준별 불일치지수 중 가장 큰 값은 0.25이므로 타입 2와 타입6의 불일치지수는 0.25이다. 마찬가지로 타입 7과 타입 1의 비교에서는 0.4가 타입 7과 타입 1의 불일치지수에 해당된다.

$$\text{Price} \quad : d(2,6) = \frac{60-40}{100} = \frac{20}{100} = 0.2$$

$$\text{Speed} \quad : d(2,6) = \frac{50-25}{100} = \frac{25}{100} = 0.25$$

$$\therefore\ d(2,6) = 0.25$$

$$\text{Comfort} \quad : d(7,1) = \frac{60-20}{100} = \frac{40}{100} = 0.4$$

$$\text{Speed} \quad : d(7,1) = \frac{50-25}{100} = \frac{25}{100} = 0.25$$

$$\text{Beauty} \quad : d(7,1) = \frac{40-20}{100} = \frac{20}{100} = 0.2$$

$$\therefore\ d(7,1) = 0.4$$

이렇게 산정된 불일치지수를 바탕으로 각 대안별 불일치지수 매트릭스 D를 구성한 결과 아래와 같다.

$$D = \begin{pmatrix} - & 0.2 & 0.2 & 0.4 & 0.4 & 0.4 & 0.8 \\ 0.25 & - & 0.25 & 0.25 & 0.2 & 0.25 & 0.6 \\ 0.2 & 0.25 & - & 0.2 & 0.25 & 0.2 & 0.6 \\ 0.2 & 0.25 & 0.2 & - & 0.25 & 0.2 & 0.4 \\ 0.25 & 0.2 & 0.25 & 0.25 & - & 0.25 & 0.4 \\ 0.4 & 0.4 & 0.2 & 0.2 & 0.25 & - & 0.55 \\ 0.4 & 0.4 & 0.25 & 0.25 & 0.2 & 0.25 & - \end{pmatrix}$$

이제 순위 산정의 마지막 단계로 일치 및 불일치지수 매트릭스의 비교이다. 두 매트릭스 간에 일치지수는 $c(i,j) \geq 0.6$, 불일치지수는 $d(i,j) \leq 0.2$를 만족하는 대안을 찾는 다면 표 6.12와 같이 대안 (3, 1), (4, 3), (4, 6), (5, 2), (6, 3)이 산정되었다.

표 6.12 ELECTRE 방법을 통한 최적 대안 산정

Alternative		Concord index	Discord index
Type 3	Type 1	0.6	0.2
Type 4	Type 3	0.7	0.2
Type 4	Type 6	0.6	0.2
Type 5	Type 2	0.6	0.2
Type 6	Type 3	0.6	0.2

산정된 대안간의 관계도를 도식화하기 위해서 알아야할 사항은 ① 어떠한 대안에도 영향을 받지 않는 대안, ② 다른 대안에 영향을 받는 대안이다. 본 예제에서는 그림 6.4와 같이 대안 4,

5, 7은 어떠한 대안에도 영향을 받지 않으며, 대안 3은 대안 6에, 대안 6은 대안 4에, 대안 1은 대안 3에, 대안 2는 대안 5에 영향을 받으므로 다른 대안에 영향을 받는 대안은 1, 2, 3, 6이다. 따라서, ELECTRE I 방법을 통한 대안 간의 관계도를 바탕으로 의사결정자는 최적의 대안을 고려할 경우, 본 예제에서는 7개의 대안 대신에 어떠한 대안에도 영향을 받지 않는 대안 3개를 고려함으로서 대안 선택의 폭을 제한함에 따라 보다 합리적인 선택이 가능할 것이다.

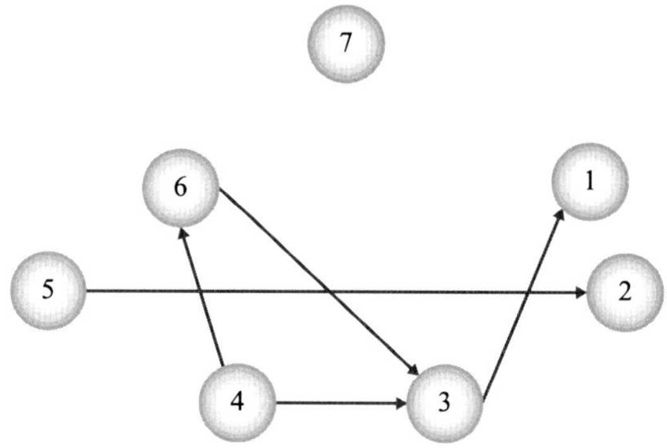

≫ **그림 6.4** ELECTRE 방법을 통한 대안간의 상관정도 파악

6.2.4 DBM (Distance Based Methods)

거리를 바탕으로 산정하는 방법은 기본적으로 두 가지로 구분할 수 있다. 첫 번째 경우에 의사결정자는 이상점(ideal point)을 명시하는 것이다. 이상점은 서로 다른 기준의 최고값으로 구성되어 있으며, n-차원 벡터이며 각 대안의 평가 벡터 X_j는 벡터의 거리를 계산함으로서 이상점과 비교할 수 있다. 이상점과 거리가 가장 가까운 대안이 최고의 대안으로 선정된다.

두 번째 경우에 의사결정자는 최악의 경우를 명시하는 것이다. 최악의 경우는 서로 다른 기준의 최악의 값으로 구성되어 있으며, 이상점과 마찬가지로 n-차원 벡터로 구성되어 있다. 각각의 대안 j는 최악의 경우로 부터의 평가 벡터 X_j와의 거리를 계산함으로서 최악의 경우와 비교할 수 있다. 이상점과는 반대로 거리가 가장 먼 대안이 최고의 대안으로 선정된다.

거리를 바탕으로 산정되는 이 방법 역시 각 기준의 서로 다른 단위로 인한 결과 산출의 어려움이 있기 때문에 이상점, 최악의 경우, 평가 벡터의 모든 기준에 대한 정규화를 실시한다.

선형 표준화와 가중치의 결합을 동시에 포함하고 있는 Minkowski-distance 방법은 실무에서 가장 유용하게 쓰이고 있다. a_i^*는 이상점의 i번째 평가값을 의미하며, a_{i*}는 최악의 경우의 i번째 평가값을 의미한다. 각 이상점과 최악의 경우의 평가값을 산정한 후, 정규화를 위해 SAW 방법에서 사용한 단순 선형 변형을 실시한다. 대안 j의 이상점으로부터의 거리는 다음 식 (6.8) 같이 산정된다.

$$D_j^p = \left\{ \sum_{i=1}^{n} \left(w_i \frac{a_i^* - a_{ij}}{a_i^* - a_{i*}} \right)^p \right\}^{1/p} \tag{6.8}$$

여기서 $p(p \geq 1)$는 긍정적인 균형값(balancing factor)으로 사용자가 선택한 모델 매개변수(positive user-selected model parameter)를 의미한다.

이와 유사하게 대안 j의 최악의 경우로부터의 거리는 다음 식 (6.9)와 같이 산정된다.

$$d_j^p = \left\{ \sum_{i=1}^{n} \left(w_i \frac{a_{ij} - a_{i*}}{a_i^* - a_{i*}} \right)^p \right\}^{1/p} \tag{6.9}$$

두 산정 방법에서 매개변수 p의 선택은 매우 중요하다. 이는 최종적인 대안선택에 있어 많은 영향을 끼치기 때문이다. $p=1$인 경우 단순 평균을, $p=2$는 제곱평균을 의미하며, $p=\infty$는 가장 큰 편차가 고려되어질 경우 선택한다. Tecle et al.(1998)에 의하면 "매개변수 p는 1부터 ∞까지 다양하여 의사결정과정에서 보상(compensation)이 없는 경우 최대 후회(regret)를 최소화할 수 있다. 이처럼 보상 매개변수 p의 특정한 값의 선택은 문제의 종류와 원하는 해답에 따라 달라질 수 있다"라고 한다.

거리 산정에 따른 방법은 주로 적용되는 방법은 복합계획법(Composite Programming), 타협계획법(Compromise Programming)과 TOPSIS(Technique for Order Preference by Similarity to Ideal Solution) 방법이다.

1. 복합계획법

복합계획법은 다단계 다기준 의사결정법으로 지형탐사문제에서 관측의 정확성과 자료취득을 위한 노력사이의 절충점을 고려할 수 있는 관측 네트워크를 구성하기 위해 개발되었다(Bardossy and Boggadi, 1983). 일반적인 다목적 계획법은 단일 목적으로 변환되는데 반해 복합계획법은 한 개의 목적으로 그룹화하여 단계별로 진행시키는 방법이다.

복합계획법은 분석대상이 되는 시스템의 상태를 나타내기 위해 기본 지표를 선택하는 작업에서 시작된다. 여기서 기본지표는 2단계 지표로 통합되며 2단계 지표역시 3단계 지표로 통합되는 다단계 다기준 의사결정(multi-level, multi-criteria decision making) 과정이다. 이때 각 기본지표는 단위가 서로 다른 문제를 해결하기 위해 무차원화 시킨다.

이렇게 무차원화 시킨 각각의 기본지표는 다음과 같은 식을 이용하여 2단계 지표로 통합되며 3단계 역시 같은 과정으로 계산된다. 식 (6.10)을 이용하여 산정된 값은 이상점까지의 거리(composite distance)를 의미한다. 이상점은 목표가 되는 평가대상을 선정하여 실측 자료를 토대로 산정해야 한다.

$$L_j(a) = \left(\sum_{i=1}^{N_j} w_{ij} s_{ij}^{b_j} \right)^{1/b_j} \tag{6.10}$$

여기서, L_j는 대안 a의 j 그룹의 이상점까지의 거리값이고, s_{ij}는 j 그룹에서 i 인자(indicator)의 무차원화 된 값이고, w_{ij}는 j 그룹 내의 i 인자에 대한 가중치이고(각 그룹 내의 모든 인자들의 가중치의 합은 1)이다. N_j는 j 그룹의 총 인자 수, b_j는 j 그룹의 균형값이다. 복합계획법은 이중가중 과정을 가지는데 하나는 각각의 인자에 대한 상대적인 의사결정자의 각 인자에 대한 중요도를 반영하고 다른 하나는 각각의 그룹에 대한 중요도 즉 각각 그룹 내 인자의 편차에 대한 중요도를 의미한다. 높은 균형값은 각 인자의 값의 편차가 더 커짐을 의미한다.

또한 대상지역 및 적용자에 따라 달라질 뿐만 아니라 값에 따라 순위가 바뀔 수 있는 중요한 문제이다. 이러한 복합계획법을 사용하여 산정한 값을 이용하여 대안이나 대상의 상태에 대한 순위 및 등급을 산정할 수 있다.

Hartmann et al.(1987)은 수자원 개발문제에서 통합 환경평가를 위해 이러한 복합계획법을 이용하여 종합적으로 의사결정을 하는 방법을 개발하였다. 이 방법을 Istvan and Andras(2003)가 GUI(Graphic User Interface)를 보완하여 JESEW(Joint Ecological and Socio-economic Evaluation of Water resources development) 소프트웨어를 개발하였다. Lee et al.(1991)은 준설된 오염물질의 처리를 위한 장소 선택 문제를 해결하기 위해 불확실성을 감안하여 다목적 의사결정을 할 수 있는 Fuzzy Composite Programming(FCP)을 개발하였다. Hagemeiter et al.(1995)은 쓰레기 매립장 선택 문제에 FCP를 사용하여 위험순위(hazard ranking)를 산정하였다.

2. 타협계획법

Zeleny(1973)에 의해 처음 소개된 타협계획법은 최대 효용점과의 거리를 최소화를 목표로 한다. 표 6.6과 같이 SAW 방법에서 사용한 예제를 바탕으로 타협계획법의 적용방법에 대한 설명을 하겠다. 모든 기준에 대해 이상점은 최고값을 최악의 경우는 사실상 최소의 값을 의미한다. 이상점과 최악의 경우는 (101.1, 50, 70)과 (85.7, 4, 10)으로 나타낼 수 있다. $p = 2$이며 각 기준에 대한 가중치를 바탕으로 식을 이용하여 각 대안별 거리 D_j^2는 다음과 같다.

$$D_1^2 = \left\{ 0.3^2 \left(\frac{111.1 - 109.6}{11.1 - 95.7} \right)^2 + 0.3^2 \left(\frac{60 - 14}{60 - 14} \right)^2 + 0.5^2 \left(\frac{80 - 80}{80 - 20} \right)^2 \right\}^{1/2} \approx 0.301$$

$$D_2^2 = \left\{ 0.3^2 \left(\frac{111.1 - 95.7}{11.1 - 95.7} \right)^2 + 0.3^2 \left(\frac{60 - 29}{60 - 14} \right)^2 + 0.5^2 \left(\frac{80 - 60}{80 - 20} \right)^2 \right\}^{1/2} \approx 0.386$$

$$D_3^2 = \left\{ 0.3^2 \left(\frac{111.1 - 111.1}{11.1 - 95.7} \right)^2 + 0.3^2 \left(\frac{60 - 50}{60 - 14} \right)^2 + 0.5^2 \left(\frac{80 - 20}{80 - 20} \right)^2 \right\}^{1/2} \approx 0.405$$

$$D_4^2=\left\{0.3^2\left(\frac{111.1-105.1}{111.1-95.7}\right)^2+0.3^2\left(\frac{60-60}{60-14}\right)^2+0.5^2\left(\frac{80-30}{80-20}\right)^2\right\}^{1/2}\approx 0.353$$

첫 번째 대안이 이상점과의 가장 가까운 거리를 의미하므로 최고의 대안으로 산정되었다. 산정된 거리를 바탕으로 한 대안의 순위는 다음과 같다.

$$A_3>A_2>A_4>A_1$$

$p=1$인 경우, 거리를 최소화 및 최대화한 방법과 정규화한 SAW 방법과 서로 동일하다. 이는 동일한 최고의 선택과 대안들의 순위에서 확인할 수 있다. 식 (6.11)과 식 (6.12)를 통해 쉽게 확인이 가능하다.

$$D_j^1=\sum_{i=1}^{n}w_i\frac{a_i^*-a_{ij}}{a_i^*-a_{i*}}=\sum_{i=1}^{n}w_i\left(\frac{-a_{ij}+a_{i*}}{a_i^*-a_{i*}}+\frac{a_i^*-a_{i*}}{a_i^*-a_{i*}}\right)$$

$$=-\sum_{i=1}^{n}w_i\frac{a_{ij}-a_{i*}}{a_i^*-a_{i*}}+1 \tag{6.11}$$

$$d_j^1=\sum_{i=1}^{n}w_i\frac{a_{ij}-a_{i*}}{a_i^*-a_{i*}} \tag{6.12}$$

따라서, F_j를 대안 j의 가중화된 평균 정규화 평가값이라고 한다면 아래의 식 (6.13)과 같다.

$$D_j^1=1-F_j \quad \text{and} \quad d_j^1=F_j \tag{6.13}$$

3. TOPSIS (Technique for Order Preference by Similarity to Ideal Solution)

Hwang and Yoon(1981)이 개발한 TOPSIS 방법은 거리를 바탕으로 산정하는 방법이다. 이는 그림 6.5와 같이 이상점(PIS, Positive Ideal Solution)과 부이상점(NIS, Negative Ideal Solution)과의 거리에 따라 최고의 대안을 선택한다.

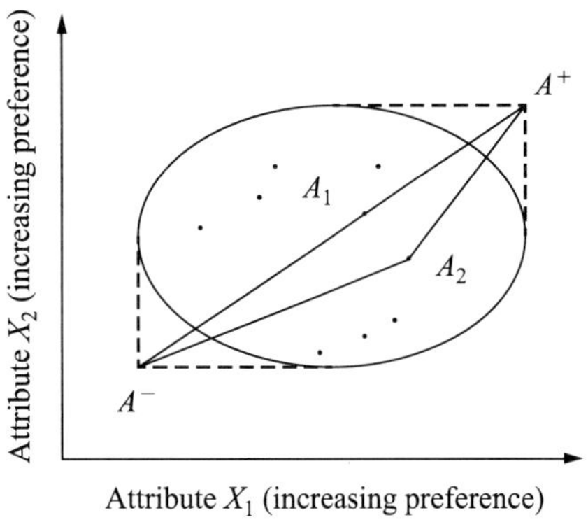

» **그림 6.5** TOPSIS 기법의 개념도

식 (6.14)와 같이 이상점과 부이상점과의 거리의 결합을 통한 하나의 결과를 도출하는 방법으로 한다. 즉, 거리를 통해 이상적인 해를 찾는 방법으로써, 기후변화에 따른 다양한 수자원 문제 해결에도 활용되고 있다(Kim and Chung, 2013; Chung et al., 2014; Won et al., 2014). 이상해 산정 공식만을 이용하여 TOPSIS 기법을 적용하는 과정은 다음과 같다.

$$F_j^p = \frac{d_j^p}{D_j^p + d_j^p} \tag{6.14}$$

F_j^p는 $0 \le F_j^p \le 1$의 범위를 따르며 $F_j^p = 0$이면 $d_j^p = 0$을 의미한다. 즉 대안 j는 부이성점을 의미한다. 반대로 $F_j^p = 1$이면 $D_j^p = 0$을 의미하며 대안 j는 이상점을 의미한다. 따라서, F_j^p가 클수록 더 좋은 대안을 의미하며, 가장 큰 F_j^p는 최고의 대안이며, F_j^p의 크기에 따라 대안들의 순위를 산정한다.

TOPSIS 방법의 전체적인 산정과정은 총 6단계로 이루어져 있으며, 산정방법은 다음과 같다.

Step 1. 표준화를 실시한다. 표준화된 행렬 R은 식 (6.15)와 같이 나타낼 수 있다.

$$R = [r_{ij}] \quad \begin{matrix} (i = 1,2,3,\cdots,m) \\ (j = 1,2,3,\cdots,n) \end{matrix} \tag{6.15}$$

여기서, r_{ij}는 표준화된 행렬을 의미하며, i는 각 유역, j는 물이용 취약성 평가를 위한 지표 속성의 개수를 의미한다. 이 때 편익기준(측정치가 클수록 더 선호되는 기준)과 비용기준(측정치가 작을수록 더 선호되는 기준)에 따른 표준화를 달리 실시한다.

Step 2. 표준화된 데이터에 가중치를 곱해준다. 가중화된 표준화 값(v_{ij})은 다음 식 (6.16)과 같다.

$$v_{ij} = w_j r_{ij} \quad \begin{matrix} (i = 1,2,3,\cdots,m) \\ (j = 1,2,3,\cdots,m) \end{matrix} \tag{6.16}$$

여기서, w_j는 지표의 가중치로 식 (6.21)과 같이 표준화된 행렬에 가중치를 곱하여 정리한다.

Step 3. 가중화된 표준화 값(v_{ij})으로부터 양의 이상적인 해(A^*)와 부의 이상적인 해(A^-)는 식 (6.17)과 식 (6.18)과 같이 정의된다.

$$A^* = \left\{ v_1^*, v_2^*, \cdots, v_n^* \right\} \tag{6.17}$$

$$A^- = \left\{ v_1^-, v_2^-, \cdots, v_n^- \right\} \tag{6.18}$$

여기서, $v_j^* = \max_i v_{ij}$, $v_j^- = \min_i v_{ij}$이다.

Step 4. 각 대안에 대한 양의 이상적인 해의 거리(S_i^*)와 부의 이상적인 해의 거리(S_i^-)는 식 (6.19)와 식 (6.20)과 같이 정의된다.

$$S_i^* = \sqrt{\sum (v_j^* - v_{ij})^2} \tag{6.19}$$

$$S_i^- = \sqrt{\sum (v_j^- - v_{ij})^2} \tag{6.20}$$

Step 5. 각 대안별 양의 이상적인 해와 부의 이상적인 해의 거리를 통해 상대적 근접도 계수 (C_i^*)를 계산한다.

$$C_i^* = \frac{S_i^-}{S_i^* + S_i^-} \tag{6.21}$$

Step 6. 상대적 근접도 계수를 통해 각 대안별 순위를 뽑는다.

아래 표 6.13과 같이 본 교재에서 적용된 예제를 바탕으로 TOPSIS 방법의 적용절차에 대해 알아보도록 하겠다.

표 6.13 TOPSIS 기법의 적용을 위한 예제

Alternatives	Criteria		
	C_1	C_2	C_3
A_1	109.6	14	80
A_2	95.7	29	60
A_3	111.1	50	20
A_4	105.1	60	30

첫 번째 단계는 정규화에 따른 의사결정 행렬 구성이다. 정규화는 아래에도 설명하겠지만 본 예제에서는 범위 정규화 방법을 적용하였으며, 이는 평가 기준의 편익 또는 비용적인 측면에서 계산 방법이 달라진다. 편익 및 비용에 따른 정규화 방법은 식 (6.22)와 식 (6.23)과 같다. 본 예제에서는 모든 평가 기준들이 편익이라고 가장 하겠다.

$$r_{ij} = \frac{x_{ij} - \min_i(x_{ij})}{\max_i(x_{ij}) - \min_i(x_{ij})}, \quad i = 1, 2, \cdots, n, \quad j \in B \tag{6.22}$$

$$r_{ij} = \frac{\max_i(x_{ij}) - x_{ij}}{\max_i(x_{ij}) - \min_i(x_{ij})}, \quad i = 1, 2, \cdots, n, \quad j \in J \tag{6.23}$$

예를 들어 대안 A_1의 기준 C_1에 대한 정규화는 다음과 같이 실시한다.

$$r_{11} = \frac{109.6 - 95.7}{111.1 - 95.7}$$

위의 방법을 통해 모든 대안의 기준에 따른 정규화 결과 표 6.14와 같다.

표 6.14 정규화(normalization) 과정

Alternatives	Criteria		
	C_1	C_2	C_3
A_1	109.6	14	80
A_2	95.7	29	60
A_3	111.1	50	20
A_4	105.1	60	30
Min	95.7	14	20
Max	111.1	60	80

➡

Alternatives	Criteria		
	C_1	C_2	C_3
A_1	0.90	0.00	1.00
A_2	0.00	0.33	0.67
A_3	1.00	0.78	0.00
A_4	0.61	1.00	0.17

두 번째 단계는 표준화된 데이터에 가중치를 곱해준다. SAW 방법에서 사용한 $w_1=0.2$, $w_2=0.3$, $w_3=0.5$ 가중치를 사용하겠다. 가중화된 표준화 값(v_{ij})은 표 6.15와 같다. 대안 A_1에 대한 기준 C_1의 가중화된 표준화 값은 아래와 같이 계산한다.

$$v_{11}=w_1r_{11}=0.20\times0.90=0.18$$

표 6.15 가중화된 표준화 값 결과

Alternatives	Criteria		
	C_1	C_2	C_3
A_1	0.18	0.00	0.50
A_2	0.00	0.10	0.33
A_3	0.20	0.23	0.00
A_4	0.12	0.30	0.08

세 번째 단계는 가중화된 표준화 값(v_{ij})으로부터 양의 이상적인 해(A^*)와 부의 이상적인 해(A^-)를 정의한다. 양의 이상해는 기준별 최대값, 부의 이상적인 해는 기준별 최소값을 나타내며 산정결과 표 6.16과 같다.

표 6.16 양의 이상해와 부의 이상해 산정과정

Alternatives	Criteria		
	C_1	C_2	C_3
A_1	0.18	0.00	0.50
A_2	0.00	0.10	0.33
A_3	0.20	0.23	0.00
A_4	0.12	0.30	0.08
Min	0.00	0.00	0.00
Max	0.20	0.30	0.50

➡

Alternatives	Criteria		
	C_1	C_2	C_3
A^-	0.00	0.00	0.00
A^*	0.20	0.30	0.50

네 번째 단계는 각 대안에 대한 양의 이상적인 해의 거리(S_i^*)와 부의 이상적인 해의 거리(S_i^-)를 산정한 결과 표 6.17과 같다. 대안 A_1에 대한 기준 C_1의 부와 양의 이상적인 거리를 산정해 보면 아래와 같다.

$$① \ S_1^- = \sqrt{(v_1^- - v_{11})^2} = \sqrt{(0.00 - 0.18)^2} = 0.033$$

$$② \ S_1^* = \sqrt{(v_1^* - v_{11})^2} = \sqrt{(0.20 - 0.18)^2} = 0.0004$$

표 6.17 양의 이상적인 거리와 부의 이상적인 거리 산정

Alternatives	Criteria		
	C_1	C_2	C_3
A^-	0.00	0.00	0.00
A^*	0.20	0.30	0.50

Alternatives	Criteria		
	C_1	C_2	C_3
A_1	0.18	0.00	0.50
A_2	0.00	0.10	0.33
A_3	0.20	0.23	0.00
A_4	0.12	0.30	0.08

➡

Alternatives		Criteria			Sum
		C_1	C_2	C_3	
S_i^-	A_1	0.033	0.000	0.250	0.283
	A_2	0.000	0.010	0.111	0.121
	A_3	0.040	0.055	0.000	0.095
	A_4	0.015	0.090	0.007	0.112
S_i^*	A_1	0.000	0.090	0.000	0.090
	A_2	0.040	0.041	0.028	0.109
	A_3	0.000	0.004	0.250	0.254
	A_4	0.006	0.000	0.174	0.180

다섯 번째 단계는 표 6.18과 같이 각 대안별 양의 이상적인 해와 부의 이상적인 해의 거리를 통해 상대적 근접도 계수(C_i^*)를 계산한다. 대안 A_1에 대한 기준 C_1의 상대적 근접도 계수를 산정해 보면 다음과 같다.

$$C_1^* = \frac{S_1^-}{S_1^* + S_1^-} = \frac{0.283}{(0.090 + 0.283)} = 0.758$$

표 6.18 상대적 근접도 계수 산정결과 및 순위 산정

Alternatives	S^-	S^*	C^*	Rank
A_1	0.283	0.090	0.758	1
A_2	0.121	0.109	0.526	2
A_3	0.095	0.254	0.272	4
A_4	0.112	0.180	0.384	3

마지막 단계는 상대적 근접도 계수를 통해 각 대안별 순위를 산정한다. 본 예제에서는 상대적 근접도 계수가 클수록 해당 문제에 대해 순위가 높음을 의미한다. 산정결과는 다음과 같다.

$$A_1 > A_2 > A_4 > A_3$$

4. VIKOR

수자원 계획 수립을 위해 발생하는 갈등을 해결하기 위해 개발된 VIKOR 기법은 방법은 다양한 이해당사자(stakeholder)들의 의견을 적극적으로 반영하는 기법으로 대부분의 의사결정기법이 대다수가 지지하는 의견에만 관심을 두는 것과는 달리 다수의 의견으로부터 도출되는 결과와 개별적인 의견들을 절충하는 접근법이다. VIKOR 방법은 근래 다양한 이해당사자들이 첨예하게 대립하는 의사결정 문제에서 널리 적용되고 있는데 위치선정 문제(Tzeng et al., 2002a), 환경문제(Tzeng et al., 2002b)와 공공 환경 개선 전략을 위한 다기준 환경 자료포락분석(Tzeng and Opricovic, 2002; Huang et al., 2009) 등에 적용한 바 있다.

VIKOR 평가기법에서는 절충된 순위를 도출하기 위하여 타협 계획법의 집계함수 L_p-metric을 적용하였다(Opricovic and Tzeng, 2004). 대안이 a_1, a_2, $\cdots$, a_j라면 a_j의 경우, i번 측면의 평가를 f_{ij}로 나타낸다. 즉 f_{ij}은 대안 a_j에 대한 i인자의 값이다. VIKOR 방법의 “levels of regret”은 식 (6.24)와 같이 정의할 수 있다.

$$L_{p,j} = \left\{ \sum_{i=1}^{n} \left[w_i (f_i^* - f_{ij}) / (f_i^* - f_i^2) \right]^p \right\}^{1/p} \tag{6.24}$$

여기서, n은 인자의 수이며, $1 \le p \le \infty$, $j=1, 2, \cdots, J$이다.

VIKOR 기법의 평가과정은 다음과 같다.

Step 1. 모든 인자에 대하여 식 (6.25)와 식 (6.26)과 같이 양 이상해(PIS, f_i^*)와 부 이상해(NIS, f_i^-)를 결정한다.

$$f_i^* = \max_j f_{ij} \tag{6.25}$$

$$f_i^- = \min_j f_{ij} \tag{6.26}$$

여기서, $i=1, 2, \cdots, n$이다.

Step 2. S_j(the maximum group utility)와 R_j(the minimum individual regret of the opponent)를 다음의 식 (6.27)과 식 (6.28)로 산정한다.

$$S_j = \sum_{i=1}^{n} w_i (f_i^* - f_{ij}) / (f_i^* - f_i^-) \tag{6.27}$$

$$R_j = \max_i \left[w_i (f_i^* - f_{ij}) / (f_i^* - f_i^-) \right] \tag{6.28}$$

여기서, w_i는 인자 i의 가중치로서 해당인자의 상대적 중요성을 나타낸다. S_j는 각 대안별 모든 기준에 대한 최적값 거리의 총합이며, R_j는 최악값으로 부터의 최대 거리에 의해 계산된 각 기준에 대한 각 대안별 값이다.

Step 3. $Q_j(j=1,\ 2,\ \cdots,\ J)$는 다음의 식 (6.29)로부터 산정할 수 있다.

$$Q_j = v(S_j - S^*)/(S^- - S^*) + (1-v)(R_j - R^*)/(R^- - R^*) \tag{6.29}$$

여기서, $S^* = \min_j S_j$, $S^- = \max_j S_j$, $R^* = \min_j R_j$, $R^- = \max_j R_j$이며 v는 S_j항과 R_j항에 대한 전략적 가중치로 0부터 1사이의 값을 가진다. 산정한 S, R, Q에 대하여 순위를 도출 할 수 있다.

부지 산정에 관한 Dağ and Önder(2013)가 제시한 사례를 바탕으로 VIKOR 방법을 적용해 보도록 하겠다. 개발 대상의 부지, 즉 대안은 총 5개이며, 이러한 대안을 평가하기 위한 기준은 총 10개이다. C_1은 원자재 공급, C_2는 고객 접근성, C_3는 공항 접근성, C_4는 항구 접근성, C_5는 이동 비용, C_6은 숙련된 기술 보유 노동자 수, C_7는 노동비용, C_8은 공업지대 접근성, C_9는 이용가능한 건물 수, C_{10}는 투자비용이다. 표 6.19는 이러한 대안별 기준의 값 및 해당 기준의 가중치를 나타낸다.

표 6.19 기준별 대안의 평가값 및 가중치

Criteria (Unit)	Alternatives					Weights
	A_1	A_2	A_3	A_4	A_5	
C_1 (Score)	5	8	7	6	10	0.112
C_2 (Score)	3	5	2	1	7	0.028
C_3 (Distance, km)	19.7	101	43.7	13.6	7.6	0.019
C_4 (Distance, km)	8.7	96.4	23.6	24.8	12.8	0.024
C_5 (Score)	1	5	2	4	2	0.090
C_6 (Score)	3	9	7	10	9	0.266
C_7 (Currency, TL)	1500	800	1200	1200	800	0.155
C_8 (Score)	1	6	2	3	1	0.063
C_9 (Score)	1	10	4	2	7	0.051
C_{10} (Score)	7	1	6	5	9	0.193

첫 번째 단계는 모든 인자에 대하여 양 이상해와 부 이상해를 결정한다. 해당 기준에 미치는 영향력에 따라 달리 적용된다. 편익 기준은 C_1, C_6, C_9이며, 비용 기준은 나머지 대안이 해당된다. 이러한 기준의 편익 또는 비용 속성에 따른 이상해 결과 표 6.20과 같다.

표 6.20 기준의 속성에 따른 이상해 산정결과

Criteria	Effect	PIS	NIS
C_1	+	10	5
C_2	−	1	7
C_3	−	7.6	101
C_4	−	8.7	96.4
C_5	−	1	5
C_6	+	10	3
C_7	−	800	1500
C_8	−	1	6
C_9	+	10	1
C_{10}	−	1	9

두 번째 단계는 표 6.21과 같이 선정된 양 이상해와 부 이상해를 바탕으로 정규화를 실시한다. 대안 1의 기준 1에 대한 정규화는 아래와 같이 진행하며, 다른 기준 역시 같은 방법으로 진행한 결과 표 6.21과 같다.

$$w_i[(f_i^* - f_{ij})/(f_i^* - f_i^-)] = 0.112 \times [(10-5)/(10-5)] = 0.112$$

표 6.21 정규화 실시 결과

	C_1	C_2	C_3	C_4	C_5	C_6	C_7	C_8	C_9	C_{10}
A_1	0.112	0.009	0.002	0.000	0.000	0.266	0.155	0.000	0.051	0.145
A_2	0.045	0.019	0.019	0.024	0.090	0.038	0.000	0.063	0.000	0.000
A_3	0.067	0.005	0.007	0.004	0.023	0.114	0.089	0.013	0.034	0.121
A_4	0.090	0.000	0.001	0.004	0.068	0.000	0.089	0.025	0.045	0.097
A_5	0.000	0.028	0.000	0.001	0.023	0.038	0.000	0.000	0.017	0.193

세 번째 단계는 정규화를 바탕으로 각 대안별 S_j와 R_j 산정하는 것이다. 본 예제에서는 R_j 산정을 위한 기준으로는 C_5, C_6, C_{10}이며, 대안 1에 대한 S_1와 R_1 산정은 아래와 같으며, 각각의 대안에 대한 산정결과 표 6.22와 같다.

$$S_1 = 0.112 + 0.009 + 0.002 + 0.000 + 0.000 + 0.266 + 0.155 + 0.000 + 0.051 + 0.145$$

$$R_1 = \max(0.090, 0.266, 0.154) = 0.266$$

표 6.22 S_j와 R_j 산정결과

Alternatives	S_j	R_j
A_1	0.741	0.266
A_2	0.297	0.090
A_3	0.476	0.121
A_4	0.418	0.097
A_5	0.300	0.193

마지막으로 산정된 S_j 와 R_j을 바탕으로 각 대안별 Q_j를 산정하는 것이다. Q_j를 산정하기 위해 본 예제에서는 표 6.22를 이용하여 $S^* = 0.297$, $S^- = 0.741$, $R^* = 0.090$, $R^- = 0.266$를 산정하였다. Q_j 산정결과 표 6.23과 같으며, 이때 사용한 전략적 가중치 v는 0.5이다. 대안 1에 대한 Q_1 산정과정은 아래와 같다.

$$\begin{aligned} Q_j &= v(S_j - S^*)/(S^- - S^*) + (1-v)(R_j - R^*)/(R^- - R^*) \\ &= 0.5 \times [(0.741 - 0.297)/(0.741 - 0.297)] \\ &\quad + (1-0.5) \times [(0.266 - 0.090)/(0.266 - 0.090)] \\ &= 1 \end{aligned}$$

표 6.23 VIKOR 방법을 이용한 순위 산정결과

Alternatives	S_j	Rank	R_j	Rank	Q_j	Rank
A_1	0.741	5	0.266	5	1.000	5
A_2	0.297	1	0.090	1	0.000	1
A_3	0.476	4	0.121	3	0.288	3
A_4	0.418	3	0.097	2	0.155	2
A_5	0.300	2	0.193	4	0.295	4

Q_j를 바탕으로 순위를 산정한 결과 대안 A_2가 최적의 개발 부지이며 순서는 다음과 같다.

$$A_2 > A_4 > A_3 > A_5 > A_1$$

6.3 가중치 산정 및 정규화

6.3.1 가중치 산정

가중치 산정에는 전문가의 의견을 토대로 산정하는 주관적(subjective) 방법 및 자료의 속성만을 이용하여 산정하는 객관적(objective) 방법이 있다. 본 교재에서는 주관적 가중치 중 대표적인 AHP(Analytic Hierarchy Process) 가중치와 델파이(Delphi) 가중치, 객관적 가중치인 엔트로피(Entropy) 가중치에 대해 다음과 같이 제시하였다.

1. AHP (Analytic Hierarchy Process)

계측화 분석과정은 다수의 요소들을 계층적으로 분류하여 각 요소의 중요도를 파악함으로써 최적대안을 선정하는 기법으로 Satty(1972; 1977)에 의해 개발되었다. AHP는 인간이 의사 결정할 때 두뇌가 단계적 또는 위계적 분석과정을 활용한다는 사실에 착안하여 개발되었으며 현존하는 의사결정 이론 중 가장 광범위하게 인정을 받아 널리 활용되고 있는 이론이다. AHP는 사람이 문제를 해결할 때 계측정 구조의 설정, 상대적 중요도의 설정, 논리적 일관성 유지의 원칙을 따른다는 점에 착안하여 개발되었다.

AHP의 가장 큰 장점은 1 : 1의 쌍대비교(pairwise comparison)를 통하여 수많은 의사결정 요소들의 가중치 또는 중요도를 산출해낼 수 있다는 것이다(Satty, 1972). 즉, 수많은 요소들에 대하여 동시에 가중치나 중요도를 산출해낸다는 것은 매우 어렵고 사실상 불가능한 일인데 이러한 것을 유사한 요소들끼리 짝을 이루어 특정한 기준에 대하여 비교함으로써 손쉽게 전체적인 판단을 할 수 있도록 해준다. 또한 AHP는 의사결정에 대한 일관성을 평가하고 결과에 대해서 일관성이 없을 경우 계속적으로 수정될 수 있는 적응성이 강한 모형이다. 즉, 의사결정자는 계층에 있는 요소를 늘릴 수도 있고 판단을 바꿀 수도 있기 때문이다.

(1) 산정방법

AHP 기법은 크게 계층구조의 설계와 평가의 두 가지 단계로 구성되며 이는 보다 상세하게 다음과 같은 다섯 단계로 나눌 수 있다(정은성, 2007).

1단계: 계층구조의 구성

AHP의 핵심 아이디어는 복잡하고 규모가 큰 평가문제를 몇 개의 계층으로 나누어 계층마다 따로 의사결정을 하되, 각 계층의 의사결정이 전체적으로 연결되게 만드는데 있다. 따라서 계층구조의 구성은 AHP의 출발점이자 근간이 된다. 계층구조의 최상위 레벨은 하나의 요소로 구성되며, 이는 의사결정의 최종적인 목표를 나타낸다. 하위 레벨은 인접한 상위 레벨의 목표를 달성하기 위한 구체적인 세부기준들을 나타내며, 최하위 레벨에는 가능한 대안들이 표시된다. 레벨의 수는 문제의 규모와 복잡도에 의해 결정된다. 레벨의 수가 늘어날수록 문제가 어려워지며 분석에 걸리는 시간도 늘어나므로 적절한 레벨의 수를 결정하는 것도 중요한 의사결정의 하나가 된다.

2단계: 계층 내 쌍대비교

AHP 기법에서 영향요소별, 대안별 상대적 가중치는 쌍대비교를 통해 결정된다. 계층구조의 한 층을 이루는 요소들은 자신이 속한 상위 계층 내에서 상호 쌍대비교를 통해 가중치를 얻게 된다. 의사결정을 위한 응답자들은 평가 항목 간 상대적 중요도를 비교하는 질문에 반복하여 답하게 된다. 이러한 비교 과정을 통해 요소들의 선호도나 가중치를 나타내는 상대적인 측정척도가 얻어진다. AHP 기법에서는 인자심리학 분야의 연구결과를 기초로 하여 9점 척도를 기본형으로 이용하고 있다(Satty, 1980). 즉, AHP 기법의 이원비교척도는 1에서 9까지의 값을 가지며 각 수치의 해석은 표 6.24와 같다.

표 6.24 쌍대비교의 기본 기준(Satty, 1980)

Intensity of importance	Definition	Explanation
1	Equal importance	Two activities contribute equally to objective
3	Weak importance of one over another	Experience and judgement slightly favour one activity over another
5	Essential or strong importance	Experience and judgement strongly favour one activity over another
7	Demonstrated importance	An activity is strongly favoured and its dominance is demonstrated in practice
9	Absolute importance	The evidence favouring one activity over another is of highest possible order of affirmation
2, 4, 6, 8	Intermediate values between two adjacent judgements	When compromise is needed
Reciprocals of above	If activity i has one of the non-zero numbers assigned to it when compared with activity j, then i has the reciprocal value when compared with i	

3단계: 상대적 중요도 계산

쌍대비교를 통하여 두 요소 간 상대적 중요도를 측정하고 그 결과를 종합하여 요소들 간 상대적 가중치를 계산할 수 있다. 즉, 쌍대비교로 얻어진 9점 척도로 이원비교행렬(그림 6.6)을 구성하고 이로부터 요소들의 우선순위를 도출하기 위해 이원비교행렬을 하나로 종합하는 것이다. 이렇게 얻어진 요소들의 우선순위를 단 하나의 숫자로 나타내기 위해서는 가중치를 부여하고 가산해야 하는 작업이 필요하다. 이러한 가중치 계산을 위해서는 여러 가지 방법들이 제안되었으나 현재까지는 Satty(1977)가 제안한 고유벡터법이 가장 좋은 방법으로 평가되고 있다.

$$
\begin{array}{c}
\quad\quad A_1 \; A_2 \; A_3 \; A_4 \\
\quad\quad \downarrow \;\; \downarrow \;\; \downarrow \;\; \downarrow \\
A = \begin{pmatrix}
\frac{w_1}{w_1} & \frac{w_1}{w_2} & \frac{w_1}{w_3} & \frac{w_1}{w_4} \\
\frac{w_2}{w_1} & \frac{w_2}{w_2} & \frac{w_2}{w_3} & \frac{w_2}{w_4} \\
\frac{w_3}{w_1} & \frac{w_3}{w_2} & \frac{w_3}{w_3} & \frac{w_3}{w_4} \\
\frac{w_4}{w_1} & \frac{w_4}{w_2} & \frac{w_4}{w_3} & \frac{w_4}{w_4}
\end{pmatrix}
\begin{array}{l}
\leftarrow A_1 \\
\leftarrow A_2 \\
\leftarrow A_3 \\
\leftarrow A_4
\end{array}
\end{array}
$$

» **그림 6.6** 쌍대비교를 통한 고유벡터의 구성

4단계: 일관성 검증

객관적인 의사결정을 위해서는 판단의 일관성 정도(consistency ratio)를 파악하는 작업이 필요하다. 적정 수준의 일관성을 갖지 못한 분석결과를 근거로 의사결정을 하게 되면 의사결정자체가 신뢰성을 잃게 되기 때문이다. 쌍대비교를 통해 얻어진 이원비교행렬의 값들은 판단의 일관성 혹은 진실성이 확보되어야만 정보로서의 가치가 있다. 이와 같은 일관성은 비교행렬에서 대응하는 두 값의 곱이 1이 되는 역수관계를 통해 확인할 수 있다. AHP 기법에서는 일관성 비율에 의하여 판단의 일관성을 측정한다. 일관성 비율이 0의 값을 갖는다는 것은 응답자가 판단의 일관성을 유지하며 쌍대비교를 수행하였음을 의미한다. Satty(1980)에 의하면 일관성 비율이 0.1 미만일 때 이원비교행렬은 합리적인 일관성을 갖는 것으로 판단하고, 0.2 미만일 경우 용납할 수 있는 수준의 일관성을 구비한 것으로 판단한다. 또한 일관성 비율이 0.2 이상이면 일관성이 부족하여 재조사가 필요하다고 제안하였다.

5단계: 가중치의 통합 및 평가

계층구조를 분석하는 데 있어서 마지막 과정은 주어진 목표와 관련지어 대안들에 대한 전체적인 선호도를 산정하는 것이다. 이를 위해서는 계층구조의 각 단계별로 내린 판단을 통합하는 작업이 필요하다. Satty(1980)는 계층구조 합성 원리를 통해 최종 대안의 선호도를 얻는 방법을 제안하였다. 즉, 전체 계층에서의 우선순위 혹은 중요도가 결국 계층구조의 최하위 단계에 속하는 대안들에 대한 최종 가중치로서 이는 상위 계층에 있는 모든 요소들과 관련된 어느 한 수준에 있는 요소들의 모든 기여도를 합산하여 얻어진다.

(2) 예제

3개의 평가 기준이 있는 의사결정 문제에 대해 가중치를 산정하기 위해 전문가로부터 의견을 받았다. 첫 번째 단계는 아래와 같이 각 기준별 쌍대비교를 통한 기준 간의 중요도를 확인하여 고유벡터를 완성하는 것이다.

$$\begin{matrix} & C_1 & C_2 & C_3 & \\ & \downarrow & \downarrow & \downarrow & \\ A = & \left(\begin{matrix} 1 \\ 3 \\ 1/5 \end{matrix} \right. & \begin{matrix} 1/3 \\ 1 \\ 1/7 \end{matrix} & \left. \begin{matrix} 5 \\ 7 \\ 1 \end{matrix} \right) & \begin{matrix} \leftarrow C_1 \\ \leftarrow C_2 \\ \leftarrow C_3 \end{matrix} \end{matrix}$$

각 기준의 쌍대비교를 통해 중요도를 나타냈으면, 두 번째 단계에서는 각 기준에 따라 열(column)별로 합산한다. 결과는 표 6.25와 같다.

표 6.25 기준별 쌍대비교의 합

	C_1	C_2	C_3
C_1	1	1/3	5
C_2	3	1	7
C_3	1/5	1/7	1
Sum	21/5	31/21	13

세 번째 단계는 정규화이다. 이는 기준별 쌍대비교의 결과의 총합을 각 기준별 쌍대비교 결과로 나눈다. 그 결과 표 6.26과 같다.

표 6.26 쌍대비교(pairwise comparison)의 정규화

	C_1	C_2	C_3
C_1	5/21	7/31	5/13
C_2	15/21	21/31	7/13
C_3	1/21	3/31	1/13

네 번째 단계는 가중치 산정이다. 가중치 산정을 위해 기준별 각 행의 합은 기준의 개수로 나뉜다. 계산과정 및 가중치 산정결과는 다음과 같다.

$$w = \frac{1}{3}\left\{ \begin{pmatrix} 5/21 \\ 15/21 \\ 1/21 \end{pmatrix} + \begin{pmatrix} 7/31 \\ 21/31 \\ 3/31 \end{pmatrix} + \begin{pmatrix} 5/13 \\ 7/13 \\ 1/13 \end{pmatrix} \right\} = \begin{pmatrix} 0.2828 \\ 0.6434 \\ 0.0738 \end{pmatrix}$$

가중치를 산정했으면 마지막 단계는 의사결정의 비일관성의 정도(*ICI*, inconsistency index)를 확인하는 것이다. 이는 식 (6.30)을 통해 확인할 수 있다.

$$ICI = \frac{\lambda_{max} - n}{(n-1)RI} \tag{6.30}$$

여기서 λ_{max}는 두 번째 단계에서 산출한 각 기준에 따른 열별의 합과 산정된 가중치와의 곱의 합이며, *RI*(Random Index)는 표 6.27을 통해 n에 따라 결정된다. 본 예제의 경우 $n=3$이므로 $RI=0.58$을 나타낸다.

표 6.27 n에 따른 *RI* 산정

n	1	2	3	4	5	6	7	8	9	10
RI	0	0	0.58	0.9	1.12	1.24	1.32	1.41	1.45	1.49

비일관성 산정결과는 아래와 같다.

$$\lambda_{max} = \frac{21}{5}(0.2828) + \frac{31}{21}(0.6434) + 13(0.0738) \approx 3.0969$$

$$ICI = \frac{3.0969 - 3}{(3-1)0.58} \approx 0.084$$

$ICI < 10\%$일 경우 의사결정자의 결과에 합리적인 일관성이 있다고 판단하므로 본 예제의 산정결과 $ICI = 0.084$이므로 일관성이 있다고 결론 낼 수 있으며, 산정된 가중치는 적절한 것으로 판단된다.

2. Delphi 방법

델파이(Delphi) 기법은 군대 내에서 의사결정을 위해 개발된 이후 다양한 분야에서 폭넓게 사용되고 있다. 한 나라의 연구수준이나 미래의 특정시점을 예측하는 경우, 특히 현재의 상태에 대한 일반화·표준화된 자료가 부족한 경우, 전문가적인 직관을 객관화하는 예측의 방법으로 많이 사용되어졌던 기법이다. 즉, 예측조사의 방법으로 사용되는 델파이기법은 일정한 합의점에 도달하지 못한 문제에 대해 다수의 전문가 의견을 설문조사방법이나 우편조사방법으로 수집한 뒤 이를 통계 처리하여 피드백 시켜 그들의 의견을 재수집하는 과정을 합리적인 의견일치를 이룰 때까지 반복시키는 방법이다. 즉 전문 집단적 사고를 통하여 체계적으로 접근하는 예측에 의한 정책분석 방법이라고 볼 수 있다.

델파이 기법은 논리적이고 체계적인 분석이라기 보다는 일부 전문가의 의견에 따라 정책결정이 이루어지는 경우가 대부분인 현실을 고려해 볼 때, 그 어떤 방법보다도 합리적이며 객관적으로 체계적인 분석을 수행하고, 수차례에 걸쳐 피드백 시킴으로써, 다수의 전문가들의 의견을 종합하여 보다 현실적인 결과를 유도할 수 있는 매우 유용한 기법이다.

델파이 기법은 각 전문가들에게 개별적으로 설문지와 그 종합된 결과를 전달·회수하는 과정을 거듭함으로써 독립적이고 동등한 입장에서 의견을 접근해 나갈 수 있도록 하려는 것이다. 따라서 설문서의 응답자는 철저하게 익명성이 보장되므로 외부적인 영향력으로 결론이 왜곡되거나 표현이 제한되는 경우가 거의 없다. 하지만 설문지에 의지하는 경향이 나타나므로 질문서 자체가 잘못되면 델파이조사 자체가 잘못될 수 있는 결정적인 문제점도 가지고 있다. 이러한 델파이 기법의 장점과 한계는 다음과 같다(노승용, 2006).

(1) 장점

① 편향된 토의에 쏟는 시간과 노력의 낭비를 줄일 수 있다.
② 연구자에 의해 통제되기 때문에 초점에서 크게 벗어나지 않는다.
③ 시간적·경제적(회의비·체제비 등)으로 절약할 수 있다.
④ 다수의 전문가 의견을 수렴, 피드백 할 수 있다.
⑤ 익명성이 있고 독립적이기 때문에 자유롭고 솔직한 전문가의 의견을 들을 수 있다.
⑥ 몇몇 사람의 의견이나 분위기에 휩쓸리지 않는다. 또한 체면이나 위신에 의해 다른 결정을 하지 않는다.

(2) 한계

① 질문지 조사방법 자체에 결함이 있을 수 있다. 또한 문제가 참여자들에게 맡겨 만지기 때문에 문제의 확실한 속뜻을 알기가 어렵다.
② 다른 질문지와 마찬가지로 회수율이 높지 않다. 일반적으로 조사가 1·2·3·4 반복되어감에 따라 회수율은 점점 낮아지게 된다.
③ 반복적인 조사이기 때문에 조사를 끝내려면 장기간이 필요하다. 단기간의 조사는 용이하지 않다.
④ 응답자들이 통계적 처리결과에 무의식적으로 따라갈 수 있다.
⑤ 조작적 가능성도 가지고 있다.
⑥ 참여 전문가들이 설문에 대하여 신중하지 못할 수 있는 가능성이 있다.
⑦ 델파이 조사에 의한 예측 연구는 불확실한 상황을 연구대상으로 삼고 있다는 기본적인 한계를 가지고 있다.

3. 엔트로피 방법

(1) 개념 및 계산 과정

Shannon and Weaver(1949)에 의해 개발된 정보이론(information theory)에서의 엔트로피(entropy)는 어떤 신호가 가지고 있는 정보용량으로 정의된다. 신호가 보내짐으로써 정보교환이 이루어지고, 신호 자체가 가지고 있는 정보의 양이 많아서, 그 자체가 갖고 있는 불확실성을 감소시킬 정도로 많아지면 불확실성 감소 정도에 따른 간접적인 정보의 양을 측정할 수 있다. 즉, 엔트로피는 어떠한 체계 내에서 그 신호에 대한 정보를 수치로 나타내는 것이므로 엔트로피가 크다는 것은 그 지점에서의 불확실성의 감소 정도가 큼을 뜻하고, 같은 유역 내에서 받아지는 동일 신호에 대해 정보의 양이 많이 있다는 것을 의미한다(Lee et al., 2011).

엔트로피 방법은 가중치 추정에도 사용될 수 있는데 구체적으로 대안과 속성을 많이 포함하는 현실적인 다기준 의사결정 문제에 대해 이용된 평가항목의 정보만 이용하여 가중치를 산정하는 방법이다. 자료의 속성을 이용하여 가중치를 설정하는 방법이기 때문에 객관적인 방법으로 분류된다. 엔트로피를 이용하여 가중치를 결정하는 방법은 4단계로 나누어지며 구체적으로 나타내면 다음과 같다(Choi et al., 2013).

Step 1. 평가할 항목에 대해 구성된 행렬 R은 r_{ij}로 구성되는데, 평가 항목에 대한 표준화 결과를 r_{ij}라 하면, r_{ij}는 식 (6.31)과 같이 계산된다.

$$R = [r_{ij}],\ r_{ij} = \frac{x_{ij}}{\sum_{i=1}^{m} x_{ij}} \tag{6.31}$$

여기서, r_{ij}는 표준화된 행렬을 의미하며, i는 평가 대안이고($i = 1,2,3,\cdots,m$), j는 평가를 위한 지표 속성($j = 1,2,3,\cdots,n$)이다.

Step 2. 평가할 항목에 대하여 엔트로피를 산정하면 식 (6.32)와 같다.

$$H_i = -k\sum_{i=1}^{n} f_{ij} \log f_{ij} \tag{6.32}$$

여기서, $k = \frac{1}{\ln n}$이며, n은 대안의 수이며, $f_{ij} = \frac{r_{ij}}{\sum_{j=1}^{n} r_{ij}}$로 계산된다.

Step 3. 다양성의 정도를 나타내는 a_i를 이용하여 다양성 정도($a_i = 1 - H_i$)의 표준화를 통해 평가할 항목별 가중치(w_i)를 식 (6.33)을 이용하여 산정한다.

$$w_{ij} = \frac{1 - H_i}{\sum_{i=1}^{m}(1 - H_i)} \tag{6.33}$$

여기서, $0 \le w_i \le 1$, $\sum_{i=1}^{m} w_i = 1$이다.

(2) 예제

앞서 제시한 표 6.6에서 가중치를 제외한 자료를 바탕으로 엔트로피 가중치를 산정하면 다음과 같다.

첫 번째 단계는 TOPSIS 기법 예제와 마찬가지로 정규화에 따른 의사결정 행렬을 구축한다. 정규화는 평가 기준이 편익 또는 비용인지에 따라 계산 방법이 달라진다. 편익 및 비용에 따른 정규화 방법은 식 (6.34)와 식 (6.35)와 같다. 본 예제에서는 모든 평가 기준들이 평가치가 커질수록 전체적으로 효용이 증가하는 편익 항목에 속한다고 가정하였으므로 식 (6.34)만 사용되었다.

$$r_{ij} = \frac{x_{ij} - \min_i(x_{ij})}{\max_i(x_{ij}) - \min_i(x_{ij})}, \quad i = 1, 2, \cdots, n, \quad j \in B \tag{6.34}$$

$$r_{ij} = \frac{\max_i(x_{ij}) - x_{ij}}{\max_i(x_{ij}) - \min_i(x_{ij})}, \quad i = 1, 2, \cdots, n, \quad j \in J \tag{6.35}$$

예를 들어 대안 A_1의 기준 C_1에 대한 정규화는 다음과 같이 수행된다.

$$r_{11} = \frac{109.6 - 95.7}{111.1 - 95.7}$$

위의 방법을 통해 모든 대안의 기준에 따른 정규화 결과는 표 6.28과 같다.

표 6.28 정규화(normalization) 과정

Alternatives	Criteria		
	C_1	C_2	C_3
A_1	109.6	14	80
A_2	95.7	29	60
A_3	111.1	50	20
A_4	105.1	60	30
Min	95.7	14	20
Max	111.1	60	80

➡

Alternatives	Criteria		
	C_1	C_2	C_3
A_1	0.90	0.00	1.00
A_2	0.00	0.33	0.67
A_3	1.00	0.78	0.00
A_4	0.61	1.00	0.17

두 번째 단계는 정규화된 평가 대상에 대하여 엔트로피를 산정하는 것이다. 식 (6.32)와 식 (6.33)을 이용하여 평가 기준별로 가중치를 산정하면 표 6.29와 같다. 여기서 n은 4이므로, $k = 1/\ln(4) = 0.72$에 해당되며, f_{ij}는 정규화 방법과는 반대로 정규화된 자료를 각 대안의 합으로 나누어 준다. 예를 들어 기준 C_1에 대한 엔트로피는 다음과 같이 계산된다.

① $f_{11} = \dfrac{0.90}{1.90} = 0.47,\ f_{12} = \dfrac{0.00}{1.90} = 0,\ f_{13} = \dfrac{1.00}{1.90} = 0.53$

② $\ln f_{11} = -0.75,\ \ln f_{12} = 0,\ \ln f_{11} = -0.64$

③ $f_{11}\ln f_{11} = -0.35,\ f_{21}\ln f_{21} = 0,\ f_{31}\ln f_{31} = -0.32,\ f_{41}\ln f_{41} = -0.37$

④ $\sum_{i=1}^{4} f_{ij}\log f_{ij} = -1.05$

⑤ $H_1 = -k\sum_{i=1}^{4} f_{ij}\log f_{ij} = -0.72 \times -1.05 = 0.7539$

표 6.29 엔트로피(Entropy) 산정과정

1) Normalization

Alternatives	Criteria			Sum
	C_1	C_2	C_3	
A_1	0.90	0.00	1.00	1.90
A_2	0.00	0.33	0.67	0.99
A_3	1.00	0.78	0.00	1.78
A_4	0.61	1.00	0.17	1.78

➡

2) f_{ij}

Alternatives	Criteria		
	C_1	C_2	C_3
A_1	0.47	0.00	0.53
A_2	0.00	0.33	0.67
A_3	0.56	0.44	0.00
A_4	0.34	0.56	0.09

➡

3) $f_{ij}\ln f_{ij}$

Alternatives		Criteria		
		C_1	C_2	C_3
A_1		−0.35	0.00	−0.34
A_2		0.00	−0.37	−0.27
A_3		−0.32	−0.36	0.00
A_4		−0.37	−0.32	−0.22
4) $\sum_{i=1}^{m} f_{ij}\ln f_{ij}$	Sum	−1.05	−1.05	−0.83

➡

5) Entropy

Alternatives	Criteria		
	C_1	C_2	C_3
E	0.7539	0.7579	0.5969

마지막 단계는 두 번째 단계에서 선정한 엔트로피를 바탕으로 한 가중치 산정이다. 해당 기준별 가중치 결과는 표 6.30과 같고 기준 C_1에 대한 가중치 산정결과는 다음과 같다.

① $1 - E_1 = 1 - 0.7539 = 0.2461$

② $w_1 = \dfrac{0.2461}{(0.2461 + 0.2421 + 0.4031)} = 0.2761$

표 6.30 가중치 산정결과

Weight			
Alternatives	Criteria		
	C_1	C_2	C_3
E	0.7539	0.7579	0.5969
$1-E_1$	0.2461	0.2421	0.4031
weight	0.2761	0.2716	0.4523

6.3.2 정규화

앞서 제시하였듯이, 정규화는 서로 다른 단위로 인한 계산의 어려움을 극복하기 위한 방법으로 크게 비율·비중·범위 정규화로 나눌 수 있다.

1. 비율 정규화

비율 정규화는 편익(benefit) 측면에서는 전체 기준의 최대값 대비 해당 기준의 평가값의 비율로, 비용(cost) 측면에서는 해당 기준의 평가값 대비 전체 기준의 최소값의 비율로 나타내며 정규화된 평가값 r_{ij}는 아래의 식 (6.36)과 식 (6.37)과 같다.

$$r_{ij} = \frac{x_{ij}}{\max_i(x_{ij})}, \quad i = 1, 2, \cdots, n, \quad j \in B \tag{6.36}$$

$$r_{ij} = \frac{\min_i(x_{ij})}{x_{ij}}, \quad i = 1, 2, \cdots, n, \quad j \in C \tag{6.37}$$

여기서 $\max_i(x_{ij})$는 기준 j의 평가값 중 최고값, $\min_i(x_{ij})$는 기준 j의 평가값 중 최소값을 의미하며, B, C는 편익과 비용을 나타낸다.

2. 비중 정규화

각 기준의 전체의 합 대비 해당 기준의 평가값을 바탕으로 산정하는 방법으로 편익과 비용적인 측면에서 식 (6.38)과 식 (6.39)와 같이 서로 다른 방법을 적용한다.

$$r_{ij} = \frac{x_{ij}}{\sum_{i=1}^{n} x_{ij}}, \quad i = 1, 2, \cdots, n, \quad j \in B \tag{6.38}$$

$$r_{ij} = \frac{1/x_{ij}}{\sum_{i=1}^{n} 1/x_{ij}}, \quad i = 1, 2, \cdots, n, \quad j \in C \tag{6.39}$$

3. 범위 정규화

범위 정규화는 각 기준의 최대값과 최소값의 차를 이용한 정규화 방법으로 그 값은 0과 1 사이의 값을 갖게 되며 편익과 비용적인 측면에서 식 (6.40)과 식 (6.41)과 같이 서로 다른 방법을 적용한다.

$$r_{ij} = \frac{x_{ij} - \min_i(x_{ij})}{\max_i(x_{ij}) - \min_i(x_{ij})}, \quad i = 1, 2, \cdots, n, \quad j \in B \tag{6.40}$$

$$r_{ij} = \frac{\max_i(x_{ij}) - x_{ij}}{\max_i(x_{ij}) - \min_i(x_{ij})}, \quad i = 1, 2, \cdots, n, \quad j \in C \tag{6.41}$$

6.4 그룹의사결정

의사결정자들은 한정된 시간과 비용 제약 요인에 따른 문제에 대한 정보의 부족, 정보 기억능력의 제한, 그리고 정보 처리능력의 한계 등으로 인해 합리적 의사결정모델(Rational Decision Making Model. Friedmen, 1957)에서 제시하는 최적 결정(optimal decision)을 이루는 것은 쉽지 않다(Simon, 1957). 또한 의사결정자들은 체계적인 데이터 분석에 의존하기 보다는 자신들의 직관적 판단에 더 의존하는 경우가 많다(Mintzberg, 1975). 따라서 복잡한 의사결정 문제일수록 다수의 인원이 참여하는 그룹의사결정(Group Decision Making, GDM)이 요구된다.

그룹의사결정은 다수의 의사결정자들이 여러 대안을 평가하고 결과를 종합해서 합의안을 도출하는 과정이다. 이는 각 의사결정자들이 가지고 있는 다양한 정보와 지식들을 이용하여 더 나은 의사결정을 가능하게 할 뿐 아니라 의사결정의 결과에 대한 책임을 분담할 수 있다는 장점이 있다. 하지만 기존의 단일 의사결정자 위주의 의사결정에서 그룹의사결정으로의 전환은 많은 어려움이 존재한다. 즉, 개인 의사결정자의 선호도에 따라 가장 선호되는 대안을 선택하는 문제에서, 서로 다른 목적, 목표, 기준을 갖고 있는 상이한 이해당사자들 간에 일어나는 상호 마찰을 해결하는 문제를 고려해야 한다는 것이다(Akter and Simonovic, 2005). 이를 해결하기 위해 각 의사결정자들의 주관적인 평가에 의한 의견을 효율적으로 수렴시켜 합의안을 찾는 다양한 방법에 대한 연구들이 이루어져 왔다. 본 교재에서는 대표적인 그룹의사결정 방법인 투표 기법(Voting rule) 중 Borda Count, Condorcet, Copeland(1951) 방법을 소개하겠다. 투표 기법은 그룹의 구성원 각자가 각 대안에 점수를 부여하는 방식으로 최종 결정된 대안에는 각 의사결정자의 의견이 반영되게 된다.

6.4.1 Borda 방법

Borda Count 방법은 1781년 프랑스 수학자 Jean-Charles de Borda에 의해 제안된 투표 방법이며 각 투표자가 모든 대안들에 대해 선호 순위를 형성하는 절차이다. 이 방법은 순위를 합산하는데 필요한 계산 과정이 단순하다는 장점을 가지고 있으며 또한 의사결정자 그룹이 매우 방대한 경우에 많이 사용되고 있다(William, 1978). Borda 방법을 적용하기 위해서는 먼저 의사결정자들이 대안에 대한 자신의 선호도에 따라 순위를 정해야 한다. 전체 대안이 m개라고 했을 때 각 대안들의 순위를 부여받게 되면 전체 대안 중 가장 선호되는 대안이 가장 높은 점수인 m점을 받게 되고 그 다음 선호되는 대안은 $(m-1)$점을 받게 되며 가장 낮은 순위의 대안이 1점을 받게 된다. 각 대안이 의사결정자들에 의해 부여 받은 점수는 합산되며 이 중 가장 높은 점수를 받은 대안이 가장 높은 순위를 받게 된다.

Borda 방법의 적용을 통해 공업 부지 산정에 관한 문제를 실시하도록 하겠다. 대안은 서울, 대전, 대구, 부산, 울산 총 다섯 개이고, 투표자의 수에 따른 대안의 순위를 산정결과 표 6.31과 같다.

표 6.31 투표자수에 따른 순위 산정결과

Voters	50	30	20
1st	서울	울산	대전
2nd	부산	대구	대구
3rd	울산	부산	서울
4th	대전	서울	부산
5th	대구	대전	울산

산정된 순위와 투표자 수에 따른 점수 환산 결과 표 6.32와 같다. Borda 방법에 따른 순위 산정결과 서울이 가장 적절한 공업부지로 다수의 투표자에 의해 산정되었음을 알 수 있다.

표 6.32 점수 환산 결과

Voters	x_5	x_4	x_3	x_2	x_1	Score
서울	50		20	30		370
대전	20			50	30	230
대구		50			50	250
부산		50	30	20		330
울산	30		50		20	320

6.4.2 Condorcet 방법

Condorcet 방법은 1299년 Ramon Llull에 의해 개발되었으나 18세기 프랑스 수학자이자 철학자인 Marquis de Condorcet에 의해 Condorcet이란 이름으로 불리게 되었다. 이 방법에 의하면 Condorcet winner는 일련의 쌍대 경쟁에서 모든 다른 대안들을 제압하는 한 대안이 있다 (McLean, 1990). 예를 들어 대안 $A_i(i=1,2,\cdots,m)$가 의사결정자 $DM_K(K=1,2,\cdots,n)$에 의해 부여 받은 순위를 R_i^K라 할 때 표 6.33과 같이 (R_i^K, R_j^K)의 쌍대비교 행렬을 정의한다 $(j=1,2,\cdots m)$. 쌍별 비교에서 이기면 1을, 지면 0을 부여 받게 된다. 동일하게 모든 DM에 대한 쌍별 비교를 실시하여 A_i의 순위가 A_j의 순위에 대해 과반수 이기면 표와 같이 1을 부여 받게 되고 반대로 과반수가 안 되면 0을 받게 된다. 최종적으로 가장 많이 승리한($\sum W$가 가장 큰) 대안이 1위를 하게 된다.

표 6.33 Condorcet 행렬의 예

DM_K		R_1^K	R_2^K	$\cdots$	R_m^K
A_1	R_1^K	-	1	$\cdots$	0
A_2	R_2^K	0	-	$\cdots$	1
$\vdots$	$\vdots$	$\cdots$	$\cdots$	-	$\cdots$
A_m	R_m^K	1	0	$\cdots$	-

6.4.3 Copeland 방법

Condorcet 방법은 최종 산정된 순위가 순환하여 가장 선호되는 대안이 발생하지 않는 "Condorcet paradox"가 발생할 수 있는데 이러한 문제를 해결하기 위하여 Copeland 방법이 제안되었다. Copeland 방법은 Condorcet 방법과 같은 행렬을 사용하는데 차이점은 표 6.34와 같이 각 대안이 쌍별 비교에서 이긴 횟수($\sum W$)에서 진 횟수($\sum L$)의 차이를 계산하여 가장 큰 값을 가지는 대안이 선택된다. 비록 Borda 방법보다 더 많은 계산 소요가 필요하지만 "Condorcet paradox"를 해결할 수 있는 장점이 있으며, Borda와 Condorcet 방법의 장점을 결합한 방법이다.

표 6.34 Copeland 행렬 예

DM_K	A_1	A_2	$\cdots$	A_m	$\sum W$
A_1	-	0	$\cdots$	1	3
A_2	0	-	$\cdots$	1	5
$\vdots$		$\cdots$	-	$\cdots$	$\cdots$
A_m	1	0	$\cdots$	-	4
$\sum L$	1	4	$\cdots$	5	
$\sum W - \sum L$	2	1	$\cdots$	-1	

Borda 방법의 적용 예시에서 해당 지역별 순위를 산정하였다. 그 결과를 바탕으로 각 지역간의 쌍대비교를 실시하며, 예를 들어 서울과 대전의 비교 결과 표 6.35와 같다. 투표자 50명과

30명에서는 서울이 대전보다 더 좋은 순위이므로 50점과 30점을 부여하고 대전은 투표자가 20명에서 순위가 서울보다 더 높으므로 20점을 부여한다. Cordocet 방법 적용을 위한 각 지역별 쌍대비교 실시한 결과 표 6.36과 같으며 결과는 가장 많은 점수를 획득한 서울이 적절한 부지임을 알 수 있다. Corpeland 방법 역시 쌍대비교 실시를 바탕으로 한 이긴 횟수와 진 회수의 차를 산정한 결과 표 6.37과 같으며, 그 결과 서울이 적절한 부지임을 알 수 있다.

표 6.35 쌍대비교 결과

서울	대전
50	0
30	0
0	20
80	20

표 6.36 Condorcet 방법 적용 결과

	서울	대전	대구	부산	울산	합계
서울	-	1	1	1	1	4
대전	0	-	1	0	0	1
대구	1	0	-	1	1	2
부산	0	1	1	-	1	3
울산	0	1	1	0	-	2

표 6.37 Copeland 방법 적용 결과

	서울	대전	대구	부산	울산	$\sum W$
서울	-	1	1	1	1	4
대전	0	-	1	0	0	1
대구	1	0	-	1	1	2
부산	0	1	1	-	1	1
울산	0	1	1	0	-	2
$\sum L$	1	3	4	2	3	
$\sum W - \sum L$	3	−2	−2	−1	−1	

6.5 완전 불확실성 하에서의 의사결정

완전 불확실성 하의 상태에서의 안정적인 최적 의사결정을 위해 사용되는 방법에 대한 연구는 경영과학(operation research) 등의 분야에서 그 동안 지속적으로 연구되어 왔다. 그러나 아직 수자원 분야뿐만 아니라 다양한 응용분야에서도 적절한 이론 및 적용 체계가 수립되어지지 않았다. Dessai(2005)는 수자원 분야에서는 확률로부터 불확실성이 정량화 될 수 없다는 가정 하에 기후변화 적응 전략을 의사결정 이론을 사용하여 평가하였다. Lempert and Groves(2010)는 기후변화가 예상되는 미래의 모든 가능한 시나리오에 대하여 비교적 불확실성이 낮은 전략을 도출하여 적용해야 한다고 제안했다. 즉 불확실성에 대하여 적응전략의 평가치가 수많은 기후변화 시나리오에 대해 둔감(insensitive)해야 한다는 개념이다. Dessai(2005)와 Dessai and Hulme (2007)은 영국의 동부지역을 대상으로 민감도 분석을 시행해 적응전략의 효과를 판단하는 평가 중에 민감하게 영향을 받는 변수를 파악하여 2030년 물 공급 계획에 대하여 의사결정 이론을 사용한 바 있다.

수자원 관리를 위한 다기준 의사결정기법의 적용에서 발생하는 불확실성은 최종 결정을 위해 매우 중요한 요소이다. 즉, '어느 대안이 다른 대안에 비해 가장 적합하고 지속가능할 것인가 또는 가장 안정적인(robust) 대안일 것인가'에 대한 명료한 대답을 유도할 수 있도록 적절한 의사결정 기법이 필요하다.

기후변화와 같이 불확실한 상황에서의 의사결정자들은 서로 다른 상태에서의 발생에 대한 확률을 추정할 수 없거나 발생확률에 대한 확신이 부족한 이유로 이러한 확률은 분석에 포함되지 않고 있다(UKCIP, 2003). 따라서 완전 불확실성하에서의 의사결정기법으로 상대적으로 불확실성이 낮은 대안의 선정을 위해서 일반적으로 다음 6가지 기법이 사용될 수 있다.

6.5.1 Maximin 방법

왈드기준(Wald's criterion)으로 불리기도 하는 방법으로 보편적인 의사결정기법으로서 각 대안의 기준에 대한 평가값 중에서 가장 적은 이득을 선정한 후 이들 중에서 가장 큰 평가값이 최적의 대안으로 선정된다. 이 방법은 비관적 또는 매우 신중한 성향의 의사결정 방법으로 알려져 있다. 표 6.38은 Maximin의 의사결정을 위한 예시를 나타낸다. 4개의 대안과 대안에 따른 평가값이 매트릭스로 구성되어 있다. Maximin은 대안별 최악의 평가값 중 최대값을 가지는 대안이 최적의 대안으로 선정되는 방법으로서 대안 A_3가 Maximin 기법에 대하여 최적의 대안으로 선정되었다.

표 6.38 Maximin 계산 결과

Alternative	Assessment value				Min	Rank
	DM_1	DM_2	DM_3	DM_4		
A_1	200	350	650	450	200	3
A_2	150	200	200	250	150	4
A_3	500	500	500	500	500	1
A_4	600	400	620	500	400	2

6.5.2 Maximax 방법

Maximin과는 다르게 각 대안의 기준에 대한 평가값 중에서 가장 큰 이득을 선정한 후 이들 중에서 가장 큰 평가값이 최적의 대안으로 선정된다. 이는 Maximin과는 반대되는 방법으로 낙관적 또는 긍정적 성향을 보이는 의사결정 방법이다. 표 6.39에서 각 대안 중 최고의 평가값 중에서 최고값을 가진 대안 A_1이 최적의 대안으로 선정되었다.

표 6.39 Maximax 계산 결과

Alternative	Assessment value				Max	Rank
	DM_1	DM_2	DM_3	DM_4		
A_1	200	350	650	450	650	1
A_2	150	200	200	250	250	4
A_3	500	500	500	500	500	3
A_4	600	400	620	500	620	2

6.5.3 Minimax regret 방법

새비지 기준(Savage's criterion)으로 사용하기도 하며 보수적인 입장의 의사결정기준이다. 각 의사결정자들의 의견을 반영한 가중치와 평가인자들을 이용하여 각 대안의 기준에 대한 평가값 중에서 선정된 최대값에서 각 평가값을 식 (6.43)을 이용하여 같이 뺀 최대기회 손실(opportunity loss) 중 최소인 값을 사용하여 최종적인 대안의 우선순위를 나타내는 방법이다(표 6.40).

$$R_{v_{ik}} = R_{\max_{ik}} - R_{ik} \tag{6.42}$$

$$R_i = \frac{1}{K}\sum_{k=1}^{K} R_{v_{ik}} \tag{6.43}$$

표 6.40 Minimax regret 계산 예

Alternative	Assessment value			
	DM_1	DM_2	DM_3	DM_4
A_1	200	350	650	450
A_2	150	200	200	250
A_3	500	500	500	500
A_4	600	400	620	500

Alternative	Regret				Max regret	Rank
	DM_1	DM_2	DM_3	DM_4		
A_1	400	150	0	50	400	3
A_2	450	300	450	250	450	4
A_3	100	0	150	0	150	2
A_4	0	100	30	0	100	1

6.5.4 Hurwicz 방법

각 대안의 기준에 대한 평가값 중 최대 이득을 취하는 평가값과 최소 이득을 취하는 평가값을 선정한 후 의사결정자에 의해 선정된 0과 1 사이의 α값을 최대 평가 값에 곱하고 1에서 α값을 뺀 값을 가장 작은 평가값에 곱하여 둘의 합이 가장 큰 대안을 최적의 대안으로 선정하는 의사결정기법이다. 또한 이 의사결정시법은 α값이 0일 경우에는 Maximin이고 1일 경우에는 Maximax이다. 따라서 α값은 의사결정자의 주관적인 판단으로 대안의 선택이 가능하게 된다. 표 6.41에서와 같은 의사결정을 할 경우를 예를 들면 α값을 0.3으로 선정하여 의사결정기법을 적용하면 다음과 같다.

Hurwicz기법을 적용하여 나타낸 결과 위와 같이 나타낼 수 있다. 이 중 최대값을 가지는 대안인 대안 A4가 최적의 대안으로 선정되었다. Hurwicz은 다른 의사결정기법과는 다르게 의사결정자에 의해 순위가 변할 수 있으므로 다양한 결과를 도출될 수 있다.

표 6.41 Hurwicz(α =0.3) 계산 예

Alternative	Assessment value				Max	Min	Hurwicz	Rank
	DM_1	DM_2	DM_3	DM_4				
A_1	200	350	650	450	650	200	335	3
A_2	150	200	200	250	250	150	180	4
A_3	500	500	500	500	500	500	500	1
A_4	600	400	620	500	620	400	466	2

6.5.5 Laplace 방법

Laplace 의사결정기법은 대안의 모든 평가값을 모두 사용하여 최적의 대안을 선정하는 방법이다. 각 대안의 상황 발생 확률을 동일하다고 가정하면 각 상황이 발생할 확률이 1/4이므로 각 대안의 기준에 대한 평가값을 모두 합하고 발생확률을 곱하여 대안의 우선순위를 결정한다. 표 6.42에서 나타나듯 대안 A_4가 최적의 대안으로 선정되었다.

표 6.42 Laplace 계산 예

Alternative	Assessment value			
	DM_1	DM_2	DM_3	DM_4
A_1	200	350	650	450
A_2	150	200	200	250
A_3	500	500	500	500
A_4	600	400	620	500

Alternative	Sum	Laplace	Rank
A_1	1650	413	3
A_2	800	200	4
A_3	2000	500	2
A_4	2120	530	1

6.5.6 Equal likelihood 방법

이 방법은 대안의 모든 평가값을 평균하여 최적의 대안을 산정하는 방법이다. Equal likelihood criterion은 모든 평가값을 고려하는 의사결정기법으로서 표 6.43과 같은 의사결정시 대안의 평가값 중 최대값을 선정한 후 최대값에서 대안의 평가값별로 빼주어 대안별 평균값 중 가장 작은 값이 최적의 대안으로 선정되는 기법이다. 표에서 나타나듯 대안 2가 최적의 대안으로 선정되었다.

표 6.43 Equal likelihood 계산 예

Alternative	Assessment value			
	DM_1	DM_2	DM_3	DM_4
A_1	200	350	650	450
A_2	150	200	200	250
A_3	500	500	500	500
A_4	600	400	620	500
Max	600	500	650	500

Alternative	Assessment value				Average	Rank
	DM_1	DM_2	DM_3	DM_4		
A_1	400	150	0	50	150	2
A_2	450	300	450	250	362.5	1
A_3	100	0	150	0	62.5	3
A_4	0	100	30	0	32.5	4

6.6 의사결정나무(Decision tree) 방법

의사결정나무(Decision tree)는 불확실한 장래에 직면한 인간의 의사결정은 불확실한 상황과 결정과의 결합에 의하여 여러 가지 결과를 가져온다. 가령, 공장 설비능력을 증설할 것인가 아니할 것인가의 결정은 제품수요가 고수준이냐 저수준이냐 하는 불확실한 상황에 의하여 이익액을 가져온다.

이와 같은 상황을 그림 6.7처럼 분기점의 도형으로 도식화한 것을 의사결정나무라 하는데, 결정이 갈라지는 분기점을 결정점이라고 하며 불확실한 사상이 갈라지는 분기점을 불확실점이라고 한다. 현실의 복잡한 의사결정의 문제는 이와 같은 결정점과 불확실점에서 많은 가지가 갈라지고, 또 분기점도 몇 단계에 걸쳐 연결되는 나뭇가지 그림으로 나타낼 수 있다. 불확실점인 각 분기점에 대해서는 각 사상이 일어나는 확률을 생각할 수 있고, 그것을 활용하여 각 불확실점에서의 기대이익이나 기대비용이 계산된다.

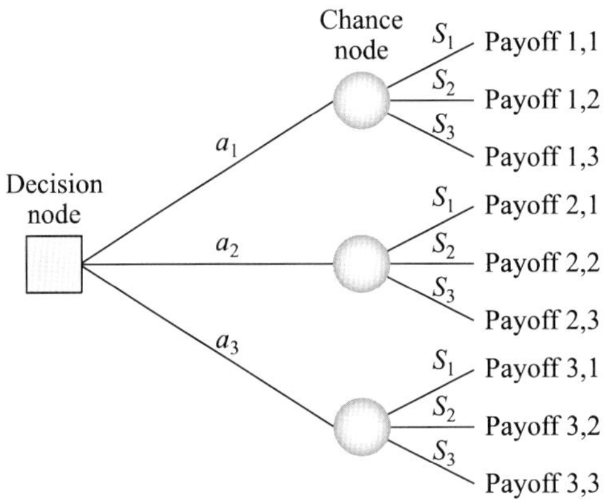

» **그림 6.7** 의사결정나무(decision tree)의 형식

의사결정나무는 사각형(squares), 원형(circles), 선(lines)으로 구성된다. 사각형은 의사결정 지점(decision points)을 의미하며 반면에 원형은 기회 사건(chance event)을 의미한다. 사각형으로부터 시작되는 선은 대안을 나타내며, 원형으로부터 시작되는 가지(branches)는 대안의 상태를 의미한다. Tree는 오른쪽에서 왼쪽으로 해석해야 한다.

의사결정나무는 꽤 간단히 도식화할 수 있는데 그림 6.8은 부동산 개발의 문제를 decision tree로 도식화 한 것이다. 특정한 대안을 선택할 경우 예상되는 기회비용(expected payoffs)은 오른쪽에 위치해 있다. 다음 단계는 각각의 기회비용별 가중치를 산정하는 것이다. 본 예제에서는 No center의 경우 0.2, Medium의 경우 0.5, Large의 경우 0.3의 가중치를 산정하였다.

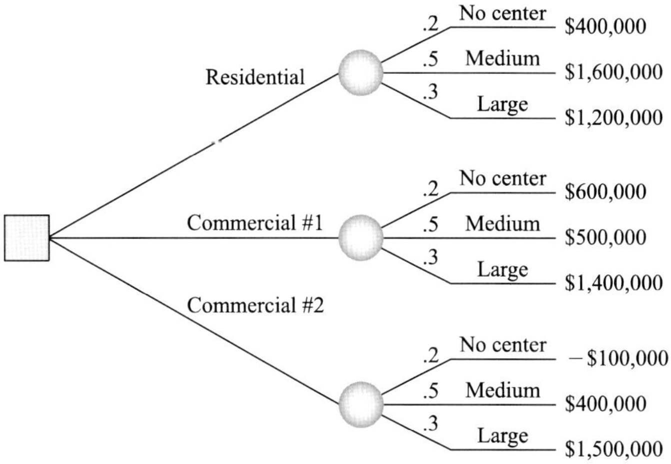

» **그림 6.8** 의사결정나무(decision tree)의 예

그림 6.9와 같이 각 기회 사건의 비용 산정을 통한 최종적인 대안을 선택하기 위해서 각 대안별 기회비용을 산정하였다. 산정결과 Residential을 목적으로 한 토지 개발이 이익 창출면에서 다른 두 대안보다 높으므로 최종적인 선택은 Residential 대안이다.

Residential : $0.2(400,000)+0.5(1,600,000)+0.3(1,200,000)=\$1,240,000$

Commercial #1 : $0.2(600,000)+0.5(500,000)+0.3(1,400,000)=\$790,000$

Commercial #2 : $0.2(-100,000)+0.5(400,000)+0.3(1,500,000)=\$630,000$

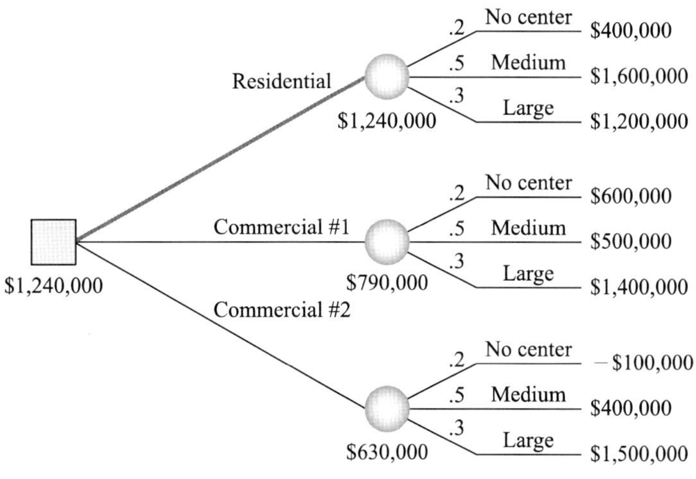

» **그림 6.9** 의사결정나무를 이용한 최종 대안 산정

이처럼 의사결정나무는 결정과 불확실 사상과의 연쇄로서 나타낼 수 있는 의사결정 문제의 분석 및 여러 단계의 복잡한 의사결정 과정에서 유용하게 사용하고 있다.

엑셀을 기반으로 개발된 의사결정나무 구축 프로그램, Tree Plan의 데모버전을 활용하여 의사결정나무를 작성하는 방법을 소개하면 다음과 같다. 절차는 다음과 같다.

① TreePlan.xla 파일을 컴퓨터 하드디스크에 복사한다.

② 엑셀의 도구 → 추가 기능 → TreePlan을 선택한다.

③ 엑셀의 도구 → Decision Tree → New Tree를 선택하면 아래 그림 6.10과 같이 의사결정나무가 생성된다.

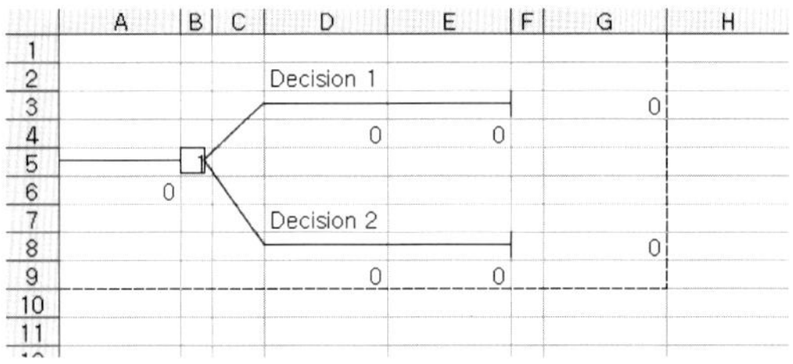

≫ **그림 6.10** 의사결정나무 생성

④ 본 예제는 3개의 change node로 구성되어 있다. 따라서 decision node를 클릭 → 도구 → Decision tree를 선택 → Add branch를 선택하면 그림 6.11과 같이 추가로 change node가 생성된다.

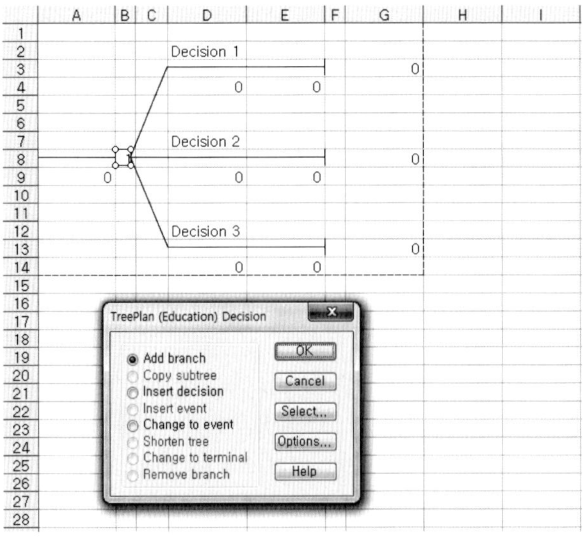

≫ **그림 6.11** Change node 추가

⑤ Change node인 3행 F열 클릭 → 도구→ Decision tree 클릭 → No center, Medium, Large 세부 기준이므로 Branches에서 3개 클릭

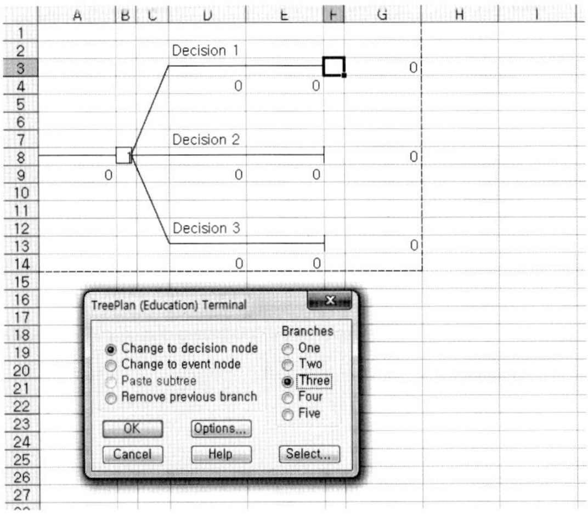

» **그림 6.12** Branch 생성 과정

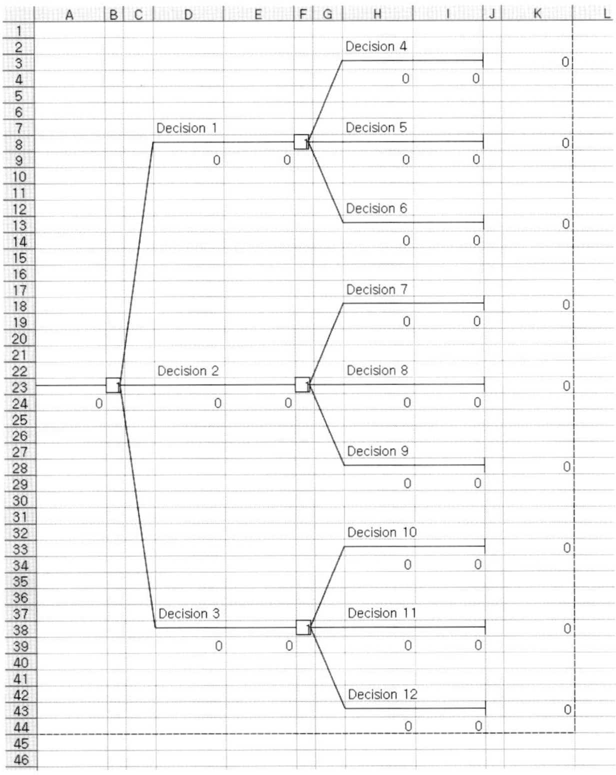

» **그림 6.13** Branch 생성 결과

⑥ 그림 6.14와 같이 각 대안별 평가값과 가중치를 넣어준다. 하지만 Decision tree의 경우 초기 상태에는 각 세부대안 중 최대값을 사용하므로 본 예제와는 맞지 않다. 따라서 각 대안의 가중치와 기대비용을 곱한 총 합을 sum 함수를 이용하여 E열을 계산한다.

Residential : =SUM((H1*K3),(H6*K8),(H11*K13))

Commercial #1 : =SUM((H16*K18),(H21*K23),(H26*K28))

Commercial #2 : =SUM((H31*K33),(H36*K38),(H41*K43))

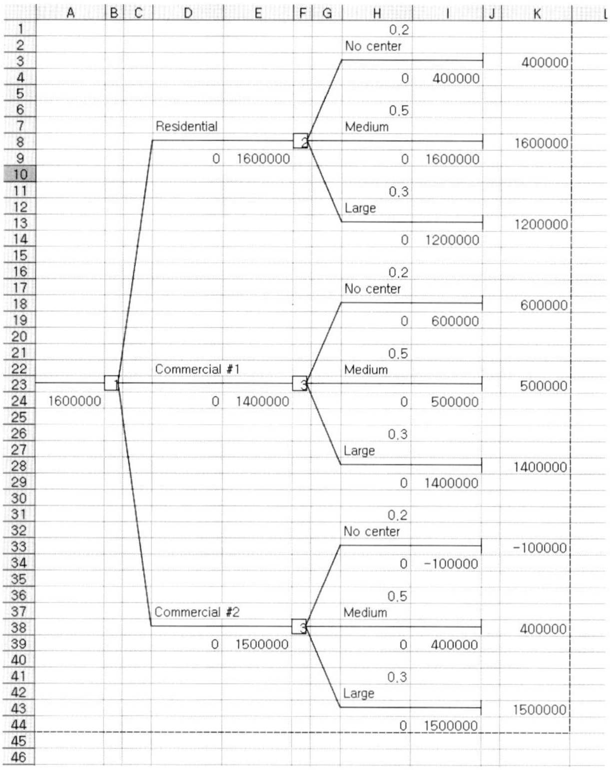

》 **그림 6.14** 기회비용 및 가중치 입력

⑦ 수식을 바꿔준 결과 우리가 다뤘던 예제와 마찬가지로 Residential을 목적으로 한 토지 개발이 이익 창출면에서 다른 두 대안보다 높으므로 최종적인 선택은 Residential 대안이다.

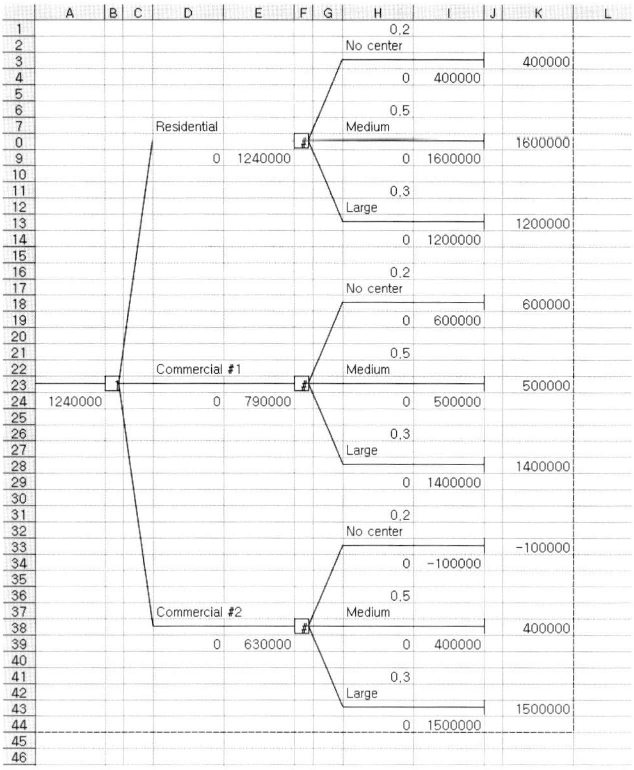

≫ **그림 6.15** 최종 결과

6.7 Fuzzy 다기준 의사결정기법

6.7.1 Fuzzy 개념

퍼지이론은 불확실성이 크고 애매모호한 문제를 다루기에 적합한 분야로 Zadeh(1965)에 의해 처음 소개되었고 Mamdani(1975)가 퍼지 알고리즘과 복잡한 시스템의 언어모델링을 이용하여 제어에 응용하면서 퍼지이론이 본격적으로 이용되기 시작하였다.

일반적으로 공학 분야에서 다루는 숫자는 명확한(crisp) 숫자이다. 가령 10이라면 정확히 10을 의미한다. 그런데 우리들 일상생활에서 쓰는 숫자는 이와 달리 정확하게 떨어지지 않는 대략 10 정도의 의미를 갖는 숫자도 있다. 수자원 공학 분야에서 사용되는 대부분의 숫자는 불확실성의 정도 차이가 있지만 이와 같은 의미를 가지고 있다. 특히, 모의하여 예측된 결과들은 대부분 이에 해당된다고 볼 수 있다.

퍼지숫자 10은 약 10을 의미하지만 10일 가능성이 가장 높고 10과 멀어질수록 상대적으로 가능성이 낮아진다. 이러한 퍼지숫자의 형태는 여러 가지가 있지만 그 중 삼각퍼지숫자(triangular fuzzy number, TFN)의 사용 빈도가 가장 높다. TFN은 세 개의 점으로 표현할 수 있기 때문에 가장 간편하며, TFN, $A=(l,m,u)$와 같이 표현될 수 있고 소속함수(membership function)의 값은 다음 식 (6.44)와 그림 6.16과 같이 정의될 수 있다.

$$\mu_A(x)=\begin{cases}\frac{1}{m-l}x-\frac{l}{m-l}, & \text{if } x\in[l,m]\\ \frac{1}{m-u}x-\frac{u}{m-u} & \text{if } x\in[m,u]\\ 0 & \text{if } x\in[0,l] \text{ or } [m,1]\end{cases} \tag{6.44}$$

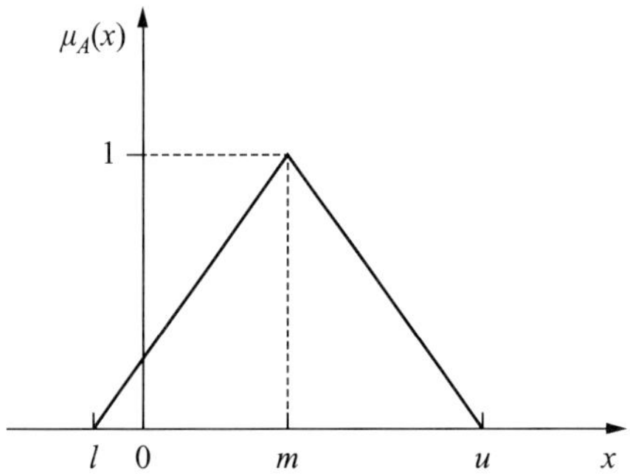

» **그림 6.16** 삼각퍼지수

TFN 이외에 사다리꼴, 사각형 퍼지숫자 등이 있다. 퍼지 소속 함수와 대부분의 다기준 의사결정기법들은 결합하여 사용가능하기 때문에 현재까지 WSM, AHP, TOPSIS 등과 함께 사용된 사례는 근래 매우 많다. 최근에는 MCDM 기법들이 가지고 있는 불확실성을 접근하기 위해 다양한 Fuzzy 이론들과 결합하여 새로운 기술이 개발되고 있다.

각 대안에 있어 TFN에 대한 순위를 선정하기 위해서는 정량적인 비교가 필요하다. 순위를 비교하기 위해서 TFN을 이용해 비퍼지화(defuzzication)를 수행해야 한다. 비퍼지화는 TFN의 명확한 수인 Best Nonfuzzy Performance(BNP) 값으로 나타낸다. 비퍼지화의 가장 보편적인 방법으로는 최대평균법, 중앙면적법, α-cut 방법 등이 있다(Zhao and Govind, 1991). 본 교재에서는 간단하고 개인의 판단을 요구하지 않는 중앙면적법을 소개한다. 중앙면적법은 다음 식 (6.45)로 나타낼 수 있다.

$$BNP_{ij}=[(u_{ij}-l_{ij})+(m_{ij}-l_{ij})]/3+l_{ij} \tag{6.45}$$

6.7.2 Fuzzy 다기준 의사결정기법 방법

MCDM 기법에서 사용되고 있는 가중치나 평가치에 대한 불확실성이 내재되고 있기 때문에 최근에는 퍼지이론 중 Fuzzy 숫자와 MCDM 기법들을 결합하여 사용한 사례가 많아졌다. Raj and Kumar(1998)는 퍼지숫자 개념을 이용하여 유역 계획 수립에 MCDM 기법을 사용하여 사업의 우선순위를 제시한 바 있고, Gupta 등(2000)은 관계용수 공급계획 수립을 위해 작물의 종류를 선택하는 MCDM 문제에 퍼지 선형계획법을 사용한 바 있다. Hajkowicz and Collins(2007)는 물관리 연구에 적용된 많은 의사결정 기법들을 조사하였고 그 결과 각 지표들의 입력자료와 가중치의 불확실성을 해소하기 위해 MCDM에 퍼지개념을 결합하였으며 특히 TOPSIS 기법이 가장 많이 사용되었다고 보고한 바 있다. Ashtian 등(2009)은 지표의 가중치를 결정할 때 발생하는 불확실성을 해소하기 위해 구간 값을 이용한 Fuzzy TOPSIS 모형을 제안한 바 있다. Alipour 등(2010)은 취수 지점을 선택하기 위해 다섯 개의 후보지를 대상으로 8개의 선택기준에 대해 Fuzzy MCDM 기법을 적용한 바 있고, Afshar 등(2011)과 Krohling and Campanharo(2011)는 Fuzzy TOPSIS 방법을 이용하여 최적 위치선정 문제와 댐 운영 방안 수립 문제를 접근하였고 Kaya and Kahraman(2011)은 숲 관리를 위한 의사결정을 위해 VIKOR 방법과 AHP 방법을 결합한 Fuzzy 기법을 이용하였다. SoltanPanah 등(2011)은 기존의 MCDM은 불확실성 문제를 해결할 수 없으며 MCDM에 퍼지 이론을 결합함으로써 좀 더 정확한 결과를 얻을 수 있다고 하였고 대형교량들의 취약성 지수를 산정하기 위해 Fuzzy TOPSIS를 적용한 바 있다. Farajzadeh 등(2011)은 지진에 대한 취약성 지수를 산정하는데 선정된 지표들의 불확실성 때문에 퍼지수를 결합한 Fuzzy TOPSIS 모델을 개발한 바 있다. Yazdani 등(2012)은 중요한 사회기반시설의 취약성 지수를 산정하는데 문제 자체가 복잡하고 고유의 불확실성 때문에 각 기준의 가중치를 정하는데 있어 Fuzzy TOPSIS를 사용한 바 있다.

국내외 대부분의 연구에서는 소수의 일반적인 MCDM 기법들을 적용해서 도출한 결과를 제시하였으나 이럴 경우 결과에 대한 불확실성이 매우 높다. 특히 적용된 기법들 별로 다른 결과가 유도될 수 있으므로 적절한 MCDM 기법의 결정은 쉽지 않은 문제이다. 따라서 본 교재에서는 퍼지 가중합계법, 퍼지 계층화분석기법, 퍼지 수정계층화분석기법, 퍼지 TOPSIS 기법은 앞서 설명한 개념에 퍼지수를 추가하는 개념으로 간단히 설명하도록 하겠다.

1. 퍼지 가중합계법 (Fuzzy Simple Additive Method, Fuzzy SAW)

퍼지 가중합계법은 다음 식 (6.46)과 같이 삼각퍼지수 $\widehat{a_{ij}}$, $\widehat{w_j}$를 이용하여 계산할 수 있다.

$$\hat{P}(i) = \sum_{j=1}^{n} \widehat{a_{ij}} \widehat{w_j}, \quad (\text{단}, \ i = 1, 2, 3, ..., m) \tag{6.46}$$

여기서, $P(i)$는 MCDM으로 산정한 대안 i의 평가값이며 a_{ij}는 대안 i의 기준 j에 대한 표준화된(normalized) 값이고 w_j는 기준 j에 대한 가중치이다.

2. 퍼지 계층화분석과정 (Fuzzy Analytic Hierarchy Process, Fuzzy AHP)

퍼지 계층화분석과정은 다음 식 (6.47)과 같이 삼각퍼지수 $\widehat{a_{ij}}$, $\widehat{w_j}$를 이용하여 계산할 수 있다.

$$\hat{P}(i) = \sum_{j=1}^{n} \left(\frac{\widehat{a_{ij}}}{\sum_{k=1}^{m} \widehat{a_{kj}}} \right) \widehat{w_j} \tag{6.47}$$

3. 퍼지 수정계층화분석과정 (Fuzzy Revised AHP, Fuzzy R-AHP)

Belton and Gear(1983)에 의해 개발된 수정 AHP 방법(R-AHP)은 다음 식 (6.48)과 같이 기존의 AHP 방법에 존재하는 순위 불일치성(inconsistency)에 대해 일부 개선하도록 제시되었다. 즉 표준화를 위해 기존 AHP는 평가 기준별 대안들의 값의 합으로 나눈데 반해 수정 AHP는 평가 기준별 대안들의 값들 중 최고값으로 나누는 방법을 사용하였다. 따라서 각 기준에 대해 적어도 하나의 대안은 항상 1이 존재한다.

$$P(i) = \sum_{j=1}^{n} \left(\frac{a_{ij}}{\max\limits_{k} \ a_{kj}} \right) w_j \tag{6.48}$$

퍼지 수정계층화분석과정은 다음 식 (6.49)와 같이 삼각퍼지수 $\widehat{a_{ij}}$, $\widehat{w_j}$를 이용하여 계산할 수 있다.

$$\hat{P}(i) = \sum_{j=1}^{n} \left(\frac{\widehat{a_{ij}}}{\max\limits_{k} \ \widehat{a_{kj}}} \right) \widehat{w_j} \tag{6.49}$$

4. Fuzzy TOPSIS

TFN을 TOPSIS에 적용하기 위해 TFN의 서로 다른 축척을 TFN의 성질을 유지하면서 비교 가능한 축척으로 표준화해야 한다. 표준화된 퍼지 행렬 $\widetilde{R}$은 식 (6.50)과 같이 나타낼 수 있다.

$$\widetilde{R} = [\widetilde{r_{ij}}], \quad \begin{matrix} (i = 1, 2, \dots, m) \\ (j = 1, 2, \dots, n) \end{matrix} \tag{6.50}$$

여기서, $\tilde{r}$은 표준화된 TFN을 의미하며 i는 각 지자체, j는 각 속성의 개수를 의미한다. 또한 식 (6.51), 식 (6.52), 식 (6.53), 식 (6.54)의 B와 C는 각 편익기준(측정치가 클수록 더 선호되는 기준)과 비용기준(측정치가 작을수록 더 선호되는 기준)의 집합이다.

$$c_j^* = \max_i \ c_{ij}, \qquad \text{if } j \in B \tag{6.51}$$

$$\widetilde{r_{ij}} = \left(\frac{a_{ij}}{c_j^*}, \frac{b_{ij}}{c_j^*}, \frac{c_{ij}}{c_j^*} \right), \qquad \text{if } j \in B \tag{6.52}$$

$$a_j^* = \min_i \ a_{ij}, \qquad \text{if } j \in C \tag{6.53}$$

$$\widetilde{r_{ij}} = \left(\frac{a_j^*}{c_{ij}}, \frac{a_j^*}{b_{ij}}, \frac{a_j^*}{a_{ij}} \right), \qquad \text{if } j \in C \tag{6.54}$$

여기서, $\widetilde{r_{ij}} = (\alpha_{ij}, \beta_{ij}, \gamma_{ij})$라 할 때 표준화된 퍼지 행렬 $\widetilde{R}$로부터 퍼지 양의 이상적인 해(Fuzzy Positive Ideal Solution, FPIS)와 퍼지 음의 이상적인 해(Fuzzy Negative Ideal Solution, FNIS)는 식 (6.55)와 같이 정의된다.

$$A+ \ = \widetilde{v_1^+}, \widetilde{v_2^+}, \cdots \widetilde{v_n^+} \quad \text{또는} \quad A- \ = \widetilde{v_1^-}, \widetilde{v_2^-}, \cdots \widetilde{v_n^-} \tag{6.55}$$

여기서, $\widetilde{v_j^+} = (v_j^+, v_j^+, v_j^+)$, $\widetilde{v_j^-} = (v_j^-, v_j^-, v_j^-)$이고, $v_j^+ = \max_i \ \gamma_{ij}$, $v_j^- = \min_i \ \alpha_{ij}$이다.

$A+$, $A-$와 각 대안(i)과의 거리는 식 (6.56)과 같이 TFN $\widetilde{m} = (m_1, m_2, m_3)$과 TFN $\widetilde{n} = (n_1, n_2, n_3)$의 거리를 구하는 방법으로 계산할 수 있다. 또한 $A+$와 $A-$로부터 각 대안(i)과의 간격 d_i^+와 d_i^-은 식 (6.57)과 식 (6.58)을 이용해 유도할 수 있으며 각 대안의 상대적 근접도 계수(Relative Closeness), RC는 식 (6.59)를 이용해서 도출할 수 있다.

$$d(\widetilde{m}, \widetilde{n}) = \sqrt{\frac{1}{3}[(m_1 - n_1)^2 + (m_2 - n_2)^2 + (m_3 - n_3)^2]} \tag{6.56}$$

$$d_i^+ = \sum_{j=1}^{n} d(\widetilde{r_{ij}}, \widetilde{v_j^+}) \tag{6.57}$$

$$d_i^- = \sum_{j=1}^{n} d(\widetilde{r_{ij}}, \widetilde{v_j^-}) \tag{6.58}$$

$$RC_i = \frac{d_i^-}{(d_i^+ + d_i^-)} \tag{6.59}$$

연습문제

6.1 다음 표와 같이 각 평가 기준에 대한 대안별 평가값의 경우 취약성에 대해 1은 최악(worst)을 10은 최고(best)를 의미하며, 1부터 5까지는 취약성에 부정적인 영향을 6부터 10까지는 취약성에 긍정적인 영향을 끼친다는 가정 하에 본 교재에서 제시한 정규화 방법을 이용하여 정규화를 실시해보자.

	Climate exposure	Sensitivity	Adaptive capacity
Seoul	7	3	10
Pusan	5	7	8
Incheon	4	8	8
Daegu	6	4	5
Ulsan	9	2	4
Daejeon	10	9	3

(1) 비율 정규화

(2) 비중 정규화

(3) 범위 정규화

6.2 앞선 문제에서 정규화를 실시하였다. 비율 정규화 방법을 바탕으로 가중치 산정 방법에 따른 SAW 방법과 TOPSIS 방법을 이용하여 6개 도시에 대한 취약성 순위를 도출해보자.

(1) 균등 가중치

(2) 엔트로피(Entropy) 가중치

6.3 어느 한 의사결정자는 스테레오 시스템을 구입하기 위한 평가 기준을 가격(price), 소리(sound), 옵션(option)으로 구분하였다. 아래의 표는 각 평가 기준별 쌍대비교(pairwise comparison)한 결과이다. 이를 이용하여 AHP 방법을 적용하여 가중치를 산정해보자.

Criterion	Price	Sound	Option
Price	1	3	4
Sound	1/3	1	3
Option	1/4	1/3	1

6.4 정부는 서울 내에 부지 개발을 위한 각 분야의 전문가 100명을 대상으로 투표를 실시하였으며 실시결과 아래의 표와 같다. 이를 이용하여 그룹의사결정기법을 이용하여 최적의 대안을 선택해보자.

Voters	40	35	25
1st	강남구	영등포구	노원구
2nd	용산구	강북구	용산구
3rd	노원구	강남구	영등포구
4th	영등포구	노원구	강북구
5th	강북구	용산구	강남구

(1) Borda

(2) Condorcet

(3) Copeland

6.5 아래는 이익표(profit payoff table)가 주어졌다. 각 대안에 따라 아래 5가지의 의사결정기법을 이용하여 최적의 대안을 산정해보자.

Profit payoff		State of Nature		
		#1	#2	#3
Alternative	a	12	18	15
	b	17	10	14
	c	22	16	10
	d	14	14	14

(1) Maximax

(2) Maximin

(3) Minimax regret

(4) Equal likelihood

(5) The Hurwicz criterion with $\alpha = 0.40$

6.6 각 대안에 따른 가중치 및 예상 이익은 아래의 표와 같으며, 신제품 개발에 따른 의사결정 나무(decision tree)를 그린 후 최적의 대안을 선택해보자.

신제품 개발	가중치	기대 수익
소규모 투자	0.3	70,000,000
중규모 투자	0.4	50,000,000
대규모 투자	0.3	30,000,000

기존제품	가중치	기대 수익
기존제품 강화	0.6	40,000,000
기존제품 유지	0.4	10,000,000

6.7 의사결정자는 이사를 위해 최적의 장소를 선택해야 하는 가장이라고 가정한다. 이사할 장소를 선택하기 위한 4가지 기준이 있다. 그 기준은 가격, 교통 접근성, 평수, 외관 및 내관 디자인이 있다. 의사결정자는 해당 기준별로 중요도의 간격을 나눴으며, 가장 중요한 기준은 가격이며, 그 다음은 교통 접근성, 평수이고 외관 및 내관 디자인은 마지막으로 산정하였다. 결론적으로 가격이 낮고, 교통 접근성이 좋으며, 평수가 크고, 디자인이 예쁜 장소를 선택하기 위함이다. 대안은 총 7개이며, 조건에 따른 점수는 표와 같이 선정하였다. 본 교재에서 제시한 ELECTRE 방법을 적용하여 최적의 장소를 선택해보자.

기준별 선호도 분류

Criteria	Levels	Code
$i=1$; 가격	Less than 2700	25
	From 2800 to 3200	30
	From 3300 to 3700	35
	From 3800 to 4200	40
	From 4300 to 4700	45
$i=2$; 교통 접근성	High	H
	Medium	M
	Low	L
$i=3$; 평수	Big	B
	Small	S
$i=4$; 디자인	Beautiful	B
	Acceptable	A

대안별 점수 산정

Type	노원구	강남구	용산구	광진구	송파구	동대문구	종로구
가격	30	45	45	35	45	45	40
교통 접근성	L	H	M	M	H	M	M
평수	B	S	S	B	S	B	S
디자인	B	A	B	A	A	B	A

평가 기준별 점수 배분

Criteria	Levels	Code	Allocation of points
$i=1$; 가격	Less than 2700	25	100
	From 2800 to 3200	30	80
	From 3300 to 3700	35	60
	From 3800 to 4200	40	40
	From 4300 to 4700	45	20
$i=2$; 교통 접근성	High	H	60
	Medium	M	40
	Low	L	20
$i=3$; 평수	Big	B	50
	Small	S	25
$i=4$; 디자인	Beautiful	B	40
	Acceptable	A	20

참고문헌

노승용. (2006). “델파이 기법: 전문적 통찰로 미래예측하기.” 국토연구원.

정은성. (2007). “다기준 의사결정기법을 이용한 지속가능한 유역통합관리.” 서울대학교, 박사학위논문.

Afshar, A., Marino, M.A., Saadatpour, M., and Afshar, A. (2011). “Fuzzy TOPSIS multi-criteria decision analysis applied to Karun reservoirs system.” *Water Resources Management*, Vol. 25, No. 2, pp. 545-563.

Ashitian, B., Haghighirad, F., Makui, A., and Montazer, GA (2009). “Extension of fuzzy TOPSIS method based on interval-valued fuzzy sets.” *Applied Soft Computing*, Vol. 9, pp. 457-461.

Bardossy, A., and Bogardi, I. (1983). “Network design for the spatial estimation of environmental variables.” *Applied Mathematics and Computation*, Vol. 12, pp. 339～369.

Belton, V., and Gear, T. (1983). “On a short-coming of Saaty’s method of analytic hierarchies.” *Omega*, pp. 228-230.

Benayoun, R., Roy, B., and Sussman, B. (1966). “*ELECTRE: Use method pour guider le choixen presence de points de vue multiples*.” Direction Scientifique, Note de Travail, No. 49. Paris, France.

Choi, H.I., Park, S.Y., Song, J.H., and Park, M.J. (2013). “Identification of flood risk areas using a multi-criteria decision making method.” *Journal of KOSHAM*, Vol. 13(2), pp. 237-243.

Chung, E.S., Hong, W.P., Lee, K.S., Burian, S. (2011). “Integrated use of a continuous simulation model and multi-attribute decision making for ranking urban watershed management alternatives.” *Water Resources Management*, Vol. 25, No. 2, pp. 641-659.

Chung, E.S., Won, K.J., Kim, Y.J., and Lee, H.S. (2014). “Water resources vulnerability characteristics by district's population size in a changing climate using subjective and objective weights.” *Sustainability*, Vol. 6, pp. 6141-6157.

Copeland, A.H. (1951). “*A reasonable social welfare function*.” *Seminar on Applications of Mathematics to Social Sciences*, University of Michigan, Ann Arbor.

Dağ, S. and Önder, E. (2013). “Decision-making for facility location using VIKOR method.” *Journal of International Scientific Publication*, Vol. 7, pp. 308-330.

Dessai, S. (2005). “*Robust adaptation decisions amid climate change uncertainties*.” Ph.D. thesis, University of East Anglia. Norwich, England.

Dessai, S., and Hulme, M. (2007). “Assessing the robustness of adaptation decisions to climate change uncertainties: A case study on water resources management in the East of England.” *Global Environmental change*, Vol. 17, No. 1, pp. 59-72.

Elshorbagy, A. (2006). “Multicriterion decision analysis approach to assess the utility of watershed modeling for management decisions.” *Water Resources Research*, Vol. 42, W9407.

Farajzadeh, M., Ahadnezhad, M., and Amini, J. (2011). “The vulnerability assessment of urban housing in earthquake against (A case study: 9th district of Tehran municipality).” *Urban-Regional Studies and Research Journal*, Vol. 3, No. 9, pp. 19-36.

Ganoulis, J. (2003). “Evaluating alternative strategies for wastewater recycling and reuse in the Mediterranean area." *Water Science and Technology: Water Supply*, Vol. 3, No. 4, pp. 11-19.

Gupta, A.P., Harboe, R., and Tabucanon, M.T. (2000). "Fuzzy multiple-criteria decision making for crop area planning in Narmada river basin." *Agricultural Systems*, Vol. 64, pp. 1-18.

Hagemeister, M.E., Jones, D.D., and Woldt, W.E. (1995). "Hazard ranking of landfills using fuzzy composite programming." *Journal of Environmental Engineering*, ASCE, Vol. 122, No. 4, pp. 248-258.

Hajkowicz, S., and Collins, K. (2007). "A review of multiple criteria analysis for water resource planning and management." *Water Resources Management*, Vol. 21, No. 9, pp. 1553-1566.

Hartmann L., Torno C., Bogardi, I.,, and Higler L. (1987). *Methodological Guidelines for the Integrated Environmental Evaluation of Water Resources Development*. Unep/Unesco Project FP/5201-85-01, Paris.

Huang, J.J., Tzeng, G. H. and Liu. (2009). "A Revised VIKOR Model for Multiple Criteria Decision Making - The Perspective of Regret Theory" *Communications in Computer and Information Science*, Vol. 35, No. 11, pp. 761-768.

Hwang, C.L., and Yoon, K.S. (1981). Multiple Attribute Decision-Making: Methods and Applications. *Springer*, Berlin Heidelberg.

Istvan B., and Andras B. (2003). *Quick User Guide*: JESEW. Delft University of Technology.

Kaya, T., and Kahraman, C. (2011). "Fuzzy multiple criteria forestry decision making based on an integrated VIKOR and AHP approach." *Expert Systems with Applications*, Vol. 38, No. 6, pp. 7326-7333.

Keeny, R.L., and Raiffa, H. (1993). *Decisions with Multiple Objectives: preference and alue trade-offs*.

Kim, W.G., Lee, G.M., Park. D.H. (2006). "Investment ranking decision using MCDA in dam projects." *Journal of Korea Water Resources Association*, Vol. 39, No. 12, pp. 1067-1080.

Kim, Y.J., and Chung, E.S. (2013). "Assessing climate change vulnerability with group multi-criteria decision making approaches." *Climate Change*, Vol. 121, pp. 301-315.

Ko, S.K., Lee, K.M., Ko, I.H. (1992). "Comparative evaluation of multipurpose reservoir operating rules using multicriterion decision analysis techniques." *Journal of Korea Water Resources Association*, Vol. 25, No. 1, pp. 83-92.

Krohling, R.A., and Campanharo, V.C. (2011). "Fuzzy TOPSIS for group decision making: A case study for accidents with oil spill in the sea." *Expert Systems with Applications*, Vol. 38, pp. 4190-4197.

Lee, J.H., Jun, H.D., Park, M.J., and Jung, J.H. (2011). "Flash flodd risk assessment using PROMETHEE and Entropy method." *J. KOHAM*, Vol. 11(3), pp. 151-156.

Lee, Y.W., Bogardi, I., and Stansbury, J. (1991). "Fuzzy decision making in dredged-material management." *Journal of Environmental Engineering*, ASCE, Vol. 117, No. 5, pp. 614-630.

Lempert, R.J., and Groves, D.G. (2010). "Identifying and evaluating robust adaptive policy responses to climate change for water management agencies in the American West." *Technological Forecasting & Social Change*, Vol. 77, pp. 960-974.

Levy, J.K., Hartmann, J., Li, K.W., An, Y., and Asgary, A. (2007). "Multi-criteria decision support systems for flood hazard mitigation and emergency response in urban watersheds." *Journal of the American Water Resources Association*, Vol. 43, No. 2, 346-358.

Lim, K., and Lee D.R. (2009). The spatial MCDA approach for evaluating flood damage reduction alternatives. *KSCE Journal of Civil Engineering*, Vol. 13, No. 5, pp. 359-369.

Mamdani, E.H., and Assilian, S. (1975). "An experiment in linguistic synthesis with a fuzzy logic controller." *International Journal of Man-Machine Studies*, Vol. 7, No. 1, pp. 1-13.

McLean, I., (1990). "The borda and condorcet principles: Three medieval applications." *Social Choice and*

Welfare, Vol. 7, No. 2, pp. 99-108.

Mintzberg, H. (1975). *The nature of managerial work*, Harper & Row, New York.

Opricovic, S. and Tzeng, G.H. (2004). “Compromise solution by MCDM methods:A comparative analysis of VIKOR and TOPSIS.” *European Journal of Operational Research*, Vol. 156, No. 2, pp. 445-455.

Raj, P.A., and Kumar, D.N. (1998). “*Ranking multi-criterion river basin planning alternatives using fuzzy numbers*.” Fuzzy Sets and Systems, Vol. 100, pp. 89-99.

Raju, K.S., Duckstein, L., and Arondel, C. (2000). “Multicriterion analysis for sustainable water resources planning: A case study in Spain.” *Water Resources Management*, Vol. 14, pp. 435-456.

Roy, B., and Bertier, B, (1971). *A Classification of Natural Rivers*. Centena22, pp. 169-199.

Roy, B. (1971). “Problems aF1)ling method for priorities in hierarchical structures.” *Journal of Mathematical Psychology*, Vol. 15, pp. 234-281.

Satty, T.L. (1980). *The Analytic Hierarchy Process*. McGraw-Hill, New York.

Shannon, C.E. and Weaver, W. (1949). “*The Mathematical Theory of Communication*.” University of Illinois Press, London and New York.

Simon, H. A. (1957). *Models of man, Wiley*, New York.

SoltanPanah, H., Farughi, H., and Heshami, S. (2011). “Ranking repair and maintenance projects of large bridges in Kurdestan province using fuzzy TOPSIS method.” *Journal of American Science*, Vol. 7, No. 6, pp. 227-223.

Srdjevic, B., Medeiros, Y.D.P., and Faria, A.S. (2004). “An objective multi-criteria evaluation of water management scenarios.” *Water Resources Management*, Vol. 18, pp. 35-54.

Tzeng, G.H., Teng, M.H., Chen, J.J. and Opricovic, S. (2002a). “Multicriteria Selection for A Restaurant Location in Taipei.” *International Journal of Hospitality Management*, Vol. 21, pp. 171-187.

Tzeng, G.H., Tsaur, S.H., Laiw, Y.D. and Opricovic, S. (2002b). “Multicriteria analysis of environmental quality in Taipei: Public preferences and improvement strategies.” *Journal of Environmental Management*, Vol. 65, No. 2, pp. 109-120.

Tzeng, G.H. and Opricovic, S. (2002). “A comparative analysis of the DEA-CCR model and the VIKOR method.” *Yugoslav Journal of Operations Research*, Vol. 18, pp. 187-203.

United Kingdom Climate Impacts Programme (2003). *Climate adaptation: risk, Uncertainty and Decision-making*, United Kingdom Climate Impacts Programme.

Won, K.J, Chung, E.S, Kim, Y.J and Hong, I.P. (2014). “Assessment of water resources vulnerability index by nation.” *Journal of KWRA*, Vol. 47(2), pp. 183~194.

William, G. L. (1978). “Strategic voting and the borda method.” *Public Choice*, Vol. 33, No. 1, pp. 85-90.

Yazdani, M., Alidoosti, A., and Basiri, M. H. (2012). “Risk analysis for critical infrastructures using fuzzy topsis.” *Journal of Management Research*, Vol. 4, No. 1, pp. 1-19.

Zardari, N.H., Cordery, I., and Sharma, A. (2010). “An objective multiattribute analysis approach for allocation of scarce irrigation water resources.” *Journal of the American Water Resources Association*, Vol. 46, No. 2, pp. 412-428.

Zeleny, M. (1973). *Compromise Programming in Multiple Criteria Decision Making*. edited by J. L.Cocchrane and M. Zeleny, pp. 262–301, Univ. S. C. Press, Columbia.

Zhao, R., and Govind, R. (1991). Algebraic characteristics of extended fuzzy number. *Information Science*, 54, 103-130.

Chapter 07

도시홍수의 발생원인 및 저감을 위한 비구조물적 계획

7.1 서론

최근 들어 우리나라에서는 지구온난화에 따른 태풍 및 집중호우에 의한 하천범람 및 침수 등으로 인명 및 재산의 피해가 급증하고 있다. 특히 한반도의 경우 몬순기후에 속하고 있어 강우가 여름철에 집중되는 기상학적 특성과 짧은 하천의 유로 및 급한 하상 경사와 같은 지형학적인 특성으로 인해 홍수재해로 인한 피해가 증가되고 있는 실정이며, 이를 해결하기 위한 다양한 치수대책이 마련 중에 있다. 또한 우리나라는 과거 급격한 산업화 및 도시화로 인하여 도시라는 공간이 가지고 있는 경제·사회·문화적 가치도 과거와는 달리 매우 빠른 속도로 높아졌다는 특성을 가지고 있다. 따라서 도시라는 공간에 축적된 국가의 자산을 홍수 또는 침수 등의 자연재해로부터 안전하게 보호함으로써 그간 축적된 국가의 자산을 보존하고 이를 바탕으로 새로운 가치를 창조해야 한다는 요구가 과거 그 어느 때보다도 절실히 요구되고 있다.

증가되고 있는 홍수피해를 저감시키기 위한 치수대책은 구조물적 대책과 비구조물적 대책이 적절히 혼용되어 운영되어야 그 효율성을 증가시킬 수 있으며, 어느 한쪽에 치우친 치수대책은 홍수방어를 위한 시스템의 기능자체를 저하시킬 수 있다. 특히 비구조물적 대책은 법률적·제도적인 영역에 해당하는 치수대책으로 많은 예산을 투자하여 건설한 각종 구조물을 운영하고 유지관리 할 수 있도록 하는 정책적 시스템을 제공하게 되므로, 구조물을 활용한 치수대책의 마련에 따라 반드시 함께 수반되어야 할 부분이다. 또한 우리나라와 같이 과거 기초적인 구조물적 대책의 마련에 중점을 두고 치수대책을 수립한 경우에는 보다 지속적인 치수대책의 강구를 위해 비구조물적 치수대책 수립에 많은 관심이 필요하다고 판단된다. 따라서 본 장에서는 '도시'라는 제한된 공간 안에서 발생될 수 있는 홍수 또는 침수로 인한 재해를 보다 효율적으로 저감시키기 위한 대책 중 '비구조물적 대책'에 중점을 두고 이와 관련된 전반적인 사항을 학습한다.

본 장에서는 도시홍수의 발생원인 및 특성을 도시홍수의 정의, 피해 특성을 중심으로 기술하였으며, 국내 및 국외(유럽연합, 영국, 독일, 프랑스, 일본, 미국)에서 최근 활용되고 있는 다양한 비구조물적 대책을 조사하고 국제적인 관점에서 제도적 개선안을 도출하기 위한 기본 원칙들을 제시하였다. 특히 회복탄력성 개념에 의한 자산관리 기법을 홍수위험도 평가 및 비구조물적 대책의 개선안 도출을 위한 수단으로 활용하기 위한 기초 개념을 정리하였다.

7.2 도시의 안전과 비구조물적 대책

인류는 농업생산력의 발전으로 인한 잉여물의 축적 및 수송을 위한 목적으로 도시를 건설했다. 이후 도시는 산업사회를 거치며 급격히 팽창하게 되어 19C 초 세계 인구에 대한 도시인구의 비율이 5%에 불과하던 것이 현재에 이르러서는 무려 50%에 육박하고 있다. 규모의 크기와 무관하게 인류는 도시와의 관계없이 생활의 영위가 어려우리만큼, 도시는 인류에게 거주지, 경제적 활동을 위한 일자리 및 각종 정치, 경제, 사회, 문화적 토대를 제공하고 있는 것이 확실하다. 도시는 사회학적으로 다수의 사람들이 그들의 일상 활동을 좁은 경계에서 벗어나 광범위하게 통합·조정하며 살고 있는 공동체로 정의되며 행정학적으로는 행정구역으로, 정치·경제적으로는 국가의 구역 분할과 국가의 부를 대표하는 공간으로 정의될 수 있다(Yodmani and Tyagi, 2006).

도시생활을 안전하게 지속함에 있어 이를 위협하는 가장 큰 요소로는 자연 재해, 음용수 및 식량의 부족, 전염병과 같은 질병, 공해, 범죄, 주택부족, 교통 등 다양한 문제가 존재하고 있다. 이와 같은 도시안전의 위협요인은 일반적으로 국가의 경제력에 따라 구분되는 선진국과 개발도상국에 따라 주요 위험요인이 다르게 분류되어 질 수 있는데, 개발도상국에 가까울수록 자원의 부족이나 질병과 같은 요인이 위협적인 경우가 많다.

따라서 안전한 도시의 구축의 목표는 당연히 도시의 구성원들을 도시 내 존재하는 여러 위협요인으로부터 보호함으로써 구성원의 생명과 재산을 지켜내고, 궁극적으로 보다 높은 생활의 질을 보장하기 위한 각종 안전장치를 구축해 나가는 것이다. 도시의 비중이 특정국가의 국력에서 차지하는 비중이 매우 높은 현재, 안전한 도시의 구축은 국가가 책임져야할 가장 중요한 임무 중 하나임은 누구도 부정할 수 없다(WMO, 2007).

그러나 국가의 예산과 인력은 국력에 따라 비례하여 한정적이기 때문에 도시의 안전을 보장하기 위한 장치의 마련에 있어서도 우선순위를 둘 수밖에 없다. 즉 안전한 도시 구축의 세부 전술은 도시에 따라 차별화될 수밖에 없기 때문에 도시 내 안전장치의 구축은 국가의 특성에 따라 단계적으로 마련되는 특성이 있다. 따라서 안전한 도시의 구축은 각 도시별로 어떤 위협요인의 우선순위를 구분할 필요가 있으며, 한정된 예산을 활용하여 최대의 효율을 생산할 수 있는 안전장치를 마련할 필요가 있다.

최근 기후변화로 인해 발생되고 있는 여러 현상은 도시의 안전을 위협하는 새로운 위협요인으로 매우 부각되었고, 이와 같은 위협 요인의 강도는 향후 지속적으로 증가될 것이라는 것이 관련 학자들의 공통적 의견이다. 또한 기후변화로 인해 발생될 수 있는 홍수, 가뭄, 폭염, 한파 등으로 인해 발생되는 각종 자연재해 발생위험의 증가는 지역적으로 매우 큰 편차와 특성을 보이므로 지역적인 기후변화 대응체계의 마련이 시급하다는 것이 관련 학자들의 의견이다. 2014년 개최된 IPCC(International Panel on Climate Change)의 주요 논제 중 하나가 대륙별 상세 지역화인 이유도 위와 같은 맥락에서 찾아볼 수 있다.

이와 같은 자연 재해의 위협은 선진국과 개발도상국을 구분하지 않고 증가되고 있으며, 그 중 가장 눈에 띄는 피해는 홍수에 의한 위협이다. 홍수 특히 도시 내에서 발생되는 침수피해 등을 포함하는 '도시홍수(urban flood)'의 발생에 따른 피해는 홍수로부터의 안전장치를 우선순위에 두어 해결했다고 자신감 있게 판단했던 선진국에서도 재발되고 있다. 2005년 8월 미국 남동부를 강타한 허리케인 카트리나로 인해 뉴올리언스 지역의 제방이 붕괴되면서 인근 대부분의 도시가 침수되는 피해로 직·간접적인 사망자수가 1만 명에 이르고, 화폐로는 추정이 불가한 대형 재난이 발생하였다. 또한 2011년 5월에도 미국 중부 일대에 내린 폭우로 인해 루지애나 주지사는 대도시와 중소도시 중 어느 지역을 침수시킬 것을 판단해야 하는 '악마의 선택'을 결정해야 하는 등 최근 몇 년 동안 홍수로 인한 피해가 매우 크게 발생한 바 있다(그림 7.1). 이와 같은 최근 홍수피해는 미국뿐만 아니라 서유럽의 선진국에서도 쉽게 찾아 볼 수 있는 사례가 많다.

우리나라의 경우도 최근 서울시와 같은 대도시에서 발생된 도시홍수 피해 등을 비롯하여 도시 지역에서 발생되는 홍수피해를 저감시키기 위한 다양한 대책을 마련 중에 있다. 따라서 이와 같은 국·내외적인 사례들로 살펴보았을 때 도시 내 홍수피해의 발생은 많은 인명과 재산의 피해를 발생시키는 것이 자명하므로, 대부분의 국가에서는 기후변화로 인해 발생될 수 있는 도시 내 홍수를 안전한 도시를 구축하기 위한 주요 과제로 설정하고 있다. 기후변화에 대한 대책은 크게 저감(mitigation)과 적응(adaptation)으로 구분되어져 각각의 분야에 적합한 세부지침 등을 작성하고 있으나, 기후변화로 인해 발생될 수 있는 홍수에 관한 문제는 국민 또는 시민의 인명과 재산피해와 직결되어 있으므로, 본질적으로 적응을 위한 대책의 마련은 관련 대책이 마련될 수 없으며 저감을 위한 구조물적(structural measure) 및 비구조물적(non-structural) 대책에 초점이 맞추어져야 한다는 것이 중요하며, 도시 내 홍수의 발생은 도시의 안전과 직결되어져 있다는 점을 각인할 필요가 있다.

» **그림 7.1** 2005년 미국 뉴올리언스의 홍수피해(좌) 및 2011년 악마의 선택으로 침수된 루이지애나 주 일대(우)

앞서 언급한 바와 같이 도시 내 홍수 재해의 발생은 특정 도시가 과거 긴 시간동안 축적한 정치·경제·사회·문화적 자산을 일순간에 파괴시킬 수 있으므로, 도시의 발전에 따라 홍수 재해로부터 안전한 도시환경을 구축하는 것은 국가적으로 매우 중요한 과제이다.

홍수 재해를 예방 또는 파괴된 도시의 자산을 복구하기 위한 대책은 크게 구조물적 대책과 비구조물적 대책으로 구분해 볼 수 있다. 특히 비구조물적 대책은 구조물적 대책의 계획, 운영 및 유지관리 등 특정 구조물을 건설하고 운영하기 위한 정책적 인프라를 구축하고, 각종 계획을 통해 이들을 조정 또는 변경하기 위한 제도적 수단으로 활용되는 측면이 있어 구조물적 대책의 시행을 위해 반드시 함께 수반되어야 하는 부분이다.

우리나라는 과거 치수대책의 수립을 위해 많은 구조물적 대책을 시행해왔다. 다목적댐, 저류지, 빗물펌프장, 제방 등 및 주된 시설에 포함된 부수시설의 건설에 주된 주안점을 두고 많은 예산과 조직을 투자하였으며, 현재도 구조물적 대책은 꾸준히 계획되고 투자되고 있다. 이와 같은 국가적 노력에 따라 과거에 비해 홍수로 인한 인명피해는 크게 감소되었다. 구조물적 대책이 일정 정도 마련됨에 따라 향후 이 시설물들을 보다 효율적으로 운영하고 관리하기 위한 각종 계획, 지침 및 정책적 수단이 다양하게 강구되고 있는 시점이며, 이에 따라 특히 도시라는 특정 공간에 축적된 그간의 경제, 사회, 문화적 가치를 홍수재해로부터 안전하게 보존하기 위한 여러 가지 비구조물적 대책이 본격적으로 재검토되고 새로 수립되고 있다.

대부분의 정부에서도 이와 같은 비구조물 대책의 중요성에 따라 세부 국정과제의 많은 부분을 비구조물적 대책의 마련 및 수정에 할당하고 있다. 그러나 이와 같은 세부 국정과제의 대다수는 많은 경우에 있어 실질적으로 실천되고 있지 못한 경우가 많다. 주로 검토된 세부과제는 '재해예방적 토지이용체계 확립', '도시하천유역 종합치수계획', '강우레이더 구축', '홍수위험도 제작' 등으로 이들은 홍수방어를 위한 대표적 비구조물적 대책들로 이와 같은 비구조물적 대책의 마련으로 인해 효율적인 치수대책을 마련할 수 있을 것으로 기대된다. 향후는 그간 마련된 정책, 제도, 계획 등을 새로운 시각에서 검토하고 보다 효율적으로 비구조물적 시스템이 운영되도록 다양한 노력을 투자해야 할 적시라 판단되며, 이를 통해 보다 완성도 높은 각종 계획 등의 조정 및 수립이 기대될 수 있다.

7.3 도시홍수의 발생원인과 특징

7.3.1 도시홍수정의 및 발생원인

홍수는 자연현상 중의 하나이며, 학술적인 정의는 '범람과 침수를 발생시키는 많은 물의 이동'정도로 요약할 수 있다. 홍수는 발생요인과 진행과정에 따라 포괄적 의미인 홍수(flood), 돌발홍수(flash flood), 태풍으로 인한 홍수(typhoon flood)로 구분될 수 있다. 일반적인 홍수는 주로 정상적인 강수나 조수차이 등으로 인해 발생하며, 범람과 침수를 발생시키는 많은 물의 이동으로서 다른 홍수에 비해 상대적으로 장시간에 걸쳐 발생하며 주로 하천, 호수, 하구 등의 저지대 등에서 주로 발생한다. 이에 반해 돌발홍수는 높은 강우강도에 의해 단기간에 발생되는 홍수로 침수피해와 함께 산사태, 토석류, 세굴로 인한 교량붕괴, 급류의 발생으로 인한 인명 피해와 같은 피해가 수반되는 경우가 많다. 또한 태풍으로 인한 홍수는 주로 열대성 저기압에 의해 발생되는 홍수로서 높은 강우강도로 인한 돌발홍수의 피해와 유사한 피해를 일으키지만, 특히 강한 바람으로 인한 피해의 발생이 매우 크다는 특성을 가지고 있다(Fleming, 2002).

도시홍수(urban flood)란, 도시에서 발생하는 홍수, 돌발홍수, 태풍으로 인한 홍수 모두를 포함하며 발생 원인에 따라 이를 크게 구분하면 하천의 범람이 아닌 하수관거의 용량초과로 인해 발생되는 하수관거 홍수, 도시하천의 범람으로 인한 홍수 및 해안도시에서 발생되는 해안도시홍수로 구분할 수 있다. 즉 도시홍수란, 별도의 분류가 존재하기 보다는 도시 내에서 발생되는 모든 종류의 홍수를 도시홍수의 정의에 포함시킬 수 있다. 다만, 도시는 비도시 지역과는 다른 형태의 물순환 구조가 존재하므로 비도시 지역과는 다른 양상의 홍수발생 구조를 가지게 된다.

도시홍수의 발생은 도시지역에 대해 특정화되는 도시 내 물순환 구조에 의해 발생되는 현상 중 하나이므로, 도시홍수에 대한 이해를 위해서는 먼저 도시유역의 물순환 구조에 대한 이해가 필요하다. 도시화 이전의 자연 녹지상태에서의 물순환 구조는 강수(precipiation)가 지표에 도달한 이후 지표를 따라 발생하는 유출(runoff)과 지표내로 흡수되는 침투(infiltration) 및 침루(percolation), 그리고 다시 대기 중으로 환원되는 증발(evaporation) 및 증산(transpiration)과 삼림 등으로 인한 일부 차단(interception)의 요소가 끝없이 반복되는 과정으로 구성되어져 있다.

그러나 도시화(urbanization)가 진행되면 이와 같은 물순환 구조가 변경된다. 시가자의 확대에 따라 포장면이 확장되고 이에 따라 불투수층 면적이 확대됨으로써 토양으로 침투 또는 침루되는 양이 크게 감소하게 된다. 이 때문에 강수의 유출성분 중 직접유출량(direct runoff)이 증가되며, 하수관거를 통한 강수의 하천으로의 배출은 홍수도달시간의 단축을 일으킨다. 궁극적으로 도시지역에서의 물순환구조는 비도시지역에서의 물순환구조에 비해 유출량의 증대 및 도달시간의 감소라는 변화에 의해 상대적으로 취약할 수밖에 없다.

도시 내 물순환 구조에 영향을 미치는 요소를 기상학적 요소, 수문학적 요소 및 인위적 요소로 구분하면 표 7.1과 같으며, 인위적 요소가 주로 도시지역과 비도시 지역의 물순환 요소를 구분하는 역할을 하게 된다. 특히 최근에는 단기간에 걸쳐 발생되는 높은 강우강도에 의한 도시침수 피해 사례가 빈번히 발생되고 있는 데, 이는 주로 기존에 설계된 하수관거의 용량을 초과한 강우를 우수배제시스템이 수용하지 못해 발생하는 경우가 많으며 이와 함께 부적절한 하수관거의 유지관리 등도 원인을 제공하고 있다.

비도시지역에서의 홍수는 기상학적 요인과 수리·수문학적 요인의 상호작용으로 인해 발생되며, 도시지역에서의 홍수는 이와 같은 요인에 도시의 특성이 반영된 인위적 요인이 추가되어 더욱 복잡해진 원인에 의해 도시홍수가 발생된다. 따라서 도시에서 발생된 홍수로 인한 피해가 천재에 의한 것인지 인재에 의한 것인지를 명확하게 구분하기 매우 어려운 형편이며, 대개 도시 내 대형 홍수피해는 천재적인 측면과 인재적 측면 모두에 의해 영향을 받아 발생되고 있다고 볼 수 있다.

표 7.1 물순환 구조의 요소 정의 및 인위적 요소

기상학적 요소	수리 · 수문학적 요소	도시 관련 인위적 요소
- 강우 및 강설 - 열대성저기압 - 온도 - 바람 - 복사에너지	- 토양습윤량 - 선행강우의 유무 - 지하수위 - 표면침투율 - 불투수면적 - 하도의 형상 및 조도 - 지질 - 조위의 역할 - 제방설계 오류 또는 제방의 붕괴	- 도시화로 인한 불투수면적의 증대 - 홍수 흐름의 소통을 방해하는 하도 내 구조물의 설치 - 우수배제시스템의 부족 - 우수배제시스템의 유지관리 부족 - 불투수층 증대로 인한 첨두홍수량의 증대비율 - 불투수층 증대로 인한 홍수도달시간의 감소 - 부적절한 댐의 운영 - 도시화 열섬현상으로 인한 집중호우의 발생

도시홍수에 국한하여 도시홍수 발생에 영향을 미치는 유형을 간단히 구분하여 보면 표 7.2와 같으며, 도시홍수의 피해를 저감하기 위해서는 도시 내 인위적 요인에 대한 설계의 적절성과 이 시설을 유지하기 위한 유지관리 및 운영적 측면의 정비가 일차적으로 검토될 필요가 있다.

표 7.2 도시홍수의 원인인 되는 물순환 구조를 구성하는 주요 요소

주요 요소	세부 요소
외수위 영향으로 인한 피해	- 배수펌프장이 설치되지 않은 지역에서 지류하천의 외수위 상승으로 인해 역류가 발생하여 제내지 침수 - 지류 및 소하천의 여유고 부족이나 통수능 부족으로 인해 범람이 발생하여 제내지 침수 - 하천에 설치된 교량부분이 인근 제방보다 낮음으로 인해 하천의 월류·범람 피해가 발생
우수유입시설 문제로 인한 피해	- 빗물받이 시설 부족으로 인해 우수가 유입되지 못하여 도로 침수가 발생 - 빗물받이의 청소 불량/막힘 또는 설치된 악취방지시설 등의 부적절한 관리로 인해 우수유입에 장애가 발생하여 도로 침수 발생 - 지하 공간 출입구에 빗물유입 방지턱, 방수판, 차수문 등 빗물유입방지 시설이 제대로 설치되지 않아 지하공간의 침수가 발생
빗물 펌프장 시설 문제로 인한 피해	- 기 설치된 배수펌프장의 용량이 부족하여 내수 침수가 발생 - 배수펌프장 설치지역에서 배수로 정비불량으로 인해 주변지역이 범람하여 침수 발생 - 실제 상황을 고려한 것이 아닌 배수펌프장 자체규정 만에 의한 운영이나 운영미숙 등으로 인해 내수배제 불량이 발생

주요 요소	세부 요소
노면 및 위치적 문제에 의한 피해	- 도로정비나 재포장 등으로 인해 도로의 지반고가 주택의 출입구보다 높아져 주택 내부로 우수가 유입되어 침수가 발생 - 인접한 지역의 대규모 공사나 정비 등으로 인해 상대적으로 지반고가 낮아져 침수피해가 발생 - 철도나 도로노선 등의 하부를 지나는 도로의 경우 저지대에 우수가 집중되어 침수가 발생 - 빗물받이의 청소 불량/막힘 또는 설치된 악취방지시설 등의 부적절한 관리로 인해 우수유입에 장애가 발생하여 도로 침수 발생
우수 및 하수 관거의 용량부족 및 관리부실로 인한 피해	- 설계용량을 초과하는 과도한 집중 호우에 의한 저지대 침수피해 발생 - 관거의 용량 부족으로 인해 도로가 침수되거나 주택지 내 역류 발생 - 관거 합류부에서 관거 용량을 적절히 확대하지 못하여 우수배제 장애 - 상수관 파열로 인한 지하상가의 침수 - 역지변 등의 역류방지 시설 미설치로 인한 침수

앞서 언급한 바와 같이 일반적으로 홍수의 규모는 강우강도와 총량, 지속시간 및 유역의 토양특성, 선행강우 등의 영향을 받게 된다. 특히 도시의 경우에는 강우강도와 유역의 토지이용 특성이 큰 영향을 준다. 대개 도시화에 따른 개발은 지표면의 불투수 면적을 증가시키고 유출 전반에 영향을 미친다.

이와 같은 면을 고려하면, 한국의 도시홍수의 원인은 크게 3가지로 구분할 수 있다. 첫째는 배수관망의 설계빈도를 상향하는 강우가 원인이다. 우리나라 대도시는 지선은 5년 빈도, 간선은 10년 빈도로 설계되어 있다. 최근 도심지 국지성 집중호우로 인한 피해가 커지면서 설계빈도를 지선 10년, 간선 30년으로 상향하고 있으나 아직 새로운 기준에 맞추어 관망 및 빗물펌프장이 증설된 비율은 낮은 실정이다. 서울시 경우 10년 빈도는 65 mm/hr, 30년 빈도는 75 mm/hr으로 설계된 경우가 많아 이에 대한 전반적인 검토가 필요하다.

두 번째 원인은 도시하천과 도시하수관망의 연계부족이다. 도시하천의 제방정비율(하천개수율)은 비교적 높으나, 하수관거와의 연계부족으로 하천수위 역류에 의한 배수불량 등으로 피해가 발생한다. 이는 우리나라 시설물은 설계대상에 따라 다른 빈도의 강우설계 방법을 이용하고 있어, 시설물별로 서로 다른 빈도가 적용되고, 통합적인 대책이 아닌 하천 및 하수관망별로 각각 다른 설계 강우량이 적용되기 때문에 관련 피해의 발생이 빈번한 것으로 볼 수 있다.

세 번째 원인은 도시의 지형적인 요인이다. 우리나라 도시 중 일부는 하천의 계획홍수위보다 낮은 지역에 많은 가옥과 공장, 농지 등이 위치해 있다. 이는 도시의 인구급증으로 인하여 주거 및 생활공간이 부족해지고 과거 하천범람이나 홍수발생 우려가 있는 저지대에 주택, 건물들이 개발되었기 때문이다. 이러한 이유로 연약지반인 지역과 구도심에서는 반지하, 지하 주택이 많이 건설되었고 이러한 지하공간의 증가는 도시홍수발생시 피해를 가중시키는 요인으로 작용하고 있다.

이러한 3가지 원인이 도시홍수의 발생 원인이라면, 도시홍수피해의 증가는 사회구조적인 측면에 영향을 받는다. 우리나라의 1990부터 2007년까지의 강우량 분석과 피해액 분석을 통하여 1990년대와 2000년대를 비교하면, 최대 강우강도 및 일최대 강우량의 변화폭은 각각 3%, 12% 증가하였고 동기간 평균피해액은 2007년 금액기준으로 7,257억 원에서 29,354억 원으로 400% 증가하여 단순 강우와 같은 외적조건 변화보다 도시화, 산업화, 집중화 같은 사회적 변화가 피해의 규모에 더 영향을 미치는 것으로 분석되었다(장대원, 2012). 이처럼 피해규모는 홍수를 유발하는 강우조건보다는 홍수발생시 홍수에 대한 지역의 강함, 약함에 의해서 그 피해규모가 결정되므로, 이러한 지역별 사회·경제적 요소를 고려한 홍수취약도 분석과 관련된 연구를 통해 지역별 홍수취약도를 홍수위험지도 등에 반영할 필요가 있다.

7.3.2 도시홍수의 개괄적인 저감방향

도시홍수를 포함한 도시홍수의 저감은 크게 구조물을 이용한 구조물적 대책과 제도적인 체계를 이용한 비구조물적 대책이 함께 적용되었을 때, 가장 효율적이다. 본 장은 도시홍수의 저감을 위한 다양한 대책 중 비구조물적 대책에 대해서만 특화하여 비구조물적 대책의 수립 방향, 세부내용 및 구체적인 법적·제도적 대안을 도출하는 것을 목적으로 작성되었으나, 본 절에서는 비구조물적 대책을 포함하여 도시홍수 저감을 위한 개괄적인 사항을 먼저 간단히 서술하였다.

구조물적 대책과 관련하여 먼저 도시 내 우수배제시스템과 관련된 세부 운영시설의 보수 및 유수기능을 강화할 필요가 있다. 도시화에 의해 우수의 저류·침투능력이 저하되기 때문에 우수의 대부분이 하천에 직접 유입되는 경향이 많고 이상강우가 발생하는 경우 등에 대비하여 유입량을 억제·조정할 수 있는 보수 및 유수기능을 강화할 필요가 있다. 특히 최근 기후변화로 인한 강우강도의 증가는 특히 하수관거 설계용량 부족으로 인한 피해가 빈번히 발생할 수 있으므로 하수관거 설계용량에 대한 재고가 필요하다.

둘째로 하수관거의 설계에 있어 하수관거의 만관 시 흐름에 대한 별도의 분석결과를 반영할 필요가 있다. 하수관거는 평상시에는 중력에 의한 개수로 흐름으로 분류되지만, 침수피해 발생시에는 대부분 압력이 지배하는 관수로 흐름으로 변화하기 때문에 이를 하수관거 설계단계에서 반영하여 하수관거의 용량을 설계할 필요가 있다. 이를 활용하면 하수관거 용량부족으로 인한 역류의 발생 위치 및 역류량 등을 얻을 수 있으므로 이를 활용하면 보다 효율적인 도시 내 침수방지 대책을 마련할 필요가 있다.

셋째로 배수펌프장의 증설을 통해 하천의 외수위 상승으로 인한 역류를 최대한 방지할 필요가 있으며, 이와 함께 빗물받이 등과 같은 우수유입시설 부족 및 불량의 문제를 개선할 필요가 있다. 마지막으로 재해발생의 위험이 높은 지역에 위치한 건축물의 경우는 내수성 강화를 위한 개량 또는 물막이판과 같은 부속시설을 구비하도록 하여 주요 건축물로 유입되는 유수에 대비하도록 할 필요가 있다.

비구조물적 대책은 먼저 구조물의 유지관리 및 운영 등이 원활하게 수행될 수 있도록 하는 제도적 개선이 필요하며, 이와 함께 재해위험지역의 설치, 내수성 높은 건축물의 시공 시 인센티브를 위한 제도적 대책, 지하주택 및 지하공간의 침수를 방지하기 위한 각종 부속물의 설치 및 대여 등과 관련된 지원책, 홍수보험, 홍수예보 및 경보관련 전달체계 등과 관련된 제도적 개선 등이 필요하다. 이와 같은 비구조물적 대책에 관해서는 이후의 장에서 보다 세부적으로 설명하였다.

7.4 비구조물적 대책 및 국내·국외 현황

7.4.1 비구조물적 대책이란?

일반적으로 홍수로부터 인명 및 재산을 보호하기 위해 수립되는 홍수방어계획은 설계홍수를 바탕으로 설계되는 홍수조절 및 방어계획과 설치되는 하천시설이 수계 전체를 통하여 일관성 있고, 기술적, 경제적으로 조화를 이루며 목적하는 기능이 최대한 발휘될 수 있도록 하천유역 종합계획과 일체가 되도록 책정되어야 한다. 홍수 방어 및 저감을 위한 구체적인 대책의 선택은 선택 가능한 여러 가지 방법 중에서 최적의 방법을 선정하여 이용하게 되는데, 홍수피해의 방지 또는 저감을 위한 대책은 크게 구조물적 대책(structural measure)과 비구조물적 대책(nonstructural measure)으로 구분해 볼 수 있다.

구조물적 대책은 홍수방지를 위하여 구조물을 이용하는 대책으로 구조물적 대책은 설계자의 설계과정 및 특정한 수리 및 수문학적 계산을 통해 구조물을 건설하여 홍수를 방어하는 대책이다. 따라서 홍수피해 저감의 효과를 수치적으로 확인할 수 있으나 비용이 많이 들고 환경을 파괴하는 한계점이 있다. 구조물적 대책의 예로는 제방, 방수로 등에 의한 하천정비 및 개수, 홍수조절지 및 유수지의 설치, 그리고 홍수조절용 댐과 같은 구조물의 설치, 우수유출저감시설의 설치 등이 있다(국립방재교육연구원, 2008).

우수유출저감시설은 저류시설, 침투시설, 유수지, 공원 및 녹지저류, 다목적 저류 등으로 나눌 수 있으며, 우수유출저감시설에 속하는 저류시설은 강우 시에 발생되는 우수를 일시적으로 저류하고 강우 종료 후에 방류하는 시설로서 지역 내 저류시설과 지역 외 저류시설로 구분된다. 지역 외 저류시설은 강우 시 유출되는 우수를 유역의 임의 출구지점에 집수하여 유출을 저감시키는 시설물로서 유수지와 방재조절지 등이 있다. 지역 내 저류시설은 강우 시에 우수의 이동을 최소한으로 단축하여 비가 내릴 그 장소에서 우수를 저류하는 방식으로 공공시설 및 공동주택 단지에 저류하는 유역저류시설과 단독주택 저류시설이 있다. 침투시설은 우수를 지표 중으로 침투시키는 시설을 말한다. 주로 지표 중으로 침투시키는 시설을 말한다. 주로 지표면이나 지하의 일정 공간에 쇄석과 같은 다공질 매질을 충진하고 우수를 지표면보다 얕은 곳에서 불포화지층을 통해 분산 및 침투시키는 시설물이다. 또한 유수지는 주로 하천의 중류부와 하류부에 설치되며 일시적으로 우수유출수를 저류하여 하류의 첨두홍수위를 저감시키는 시설을 말한다. 댐 건설에 의한 홍수조절이란 유역에서 강우에 의한 대홍수가 발생하면 대체로 댐의 홍수조절용량을 적절하게 활용하여 유입되는 홍수량의 일부를 저류함과 동시에 하류에서의 홍수피해가 최소화되도록 서서히 방류하는 것을 말한다. 빗물배수펌프장은 상습침수지역이나 소유역의 출구로 우수를 집수하여 침수가 발생하지 않도록 외수위에 따라 자연배제 시키거나 배수펌프를 이용하여 강제배제 시키는 홍수조절 시설이며, 우수를 개발지역 내에 일시적으로 저류하고 하천유역의 홍수부담을 경감시키는 시설로서 중요한 치수대책의 하나로 추진되어 왔으며, 하천정비 및 하도개수는 하도의 확장, 하상의 준설 및 굴착, 하천제방 승상 및 보강, 홍수로 정비 등을 통한 홍수방어 대책이다.

비구조물적 대책으로는 법적, 제도적인 대책으로서 토지이용제도, 홍수예경보시스템, 수방관리체제, 홍수대처교육, 홍수보험, 홍수관련 법률 등이 있다. 비구조물적 대책은 경제적이고 친환경적인 장점을 갖는 반면에 효과를 가늠할 수 없는 것이 단점이다. 하지만 비구조물적 대책은 장기적인 측면과 환경적인 측면에서 구조물적 대책에 비해 효과적이라고 할 수 있다. 비구조물적 대책에는 피해를 줄이기 위한 목적과 홍수의 영향을 완화시키기 위한 목적이 있다. 피해를 줄이기 위한 방법으로는 홍수터 규제, 홍수관련 정책의 개발, 토지이용규제, 빌딩코드, 주민들이 직접 대처할 수 있는 방안, 홍수예경보시스템, 홍수보험이 속하고 홍수영향을 완화시키기 위한 방법으로는 재난 준비, 홍수터 사용 및 규제, 홍수터 안의 자연 자원 보호 등이다.

홍수보험은 이미 미국, 영국 등의 선진국에서 많이 이용하고 있는 비구조물적 대책으로서 정부의 보조와 함께 홍수피해자들의 부담을 덜어주고 홍수로 인한 피해와 그 복구비용을 줄이고 국민의 홍수에 대한 경각심을 고취시켜 홍수피해를 저감시키는 제도이다. 홍수예경보시스템은 홍수에 의해 크게 재해를 일으킬 염려가 있는 경우에 일반 사람에게 경고하여 사전대피 및 수방활동으로 인명과 재산피해를 줄이기 위해 기상 관서가 내는 특별한 예보시스템이다. 또한 홍수교육은 홍수가 발생하기 전과 후의 대처방안에 대하여 국민들에게 교육하는 것을 의미한다. 홍수위험지도는 장기간 유량측정에 의한 하천 유역별 홍수가 일어날 위험성이 있을 것이라고 구분하는 지도로써 홍수예방대책을 세우고 위험성을 인식할 수 있도록 하는 선진국에서 흔히 이용되는 비구조물적 대책 중 하나이다. 또한 도시계획이나 허가를 할 때 주로 사용되는 토지이용제도는 토지의 특성에 따라 이용을 규제하는 제도로서 홍수가 빈번히 발생하는 지역은 공원이나 저류지로 이용하도록 허가를 하고 홍수가 발생하지 않는 지역은 개발을 목적으로 토지이용을 규제하는 제도이다.

그림 7.2는 홍수방어 및 저감대책으로 활용될 수 있는 구조물적 대책과 비구조물적 대책을 세

부적으로 구분하여 제시한 것이다. 본 지침서의 목적은 도시홍수 저감을 위한 비구조물적 대책의 현재 현황 등을 먼저 검토하고, 이를 바탕으로 현실적으로 개선이 가능한 제도적 개선안을 도출하는 것이다.

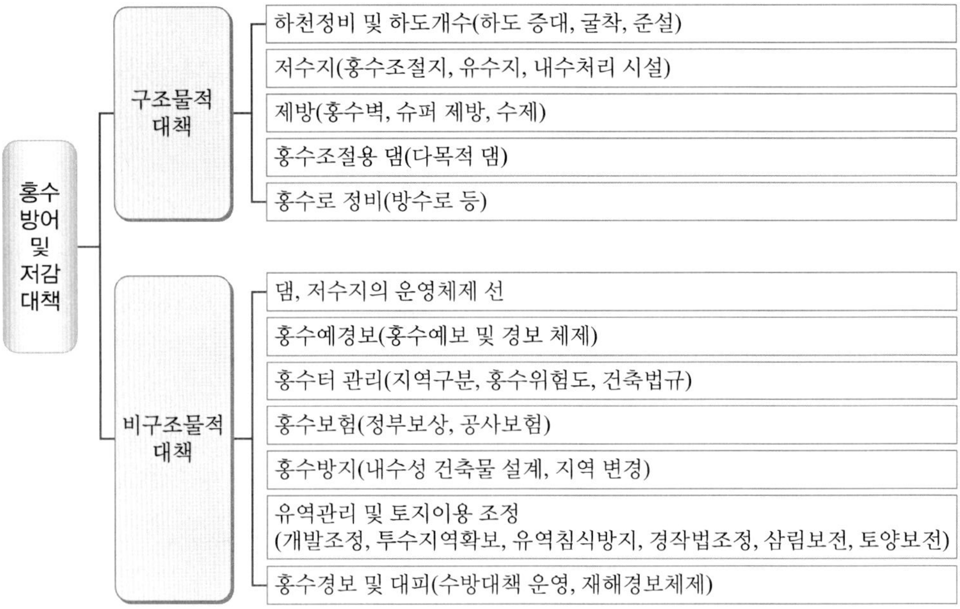

» **그림 7.2** 홍수방어를 위한 구조물적 대책과 비구조물적 대책의 일반적 분류 및 종류

7.4.2 국내의 대표적인 비구조물적 대책

최근 우리나라의 평균기온은 지난 100년간 지구 평균기온 상승폭인 약 0.8℃의 2배가 넘은 1.8℃ 정도가 상승하였고, 강수의 일수는 비록 과거에 비해 18% 정도 감소하였으나, 강수량은 17% 이상 증가하였으며, 집중호우일수의 증가가 두드러지는 현상을 보였으며, 이로 인한 자연재해로 인한 피해액은 최근 10년(1996~2005년)간 약 20조원에 달하고 있다. 즉 최근 10년간 매년 약 2조 원의 홍수로 인한 인명 및 재산의 피해가 발생되었다(이칠성, 2008). 이와 같은 자연재해 중 홍수로 인한 피해를 방지하거나 저감을 목적으로 제정된 법률은 도시의 방재와 직접적인 관련이 있는 「재난 및 안전관리기본법」과 「자연재해대책법」이 있으며, 간접적인 관련이 있는 법률로는 「하천법」, 「소하천정비법」, 「국토의 계획 및 이용에 관한 법률」, 「댐건설 및 주변지역지원 등에 관한 법률」 등이 있다. 이중에서 「재난 및 안전관리기본법」, 「자연재해대책법」 및 「소하천정비법」은 국민안전처 소관법률이며, 「하천법」, 「국토의 계획 및 이용에 관한 법률」, 「댐건설 및 주변지역지원 등에 관한 법률」은 국토교통부 소관법률이다. 표 7.3은 각 중앙부처별 주요 법률 및 계획을 나타낸 것이다.

표 7.3 홍수방지 및 저감을 위한 중앙부처별 소관법률 및 주요 계획

중앙부처		주요 내용
국민안전처	소관 법률	「재난 및 안전관리기본법」, 「자연재해대책법」, 「소하천정비법」
	주요 계획	국가안전관리기본계획, 풍수해저감종합계획, 소하천정비종합계획
국토교통부	소관 법률	「하천법」, 「국토의 계획 및 이용에 관한 법률」, 「댐건설 및 주변지역지원 등에 관한 법률」
	주요 계획	국토종합계획, 수자원장기종합계획, 댐건설장기계획, 유역종합치수계획, 하천기본계획

각 법률에서 정하고 있는 주요 계획은 크게 국민안전처 소관의 국가안전관리기본계획, 풍수해저감종합계획, 소하천정비종합계획과 국토교통부 소관의 국토종합계획, 수자원장기종합계획, 댐건설장기계획, 유역종합치수계획, 하천기본계획이 있다. 즉 홍수로 인한 재난은 중앙정부 차원으로 보았을 때, 국민안전처 및 국토교통부로 이분화되어 있다고 볼 수 있어 이들 기관간의 밀접한 연계가 필요함을 간접적으로 알 수 있다. 다만 국민안전처는 홍수로 인한 피해 이외의 모든 자연재해를 대상으로 하고 있으며 주로 비구조물적인 측면이 내용에 관한 업무를 담당하고 있고, 국토교통부는 하천의 범람 방지 및 특정 지구지정 등과 같은 구조물적 측면의 내용에 관한 업무도 함께 담당하고 있다고도 볼 수 있다.

여기서는 먼저 각 법률의 주요 사항 및 주요 계획의 특징을 중요한 개별적인 법률(「재난 및 안전관리기본법」, 「자연재해대책법」, 「하천법」, 「국토의 계획 및 이용에 관한 법률」)별로 알아보았다.

1. 「재난 및 안전관리기본법」

이 법률은 2004년 6월 1일부터 시행된 법률로 법률의 목적은 각종 재난으로부터 국토를 보존하고 국민의 생명을 보호하기 위한 재난 및 안전관리체제를 확립하고, 재난의 예방, 대비, 복구 등을 위한 법률로 재난과 관련된 최상위 법률이다. 특히 이 법률은 재난으로 인한 피해를 최소화하기 위하여 국가와 지방자치단체간의 기본적 임무를 명문화하고 있으며, 주요 사항을 살펴보면 다음과 같다.

(1) 재난의 종류(제3조제1호) : 태풍, 홍수, 호우, 강풍, 풍랑, 해일, 대설, 낙뢰, 가뭄, 지진, 황사, 적조, 조수 및 이에 준하는 자연현상에 의한 재해

(2) 중앙안전관리위원회(제9조) : 안전관리를 위한 부처관 총괄 협의 및 조정을 위해 설치하며, 위원장은 국무총리임

(3) 지역위원회(제11조) : 지역별 안전관리와 관련된 사항을 조정하며, 시도지사, 시장, 군수, 구청장이 각 위원회의 위원장임

(4) 국가안전관리기본계획의 수립(제22조) : 국무총리가 수립하여 중앙행정기관의 장에게

시달하며, 제23조 및 제23조의 2에 따라 집행하고, 제25조에 따라 시군구안전관리계획을 수립해야 함

(5) 재난예보·경보체계 구축 종합계획의 수립(제38조의2) : 시장, 군수, 구청장은 시군구재난예보·경보체계구축종합계획을 5년 마다 수립해야 함

(6) 특별재난지역의 선포 등(제59조, 제60조, 제61조, 제61조의2) : 대통령은 재난합동조사단의 결과에 따른 중앙본부장의 건의에 따라 피해지역을 특별재난지역으로 선포할 수 있으며, 이에 따른 행정, 재정, 금융, 의료상의 특별지원을 시행할 수 있음

2. 「자연재해대책법」

이 법률은 2001년 1월 29일부터 시행된 법률로 법률의 목적은 태풍, 홍수 등 자연현상으로 인한 재난으로부터 국토를 보존하고 국민의 생명 및 재산과 국가 주요시설을 보호하기 위한 예방 및 복구와 관련된 대책을 규정하는 것이다. 주요 사항은 다음과 같다. 특히 이 법률에서 중요하게 인식되고 있는 사항은 사전재해영향 평가에 관한 부분, 재해위험지구에 관한 부분, 중앙정부와 지방정부 사이의 수해방지 관련 연계부분으로 이 부분에 대해서는 다음과 같이 세부적으로 서술하였다.

(1) 사전재해영향 평가

사전재해평가는 재해가 발생하기 전에 재해의 예방 및 경감을 위한 조치로서 사전재해평가에 따라 행정계획과 개발사업을 제한함으로써, 재해가 발생하였을 때의 피해를 줄이기 위한 제도이다. 주요 내용은 다음과 같다.

- 사전재해영향성 검토협의(제4조) : 관계 중앙행정기관의 장, 시·도지사, 시장·군수·구청장 및 특별지방 행정기관의 장(이하 “관계행정기관의 장”은 자연재해에 영향을 미치는 행정계획을 수립·확정(지역·지구·단지 등의 지정을 포함)하거나 개발사업의 허가·인가·승인·면허·결정·지정 등을 하려는 경우 재난안전대책본부의 본부장 재해 영향의 검토에 관한 사전협의를 하여야 함
- 각종 재해지도, 침수흔적도 등의 활용과 정보의 보존(제21조, 제21조의2, 제21조의 3) : 사전재해영향성 검토를 할 때, 관계행정기관의 장은 침수흔적도등 재해지도, 재해상황기록, 공간영상정보 또는 항공사진측량자료 등을 활용하여야 함
- 사전재해영향성 검토협의 이행의 관리·감독 등(제6조) : 협의 결과를 통보받은 관계행정기관의 장은 특별한 사유가 없으면 이를 해당 행정계획 또는 개발사업에 반영하기 위해 필요한 조치를 취하며, 조치한 결과 또는 향후 조치계획을 해당 본부장에게 통보하여야 함. 또한 해당 본부장은 협의 내용의 이행 관리를 위하여 필요하다고 인정하면 사업자나 승인기관의 장에게 협의 내용의 이행을 위하여 공사 중지 등 필요한

조치를 할 것을 요청할 수 있다. 이 경우 사업자나 승인기관의 장은 특별한 사유가 없으면 요청에 따라야 함

- 방재 분야 전문가의 참여(제8조) : 중앙행정기관의 장, 특별지방행정기관의 장, 시·도지사 및 시장·군수·구청장은 자연재해에 영향을 미치는 행정계획 및 개발사업을 자문·심의·의결하기 위하여 구성·운영하는 위원회에 자연재해 예방을 위한 재해영향성검토 의견이 반영될 수 있도록 방재 분야 전문가를 위원으로 참여시켜야 함

(2) 자연재해위험개선지구

1) 자연재해위험지구의 지정 등

- 시장·군수·구청장은 상습침수지역, 산사태위험지역 등 지형적인 여건 등으로 인하여 재해가 발생할 우려가 있는 지역을 자연재해위험지구로 지정·고시하고, 그 결과를 시·도지사를 거쳐 국민안전처장과 관계 중앙행정기관의 장에게 보고하여야 함
- 자연재해위험지구는 ① 집단적인 인명과 재산 피해가 우려되는 지역 중에서 소유자 또는 점유자 등의 자력에 의한 정비가 불가능한 지구, ② 침수·산사태·급경사지 붕괴(낙석을 포함한다) 등의 우려가 있는 지역으로 시장·군수·구청장이 방재목적상 특별히 정비가 필요하다고 인정하는 지구를 의미함
- 자연재해위험지구의 지정할 때는 ① 재해위험 원인에 따라 침수위험지구, 유실위험지구, 고립위험지구, 취약방재시설지구, 붕괴위험지구, 해일위험지구로 구분하여 지정하며, 국민안전처장이 관계중앙행정기관의 장과 협의하여 정하는 지정요건에 적합하여야 하고, ② 지구 유형별 피해발생 빈도, 피해발생 가능성 등을 고려하여 가·나·다 등급으로 구분하여 지정함
- 자연재해위험지구를 지정할 때, 시장·군수·구청장은 침수흔적도등 재해지도, 재해상황기록, 공간영상정보 또는 항공사진측량자료 등을 활용하여야 함(제21조 제21조의2; 제21조의3)
- 시장·군수·구청장은 지정된 자연재해위험지구를 관할하는 관계 기관 또는 그 지구에 속해 있는 시설물의 소유자·점유자 또는 관리인(이하, 관계인)에게 재해 예방에 필요한 한도에서 점검·정비 등 필요한 조치를 할 것을 요청하거나 명할 수 있음
- 국민안전처장 및 시·도지사는 자연재해위험지구의 지정이 필요함에도 불구하고 시장·군수·구청장이 자연재해위험지구로 지정하지 아니하는 경우에는 해당 지역을 자연재해위험지구로 지정·고시하도록 권고할 수 있으며, 이 경우 시장·군수·구청장은 특별한 사유가 없는 한 이에 따라야 함

2) 자연재해위험지구 정비계획의 수립

- 시장·군수·구청장은 지정된 자연재해위험지구에 대해 정비 방향의 지침이 될 자연

재해위험지구 정비계획(이하, "정비계획"을 5년마다 수립 하고 시·도지사에게 제출해야 함

- 시·도지사는 정비계획을 받아 국민안전처장에게 제출하여야 하며, 필요하면 시·도지사에게 정비계획의 보완을 요청할 수 있음
- 시장·군수·구청장은 정비계획을 수립할 때에는 그 지역에 관한 개발계획등과의 관련성 등을 검토·반영하여야 함

3) 자연재해위험지구 사업계획의 수립

- 시장·군수·구청장은 정비계획에 따라 매년 다음 해의 자연재해위험지구사업계획을 작성하여 시도지사에게 제출하여야 하고, 시·도지사는 사업계획을 받으면 국민안전처장에게 보고하여야 함
- 자연재해위험지구 내 건축, 형질 변경 등의 행위 제한 : 시장·군수·구청장은 자연재해위험지구로 지정·고시된 지역에서 재해 예방을 위하여 필요하면 건축, 형질 변경 등의 행위를 제한할 수 있다. 건축, 형질 변경 등의 행위를 제한하는 자연재해위험지구는 다른 자연재해위험지구보다 우선하여 정비하여야 한다. 행위 제한에 관한 구체적인사항은 해당 지방자치단체의 조례로 정함
- 각종 재해지도의 제작·활용: 지방자치단체의 장은 하천 범람 등 자연재해를 경감하고 신속한 주민대피 등의 조치를 하기 위하여 재해지도를 제작·활용하여야 하며, 재해지도는 다음과 같이 구분됨
  ① 침수흔적도 : 태풍, 호우, 해일 등으로 인한 침수흔적을 조사하여 표시한 지도
  ② 침수예상도 : 현 지형을 기준으로 예상강우 및 태풍, 호우, 해일 등에 의한 침수범위를 예측하여 표시한 지도로서 다음의 어느 하나에 해당하는 지도
  ③ 홍수범람위험도 : 홍수에 의한 범람 및 내수배제불량 등에 의한 침수지역을 예측하여 표시한 지도와 「하천법」 제21조제1항 및 제5항에 따른 홍수재해지도
  ④ 해안침수예상도 : 태풍, 호우, 해일 등에 의한 해안지역의 침수지역을 예측하여 표시한 지도
  ⑤ 재해정보지도 : 침수흔적도 및 침수예상도 등을 토대로 재해발생시 대피요령·대피소 및 대피경로 등의 정보를 표시한 지도

(3) 중앙정부와 지방정부간 수해방지 연계

재난관리책임기관의 장은 자연재해의 예방·대비·대응·복구 등에 필요한 재해정보의 관리 및 이용 체계를 구축·운영하여야 한다. 재난관리책임기관의 장은 재해정보체계 구축에 필요한 자료를 관계 재난관리책임기관의 장에게 요청할 수 있으며, 국민안전처장은 재난관리책임기관의 장이 구축한 재해정보체계의 연계·공유 및 유통 등을 위한 종합적인 재해정보체계를

구축·운영하여야 한다. 또한 재난관리책임기관의 장은 다음과 같이 재해정보의 관리 및 이용체계를 구축·운영하여야 한다. 특히 재해정보의 운용을 위해서는 다음과 같은 사항을 고려하여야 한다.

- 재난관리책임기관간 재해정보체계의 공동 활용이 가능하도록 함
- 재해정보체계에서 생산되는 데이터베이스를 국민안전처장이 구축하는 종합재해정보체계와 공동 활동이 가능하도록 함
- 국민안전처장은 다음의 시스템이 포함되도록 종합재해정보체계를 구축하여야 함: ① 풍수해로 인한 피해의 예측·관리 등을 위하여 필요한 시스템, ② 이재민의 보호와 생활 안전 등의 관리를 위하여 필요한 시스템, ③ 풍수해보험사업의 적정한 운영을 위한 통계관리에 필요한 시스템, ④ 자연재해 발생 시 긴급한 상황에서 인명보호, 방역, 의료 제공, 재해 쓰레기 처리, 공공시설물 관리 등 행정서비스를 연속적으로 제공하기 위하여 필요한 재난대응 시스템, ⑤ 지진재해 발생 시 신속한 초기 대응에 필요한 시스템, ⑥ 「재난 및 안전관리 기본법」에 따른 수습상황 보고, 지원, 국고보조 등을 신속·정확하고 효율적으로 처리하기 위한 복구계획 수립, 복구 진도 관리 등에 필요한 시스템, ⑦ 그 밖에 자연재해의 효율적인 관리를 위하여 국민안전처장이 필요하다고 인정하는 시스템
- 중앙긴급지원체계의 구축을 위하여 중앙행정기관의 장은 자연재해가 발생하거나 발생할 우려가 있는 경우에는 신속한 국가 지원을 위하여 소관 사무에 해당하는 사항에 대하여 긴급지원계획을 수립하여야 한다. 중앙행정기관의 장은 지원이 필요한 자연재해 발생에 대비하여 관계 행정기관 및 유관기관과 유기적인 협조 체계를 구축하여야 하며, 재해가 발생하였을 때에는 중앙본부장과 협의하여 소관 분야별 긴급지원계획에 따라 대응조치를 하여야 한다. 중앙행정기관의 장은 긴급지원계획을 수립하였을 때에는 중앙본부장에게 제출하여야 하며, 중앙본부장은 각 중앙행정기관의 장이 수립한 긴급지원계획의 내용 중 보완이 필요하다고 판단되는 사항에 대하여는 그 계획의 보완을 요청할 수 있음
- 또한 중앙본부장은 긴급지원이 필요한 자연재해가 발생하거나 발생할 우려가 있는 경우에는 관계 중앙행정기관과 합동으로 지원단을 구성하여 현장에 파견할 수 있다. 중앙본부장은 관계중앙행정기관과 합동지원단을 구성하는 경우에는 재난의 유형에 따라 중앙합동지원단의 단장을 지명하여야 한다. 중앙본부장은 중앙긴급지원체계를 효율적으로 구축·운영하기 위하여 긴급지원체계수립지침 작성·배포, 긴급지원계획에 따른 관계 중앙행정기관의 대응조치 점검, 긴급지원계획 평가·포상 등 필요한 조치를 할 수 있음
- 특히 지역의 긴급한 지원체계는 재난 발생 시 매우 중요한 문제이므로, 시·도 및 시

·군·구 본부장과 시·도 및 시·군·구를 관할구역으로 하는 재난 관리책임기관의 장은 자연재해가 발생하거나 발생할 우려가 있으면 업무별 지원 기능에 따라 신속한 지원 체제를 가동하기 위하여 소관 사무에 대하여 긴급지원계획을 수립하여야 함

- 정보의 수집·분석·전파, 인명구조, 이재민 수용·구호, 재해지역 통신소통의 원활화, 의료서비스, 감염병 예방·방역 및 위생점검, 시설 응급복구(장비·인력 및 자재의 동원을 포함한다), 재해지역 사회질서유지 및 교통관리, ⑧ 유해화학물질 처리, 쓰레기 수거·처리, ⑨ 긴급에너지 수급, ⑩ 단기지역안정(복구비·위로금의 지급), ⑪ 재해수습홍보

3. 「하천법」

이 법률은 하천사용의 이익 증진, 자연친화적 보존 및 하천 유수로 인한 피해를 예방하기 위한 사항들을 규정하고 있어, 하천의 전반적인 사항을 규정하고 있는 법률이다. 이 법률이 규정하고 있는 홍수방지와 관련된 사항은 제내지 침수에 대한 문제보다는 제외지에 흐르는 하천이 범람하지 않도록 하기 위한 사항들을 주로 규정하고 있으나, 사실상 하천의 수위상승이 제내지 침수에 미치는 영향이 크기 때문에 도시홍수의 방지를 위해서 반드시 검토되어야 할 법률이다. 이 법률이 규정하고 있는 사항 중에서 도시홍수의 방지 및 저감과 관련된 조항을 세부적으로 살펴보면 다음과 같다.

⑴ 홍수관리구역의 지정(제12조) : 하천관리청은 하천을 보전하고 홍수로 인한 피해를 예방하기 위하여 필요하다고 인정되는 경우에는 하천관리위원회의 심의를 거쳐 해당하는 지역을 홍수관리구역으로 지정할 수 있음

⑵ 홍수피해상황조사의 실시 및 홍수위험지도의 작성(제21조) : 국토교통부장관은 하천의 정비, 홍수의 예보, 홍수 대피, 재난 관련 보험의 기초 자료 제공 및 수해방지대책의 수립 등을 위하여 하천구역과 하천범람에 따른 배후지역의 홍수피해상황에 대하여 조사를 실시하고 홍수피해의 위험도를 예측하는 홍수위험지도를 작성하여야 하고, 그 결과를 관계 행정기관의 장에게 통보하여야 함

⑶ 홍수예보의 실시(제42조) : 국토교통부장관은 홍수로 인명과 재산에 대한 피해가 예상되는 때에는 그 피해를 예방하거나 줄이기 위하여 홍수예보를 실시하여야 함

4. 「국토의 계획 및 이용에 관한 법률」

이 법률은 국토개발에 관한 최상위 법률로 국토의 이용, 개발 및 보전을 위해 필요한 각종 계획 및 지구지정 등을 시행함을 목적으로 하고 있으며, 도시홍수와 관련하여서는 도시계획의 절차 내에 도시홍수로 인해 발생할 수 있는 사안을 계획의 절차 내에서 고려될 수 있도록 하기 위

한 내용을 담을 수 있는 법률이다. 따라서 도시계획 차원에서 도시홍수를 고려하도록 하기 위해서는 이 법률에서 정하고 있는 도시홍수와 관련된 사항을 세부적으로 살펴볼 필요가 있다.

(1) 도시홍수 관련 기본원칙(제3조제8호) : 기후변화에 대한 대응 및 풍수해 저감을 통한 국민의 생명과 재산의 보호가 국토이용 및 관리의 기본원칙으로 2009년 새롭게 포함됨

(2) 용도지구의 지정(제37조) : 국토교통부장관은 도시, 군관리계획에 의하여 용도지구를 지정하여 운용할 수 있는 데, 제37조제5호에는 재해와 관련된 용도지구로 방재지구가 명문화되어 있음

(3) 지구단위계획(제49조부터 제54조) : 지구단위계획은 도시의 정비·관리·보전·개발 등 지구단위계획구역의 지정과 주거·산업·유통·관광휴양·복합 등 지구단위계획구역의 중심기능 제공을 위해 수립되는 계획으로 이 계획의 수립을 위해서는 도로로 둘러싸인 일단의 지역 또는 계획적인 개발·정비를 위하여 구획된 일단의 토지의 규모와 조성계획, 건축물의 용도제한, 건축물의 건폐율 또는 용적률, 건축물 높이의 최고한도 또는 최저한도, 건축물의 배치·형태·색채 또는 건축선에 관한 계획, 환경관리계획 또는 경관계획, 교통처리계획이 법률에서 검토되도록 하고 있으나, 도시홍수와 밀접한 관련이 있는 물순환에 관한 문제는 시행령에 위임하고 있어 해당 조항을 법률로 상향할 필요가 있음

7.4.3 국외의 대표적 비구조물적 대책

1. 유럽연합

유럽연합(EU)은 수해방지와 관련하여 홍수위험도의 평가와 관리에 관한 유럽지침(홍수지침)을 따르도록 요구되고 있다. 홍수지침은 회원국의 수해 상황에 맞는 구체적인 방안을 도출할 것을 인정하고 있지만, 각국의 수해방지 및 관리에 관한 법과 제도는 홍수지침에서 요구하는 사항을 반영할 것이 요구되고 있다. EU의회와 집행위원회의 결정에 따라 「홍수위험도의 평가와 관리에 관한 EU 지침」(EU Directive 2007/60/EC)이 2007년 공포되었다. 보통 「홍수지침」(Floods Directive)라 불리는 이 지침은 홍수가 보건, 환경, 문화 유적과 경제활동에 초래하는 위험을 줄이고, 관리하기 위해 만들어졌다. 홍수지침은 홍수는 저지할 수 없는 자연현상이지만, 인간의 경제 활동과 기후변화에 의하여 부정적인 위험이 증가하였음을 지적하면서, 홍수의 부정적 위험을 줄이는 일이 가능하며 바람직하다는 전제에서 출발하고 있다.

이 지침은 EU 회원국이 '사전홍수위험도 평가'(preliminary flood risk assessment)를 2011년 12월까지 제출토록 요구하였고, 이 평가의 정보에 따라, 홍수재해지도(flood hazard map)와 홍수위험도지도(flood risk map)를 2013년 12월까지 작성할 것을 요구하고 있으며, 2015년 12월까지 홍수위험도 관리계획(flood risk management plan)을 작성할 것을 요구하고 있다. 홍수위

험도 관리계획은 2000년에 공포된 EU Directive 2000/60/EC('물관리 기본틀 지침')의 환경 목표를 고려하여 작성되어야 한다.

이 지침의 주요 내용인 홍수지침은 홍수와 관련된 일반적인 논의(25개항으로 이루어짐)에 이어 본문 8장, 19조와 부록으로 이루어져 있고, 일반적인 논의에서는 홍수관리의 중요성을 강조하면서, 홍수지침이 작성되기까지의 EU의 논의를 살펴보고, 홍수지침의 구체적인 내용은 각국의 상이한 홍수상태를 반영하여 각 회원국에 의해 결정되어야 함을 명시하고 있다.

홍수지침 8개의 장은 (1) 총칙, (2) 사전홍수위험도평가, (3) 홍수재해지도와 홍수위험도지도, (4) 홍수위험도 관리 계획, (5) 물관리 기본틀과의 조정, 정보확산과 협의, (6) 집행조치와 지침개정, (7) 경과조치, (8) 각 조치의 검토, 보고서 등이다.

2. 영국의 사전재해영향평가 관련 법률 및 제도

사전재해평가와 관련된 중요한 규정은 「홍수위험도규정2009」(Flood Risk Regulations 2009)와 환경처가 발행한 「사전홍수위험도평가: 최종지침」(Preliminary Flood Risk Assessment(PFRA): Final Guidance, 2010)이다. 「홍수위험도규정」은 EU의 홍수지침을 집행하기 위한 것으로, 총 7부분으로 되어 있다. 총칙에 이어, EU 홍수지침이 정한 4단계 작업(사전홍수위험도평가, 홍수재해지도, 홍수위험도지도, 홍수위험도관리계획)을 다루고, 이어서 예외조항, 협력, 특정 하천유역을 다루고 있다. 「사전홍수위험도평가: 최종 지침」은 4단계 중 첫 단계에 해당하는 사전홍수위험도평가와 홍수위험지역의 확인 작업을 위한 상세한 지침이다. 「홍수위험도규정2009」에 따라, 잉글랜드에서의 사전재해영향평가 규정의 주요한 내용을 보면 다음과 같다.

(1) 사전홍수위험도의 평가

- 환경처는 각각의 하천유역에 대해 홍수에 대한 사전영향평가보고서를 준비해야 함
- 중심 지방홍수기관(지방기관)은 해당 지역의 홍수와 관련하여 사전영향평가보고서를 작성해야 함
- 환경처는 지방기관이 준비한 사전영향평가보고서를 검토하여, 수정사항을 권고할 수 있다. 검토 결과에 따라 지방기관은 보고서를 수정할 수 있음(환경처는 지방기관으로부터 정해진 날자 안에 보고서를 요구할 권한을 지님).
- 사전영향평가보고서 : 이 보고서는 ① 과거의 홍수 ② 미래의 홍수의 가능한 해로운 결과에 대한 보고서로써 경제활동, 환경(문화적 유산 포함)에 대한 중대한(significant) 결과를 포함함
- 미래의 홍수를 평가할 때는 ① 지형 ② 수로의 위치 ③ 홍수를 저류할 수 있는 홍수터의 위치 ④ 수로의 성격 ⑤ 홍수위험관리를 위해 건설된 구조물의 효과 ⑥ 인구밀집지역의 위치 ⑦ 경제활동이 집중된 지역 ⑧ 기후변화와 기타 장기적 발전이 미치

는 현재 영향과 예상되는 영향 등을 고려해야 함

(2) 홍수위험지역을 확인할 의무

- 환경처는 각 하천유역에 대해서 바다, 주요 하천, 저수지로부터 중대한 홍수위험이 있는지를 결정하고, 홍수로 영향을 받는 하천유역을 확인해야 함
- 환경처는 홍수의 위험이 중대한지에 대한 평가의 기준에 대한 국무장관의 지침을 존중해야 함
- 지방기관은 해당 지역에 중대한 홍수위험이 있는지를 결정하고, 홍수로 영향을 받는 하천유역을 확인해야 함
- 지방기관은 홍수의 위험이 중대한지에 대한 평가의 기준에 대한 국무장관의 지침을 존중함
- 환경처는 지방기관이 수행한 홍수위험지역의 결정과 확인 사항을 검토하고, 지방기관이 다른 위험지역, 추가적인 위험지역을 확인할 것을 권고할 수 있음. 지방기관이 환경처의 권고에 이견이 있으면, 국무장관에게 사안을 회부해야 한다. 회부된 사안에 대해 국무장관은 홍수재해지도와 홍수위험도지도를 작성해야 할 지역을 결정해야 함
- 환경처는 지방기관으로 하여금 홍수위험지역의 결정과 확인에 대해서정해진 날까지 공지할 것을 요구할 권한을 갖고 있으며, 환경처는 각 하천유역의 사전평가지도와 환경처와 지방기관이 준비한 사전평가보고서를 출판해야 함

(3) 홍수재해지도와 홍수위험도지도 준비 의무

- 환경처는 각 홍수위험지역에 대하여 바다, 주요 하천, 저수지로부터의 홍수위험에 관한 홍수재해지도와 홍수위험도지도를 작성해야 함
- 지방기관은 홍수위험지역에 대하여 홍수재해지도와 홍수위험도지도를 작성해야 함
- 환경처는 지방기관이 준비한 홍수재해지도와 홍수위험도지도를 검토해야 하며, 수정을 권고할 수 있다. 검토를 받은 후, 지방기관은 지도를 수정할 수 있고 환경처는 지방기관에게 정해진 날까지 지도를 요구할 수 있음

(4) 홍수재해지도

- 홍수재해지도는 홍수재해지역을 확인한 지도로서 ① 가능한 홍수의 범위 ② 가능한 홍수의 방향과 흐름 ③ 가능한 홍수의 발생가능성이 낮은 지역 - 중간지역 - 높은 지역을 표시해야 함
- 발생가능성 낮은 지역은 홍수가 12개월 동안 발생할 가능성이 0.1% 이하를 말하며, 중간지역은 0.1∼1%, 높은 지역은 1% 이상인 경우임
- 여기에 포함된 정보는 “수질환경규정”에서 규정한 「하천유역관리계획」의 정보와 일

치해야 함

- 지방기관은 홍수재해지도와 관련하여 제시된 환경처의 지도를 존중함

(5) 홍수위험도지도

- 홍수위험도지도는 각 홍수의 위험도와 관련하여 다음을 제시해야 함 : ① 영향 받을 해당 지역에 사는 사람의 수, ② 경제활동, ③ 오염의 위험도를 증가시킬 수 있는 산업활동, ④ 유관한 보호 지역, ⑤ 수질을 유지하기 위해 취해진 조치를 받거나 혹은 보호 받는 물의 지역, ⑥ 보건, 경제활동, 환경(문화적 유산 포함)에 미치는 영향
- 유관한 보호지역이란 수질환경규정에 의해 보호받는 지역을 의미하며, 여기에 포함된 정보는 "수질환경규정"에서 규정한 "하천유역관리계획"의 정보와 일치해야 함
- 지방기관은 제시된 환경처의 지도를 존중해야 함

(6) 홍수위험관리계획

- 환경처는 홍수위험관리계획을 준비해야 하고, 방기관은 유관한 홍수위험지역에 대해서 홍수위험관리계획을 준비해야 함
- 환경처는 지방기관이 준비한 홍수재해지도를 검토해야 하며, 수정을 권고할 수 있으며, 환경처는 지방기관이 정해진 날까지 홍수위험관리계획을 요청할 권한을 가짐
- 홍수위험관리계획은 중대한 홍수위험을 관리하기 위한 계획으로 다음 사항을 구체적으로 포함해야 함
- 환경처와 지방기관은 이 규정의 기능을 수행할 때 협조해야 하며, 다음에 열거된 기관은 환경처가 이 규정의 기능을 수행하면서 합리적으로 정보를 요구하는 환경처의 요청에 응해야 함

3. 독일

독일의 수해방지 관련 법은 1990년대와 2000년대 초의 극심한 홍수를 겪으면서, 수해방지로부터 사전적 위험 관리로 전환하게 된다. 1993년, 1995년의 라인강 홍수, 1998년의 오데르강 홍수, 2002년과 2006년의 엘베강 홍수가 발생하면서, 독일정부는 홍수로 인한 손실을 최소화하기 위하여, 연방수준으로부터, 주정부, 도시수준의 모든 도시계획상의 토지이용 방식에 대한 수정을 목표로 하는 사전적인 위험 관리정책을 도입하게 된다.

특히 하향식 접근방법으로 불릴 수 있는 독일의 수해방지법 체계화 작업은국제적 수준에서는 「공간개발에 관한 유럽의 관점」(ESPD: European Spatial Development Perspective, 1999)의 기본정신을 바탕으로 하여, 효과적인 홍수방지와 손실의 감소를 목표로 정립된 「유럽 지침」(European Directive, 2004)에 따르면서, 수해방지를 위한 「유럽 지역개발기금」(European

Regional Development Fund)의 영향을 받았다. 유럽전역에 걸쳐 홍수가 빈발하면서 결정된 「EU홍수지침」(2007)은 회원국이 지침에 따라 홍수예비평가를 하고, 홍수재해지도, 홍수위험도 지도, 홍수관리계획의 작성을 요구하고 있으며, 다음의 법률들이 주요 홍수에 대비하고자 하는 목적의 법률이다.

(1) 「지역계획법」(Raumordnungsgesetz)
(2) 「지역계획절차」(Raumordnungsverfahren)
(3) 「연방건축법」(Baugesetzbuch)
(4) 「수자원법」(Wasserhaushaltsgesetz)

독일의 수해 대책은 두 가지 원칙에 기초를 두고 있다. 첫째, 홍수해의발생은 막을 수 없고, 예측할 수 없다. 둘째, 홍수방지를 통해서 대처할 수 없다. 예컨대, 표준빈도(100년에 1번 발생 가능)를 정하고, 그에 대해 대비할 수 있지만, 그 이상의 대비책을 세운다는 것은 물리적으로도 어렵고, 재정적으로도 실현 불가능한 작업이다. 따라서, 홍수해에 대비하여 손실을 최소화하고, 홍수가 발생하면 대피와 적절한 대응을 통하여 피해를 최소화하는 게 중요하다고 본다.

「지역계획법」은 현재 홍수방지를 위해 중요하다. 개발계획은 홍수의 확산을 제어하기 위해 저수지를 포함할 것을 요구하며, 「지역계획법」은 주정부가 홍수관리를 위한 공간계획지침을 작성할 것을 요구한다. 「연방건축법」은 인프라를 구축할 때, 필요한 규범과 규정을 정하고 있다. 또한 각 주는 주 개발계획(Landesentwicklungsplan)을 세워야 하며, 각 주 안의 행정단위는 지역개발계획(Regionalplan/Gebietsentwicklungsplan)을 세워서 홍수방지에 노력해야 한다.

도시수준에서는 토지사용계획, 표본구역계획 등을 통해, 도시지역의 홍수관리를 꾀하며, 홍수터, 홍수위험지역, 건축제한구역을 구분하여, 환경위험에 대해 대처하고 있다. 2005년에는 「연방수자원법」을 개정하여, 예방적 홍수조정 능력을 향상시키려 하였는데, 이 법 개정을 통해 기존의 관련 법, 즉 「연방건축법」, 「지역계획법」, 「연방수로법」, 「연방기상법」의 일부를 개정하였다. 「연방수자원법」은 2009년에 개정되어 EU 홍수지침을 반영하게 되었고, 2011년 10월부터 발효되었다.

독일은 연방제 국가로서 수해방지의 중심적인 기관은 지방자치정부이고, 주정부와 연방정부는 지방자치정부의 업무를 도와준다. 하지만, 연방정부는 입법의 기본틀(Framework Legislation)을 통해, 전반적인 방침을 정하고, 국가적 표준을 제시해 왔고, 이 접근방법이 아직도 사용되고 있지만, 2006년의 연방정부 개혁에 따라, 주정부의 고유영역이었던 물에 대한 권리영역은 연방정부도 개입할 수 있는 경합적인 입법영역이 되어, 연방정부가 물의 권리에 대해 궁극적인 결정권을 갖는다. 주 정부는 연방정부가 물에 곤한 입법권을 행사하지 못하는 한에서, 그리고 그 범위 내에서만 입법권을 행사한다.

홍수 위험도 평가, 홍수재해지도 및 홍수위험지도, 위험도 관리계획, 재해위험지구 지정 관련 제도의 마련 등의 EU 홍수지침은 2009년에 개정된 수자원법에 포함되었다(동법 제72조부터 제 81조). 이로 인하여 지방기관은 홍수위험을 평가하고, 그에 따라 중대한 홍수위험도가 있는 영역(홍수위험지)을 결정해야 하는데, 홍수위험도는 홍수발생의 가능성과 보건, 환경, 문화적 유산, 경제활동과 상당한 자산에 나쁜 영향을 미칠 가능성이 결부된 정도를 의미한다.

4. 프랑스

프랑스의 홍수 피해방지 대책은 홍수위험에 대한 정보를 제공하고, 침수지역의 도시계획을 개선하고, 가능하면 공공시설의 건설을 통해 홍수를 통제하는데 그 목적을 두고 있다. 프랑스가 자체적으로 관리해온 대표적인 홍수관리 방식으로는 환경방재법을 근거로 하여 만들어진 법률 제 95-101호(1995.2.2)에 따른 재해예방계획(PPR: Plan de Prevention des Risques) 및 홍수재난예방계획(PPRI: Plan de Prevention des Risques Inondation)이 있다. 또한 최근 2009년에 생태 및 지속가능발전부가 만든 홍수예방실행프로그램(PAPI: Programme d'Action pour la Prevention des Inondation)은 유럽공동체지침(EU Directive, 2007/60/CE, 2007.10.23)에 따라 만들어진 것으로 홍수재해를 평가하고 관리하는 새로운 규정이다. 위험방지계획은 홍수터의 범위를 정하고, 상이한 위험지구를 지정하며, 각 지구에 따라 다른 규제를 적용한다. 지구지정의 목적은 위험한 지역에 소재하는 취약한 사람과 재산의 규모를 제한하며, 공공지출에 한도를 정하는데 있다. 기본적으로 도시지역이 홍수터로 연장되는 것을 방지하는 데 있다.

홍수예방실행프로그램은 정부가 재정지원을 위하여 지역에 맞게 고안하고, 선정한 대책의 패키지로서, 지역의 물관리 기구에 의해 운영된다. PAPI는 홍수에 대한 지식, 예보, 조기경보, 홍수취약성 저감, 홍수터의 수류규제 등을 위한 프로그램을 포함한다(Gaume, 2007).

프랑스의 국가적 차원의 재난재해는 홍수, 산사태, 지진, 화산, 폭설, 산불, 지각변동, 태풍, 폭우 등이 있다. 생태 및 지속가능발전부는 재난재해를 효율적으로 관리하기 위하여 환경법을 근거로 재난예방계획법(PPR, Plan de Prevention des Risques naturels)을 만들었다(법률 제95-1089호, 1995). 프랑스는 EU 홍수지침이 공표되고, 그 지침에 맞추어 홍수위험관리계획을 세우기 이전에 국가차원에서 재난재해 관련 법을 시행하여, 재해(홍수 포함)의 발생을 미연에 방지하고자 노력하였다. 이에 관한 주요 법률별 규정사항을 간단히 요약하면 다음과 같다.

(1) 자연재해보상법(SICN)과 재난노출계획법(PER)(1982년 7월 13일) : SICN(Systeme d'Indemnisation des Catastrophes Naturelles): 국가차원에서 자연재해로부터 영향을 받은 정신적 물질적 손실을 정부가 지원하며, 재난에 노출된 피해예상지역을 관리한다는 취지에서 입법화됨

(2) 재난정보제공법(IR)(1987년 7월 22일) : 국가차원에서 인명과 재산을 보호하기 위하여 사전에 재해정보를 법적이고 의무적으로 제공하기 위해 입법화됨

(3) 재해예방재단법(FPRNM)(1995년 2월 2일) : 국가는 홍수, 지각운동, 폭설, 산불, 지진,

화산분출, 태풍, 폭우가 발생 시 재난예방계획의 시행을 위해 입법화되었으며, 이를 위한 특별기금을 조성하여 재단을 만들고 재난재해에 대비한 자금을 조성한 법률임

⑷ 기술재난예방계획법(PPRNT)(2003년 7월 30일) : 공공인식의 증가로 홍수지표 작성, 공공정보회의 조직, 프랑스 홍수경보시스템을 재조직하는 것 등과 관련한 법률임

5. 일본

(1) 수해방지관련 법과 제도의 이해

일본은 대륙성 기류와 해양성 기류가 충돌하는 곳이며, 태풍영향지역 내에 포함되기 때문에 기상학적으로 다우지역에 속한다. 세계의 연평균 강수량이 900 mm 정도인데 비하여, 일본의 연평균 강수량이 1,700 mm에 이르고 있다. 강수량이 계절적·지역적으로 집중되고 있어서 일시적 수위상승으로 인한 수해가 잦다. 지형 상 하천은 상대적으로 짧지만, 그 경사는 급한 편이다. 자연조건으로 인해 수해 문제는 국가의 핵심과제로 다루어져 왔다. 하천의 정비 등 치수사업을 비롯하여 각종 수방법제가 고안되고, 대책이 수립되었으며, 다양한 수방인프라가 구축되어 왔다. 한편, 1920년 일본의 도시면적은 전 국토면적의 0.4%에 해당하였고, 거주인구비율은 18%에 불과하였으나, 1980년에는 도시면적이 전 국토면적의 27.4%, 인구비율은 76%에 달하게 되었다. 인구, 자산이 밀집되고, 동일한 정도의 강우나 태풍에도 도시홍수 규모가 급증하여 도시하천을 중심으로 치수대책을 추진하고 있다.

수재의 경우에는 다른 재해와는 다르게 그 발생이 매년 거듭되고, 그 시기도 대개 예측가능하며, 그 발생 지역 또한 전국적일 뿐 아니라 발생 장소와 피해 지역도 예상 가능하다. 다른 어느 재해보다도 재해예방 활동의 가능성과 효과가 기대되는 분야이다. 이와 같이 평소의 수방활동이 효과적이고 중요하다는 점이 자각되면서 일반적인 재해대책과는 별도로 독립적인 수해방지 조직 및 체계 구축의 필요성이 제기되었다(김점수, 2003).

일본의 수해방지 관련 법제는 1961년 제정된 「재해대책기본법」을 필두로 하여, 2003년 「특정도시하천침수피해대책법」을 제정·공포하여, 유역종합치수계획을 법정 계획화하면서, 도시홍수 문제 해결을 적극적으로 추진하고 있다. 2001년에는 「수방법(水防法)」을 개정하여, 침수예상도, 침수실적도, 해저드맵 등의 공표를 의무화하고 있다. 「특정도시하천침수피해대책법」은 도시부를 흐르는 하천의 유역 관리를 꾀하였고, 호우성 토사재해와 관련해서는 「사방법(砂防法)」「산사태방지법」「급경사지붕괴에 의한 재해방지에 관한 법률 」을 통해 대처하고 있다(한국회, 2004).

(2) 사전재해영향평가 및 재해위험지구관련 법과 제도

일본은 사전재해평가 및 재해위험지구에 대하여 수방법(水防法), 특정도시하천침수피해대책법, 사방법(砂防法), 산사태방지법, 급경사지붕괴에 의한 재해방지에 관한 법률, 토사재해경

계구역 등에서의 토사재해방지대책 등의 추진에 관한 법률, 토사재해방지대책기본지침을 두어, 사전재해평가의 기준을 두고, 재해지구에 대해 상이하게 규정하고 있다. 수방법제, 도시침수 특별수방제, 토사재해방지법제를 순서대로 알아보면 다음과 같다.

1) 「수방법」

「수방법」은 홍수 또는 높은 조위 시 침수를 경계, 방어하고 그로 인한 피해를 경감함으로써 공공의 안전을 확보하려는 것을 목적으로 한다. 수방법의 목적에서 유의할 것은 「수방법」이 호우 등으로 인한 하천 유역의 수재뿐 아니라 높은 파도로 인한 수해에 대한 방어도 그 목적으로 한다는 점이다. 수방조직의 구성에 있어 일반 책임은 시정촌이 진다. 다만, 수방사무조합이 수방을 행하는 구역 및 수해예방조합의 구역에 대해서는 수방사무조합 또는 수해예방조합이 수방 책임을 진다. 수방사무가 본래 자치사무라는 점을 명백히 하고 있다. 도도부현은 그 구역에 있어서 수방관리단체가 행하는 수방이 충분히 행해지도록 확보할 책임을 진다. 수방의 책임은 일차적으로는 시정촌이 지게 되지만, 제2차적으로는 도도부현이 그 책임을 진다. 도도부현의 수방책임을 구체적으로 살펴보면, 수방계획의 작성, 수방신호의 설정, 출입의 지시, 지정 수방관리단체의 지정 및 그 수방계획의 작성에 있어서 협의의 수용, 지정수방관리단체이 수방단원의 정원 기준결정, 홍수 또는 특별경계수위 도달정도의 통지 및 주지, 수방경보 발령, 긴급 시 수방관리자 등에게 지시, 수방에 관한 보고를 요구하고 조언, 권고를 행하는 등 「수방법」에서 정한 사무 및 수방창고를 만들고 기자재를 비축하여 수방비용의 보조를 행하는 것을 포함한다.

또한 「수방법」은 침수상정구역을 지정하고, 이 구역의 피해경감을 위해 다양한 규정을 정하고 있다. 국토교통대신과 도도부현 지사는 각각 법에 지정된 하천에 대해서 홍수 시의 원활하고, 신속한 피난을 확보하여 수재에 의한 피해의 경감을 도모하기 위하여 기준강우에 의해 당해 하천이 범람한 경우 침수가 상정되는 구역을 침수상정구역으로서 지정한다.

시정촌방재회의는 침수상정구역의 지정이 있을 때에는 ① 홍수예보 등의 전달방법, ② 피난장소 그 외 홍수 시 원활하고 신속한 피난의 확보를 위하여 필요한 사항, ③ 침수상정구역 내 지하도 등 또는 주로 고령자, 장애자, 유아 그 외의 특히 방재상의 배려를 필요로 하는 자가 이용하는 시설에서 당해 시설 이용자의 홍수 시 원활하고 신속한 피난을 확보할 필요가 있다고 인정되는 경우에 있어서는 이들 시설의 명칭 및 소재지 등을 지정해야 한다. 침수상정구역이 있는 시정촌은 홍수재해지도를 작성, 인쇄, 배포하여 일반인에게 주지시키고 있다. 특히, 홍수재해지도는 위의 침수상정구역도에 홍수예보 등의 전달방법, 피난장소 기타 홍수 시에 원활하고 신속하게 피난할 수 있도록 필요사항 등을 기재한 것으로 각 세대에 제공하고 있다.

2) 「특정도시하천침수피해대책법」

일본은 2003년 「특정도시하천침수피해대책법」을 제정하여, 도시부에 흐르는 하천의 홍수로부터 인구와 재산이 밀집한 구역을 특별히 보호하기 위하여, 특정도시하천, 특정도시하천유역, 도시홍수상정구역과 도시침수상정 구역 등을 지정하였다. 이 법률은 특히 도시홍수의 방지 및 저감을 목적으로 하고 있다는 점, 일본의 국토계획 절차가 우리나라와 유사하다는 점, 물 관련 정부부처가 분할되어 있는 점이 유사하다는 점 때문에 도시홍수 저감에 있어 우리나라에서도 매우 유용하게 활용될 수 있는 법률이다. 이와 같은 이유로 우리나라에서도 이와 유사한 법률인 「특정도시하천유역 침수피해방지대책법률안」이 2007년 당시 건설교통부로부터 제안되었으나, 입법예고단계에서 각 부처 간의 인식부족으로 국회로 제출되지 못한 사례가 있다.

이 법은 도시부를 흐르는 하천유역에서 침수피해가 발생하거나 발생할 염려가 있고, 또는 하수도등의 정비에 의한 침수피해 방지가 도시화의 진행에 의해 곤란해진 지역에 대하여, 특정도시하천 및 특정도시하천유역으로 지정하여 침수피해대책을 종합적으로 추진하는데 있다. "특정도시하천"은 도시부를 흐르는 하천으로서 하수도 및 홍수조절댐의 정비에 의한 침수피해의 방지가 도시화의 진전에 의해 곤란한 구간을 말하며, "특정도시하천유역"이란 특정도시하천의 유역의 경우, 그 배수구역을 말한다.

국토교통대신은 하나의 수계에 관련하여 1 또는 2 이상의 1급 하천에 대해 구간을 특정도시하천으로서 지정할 수 있고, 이와 함께 특정도시하천유역을 지정하여야 한다. 이 때, 국토교통대신은 미리 해당 구역을 포함하는 도도부현 및 시정촌의 장 및 당해 구역 하수도관리자의 의견을 들어야 한다. 도도부현 지사는 하나의 수계에 관련하여 1 또는 2 이상의 2급 하천에 대하여 구간을 정하여 특정도시하천으로 지정할 수 있다. 이 때, 지사는 국토교통대신과 협의하여 그 동의를 얻어야 한다. 또, 이 구역을 포함하는 시정촌의 장 및 구역 하수도 관리자의 의견을 들어야 한다.

특정도시하천 및 특정도시하천유역이 지정된 때에는 해당 특정도시하천의 하천관리자, 도도부현 및 시정촌의 장, 하수도관리자 등은 공동으로 특정도시하천유역에 있어서 침수피해의 방지를 위한 대책에 관한 계획을 정하여야 한다. 위 계획에 포함해야 할 주요 내용은 다음과 같다.

① 특정도시하천유역에 있어서 침수피해대책의 기본방침
② 도시침수의 발생을 방지하기 위하여 목표가 되는 강우
③ 특정도시하천의 정비에 관한 사항
④ 해당 유역에 있어서 우수저류침투시설의 정비에 관한 사항
⑤ 수도관리자가 행하는 특정도시하수도의 정비에 관한 사항

⑥ 우수의 일시적 저류 또는 지하로의 침투에 관한 사항
⑦ 하수도관리자가 관리하는 특정도시하천하수도의 펌프시설의 조작에 관한 사항
⑧ 침수피해 시 피해의 확대를 방지하기 위한 조치에 관한 사항
⑨ 기타 침수피해의 방지를 위해 필요한 조치에 관한 사항

특정도시하천유역 내의 택지 등 이외의 토지에 있어서 일정 규모 이상 의 현저한 우수침투저해행위를 하는 경우에는 도도부현 지사 등의 허가를 받아야 한다. 허가의 대상이 되는 우수침투저해행위의 규모는 원칙적으로 1,000 m^2 이상의 행위만이 허가대상이 되지만, 지역에 따라 지형적 자연적 조건 또는 시가화의 진전 정도 등을 고려하여 도도부현의 조례로 허가 대상의 규모를 500 m^2까지 낮추어 규제를 강화할 수 있다. 특히 도도부현 지사는 특정도시하천유역 내에 존재하는 보전조정지(保全調整地)에 일정 규모 이상의 방재조정지를 설치할 수 있는데, 이를 위해서는 우수를 일시적으로 저류하는 기능이 침수피해 방지를 위하여 유용하다고 인정받아야 하며, 시정촌장의 의견을 들어 당해 방재조정지를 보전조정지로 지정할 수 있다.

특히 국토교통대신과 도도부현 지사는 특정도시하천 가운데 도시홍수가 발생한 때 원활하고 신속한 피난을 확보하고 도시홍수에 의한 피해의 경감을 위하여 그 특정도시하천의 홍수범람에 의한 도시홍수가 상정되는 구역을 "도시홍수상정구역"으로 지정한다. 또한 특정도시하천유역의 시정촌의 장, 도도부현의 지사 및 특정 도시하수도의 하수도 관리자는 공동으로 도시침수의 발생을 방지하기 위한 목표가 되는 강우가 발생한 경우에 도시침수가 상정되는 구역을 "도시침수상정구역"으로서 지정한다.

여기서 도시홍수상정구역과 도시침수상정구역은 상정되는 강우의 규모 및 침수발생의 요인이 다르고, 그 지정 주체도 다르므로 이를 구별하여 각각 다르게 정하고 있다. 이들 구역에 대해 침수가 상정되는 경우 그 수심을 분명히 밝히도록 하여 적절한 피난 장소나 피난경로를 설정할 수 있도록 하고 있다. 마지막으로 이 법률에서는 우수저류침투시설 가운데 우수를 일시 저류하는 기능을 가지는 시설로서 하천관리자 및 하수도관리자 이외의 자가 설치한 것을 방재조정지로 정의하며, 시정촌방재회의는 도시홍수 및 도시침수의 발생 또는 발생의 우려에 관한 정보의 전달방법, 피난 장소, 및 부수사항에 대하여 정할 수 있다.

재해복구에 관한 일반적인 사항은 재해대책기본법에 명시되어 있다. 주요한 내용은 다음과 같다.

① 실시책임 : 지정행정기관의 장, 지정지방행정기관의 장, 지방공고단체의 장, 그 이외에 집행기관, 지정공공기과 및 지정지방공공기관 등 법령에 의해 재해복구 실시의 책임이 있는 자는 방재계획에 정한 바에 따라 재해복구를 실시해야 함

② 복구사업비 결정 : 국가는 비용의 전부 혹인 일부를 지출한다. 역시 보조하는 재해복구사업에 대해서는 당해 사업에 관해 주무대신이 복구사업비를 결정할 때에는 도도부현 지사의 보고, 외의 지방공공단체가 제출한 자료 및 실시조사의 결과에 기초하여 적정하고 신속하세 결성해야 한다. 이 결성이 내려지면 당해 사업에 관하여 주무대신은 재발 방지를 위하여 복구사업과 함께 필요한 시설의 신설 혹은 개량에 관한 사업이 원활히 실시되도록 충분히 배려를 해야 함

③ 보고 : 복구사업에 관해 주무대신은 결정을 내린 경우, 복구 사업 실시에 관한 기준을 정한 경우 그 개요를 중앙방재회의에 보고해야 함

④ 보조금 조기 교부 : 국가는 복구사업의 원활한 시행을 위하여 필요가 있는 경우에는 지방교부세의 조기교부를 하는 외에 복구사업의 국가의 부담금 혹은 보조금을 조기에 교부하며, 혹은 소요자금을 융통하거나 자금의 융통이 순조롭게 해야 함

⑤ 시정촌이 도도부현 지사의 지시에 따라 실시한 응급조치를 위하여 필요로 한 비용 및 응원을 위해 필요로 한 비용을, 해당 지시 혹은 응원을 받은 시정촌장이 통할하는 시정촌에 비용 부담지우기 어려울 때에는 구가가 부담하는 비용을 제외하고는, 해당 도도부현이 그 전부 혹은 일부를 부담함

⑥ 재해응급대책에 소요된 비용 : 이 비용은 별도로 법령에 정해진 바에 의해, 혹은 예산의 범위 내에서 국가가 전부 혹은 일부를 부담하고, 혹은 보조할 수 있음

6. 미국

미국은 방대한 영토를 가진 국가로서 지형과 기후의 변화도 크다. 동부의 애팔래치아 산맥과 서부의 로키산맥은 방대한 영토를 몇 개의 지역으로 나눈다. 강우량도 지역별로 차이가 크다. 많은 지역은 허리케인의 영향을 받으며, 뇌우와 토네이도의 영향을 받기도 하고, 산사태, 큰 강변의 장기홍수지역, 돌발홍수, 충적지의 홍수 등 다양한 재해를 겪고 있다. 홍수 등의 재난을 막기 위해서 미국은 댐과 제방을 쌓았다. 전국 댐 목록집에 따르면, 전국에 75,000개의 댐이 있고, 이 중 95%가 주, 지방정부, 산업체, 개인의 소유이다. 제방의 길이는 10만 마일에 이르며, 85%는 지방정부가 소유하고, 관리하고 있다(Federal Emergency Management Agency, 1994).

미국은 전통적으로 연방의 개입에 저항을 하며, 물관리에 대해서 연방정부와 주정부 간의 조정은 제한된 정도에 그쳐 왔다. 개인의 재산권에 대해서는 개인주의적 관점에서 자유 시장을 옹호하고 사적인 소유권을 가능한 보장해 왔다. 홍수관리를 위해서는 토지 이용계획을 통한 규제가 중요한데, 토지 이용 계획에 대한 저항이 큰 경우, 홍수관리는 어려움을 겪게 된다. 위와 같은 전통 속에서도 1900년대 초, 대규모의 홍수를 겪게 되자, 1917년 「홍수조절법」을 제정하였다. 1930년대에는 홍수가 국민복지의 위협으로 인식되었고, 홍수방지는 연방정부가 개입해야 할 영역이라는 합의가 이루어졌으며, 육군공병단이 홍수방지의 주책임 기관이 되었다.

육군공병단(U.S. Army Corps of Engineers)은 댐과 제방, 수로관리의 보호와 재해복구의 기술적 측면에 관심을 기울였다. 이 법은 그 이후 수차례의 개정작업을 통해 홍수관리에 이바지해 왔다. 홍수관리의 책임은 연방정부, 주정부, 지방정부, 민간부문, 홍수터의 주민 모두가 나누어 짊어지고 있다. 연방정부의 홍수규제는 주정부를 통해 간접적으로 이루어졌는데, 1968년 제정된 「국가홍수보험법」이 대표적인 홍수와 관련된 정책수단이다. 이 법에 따라, 100년 빈도의 홍수범람지역의 주민은 연방정부가 지원하는 홍수보험의 혜택을 받기 위해서는 연방정부가 요구하는 필수요건을 충족시켜야 했다.

1974년에는 「재난구제 및 긴급지원법」을 제정해 각 주와 지방정부가 종합적인 재난대비계획을 세우고, 정부간의 조정을 도모하며, 재난에 의한 손실을 보전해 주는 정부지원 프로그램을 만들었다. 후에 「재난경감법」(Disaster Mitigation Act of 2000)으로 개정된 이 법은 홍수의 피해를 줄이기 위해서는 구조적 시설물을 중심으로 한 홍수통제보다도 홍수위험을 미연에 제거하여 홍수피해를 저감하고, 주정부와 지방정부가 홍수터 관리 계획을 세울 것을 요구하고 있다.

1974년에 제정된 「수자원개발법」은 「홍수조절법」을 수정하면서 육군공병단의 활동범위를 확대하고, 1986년 개정을 통해 연방정부와 그 외 기관의 재정분담원칙을 정하였고, 홍수피해 저감을 위해서 위험도 - 기반의 분석을 수행할 것을 규정하였고, 2007년 개정을 통해 수자원개발은 경제적 측면뿐만 아니라 사회적, 환경적 측면을 고려해야 한다고 명시하였다.

최근에는 종합적인 대책의 필요를 절실히 느껴, 1992년 연방재난계획(Federal Response Plan)을 입안하였다. 1994년에는 연방방재청(FEMA: Federal Emergency Management Agency)이 중심이 된 “부처간 홍수터 관리 태스크 포스”가 「홍수터 관리를 위한 통합된 전국 프로그램」(AUnited National Program for Floodplain Management; 1986, 1994)을 발표하였고, 2004년에는 「국가재난대응계획」(National Response Plan)을 입안하여 홍수 및 재난에 대응하고 있다.

홍수통제를 담당해 오던 미군공병단은 2006년 「국가 홍수위험관리 프로그램」(National Flood Risk Management Program)을 확정하여 공병단의 홍수관리 프로그램과 타 기관의 프로그램과의 활동을 통합하려 하고 있다. 2005년의 카트리나 태풍 피해 이후, 체계접근방법으로부터 홍수위험관리로의 전환이 이루어지고 있다. 또, 전국적인 재난대응, 종합적인 대응의 필요성이 더욱 커짐에 따라, 2008년 「국가재난대응체계」(National Response Framework)를 구축하여, 상시적인 국가재난 대응체계를 구축하였다. NRF는 재난관리에 있어서, 국가적 대응체계의 중요성을 강조하면서, 연방정부, 주정부, 지방정부의 역할과 책임을 분명히 하고 있다. NRF는 각 정부의 역할을 강조하면서도, 재난에 대응함에 있어서 현장체계를 중심에 두고 있다.

하천 주변과 연안지역은 홍수의 위험이 있지만, 경제활동이 왕성한 지역이다. 연방정부는 이런 홍수위험지역의 보호를 위해 처음에는 구조적 시설물 중심의 홍수방지에 주력하다가 최근에는 주정부 및 지방정부가 위험저감 계획을 세울 것을 요구하여, 생명과 재산을 보호하고 있다. 미국은 연방국가이기 때문에 연방정부는 주정부의 활동인 재난방지와 재난구제에 제한된 역할만을 수행해 오다가, 국가홍수보험법과 재난경감법을 통해서 「국가홍수보험 프로그램」(NFIP: National Flood Insurance Program)을 운영하면서 보다 적극적인 역할을 수행한다. 이 프로그램에 의하면, 특별홍수구역에 홍수해 피해가 발생한 경우, 그 지역의 정부가 NFIP에 가입하지 않았다면, 연방정부가 보조하는 보험의 혜택을 받을 수 없다. NFIP에 가입하려면, 연방정부가 요구하는 조건을 충족시켜야 한다. 국가홍수보험을 통해 주정부와 지방정부에게 재난경감 계획을 요구하는 것은 다른 나라에서는 볼 수 없는 독특한 제도이다.

국가홍수보험법에 따라, 홍수보험을 관리하는 기관인 FEMA(연방재난관리처)는 기준홍수(100년 주기의 홍수)에 침수될 홍수터(즉, 특별홍수위험구역)와 홍수의 수위를 표시한 지도(홍수보험률 지도 - FIRM: Flood Insurance Rate Map)를 작성한다. FEMA가 작성한 홍수보험률 지도는 지방정부의 홍수관리 계획의 기초자료가 된다. 국가홍수보험에 가입하려면, 지방정부는 이 지도에 표시된 특별홍수구역에서 미래에 발생할 홍수피해를 줄이기 위한 홍수터관리법령을 만들어야 한다. 세부적인 사례를 들면, 홍수보험지도는 크게 5구역, 즉 A구역(A, AE, AO, AH, A99, AR), V구역(V, VE), B구역, C구역, D구역을 표시하고 있다. 이 중 특별홍수 위험구역은 A구역, V구역을 지칭하는 용어로, A구역은 100년 주기의 홍수에 침수될 구역이며, V구역은 빠른 파도의 영향을 받는 구역이다. 국가홍수보험 프로그램이 주정부와 지방정부가 구체적으로 홍수터 관리를 어떻게 수행할 것인가에 대해서 구체적인 필수조항을 규정하고 있지는 않지만, 각 정부가 집행가능한 홍수터 관리 법령을 갖출 것을 요구하고 있다. 홍수터 관리와 관련하여서는 대체로 다음과 같은 법령이 활용된다. 다만, 어떤 법령이라 할지라도 법령이 채택된 이유와 그 목적과 개발, 건축, 기준홍수수위, 최저층 등의 정의를 확실히 제시해야 한다. 특히 홍수에 관한 기존 자료를 홍수지도 등을 통한 자료로 포함시켜야 하며, 개발허가가 모호한 경우는 그 절차를 반드시 표시하여야 한다.

특히 연방정부는 홍수의 피해를 미연에 줄이기 위하여, 「재난구조와 긴급상황 지원법」과 「재난경감법」(Disaster Mitigation Act)에 의거하여 위험을 사전에 경감할 수 있는 프로그램을 운영하고 있다. 이 법에 따라, 위험경감보조금 프로그램(HMGP: Hazard Mitigation Grant Program), 위험 사전경감 프로그램(Pre-Disaster Mitigation Program)을 통해서 주정부와 지방정부가 재난이 발생하기 전에 필요한 조치를 취할 수 있도록 재정적인 지원을 하고 있다. 주정부는 FEMA가 관리하는 위험경감보조금을 받기 위해서 주정부와 지방정부의 활동을 조정하여, "주별 표준경감계획"을 작성하여 FEMA에 제출해야 하며, 20%의 추가적인 지원을 받기 위해서 "주별 후속경감계획"을 제출해야 한다. 지방정부는 보조금을 받기 위해서 관할지역에 적용될 자연재해경감계획을 작성해야 하며, 5년 마다, 경감계획을 검토하고, 업데이트해야 한다. 주의 표준경감계획(Standard State Mitigation Plan) 해당 계획의 계획과정, 내용 및 검토내용과 관리 절차를 포함해야 한다(Title 44 CFR Part 201).

다른 한편으로 「재난구조법」은 중대 재난과 긴급구조에 대해서도 규정하고 있다. 연방조정관은 중대 재난이 발생하거나 긴급 상황이 발생하면 해당 지역에서 작전을 펼 연방조정관을 임명해야 한다. 연방조정관은 (1) 가장 긴급하게 필요한 구제의 유형에 대한 평가, (2) 대통령 부여한 권한에 따른 현장지휘소 설치, (3) 구제 활동의 조정과 같은 임무를 수행한다. 또한 주조정관은 해당 주의 주지사에게 주와 지방정부의 재난 구조 활동과 연방정부의 활동을 조정하기 위하여 주조정관을 지정할 것을 요청할 수 있다. 재난이 하나의 주 이상에 걸쳐 있으면 대통령은 재량에 따라 전 지역에 한 명의 연방조정관을 임명하고, 연방조정관을 돕도록 부조정관을 임명할 수 있으며, 대통령은 중대 재난이나 긴급 상황이 발생할 시, 긴급구조팀을 구성할 수 있고 연방조정관을 지원하도록 규정되어 있다. 특히 미국은 허리케인 카트리나가 루이지애나를 강타하여 수많은 인명피해를 발생시킨 이후, 미국 정부는 인명피해를 줄이고 정부 간 대응과 대응력을 향상시키기 위한 방안을 마련하였다. 대통령은 국토안전부와 주택 및 도시개발부 장관에게 장기적인 재난복구 방안을 마련토록 요청하였고, FEMA는 2011년 「국가재난복구체계」(NDRF: National Disaster Recovery Framework)를 발표하였으며, 허리케인 카트리나 이후 2008년 중서부 홍수가 발생했을 때, 처음으로 지역태스크포스가 가동되었고, 이를 통해서 홍수관리체계의 장기적인 복구에 대한 협력적 접근방법의 효과를 검증할 수 있었다. 이 태스크포스는 2009년에 지역홍수관리 태스크포스로 이관되었다.

7.5 도시홍수의 저감을 위한 비구조물적 대책의 개선방향

7.5.1 자산관리개념 도입의 필요성

Bruntland(1987)에 의하면 지속가능성이란, 미래의 후손들이 그들의 수요를 충족시키기 위해 별도의 노력이 필요하지 않도록 현 세대의 수요를 조절하는 일련의 행위로 규정한 바 있다. 즉 지속가능성이란, 자산관리 측면에서 보면, 미래 후손들이 가용한 자산을 크게 손실시키지 않도록 현재의 자산을 관리하는 자산관리 활동으로 볼 수 있다. 홍수방어 시스템을 포함한 포괄적인 수자원 시스템의 지속가능성을 달성하기 위해서 가장 중요한 요소는 회복탄력성(resilience) 개념을 활용하는 것이다(Carpenter et al., 2005; Walker and Salt, 2006). 수자원 시스템의 관리요소는 전형적으로 수자원 그 자체뿐만 아니라, 환경적 요소, 공학적 요소, 경제적 요소 및 사회적 요소와 같은 많은 하위 시스템으로 구성되어져 있다. 따라서 수자원 시스템의 회복탄력성을 고려하기 위해서는 수자원 시스템을 구성하는 하위 시스템의 구성요소들이 가지고 있는 자산의 최신 현황을 파악하는 것이 중요하다. 기존의 관리방법과 회복탄력성 개념을 이용한 관리방법의 가장 큰 차이점은 기존의 방법이 특정 시스템을 구성하는 하위 시스템을 각각 독립적으로 파악하여 관리하는 개념인데 반해, 회복탄력성 개념에 의한 관리방법은 하위 시스템들을 단순히 더하는 것이 아닌 본질적으로 통합함으로써 관리한다는 것이다.

회복탄력성에 대한 구체적인 분석 범위는 1. 변화범위에 대한 회복탄력성 분석, 2. 홍수와 같은 시스템의 특정 저감요인의 발생 이후의 시스템의 반응과 회복에 대한 회복탄력성 분석, 3. 외부요인에 대한 적응 관리요인에 대한 회복탄력성으로 크게 나누어 볼 수 있다. 이와 같이 회복탄력성 개념을 활용한 시스템의 대응능력에 대한 분석은 하위 시스템의 지속적인 변화에 대한 모니터링과 이에 대한 피드백을 기본 요소로 충족시켜야 하기 때문에 특정 시간이나 공간에 고정된 분석방법이기 보다는 항상 유연한 변화가 가능한 과정으로 이해될 필요가 있다(Rammel and van Den Berg, 2003).

이와 같은 요소들에 의해 진행되는 도시화에 의해 나타나는 현상들의 미래예측에는 상당히 많은 불확실성이 포함되는 것이 당연하다. 그러나 기존의 도시화 사례를 살펴보면, 홍수의 회복탄력성(resiliency)측면에서 살펴보면 홍수에 강한 방식으로 도시화가 진행되는 경우도 있고 반대로 홍수에 취약한 방식으로 도시화가 진행되는 경우도 존재한다. 따라서 기존의 도시화 사례로부터 홍수에 대한 회복탄력성 확보를 위한 비구조물적 요소를 살펴봄으로써, 도시화의 미래 진행방향에 관한 바람직한 경향을 파악할 수 있을 것이며, 회복탄력성과 같은 새로운 개념을 도시홍수방어를 위한 주요 개념으로 정립함으로써 경제·사회·문화 등 인간생활과 관련된 요소들에 도시화에 대한 새로운 가치를 창출할 수 있을 것이다.

7.5.2 도시홍수 위험도 관리와 회복탄력성의 평가

불확실한 요소가 많이 포함되어 있는 홍수 위험관리를 위해서는 시스템 접근론(system approach)을 사용할 필요가 있으며, 이와 같은 시스템 접근방법을 사용하기 위해서는 회복탄력성 관리(resiliency management)에 관한 개념이 먼저 수립될 필요가 있다. 회복탄력성이란, 특정 외부적 요인이나 내재적 요인으로 시스템의 성능이 저하되는 경우 시스템 고유의 성능이나 기능을 유지하기 위해서 시스템 스스로 재구축되는 일종의 시스템 복구 자생력(self-organizing properties of a system)으로 정의될 수 있다. 이와 같은 시스템의 기능유지를 위한 회복탄력성은 크게 '복구 탄력성(restorative resilience)'와 '적응 탄력성(adaptive resilience)'로 구분될 수 있다. 일반적으로 홍수위험도의 관리에 있어서는 두 가지의 탄력성 중에서 주로 복구 탄력성에 대한 개념을 적용하는 경우가 많은데, 이러한 복구 탄력성을 평가하기 위한 지표들은 주로 시스템에서 빠른 변화 양상을 일으키는 변수들에 대한 분석을 나타내게 된다. 네덜란드에서는 '진폭(amplitude)', '점진성(graduality)', '회복률(recovery rate)'의 세 가지 변수를 사용하여 홍수위험도의 관리에 대한 복구 탄력성을 평가한 바 있는데, 세 가지 변수들을 보다 상세히 기술하면 다음과 같다.

1. 진폭 : 특정 요인(주로 외부적 요인)에 대한 시스템 반응의 진폭은 어떤 극한강우로 인해 발생될 수 있는 예측가능한 손실의 강도(severity)를 나타낸다. 즉 특정 요인으로 발생될 수 있는 재해의 범위 또는 심도로 볼 수 있으며, 주로 연평균 피해액 또는 특정 홍수로 인한 사상자, 건물파괴의 수 등의 크기로 기술됨
2. 점진성 : 특정 요인에 대한 시스템의 점진성은 외부적 요인의 발생크기에 따른 시스템의 손실 정도의 시간적 반응요인을 나타낸다. 즉 시스템에 작용한 외부적 요인이 적었음에도 불구하고 급작스럽게 피해가 발생하였다면 이 시스템은 낮은 점진성을 가진 시스템으로 파악될 수 있으며, 반대로 외부적 요인이 큼에도 불구하고 점진적으로 피해가 발생되었다면 높은 점진성을 가진 시스템으로 표현될 수 있음
3. 회복률 : 회복률은 시스템에 외부적 요인이 작용하여 시스템 고유의 기능이 저하되는 경우 얼마나 빠르게 시스템이 고유의 기능으로 회복될 수 있는지를 나타낸다. 홍수위험도의 관리에 있어서 회복률은 주로 회복률에 영향을 미치는 수리·수문·구조물적인 물리적 요소, 경제적 요소 및 사회적 요소에 관한 지표들을 정성적으로 방법으로 평가됨. 즉 특성 홍수위험도 관리 시스템의 회복 탄력성은 진폭이 작고, 점진성이 크고, 회복률이 높을수록 회복 탄력도가 높은 시스템으로 규정될 수 있음. 복구 탄력성이 시스템에 빠르게 영향을 미치는 요인들에 대한 시스템의 반응을 나타내는 척도를 나타내는 반면, 적응 탄력성은 시스템에 느리게 영향을 미치는 요인들에 대한 시스템의 복원력을 나타내는 척도로 활용됨. 호주에서는 '범위(scope)', '적시성 및 비용(timeliness and cost)', '외부 조건(external or contingent condition)', '내부 조건(internal or coordination condition)'의 네 가지 변수들을 활용하여 적응 탄력성을 나타낸 바 있음
4. 범위 : 적응 탄력성을 나타내는 범위는 시스템의 성능을 복원하기 위해 사용될 수 있는 시스템의 다양한 구성 요소들의 범위를 의미한다. 도시홍수 관리시스템의 적응 탄력 범위는 다양한 형태의 홍수방어용 방벽(barrier), 제방(embankment), 도시 내 관로 시스템, 저류지와 같은 모든 구조물적 요소들과 홍수예·경보시스템, 대피체계 등과 같은 모든 비구조물적 요소들의 가용가능 조합으로 평가될 수 있음
5. 적시성 및 비용 : 적시성이란, 가용가능한 범위에 포함되어 있는 시스템 요소들의 외부 요인에 대한 반응시간을 의미하고, 비용은 목표 성능까지 시스템을 개선하는 데 필요한 비용이나 목표가 완료된 시스템을 적정 수준으로 운영하는데 필요한 비용을 의미함
6. 외부 조건 : 시스템의 적응 탄력성의 달성은 시스템의 적응기능 가능성이 실현될 수 있는 외부적 조건에 의해 결정될 수 있다. 여기서 외부적 조건이란, 시스템의 특정 요소를 실행하기 위해 필요한 시스템 외부에 존재하는 요소들을 의미한다. 즉 홍수위험도의 관리를 위한 외부적 조건은 홍수방어를 위해 가용될 수 있는 구조물적·비구조물적 요소들을 운영하기 위한 사회적 합의나 제도적 뒷받침의 정도 등을 의미함

7. 내부 조건 : 내부 조건이란, 가용 가능한 범위 내에 있는 시스템 각 요소의 설계용량으로 정의될 수 있음

7.5.3 도시홍수 저감을 위한 제도적 개선방향

1. 재해예방적 토지이용체계 확립

재해예방적 토지이용체계의 확립에 있어 가장 중요한 요소는 도시계획적 차원에서 도시홍수 피해를 저감시키기 위한 방안을 강구하고 이를 제도화시키는 것이다. 경제발전과 도시화와 이에 따른 각종 도시 내 가치의 증대로 인해 도시 내 홍수피해규모는 매년 증가하는 추세에 있다. 도시계획에 있어 방재정책이 체계적으로 마련되어 있는 미국은 1968년 국가홍수보험제도에 의해 지방정부의 토지이용규제와 같은 홍수범람지 관리 법률을 마련하여 시행하고 있으며, 1977년 이후 홍수범람지에 관리에 대한 법령인 'presidential executive order 119988'을 통해 도시계획의 시행에 있어 토지이용계획, zoning, 내수성 설계, 홍수예보 및 경보시스템 등의 도시홍수 저감을 위한 비구조물적 대책을 강구하도록 의무화하고 있다. 우리나라의 경우 아직까지 도시계획 단계에서 해외 선진국 수준의 방재정책을 고려하지 못한 도시계획이 계획되고 시행되는 경우가 많은데, 현재 우리나라 도시계획에서의 홍수저감 측면에서의 문제점을 요약하면 다음과 같다.

- 도시기본계획의 한계 : 현재 도시방재계획을 수립할 경우 취약지대의 토지이용계획 순화, 저지대의 유수지 확보, 수해상습지의 저류지 및 침투시설 구축 등과 관련된 지침이 마련되어 있으나, 도시기본계획상의 방재계획은 풍수해대책, 교통재해대책, 화재재해대책, 방호대책 등에 중심을 두고 있으며, 특히 이와 관련된 원론적 지침은 있으나 지침에 그치고 있어 실질적인 방재대책의 수립에는 한계가 있음
- 도시기본계획은 장기적인 관점에서 수립되기 때문에 재해위험도에 근거한 재해 발생가능성, 재해유형, 재해취약지구에 대한 토지이용방향 및 설계지침 등 구체적인 후속조치가 정해지지 않는다면 실천이 어려워 선언적으로만 존재하고 있는 경우가 많음
- 재해관련 법률 중 도시계획과 통합적 운용 결여 : 자연재해관련법에서 재해위험지구의 지정 및 정비, 각종 개발계획과 연계된 홍수유출량 감소대책 등과 특별재재지역 지정 및 선포 등은 도시계획 중 토지이용계획과 매우 밀접하게 관련되어 있지만 이들 사항들이 도시계획 관련 법규와 함께 종합적인 관점에서 통합 운영되지 않고 있어 효율성이 떨어짐
- 도시기본계획은 재해위험도에 근거한 재해발생가능성, 재해유형, 재해취약지구에 대한 토지이용방향 및 설계지침 등 구체적인 후속조치가 정해지지 않을 경우, 그 실질적 내용의 발현이 어려움
- 지역사회의 능동적 참여 부족 : 재해에 대한 예측은 사실 과거의 경험이 중요하므로, 해당 지역에 거주하고 있는 주민이 실질적으로 가장 잘 알 수 있음에도 불구하고 이들의 의견을

수렴할 수 있는 제도적 장치가 마련되어 있다고 보기 어려우며, 특히 소규모 개발사업의 경우 주변지역이 재해에 의한 안전위험이 발생할 소지가 있을 경우에는 현재로서는 민원제기 이외의 의견수렴을 위한 제도적 장치가 마련되어 있지 못함

따라서 도시계획단계에서 방재개념을 도입하기 위해서는 먼저 도시의 건설이나 재개발사업에 있어 방재도시계획을 고려하기 위하여 계획단계에서 자연재해유형별 피해규모, 토지이용과 재해위험지역의 현황 및 조사, 방재시설의 현황파악과 현재 방재시스템의 성능분석, 지역의 대처능력을 고려한 지역안전도 평가, 효과적인 재해저감형 기법을 적용한 홍수방어 지구단위계획의 수립, 재해방지사업 추진을 위한 예산확보 및 행정지원 계획의 수립, 방재도시 계획에 대한 홍보 및 주민지원확보 방안 수립 등의 사항들을 고려하도록 제도적 개선을 추진할 필요가 있다. 이와 같은 사항을 고려한 제도적 개선을 추진함에 있어 가장 중요한 사항은 현행 법령에 존재하는 각종 계획들을 재해저감계획들과 효율적으로 연계시켜 작용될 수 있도록 하기 위한 입법절차를 추진하는 것이다. 이를 위해서는 크게 다음과 같은 두 가지의 방안을 고려해 볼 수 있다.

(1) 도시기본계획과 풍수해종합계획의 연계

먼저 기초 지자체를 대상으로 하여 도시계획과 방재계획을 연계하는 방안으로는 「국토의 계획 및 이용에 관한 법률」이 제시하고 있는 도시기본계획과 「자연재해대책법」이 제시하고 있는 풍수해종합계획을 유기적으로 상호 연계하도록 고려할 수 있다. 이 방안은 각각의 계획이 지자체를 수립대상으로 하고 있으며, 계획의 수립기간도 매 5년으로 동일하다는 특징이 있다. 다만, 이 방안은 두 계획의 연계를 위하여 수도권정비계획, 재개발기본계획, 도시주거환경정비기본계획 등 국토 및 도시개발을 위한 각종 계획들과도 연계가 되어야 할 필요가 있으므로 단기간에 추진되기 보다는 장기적인 관점에서 추진되는 것이 바람직할 것으로 보이며, 궁극적으로는 방재분야의 풍수해저감종합계획을 통해 안전관리계획, 유역종합치수계획, 하천기본계획, 소하천정비종합계획, 댐건설기본계획, 항만기본계획, 하수도정비기본계획 등의 계획들도 함께 고려되어야 할 필요가 있다.

(2) 지구단위계획과 풍수해종합계획의 연계

앞서 제시된 도시기본계획과 풍수해종합계획이 장기적인 관점에서 검토되어야 할 과제라면, 지구단위계획과 풍수해종합계획의 연계는 이에 비해 비교적 연계작업도 쉽고 단기적 관점에서 추진되어 효율성을 얻을 수 있는 연계가 될 수 있다. 즉 「국토의 계획 및 이용에 관한 법률」의 지구단위계획의 수립에 있어 「자연재해대책법」의 자연재해위험지구정비계획을 상호 연계하여 필요한 계획을 마련하는 개념이다. 특히, 현재 지구정비 수준에서는 방재계획을 집행하는 방안을 어느 법률에서도 다루고 있지 않은 상황이므로 이를 연계하면 상당한 실효성을 확보할 수 있을 것으로 판단된다.

따라서 본 지침서에서의 법률안 제시에서는 지구단위계획에서 풍수해저감계획을 고려할 수 있도록 하기 위한 법률안을 제시하였으며, 이를 위하여 지구단위계획에 관해 좀 더 살펴보면 다음과 같다.

「국토의 계획 및 이용에 관한 법률」 제2조에서는 지구단위계획을 도시계획 수립대상 안에서 토지이용을 합리화, 구체화하고 도시의 기능 및 미관을 증진시키며, 양호한 환경을 확보하기 위하여 수립하는 도시관리계획을 규정하고 있다. 즉 지구단위계획은 특정 지역의 특성을 유지 및 강화하는 방향으로 도시기반시설, 공공시설 및 민간 건축물에 대해 종합적이고 체계적인 공간 계획수립이 목적이며, 이에 따라 도시생활의 기본사항 중 하나인 도시홍수의 저감도 계획 수립의 목적 중 하나가 될 수 있다.

좀 더 세부적으로 지구단위계획을 구분하면 제1종 지구단위계획과 제2종 지구단위계획으로 구분할 수 있는데, 제1종 지구단위계획이란, 도시지역에 대하여 토지이용을 합리화·구체화하고, 도시 또는 농·산·어촌의 기능의 증진, 미관의 개선 및 양호한 환경을 확보하기 위하여 수립하는 계획이며, 제2종 지구단위계획이란, 비도시 지역에 관하여 계획 관리지역 또는 개발진흥지구를 체계적·계획적으로 개발 또는 관리하기 위하여 용도지역의 건축물 그 밖의 시설의 용도·종류 및 규모 등에 대한 제한을 완화하거나 건폐율 또는 용적률을 완화하여 수립하는 계획이다.

현재 제1종 및 제2종 지구단위계획은 도시관리계획 절차에 따라 계획을 수립해야 하는데, 그 수립기준은 제1종과 제2종 공통되는 것으로 기초조사와 환경관리, 교통처리, 가구 및 획지, 건축물의 용도·규모, 경관, 공원 및 녹지, 기반시설 관리 등이 그 기준이 된다. 여기서 기초조사란 도시기본계획 수립지침의 기초조사 항목에 준하는 일반기초조사, 도시관리계획 수립지침의 환경성 검토 방법으로 수행하는 환경성 검토, 토지적성평가지침에 따르는 토지적성평가가 포함된다.

따라서 도시홍수의 저감을 위해서는 제1종 지구단위계획이 중요한데, 특히 도시홍수의 저감과 관련된 기반시설의 배치와 규모에 관한 사항이 어떻게 마련되어 있는지가 중요하다. 지구단위계획에서 고려되는 기반시설의 배치와 규모는 크게 1) 도시개발구역·재개발구역·택지개발예정지구·주거환경개선지역·대지조성사업지구·산업단지 및 관광특구인 경우에는 당해 법률에 의한 개발사업으로 설치하는 기반시설, 2) 주차장·광장·공원(도시공원법에 의한 도시자연공원 및 묘지공원을 제외한다)·녹지·공공공지·수도공급설비·공동구·시장·학교·공공청사·문화시설·도서관·연구시설·사회복지시설·공공직업훈련시설·청소년수련시설·종합의료시설·하수도·폐기물처리시설, 3) 그 밖에 협의하여 기반시설부담계획에서 정하는 바에 따라 설치하는 기반시설

이와 같이 지구단위계획은 도시 내 및 도시 외 지역에서 인간의 생활에 가장 밀접한 공간환경을 제공하기 위한 세밀한 계획임에도 불구하고, 그 기반시설의 설치에 자연재해저감을 위

한 특정 사항을 제시하지 못하고 있어 사실상 지구단위계획에서는 주로 도시 미관이나 문화적 시설 등에 치중된 기반시설을 고려할 뿐 이보다 중요한 기본적인 재해저감에 대한 기반시설을 고려하지 못하고 있는 측면이 있어 이에 대한 개선이 필요한 상황이다.

2. 도시 내 건축물의 내수성 강화

도시 내 건축물은 홍수 시 지하공간이 매우 취약하므로, 건축물 자체가 이에 대한 내수성을 가지도록 설계될 필요가 있다. 이와 같은 건축물의 내수성 증진은 최근 발생된 집중호우의 발생 등으로 인하여 도시 내 침수발생이 빈번해지고 이에 따른 재산피해가 증가하고 있으므로, 도시 내 침수로 인한 재산피해를 감소시키기 위한 대책의 마련이 필요하다.

현재 건축물에 대한 재해는 주로 홍수 또는 침수, 지진, 화재 등으로 구분해 볼 수 있으며, 이와 같은 재해가 건축물에 미치는 영향을 최소화하기 위한 설계에 관한 규정은 「건축법」에서 정하고 있다. 지진에 대비하기 위한 내진설계에 관해서는「건축법」 제48조제3항에 따른 내진성능 확보 여부의 확인 및 「건축법」 제48조의2에 따른 건축물 내진등급의 설정에서 찾아볼 수 있어 이를 법률적으로 규정하고 있음을 알 수 있으며, 화재에 따른 피해를 저감하기 위해서 「건축법」 제50조 및 제51조에서는 건축물의 내화구조 설치 및 방화벽에 대한 내용과 방화지구에서의 건축물 설계기준을 규정하고 있어, 화재에 대비한 건축물의 설계기준 등 역시 법률적으로 규정하고 있음을 알 수 있다.

건축물의 내진설계 및 내화구조 설치 등에 관해서는 앞서 기술한 바와 같이 「건축법」의 적용을 받는 민간 및 공공건축물에 대해 법률로 정하고 있어 이에 따른 대책이 제도화되어 있으나, 건축물 내 침수피해를 저감하기 위한 규정은 마련되어 있지 않은 형편이다. 건축물의 내수설계란, 건축물의 설계 시 고려될 수 있는 건축물의 설계 및 각종 침수 대비 시설의 설치를 포괄적으로 의미할 수 있으나, 이를 세부적으로 체계화하면 도시홍수 발생 시 건축물의 피해를 최소화할 수 있을 것으로 판단된다. 특히 최근 발생한 서울시 내에서의 침수피해에 있어 보다시피 침수피해의 대부분이 대형 건축물의 지하공간에서 발생하고 있으므로, 건축물의 내수성 증진을 위한 법률적 개선은 도시 내 홍수피해를 효율적으로 저감시킬 수 있을 것으로 판단된다. 다만 건축물의 경우 공공건축물보다 민간건축물의 수가 훨씬 많다는 점을 고려하여, 특정 위험지구 내에서의 건축물만을 대상으로 하되 민간건축물은 의무화하기 보다는 세액감면 등의 인센티브를 마련하여 민간부분에서 자율적으로 동참할 수 있도록 제도적 장치를 마련하는 것이 바람직할 것으로 판단된다.

3. 도시하천유역 종합치수계획

현 정부에서 국정과제 중 하나로 추진할 예정인 '도시하천유역 종합치수계획' 수립은 현재 일본에서 시행되고 있는 「특정도시하천침수피해대책법」과 유사한 내용으로 진행될 가능성이 있으므로, 본 절에서는 현재 일본에서 시행되고 있는 법률을 소개하였다. 특히 이와 유사한 법률안이 「특정도시하천유역 침수피해방지대책법률안」이 (구)건설교통부에서 추진되어 입법예고 되었으나, 관련 부처의 의견조율 실패로 법률로 성사되지 못한 사례가 있어 이를 알아보는 것이 중요할 것으로 판단되었다.

과거 기후변화로 인한 집중호우의 발생, 도시지역의 급속한 진전으로 인한 불투수면적의 증가, 홍수도달시간의 단축 및 첨두홍수량 증가로 인해 도시침수피해가 증가되자 (구)건설교통부에서는 2007년 10월 「특정도시하천유역 침수피해방지대책법률(안)」을 입법예고 하였다. 이 법률안은 하천제방 및 홍수조절댐 등 통상의 치수대책만으로는 도시 침수피해 방지가 곤란한 특정도시하천유역에 대하여 우수침투저해행위에 대한 행위제한 제도를 도입하여 도시의 침수안전도를 제고하고, 홍수위험지도 작성 및 도시침수예보시설 설치 등을 통해 주민의 안전하고 신속한 대피체계를 강화하는 등을 목적으로 추진되었으나, 결국 법률안과 관련된 주무부처간의 조율 실패로 입법화되지는 못하였다.

현 정부에서 추진되고 있는 도시하천유역 종합치수계획은 과거 입법화되지 못한 이 법률안을 모태로 하여 추진되고 있는 것으로 파악되므로, 과거 입법예고 되었던 법률안의 내용을 좀 더 자세히 알아보면 다음과 같다. 가장 특징적인 부분은 '도시침수피해방지기본계획'의 수립으로 도시화의 진전으로 하천정비 등 통상의 대책만으로 침수피해 방지가 곤란한 도시하천유역에 대하여는 하천·하수도·빗물펌프장 등의 연계정비를 포함한 도시침수피해방지기본계획을 수립하고, 기본계획에 따라 하천·하수도정비, 우수유출저감시설(저류지, 지하하천 등)의 설치 등 실시계획을 수립하여 해당 시설물의 관리청에서 사업을 추진할 수 있도록 하였으며, 실시계획의 점검 수단으로 평가 및 사후관리를 실시하고 개선권고 또는 시정요청을 할 수 있도록 하여 정책시행의 실효성을 높이고자 하였다.

이 도시침수피해방지기본계획은 수립주기 10년(5년마다 타당성 검토)으로 수립권자는 (구)건설교통부장관이며, 도시침수방지대책의 기본방향, 특정도시하천 선정, 특정도시하천정비, 홍수량 분담을 위한 하천·하수도·빗물펌프장·우수유출저감시설 등의 연계정비에 관한 기본사항 등을 정하도록 하였다. 또한 기본계획의 마련에 따라 '도시침수피해방지광역계획'을 수립하도록 하고 있는 데, 광역계획의 수립권자는 시도지사이며 주로 특정도시하천관리구역의 지정, 계획홍수량, 특정도시하천 정비, 우수유출저감시설 설치, 홍수량 분담을 위한 시설별 연계정비, 재원조달에 관한 사항 등을 정하도록 하고 있다. 특히 법률안에서 가장 중요하다고 볼 수 있는 '특정도시하천관리구역의 지정'에 관하여서는 지정권자를 시도지사로 정하고 있으며, 광역계획에서 정한 특정도시하천 및 해당 하천유역의 전부 또는 일부로 보고 있다는 특징이 있다.

마지막으로 법률안에 의해 시행되는 계획에 따른 비용의 분담은 특정도시하천관리구역 내에서 도시침수피해방지사업의 성격에 따라 해당 시설관리청에서 원칙적으로 부담하도록 하고 있어, 궁극적으로 부담자는 시도지사, 하천관리청, 공공하수도관리청 및 시설관리자가 되나, 다른 시도의 실시계획 집으로 그 이익을 얻는 지자체에도 일부 비용을 부담할 수 있도록 하고 있다.

4. 홍수위험지도

홍수위험지도(flood hazard map)는 홍수에 의한 인명 및 재산 피해를 최소화하기 위해 홍수 발생 시 침수의 범위, 침수의 심도, 대피로, 대피처 등 침수정보와 피난정보를 지도상에 표시한 것을 말한다. 제방, 댐 등 구조적인 홍수 대책을 초과하는 홍수를 대비하기 위한 비구조적 대책의 하나로 하천제방의 안전성과 무관하게 구조적 대책이 실패하는 최대의 범람 상황을 가정하여 인명과 재산 피해를 최소화하기 위한 가상 지도이다. 평상시에는 침수 피해의 가능성이 있는 구역과 그 정도를 주민들에게 알려 홍수에 대한 관심을 높이고, 홍수 시에는 대피로, 대피지역 등에 대한 정보를 제공하여 홍수 피해를 최소화하기 위해 제작된다.

「하천법」 제21조에서 국토교통부장관은 하천의 정비, 홍수의 예보, 홍수 대피, 재난 관련 보험의 기초자료 제공 및 수해방지대책의 수립 등을 위하여 하천구역과 하천범람에 따른 배후지역의 홍수피해 상황에 대하여 조사를 실시하고 홍수 피해의 위험도를 예측하는 홍수위험지도를 제작하도록 규정하고 있으며, 이 규정은 2008년 「하천법」 제21조와 시행령 제17조에 의거하여 홍수위험지도의 제작 및 활용에 관한 기준을 제공하는 「홍수위험지도 제작 지침」을 제정함으로써 시행되어 현재 금강 및 섬진강 일부 구간을 제외한 국가하천에 대해서는 1차적인 홍수위험지도가 구축되었다.

홍수위험지도는 국토교통부장관이 제작하는 것을 원칙으로 하며, 지방자치단체의 장은 필요한 경우에 시가지화지역 등에 대하여 홍수위험지도를 제작할 수 있으며, 홍수위험지도의 공간적 범위는 지류를 포함한 대상 하천 전 구간에 대해 가상의 홍수에 의하여 발생하는 범람원을 모두 포함하며, 지방자치단체의 장이 홍수위험지도를 제작할 경우에는 내수침수 위험지역을 포함할 수 있다.

또한 홍수위험지도는 하천정비기본계획 및 유역종합치수계획과의 연계를 고려하여 10년 주기로 제작하며, 토지이용의 변화, 관계 법령의 개정, 기술수준의 향상, 수문 상황 및 인문·사회 환경의 변화 등에 따라 내용 추가가 필요할 경우 제작이 가능하다.

앞서 언급한 바와 같이 국내의 경우 홍수위험지도의 제작은 현재 국토교통부장관이나 필요한 경우 지방자치단체의 장도 작성이 가능하므로, 홍수위험지도의 제작에 관해서는 별도의 입법과정이 필요하지 않을 것으로 판단된다.

다만 제작된 홍수위험지도를 국가나 지방자치단체가 적극적으로 주민에게 주지 또는 홍보하는 문제는 보다 신중한 접근이 필요한 것으로 판단된다. 현재 제작된 홍수위험지도는 지자체의 경우 담당자가 그 정보를 관리하도록 하고 이를 이용하여 긴급대피경로 등의 마련에 활용하고 있으며, 필요한 경우에 한하여 열람을 신청한 민원인에게만 해당 정보를 공개하고 있다. 홍수위험지도는 홍수로 인한 피해를 국토개발 사업 등에 효율적으로 활용하여 그 피해가 최소화되도록 하고, 위험지역에 거주하는 국민에게 그 위험도를 미리 고시함으로써 국민 개개인이 그 위험을 최소화할 수 있는 도구로 활용될 수 있다는 측면에서 유용한 도구임에는 확실하나, 이를 공개함에 있어 해당 홍수위험지구의 주택 및 지가의 하락을 동반시킬 가능성이 매우 높아 이의 공개에 관해 해당지역 주민의 반발, 해당 지방자치단체의 부정적 의견 제시, 홍수위험도의 정확도 향상에 관한 문제 잔존 등의 이유로 현재 능동적으로 공개되고 있지 못한 실정이므로, 이를 해결하기 위한 장기적 관점의 검토가 필요하다.

연습문제

7.1 재해로부터 인적, 물적 자원을 안전하게 보호하기 위한 구조물적 대책과 비구조물적 대책의 차이점을 서술하고, 우리나라의 대표적 구조물적 계획 및 비구조물적 계획의 사례를 조사하라.

7.2 도시홍수의 발생원인 및 주요 절차를 물순환 변화의 관점에서 기술하라.

7.3 홍수방지 및 저감을 위한 대표적인 비구조물적 대책 및 국내 사례를 기술하라.

7.4 우리나라에서 시행되고 있는 홍수방지 및 저감을 위한 주요 법률을 소관부처별로 파악하여 그 특징을 기술하라.

7.5 우리나라의 비구조물적 대책은 어느 나라와 유사한지 판단해보고 그 이유를 서술하라.

7.6 우리나라에서 비구조물적 대책이 효율적으로 계획되고 시행되기 위해 가장 시급히 해결되어야 하는 문제는 어떤 것이 있을지에 대해 기술하고 대안을 기술하라.

참고문헌

국립방재교육연구원(2008). “기후변화에 따른 풍수해 재난관리 종합계획 연구.” 국립방재연구소.

김점수(2003). “일본의 방재기본계획: 풍수해 대책을 중심으로.” 강원발전연구원.

이칠성(2008). “자연재해와 상습수해지역 관리현황 및 문제점.” 감사원.

장대원, 김병식, 김주환(2012). “기후변화로 인한 극한 강우가 재해에 미치는 영향의 정량화.” 한국방재학회논문집, 제12권, 제4호, pp. 169~178.

한국회(2004). “일본의 방재정보시스템에 관한 연구.” 한국인터넷정보학회 추계학술발표대회 논문집, 제5권, 제2호.

Brundtland, G.H.(1987). “*Our common future*.” Oxford University Press, Oxford, UK.

Carpenter, S.R., Westley, F., Turner, M.G.(2005). “Surrogates for resilience of social-ecological systems.” *Ecosystems 8*, pp. 941-944.

Federal Emergency Management Agency.(1994). “*A united national program for floodplain management*.”

Fleming, G.(2002). “*Flood risk management*.” Thomas Telford.

Gaume, E.(2007). “*Flood crises preparedness: the French case study*.” Floodsite.

Rammel, C., van Den Berg, J.(2003). “Evolutionary policies for sustainable development.” *Ecological Economics* 47, pp. 121-133.

Walker, B, Salt, D.(2006). “*Resilience thinking: sustaining ecosystems and people in a changing world*.” Island Press, Washington D.C.

WMO,(2007). “*Economic aspect of integrated flood management*.” World Meteorological Organization, WMO-No. 1010.

Yodmani, S., Tyagi, A.C.(2006). “*Social aspects and stakeholder involvement in integrated flood management*.” World Meteorological Organization, WMO-No. 1008.

8

수자원 사업의 경제성 분석

Chapter 08

수자원 사업의 경제성 분석

8.1 서론

과거부터 인간은 하천 주변에 모여 생활을 시작했으며 그 결과로 주요 문명들도 대하천을 중심으로 시작되었다. 따라서 물을 이용하기에 앞서 홍수와 같은 자연 재해로부터 인간의 생명과 재산을 보호하는 것이 항상 선결요건이었다. 이를 위하여 상류에 댐을 건설하고 하천에 제방을 쌓아 홍수에 대비해 왔다. 이러한 치수사업은 최근에 이르러 사회가 도시화·산업화되면서 하천 주변의 토지이용이 고도화되고, 인구가 밀집되면서 홍수로부터 보호되어야 할 시설들의 직·간접적인 가치가 증가하였을 뿐만 아니라 이상기후의 영향으로 집중적인 호우와 가뭄이 빈번하게 발생하고 있어 그 중요성이 더욱 증대되고 있다.

특히 최근 기후변화 등으로 인한 이상기후를 포함하여 가뭄과 홍수의 빈도가 잦아지고 규모도 커지고 있다. 이렇게 심해진 재해로부터 인명과 재산을 보호하고 안정적인 용수공급과 체계적인 치수관리를 위해서 일반적으로 다목적댐이 건설되었다. 사실상 1960년대부터 시작된 다목적댐과 같은 대규모 공공투자사업은 국가경제의 성장과 발전에 많은 기여를 하였다. 아울러 홍수기 다목적댐의 저수지운영으로 인하여 하류의 상습적 침수지역은 홍수재해로부터 보다 안전할 수가 있었다.

그러나 다목적댐은 국민경제의 성장에 많은 역할을 제공한 반면 대규모 이주민의 발생, 생태계의 변화, 수질의 악화 등의 대형 댐 축조로 인한 역기능도 나타나 지역주민과 환경단체 등으로부터 많은 문제가 제기되고 있는 것도 사실이다. 댐 건설 사업은 대형 사업이고 환경에 막대한 영향을 미치는 사업인 만큼, 충분한 조사를 통하여 사업의 타당성을 평가하고 사회·경제적 역기능에 대한 보완 대책을 마련하는 등의 사업추진에 신중을 기해야 할 것이다.

영월댐 건설이 취소된 이후 근래의 물 문제는 지역주민의 반발이나 환경파괴의 우려로 댐 개발 자체가 거부되거나 지연되는 경우가 발생하고 있으나, 반대로 삶의 질이 개선되면서 위락용수, 환경용수, 그리고 생태용수라는 새로운 개념의 용수수요가 출현하여 우리나라의 수자원 사업과 관련된 기회 창출 여건이 급격하게 변화하고 있다.

수자원부분의 여건을 전망해보면 용수수요는 인구증가와 생활수준의 향상, 밭관개의 확장 그리고 하천유지용수의 증가로 꾸준히 증가될 수 있다는 전망이다. 그러나 용수공급은 수원지 주변 주민의 반대, 개발자체에 대한 지방자치 단체 간 이해대립, 개발행위에 뒤따르는 환경파괴에 대한 우려와 댐 적지의 감소 및 건설비용의 증가 등 신규 수자원 개발 여건의 악화로 증가된 수요를 충족시키기에 어려움이 있다. 또한 기후변화로 빈번해진 홍수와 가뭄에 대하여 재해 방어능력이 감소된 상태이며 환경기초시설 부족과 비점오염 증가 그리고 하천유지용수 부족으로 인하여 수질환경기준 달성에 미흡한 상태이다. 특히 세계적인 기상이변을 포함한 다양한 수자원여건의 변화에 대처하기 위해서는 기존의 수자원 관련 제도로는 한계가 있으므로 과거의 경험을 바탕으로 한 새로운 제도개선의 필요성이 제기되고 있다.

다목적댐을 포함한 다양한 수자원개발 사업은 재해로부터 인명과 재산을 지키고 국가기반시설을 보호하는 역할을 하나, 댐 건설에 따른 주변지역의 환경적, 생태적인 변화를 줄 수 있으며 사회경제적인 문제를 야기할 수 있다. 따라서 이러한 영향들을 예비타당성조사 단계에서 조사하여 관련 문제점을 충분히 검토한 후에 사업추진 여부를 판단해야 한다.

수자원 수요와 공급의 변화에 대처하기 위해 사업계획 단계에서부터 국민 경제적 파급효과, 재정 및 투자계획 검토와 더불어 자연환경, 생활환경, 사회·경제 환경 등에 대한 영향을 종합적으로 검토할 필요성이 제기되고 있으며, 기존 타당성평가 및 선진국의 공공사업 타당성평가 체계를 분석하여 보다 합리적인 방법론 및 표준지침 수립의 필요성이 증대되고 있다.

특히 최근의 수자원 사업들은 경제성 분석에 의해 제시된 경제성에 관한 분석결과가 사업의 적정성 여부를 결정하는 경우가 많다. 특히, 수자원 사업은 여타의 다른 토목사업과는 달리 전문가가 계획의 초기단계부터 관여되는 경우가 많으므로 이러한 타당성에 대한 조사는 수자원을 다루는 전문가에게 있어 매우 중요한 사안이 될 수 있다.

따라서 본 장에서는 수자원 사업의 진행에 필요한 다양한 요소 중 경제성 분석을 위한 정보를 제공함으로써 수자원 사업의 시행 초기에 검토해야 할 사항들을 보다 상세히 검토해보고자 한다. 다만 본 장에서는 치수, 이수, 수질 등의 다양한 분야와 관련된 수자원 사업 중에서 가장 많은 사업을 차지하고 있는 치수분야를 중심으로 주요 내용을 서술하였다.

8.2 수자원부문 사업의 범위 및 유형

수자원부문의 사업은 사업의 목적에 따라 치수, 이수, 그리고 하천환경부문으로 구분될 수 있다. 수자원 사업의 목적은 인간 활동의 지속성 마련을 위해 수자원의 주요 3가지 문제인 'Too Much', 'Too Little', 'Too Dirty'를 해결하고자 하는 것이며 이는 각종 치수, 이수 및 하천환경부문의 구체적인 사업의 형태로 계획되어 시행 및 유지관리 된다. 치수부문의 수자원 사업은 국토의 보존과 개발, 이용, 환경 측면에서 홍수방어를 위해 하도의 홍수를 조절하고, 유역 내 치수시설들을 정비하며 유역개발에 따른 홍수유출과 도시유출을 원활히 소통시킴으로써 유역이 가져야 할 유수·보수 기능을 유지시켜 장래에 발생할 홍수피해를 최소화시키는 것이라 할 수 있다. 치수사업은 현 상태에서 과거의 경험을 바탕으로 하여 장래에 불확실한 상황을 예측하여 계획을 수립해야 한다는 어려움이 있다. 여기서 불확실한 상황이란 기후의 변화, 홍수피해 규모의 증대, 하천주변 토지이용의 고도화, 인구 증가 및 도시화에 다른 침수지역의 증대, 정치적·사회적 관심의 증대 등으로 인해 발생된다. 치수사업을 추진하기 위해서 「수자원장기종합계획」에서 10년마다 치수부문의 장기계획을 수립하고, 예측된 결과가 실제상황과 다를 경우 5년마다 수정하도록 규정되어 있다.

이수부문의 사업은 치수부문의 사업보다 매우 넓은 영역에서 계획되며, 이수부문의 수자원 사업은 신규 수자원의 지속적인 개발과 동시에 효율적인 수요 및 공급의 관리 등을 통해 국민의 삶의 질을 개선하는 것을 목적으로 하고 있다. 다만 최근에는 환경에 관한 국민의 요구가 높아지고 있기 때문에 수자원 개발은 환경문제와 연관되면서 개발보다는 보전에 대한 요구가 더 강하다. 그러나 이수부문의 사업은 치수부문의 사업과 달리 규모가 크지 않고 지속가능한 사업이 많아 보전에 대한 요구를 만족시킬 수 있는 합리적인 사업들이 최근 많이 추진되고 있다.

하천환경부문의 수자원 사업은 하천을 구성하고 있는 수환경과 하천공간 환경의 조화를 통하여 이수, 치수기능의 원활한 수행과 하천환경의 보전, 보호 및 복원을 꾀하는 것이다. 또한 이러한 하천의 3대 기능을 고려하여 조사, 설계, 시공 및 유지관리계획을 수립하고 시행하는 것이며, 이를 통하여 풍요로운 경관창출을 도모하는 것이다. 하천의 수환경은 적정량의 수량과 생태계와 친수공간을 위한 적절한 수질을 확보하는 것으로 하천공간이 다른 토지이용지역과 구별되어지는 가장 중요한 요소이다. 또한 하천의 공간적 범위는 협의적으로 하천법에서 언급한 제방의 안쪽인 하천구역만을 의미하나, 하천의 환경기능을 고려하면, 하천이 속한 유역 전체를 대상으로 할 수도 있다.

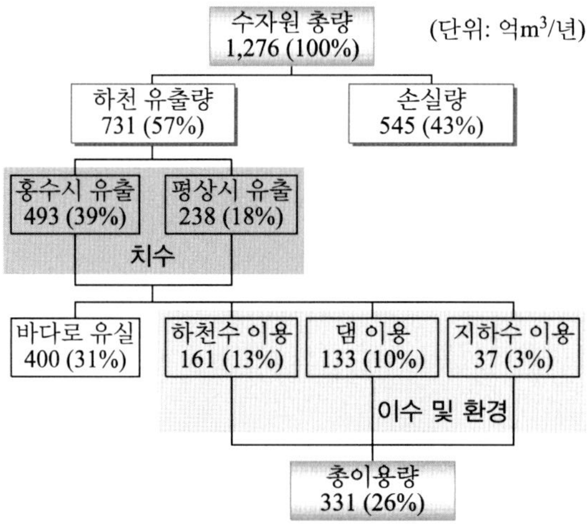

≫ **그림 8.1** 우리나라 수자원 현황별 치수, 이수 및 환경사업의 구분

그림 8.1은 구 건설교통부(현 국토교통부)가 2001년 작성한 「수자원장기종합계획」의 수자원 이용현황과 관련된 치수, 이수, 하천환경부문 사업을 관련지어 나타낸 것이며, 표 8.1은 수자원 개발과 관련된 각종 사업을 전반적으로 요약한 것이다.

표 8.1 수자원 부분에 포함된 다양한 항목

구분	목적	구조물 또는 비구조물적 수단
치수	- 국민의 생명과 재산의 손실방지	다목적댐, 제방, 하천개수, 유수지, 배수펌프장, 홍수경보체제
관개배수	- 농업생산량 증대	다목적댐, 저수지, 취수보
생·공용수	- 생활용수 안정적 공급으로 생활환경 개선 - 공업용수 안정적 공급으로 산업발전 촉진	다목적댐, 저수지, 지하수 관정
수력발전	- 경제개발을 위한 전력생산 - 생활환경개선을 위한 전력생산	다목적댐, 발전용댐, 발전소
내륙수운	- 화물운송으로 교통난 해소 - 생활환경 개선, 여가 시간 증대	하도정비, 운하, 갑문, 부두
하천환경	- 쾌적하고 아름다운 수환경 창조 - 생활수준 향상으로 여가시간 증대	다목적댐, 하천 및 저수지 수변공간 조성, 수변거점의 환경보전 정비
염해방지	- 용수의 안정공급과 식량증산 - 취수원의 수질보전과 용수의 안전공급보장 - 생활환경 개선과 산업발전 촉진	다목적댐, 하구둑, 지하수 충전
산지유역관리	- 토양의 보전 / 산사태 방지 / 수자원보전 - 유출의 억제 / 임산개발 촉진	사방사업, 사방댐, 조림사업, 환경림 조성, 산사태방지공
오염원 유역관리	- 오염원의 관리로 오염부하량 배출 억제 - 국민보건 및 생활환경 개선	토지이용규제, 상수원보호구역의 지정관리
생태계보전	- 유역 및 하천개발로 인한 생태계 보호 - 낚시, 스포츠 등 국민 여가생활 환경 증진	다목적댐, 하천환경 정비, 어도
하수도	- 도시개발 및 정비 - 시민의 보건, 생활개선 - 하천수질 오염 감소	하수도 정비, 우수오수관로, 차집관로, 하수처리장, 펌프장

8.3 수자원 사업의 특성과 비용·편익의 구성

8.3.1 치수사업의 특성

수자원 사업 중 치수종합계획은 크게 하천개수계획, 유역대책, 피해저감대책 등으로 구분할 수 있다. 하천개수 계획에는 제방을 쌓거나 하상을 준설하는 하천 정비사업이나 유수지나 방수로의 설치 등이 포함된다. 유역대책은 보수지역, 유수지역, 저지지역으로 구분하여 각 지역의 특성에 적합한 대책들을 추진한다. 피해저감 대책에는 홍수보험이나 홍수 예·경보와 같은 대책들이 포함된다. 그림 8.2에는 치수종합계획과 관련된 하위의 계획 및 세부 대책을 요약함으로써 치수관련 종합계획을 전반적으로 파악할 수 있도록 하였다.

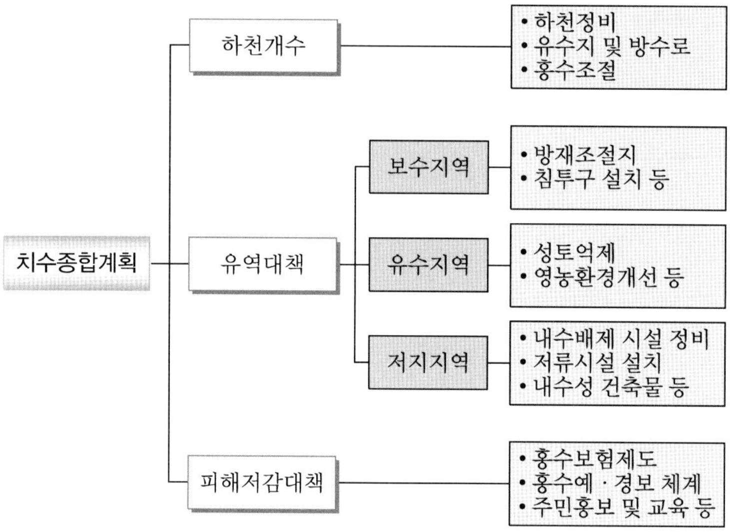

≫ **그림 8.2** 치수종합계획의 구성

하천을 개수할 때에는 우선 하천정비 기본계획을 수립하고, 이 계획에 따라 하천정비 시행계획을 수립·추진하게 된다. 이때, 하천시설기준에 의해 각 개수사업 지구별 경제성을 판단하여 우선순위를 정하고 있다. 그러나 현재 하천시설기준에서 제안하고 있는 경제성 분석 방법이 여러 가지 문제점들을 내포하고 있어 하천개수 사업의 경제성이 낮게 평가되고 있다. 때문에, 다른 사회간접자본시설에 비해 투자우선순위가 낮아 투자가 적게 이루어져 홍수피해가 반복되는 악순환이 반복되고 있다. 따라서 이 절에서는 이러한 하천개수 사업의 경제성 분석의 문제점들을 분석하고, 최근의 경제·사회적 여건변화를 고려한 합리적인 경제성 분석 방안을 제시하고자 하였다.

치수사업은 홍수피해를 방지하고, 친수환경을 조성하며, 용수를 공급하는 것이 목적이다. 이 중에서도 특히 하천개수 사업은 홍수피해의 방지가 주요 목적이라 할 수 있으며, 치수사업의 특성은 사업의 공공재적 성격, 편익발생의 불가측성 및 비계량성, 파급효과의 광범위성, 적은 유지관리 비용으로 요약될 수 있다.

1. 공공재적 성격

먼저 치수사업은 공공의 이익을 목적으로 한다는 점에서 다른 사회기반시설과 마찬가지로 공공재적 성격을 갖는다. 공공재의 일반적 특성으로는 비경합성(non-rivalry)과 비배제성(non-excludability)을 들 수 있다. 여기서, 비경합성이란 어떤 사람의 소비가 다른 사람의 소비 가능성을 줄이지 않는 성격을 말하며, 비배제성이란 대가를 치르지 않은 사람의 소비를 배제할 수 없는 특성을 말한다. 이러한 일반적 특성에 근거하여 하천개수사업이 갖는 공공재적 특성을 살펴보면 비경합성 관점에서는 제방 축조를 통한 홍수방지 효과는 대상 재산 및 인명에 동일한 효과를 나타내며, 비배제성 관점에서는 면세자나 체납자에게만 사업효과를 보지 못하게 하는 방법이 없다는 것이 다른 공공재와는 다른 특성이다.

그림 8.3은 수자원 사업과 대표적인 공공재인 교통시설의 공공재적 특성을 비교한 것이다. 가로축은 경합성을, 세로축은 배제성을 기준으로 하였다. 그림에서 경합성이 크고, 배제성이 클수록 공공성이 적음을 의미한다. 즉, 그림에서 보는 바와 같이 하천개수 사업은 다른 수자원 사업이나 교통시설에 비해 공공성이 매우 크다는 것을 알 수 있다. 하천개수사업이 갖는 공공재적 성격을 다른 공공재와 비교하여 설명하기 위한 대표적인 예로서 지방도나 국도를 들 수 있다. 지방도나 국도의 경우 요금을 징수하지 않는다는 점에서 배제성이 작기 때문에 하천개수사업과 마찬가지로 공공성이 크지만, 시설을 이용할 수 있는 용량이 한정되기 때문에 치수사업에 비해 경합성이 크다고 볼 수 있다.

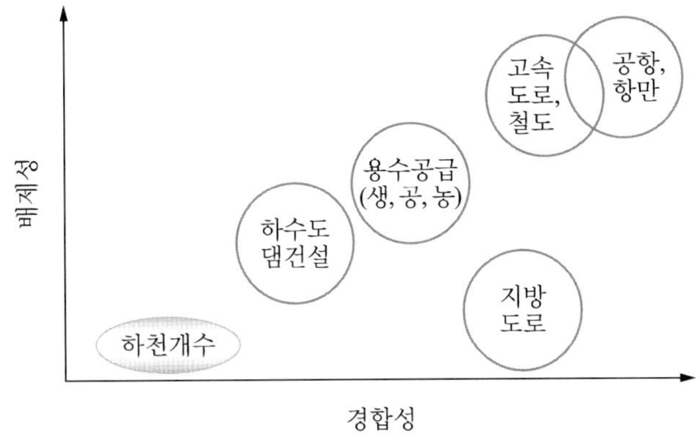

≫ **그림 8.3** 수자원과 교통시설의 공공재적 특성 비교

2. 편익발생의 불가측성 및 비계량성

하천개수사업과 같은 치수사업의 또 다른 특성으로서 사업의 효과를 정확하게 예측하거나 계량화하기 어렵다는 것을 들 수 있다. 일반적으로 도로나 철도와 같은 교통시설이나 전기·통신시설 등은 시설을 사용함으로서 편익이 발생되는 사용편익이기 때문에 편익의 발생 시기나 규모를 어느 정도 예측할 수 있다. 그러나 하천개수사업은 그 목적이 주로 홍수라는 자연재해를 방지하기 위한 것이며, 사업으로 인해 얻어지는 편익도 자연재해 방지로부터 얻어지는 것이기 때문에 사업으로 인한 편익의 발생 시기나 규모를 확인하기 어려운 측면이 있다.

3. 파급효과의 광범위성

하천개수사업은 그 편익의 규모가 인명 보호나 각종 시설물 또는 농작물 등의 침수방지 정도로 나타난다. 그런데 인명손실은 시장가격이 존재하지 않기 때문에 화폐단위로 측정하기 곤란하다. 교통시설에서도 사고방지 효과에 따른 인명손실을 고려할 수 있으나 다른 편익에 비해 그 비중이 작은 편이다. 또한, 시설물이나 농작물도 시장가격은 존재하지만 침수 정도에 따른 피해액을 산정하기는 어려운 것이 현실이다. 하천개수사업의 직접적인 효과는 해당 시설의 배후지역에서 발생하지만 그 파급효과는 사업 대상지역 뿐만 아니라 하류 지역에 이르기까지 매우 광범위하게 발생한다는 것이 다른 공공사업과의 차이점이라 할 수 있다. 더구나 하천개수사업의 목적이 홍수방지이지만 홍수는 다수의 개수지구들을 포괄하는 넓은 지역에서 발생하기 때문에 사업대상지구의 경제성을 판단하기 위한 범위를 설정하기도 곤란하다. 이처럼 하천개수사업은 도로와 같은 교통시설과는 달리 파급효과가 크며, 이를 측정하기 어렵다는 것이 특징이다.

4. 적은 유지관리 비용

제방과 같은 하천시설은 최소한의 유지관리만 해주면 자연물적 성격을 유지하기 때문에 다른 사업에 비해 시설의 내구연한이 매우 길다는 것도 특징이다. 또한, 유지관리의 내용면에서도 도로나 철도와 같은 교통시설의 경우 시설의 기능을 유지하기 위해서는 지속적인 관리와 재투자가 필요한 반면 하천개수사업에서는 유지관리의 대부분이 구조물 자체의 자연물적 형상을 유지시키기 위한 것이라는 점도 다른 점이다.

8.3.2 편익과 비용의 구성

1. 편익의 구성

일반적으로 편익은 계량편익(tangible benefits)과 비계량편익(intangible benefits) 또는 직접편익(direct benefits)과 간접편익(indirect benefits)으로 구분할 수 있다. 계량편익은 그 가치를 금전적으로 나타낼 수 있는 유형의 편익을 말하며, 농산물의 증산이나 농경지나 건물의 홍수피해방지액 등을 들 수 있다. 비계량편익은 금전적으로 평가하기 어려운 무형의 편익을 말하며, 홍수로 인한 인명피해나 주변 환경의 개선효과 등을 들 수 있다. 비계량편익은 대부분 시장가격이 없기 때문에 정확한 금전적 평가가 어려우나 최근 여러 가지 계량화 기법들이 개발되고 있다.

직접편익은 사업의 효과를 직접적으로 계량한 것이며, 간접편익은 직접편익으로 인하여 발생되는 2차 편익을 말한다. 하천개수 사업의 경우 직접편익은 개수사업의 효과가 미치는 지역에서 개수사업으로 인해 절감되는 홍수피해액을 말한다. 좀 더 구체적으로는 하천개수로 인해 홍수로부터 보호되는 대지, 가옥, 농경지, 건물 등의 피해와 각종 내용물의 손실 피해 등을 들 수 있다. 간접편익은 개수사업으로 인해 증대되는 자산이용 고도화와 같은 경제·사회적 활동의 이익을 말하며, 준설비용의 감소액이나 지가상승액, 각종 구조물의 피해복구비 등을 들 수 있다. 사업의 목적에 따라 상대적인 비중이 다르기 때문에 직접편익과 간접편익을 명확하게 구분하기 어려우나 하천개수 사업으로 인해 발생되는 편익들을 직접편익과 간접편익으로 구분해 보면 다음과 같다.

표 8.2 수자원 사업에서의 편익의 항목: 다목적댐

구분	편익의 종류
댐 건설법	생공농 용수공급, 발전, 홍수조절, 하천유지용수 공급, 친수공간 확보 및 레크리에이션
수자원개발 경제성분석 모델 (한국수자원공사, 1998)	생공농 용수공급, 발전, 홍수조절, 레크리에이션, 하류수질개선, 비사용용수공급, 주운
댐건설이 사회, 경제, 문화에 미치는 영향 (한국수자원공사, 2002)	용수공급 증대, 홍수조절, 전력, 하류수질개선, 주운, 지역경제발전
새로운 수자원편익 (춘천물포럼, 2005)	생공농 용수공급, 발전, 홍수조절, 하천유지용수, 친수공간 확보 및 레크리에이션, 주운, 하천환경용수
수자원부문사업의 예비타당성 조사 표준지침 수정·보완 연구 (제4판) (한국개발연구원, 2008)	생공농 용수공급 편익, 홍수피해 경감편익, 수력발전 편익, 환경개선용수 편익, 기타 편익(레크리에이션, 주운, 비상용수 공급 등)

2. 비용의 구성

수자원 개발 시설 건설로 인한 다양한 편익을 확보하는데 막대한 비용이 수반된다. 이러한 비용은 직접비용, 간접비용, 외부비용으로 구분된다. 직접비용은 기술적 타당성분석을 근거로 산정되며, 간접비용은 대표적으로 댐 정비비가 있는데 2002년도에 댐 건설법에 규정되어 제도화 되었다. 지자체의 정착 이후 주민의 권리의식강화 및 경제발전에 따른 삶의 질 향상에 따라 외부비용에 관한 연구가 표 8.3과 같이 활발하게 논의되고 있다.

외부비용은 경제적·환경적·문화적 비용으로 구분될 수 있다. 첫째, 경제적 손실비용은 ① 댐 건설로 인하여 대규모 수몰지가 발생함에 따라 지방세 수입 감소 및 지방비 부담 증가와 농지 감소로 인한 지역주민의 소득 감소 ② 댐 주변지역이 자연환경보존지역, 상수도보호구역, 수변구역으로 지정됨에 따라 지가 하락 및 건축행위 제한 등의 재산권 행사 제한에 따른 손실비용 ③ 댐 상류지역 지자체의 골재채취권 상실로 인한 손실비용을 들 수 있다.

둘째, 환경적 피해로는 ① 댐으로 인한 안개일수 증가로 농작물의 수확량 감소 및 품질 저하로 농가 수익 상실 ② 기후변화로 인한 호흡기 질환 증가로 주민의 진료비 증가 ③ 댐 방류수의 여름철 냉수, 겨울철 온수현상으로 농작물의 냉해 피해 ④ 어류생태계의 다양성 감소와 개체수 감소에 따른 손실 등을 들 수 있다.

셋째, 사회·문화적 손실비용으로 ① 각종 역사, 문화유적지 및 유물, 천연기념물, 군락지의

수장으로 인한 문화적 손실비용 ② 대규모 이주민의 정착 실패로 인한 정신적 유대관계 해체에 따른 사회적, 정신적 피해를 들 수 있다.

표 8.3 수자원 사업에서의 비용의 항목: 다목적댐

구분	비용의 종류
댐 건설이 주변지역에 미치는 영향과 대책 (강원발전연구원, 2001)	대규모수몰지 및 수몰이주민 발생, 오지로 인한 교통 불편, 지방세 수입 감소와 지방비 부담 가중, 기상 악화
댐 건설이 사회, 경제, 문화에 미치는 영향 및 대책 (한국수자원공사, 2002)	자연경관손실, 동식물서식지파괴, 수몰지 발생, 문화유적지 수장, 기상변화에 따른 농작물에 미치는 악영향, 기상변화에 따른 생활환경에 미치는 악영향
댐 건설비용 (한국개발연구원, 2003)	보상비, 건설비, 운영관리비, 댐 정비비
환경을 고려한 다목적댐 가치추정에 관한 연구 (한국환경정책평가원, 2003)	수몰로 인한 피해, 기후변화에 의한 피해, 교통 불편 피해, 수몰로 인한 지자체의 지방세 감소, 댐 방류수에 의한 피해, 골재채취 불가피해, 수질악화 피해, 유원지 및 문화재수몰 피해, 염분 피해, 야생 생태계 가치 및 생물다양성 감소

8.4 수자원 사업에서 이용되는 주요 경제성 분석 지표

8.4.1 경제성 공학의 정의 및 주요 원칙

자연인, 법인 및 국가 등 모든 주체는 각각의 주체가 포함된 사회생활을 통하여 무수히 많은 어려운 문제를 직면하면서 그 문제를 해결하기 위해서 여러 대안 중에서 최적의 대안을 찾기 위하여 고민하며 대안의 선택을 위한 합리적 기준을 마련한다. 특정 대안을 선택하기 위한 여러 가지의 합리적 기준 중 하나는 대안이 가지고 있는 경제성에 대한 판단이다. 경제성이란 보다 적은 비용으로 주어진 일을 효과의 감소 없이 성과가 최대가 되도록 이행한다는 것을 의미하며 비용이 변화하지 않거나 또는 증가하여도 일의 효과가 그 이상 높아지면 경제성도 향상되므로, 일반적으로 편익(효과)/비용의 비율을 산정하여 경제성이라 부르기도 한다. 따라서 경제성 공학은 여러 대안들을 경제성 면에서 분석 및 평가하며 최적안을 선정하기 위한 이론과 기술의 체계로 볼 수 있는 공학이다.

수자원 사업의 진행을 위한 공학적인 설계에 대한 여러 가지 대안 선택 문제에 있어서 이 문제를 해결하는 방법은 대략 7가지 정도의 순서로 체계화 될 수 있는데 이를 간단히 요약하면 다음과 같다.

① 문제의 확인 : 비용의 과다발생, 개선이 필요한 부문에 대한 세부보완 등 해결하고자 하는

문제를 정확하게 확인하는 단계

② 목적의 설정 : 기능의 향상이 목적인지 원가절감이 목적인지 등의 확실한 목적과 세부 목표를 정하고 이에 따른 세부 검토의 범위를 결정하는 단계

③ 자료수집과 분석 : 목적을 달성하기 위한 방법을 구하기 위한 관련자료 수집과 자료 간의 상관관계를 분석하며 현재 상황에서 실행의 제한점을 정의하는 단계

④ 여러 대안의 설정 : 목적과 제한을 만족시키는 여러 가지 대안을 구성하는 단계

⑤ 선택기준 마련 : 여러 가지 대안 중 하나를 선택하기 위한 기준을 마련하는 단계

⑥ 대안별 결과의 예측 : 대안들에 대한 경제성 평가의 결과를 구체적으로 금액 등의 단위로 표시하여 대안에 대한 비교분석이 가능해지도록 만드는 단계

⑦ 최적의 대안을 선택 : 여러 대안 중 최종 평가를 거쳐 최적의 대안을 선택하는 단계

위의 단계 중에서 본 절에서 구체적으로 설명하고자 하는 단계는 ⑥의 대안별 결과의 예측단계이며, 이를 위해서 사용되는 여러 가지 지표들을 설명하고자 한다. 이에 앞서 최적의 대안을 선택하기 위해 일반적으로 인정되는 경제성 공학의 기본 원칙을 알아보면 다음과 같다.

① 현재 자산의 가치는 미래의 가치와 다르다!

지금 가지고 있는 100원은 미래에는 100원이 아니라 1,000원이 될 수도 있고 10원이 될 수도 있다는 원칙으로 '돈의 시간적 가치'로 요약된다. 현재 소유하고 있는 돈은 스스로 이자를 발생시키므로 지금 돈을 받는 것이 나중에 받는 것보다 더 효과적이다. 이 돈의 시간적 가치 개념은 모든 공학적 사업의 대안 평가에 있어서 가장 근본적인 개념이 된다.

② 대안간의 차이만 고려한다!

대안 상호간에 존재하는 공토요소는 경제적 의사결정에 전혀 영향을 미치지 않기 때문에 불필요하다. 따라서 모든 경제적 의사결정은 대안들의 차이를 근거로만 수행된다. 경제적 의사결정은 제한된 자원의 활용효과를 극대화하기 위하여 여러 가지 대안들을 대상으로 수행되어야 한다. 그러므로 한 가지 대안이 채택되면 반드시 포기해야 하는 대안들이 있게 되어 기회비용이 발생하게 된다. 일반적으로 기회비용은 포기된 대안들 가운데 가장 높은 대안의 수익률로 정의된다.

③ 한계수익이 한계비용을 초과해야 한다!

한계수익이란 생산자가 한 개의 상품을 더 팔 때 얻어지는 추가 수익이며, 한계비용이란 한 개의 상품을 만드는데 필요한 생산비의 증가비용이다. 각 대안들은 다른 대안들과 비교되기 이전에 그 대안 스스로 경제적 타당성을 인정받아야 한다. 즉 대안의 경제적 타당성이 입증되기 위해서는 각 대안들로 인해 발생되는 추가비용과 추가수익을 서로 비교해야 한다.

④ 위험도에 대한 부담 없이는 추가수익이 없다!

자본을 투자한 집단 또는 개인은 자기들이 감수해야 하는 위험도보다 더 큰 수익을 항상 원하는데, 이를 만족시킬 수 없는 대안은 폐기될 수 있다는 원칙이다.

8.4.2 화폐의 시간적 가치와 할인율(discount rate)

은행의 일반 저축성 계좌에 적립된 화폐는 시간이 지나면 이자가 붙어 잔고가 어느 순간 원금보다 더 많아질 것이고, 주택을 구입하기 위해 빌린 돈을 장시간에 걸쳐 갚으려면 이자가 포함되기 때문에 빌렸던 원금보다 많은 돈을 갚아야 한다는 사실은 상식이다. 그러나 금융시장에서는 화폐도 다른 일반 상품과 같은 것이므로 화폐를 사용하게 되면 비용이 발생된다는 사실은 익숙하지 않다.

돈의 사용비용은 ‘이자율(interest rate)’로 정의되는데 이자율이란 일정 기간 동안 정기적으로 원금이나 잔고에 대하여 적용되어 더해지는 금액을 결정하기 위해 사용되는 비율이다. 돈을 빌렸을 때, 지불하는 이자는 채권자의 자산을 사용하기 위한 채무자의 비용이다. 반대로 돈을 빌려주거나 투자했을 때 받게 되는 이자는 다른 사람에게 물건을 빌려준 수익으로 보아야 한다. 따라서 이자란 사용 가능한 돈을 소유하는 것에 대한 비용으로 취급될 수 있다.

사람들은 보통 미래보다는 현재를 중요하게 생각한다. 따라서 현재의 화폐를 저축하면 그 대가로 이자를 추가로 계산하는 반면, 반대로 미래에 받을 돈을 미리 앞당겨 받기 위해서는 오히려 할인해주어야 한다. 이때 원금대비 할인하는 정도를 할인율(discount rate)이라 한다. 현재를 중요하게 여길수록 미래의 현재가치는 낮아지며 그만큼 할인율은 높아지게 된다. 또한 먼 미래일수록 더욱 많이 할인되므로 미래의 현재가지는 낮아지게 된다. 따라서 할인율이 커질수록 미래의 편익은 낮게 평가되므로 할인율이 공공사업의 미래 편익에 미치는 영향은 대단히 크다.

공공사업의 경우 비용과 편익은 장기간에 걸쳐서 나타나므로 비용과 편익을 그대로 분석할 수 없으며 현재의 가치로 환산하여야 한다. 이때 이자율의 역수가 할인율(discount rate)이며 미래의 화폐의 가치를 현재의 가치로 환산해 주는 역할을 제공한다. 따라서 미래에 완료되어 발생되는 특정 공공사업의 미래 편익은 할인율에 의해 현재의 편익으로 환산되기 때문에 할인율을 어떻게 설정하느냐에 따라서 공공사업의 타당성 분석이 달라질 수 있으므로 매우 중요하게 다루어야 한다.

대부분의 공공사업은 초기에 건설비용이 집중되고 편익은 장기간에 걸쳐서 나타나게 되므로 할인율을 높게 적용할수록 편익의 현재가치가 비용의 현재가치보다 더 큰 폭으로 작아지고 순현재가치가 낮아지므로 경제적 타당성이 낮게 평가된다. 따라서 공공사업은 부정적인 평가를 받는다. 반대로 할인율을 낮게 적용하면 편익의 현재가치가 커지므로 공공사업의 대안평가가 긍정적으로 나타나 공공지출이 활발히 진행된다. 따라서 어떤 할인율을 적용할 것인가가 공공사업의 대안 평가 시에 결정적인 영향을 미친다. 보통 할인율이 높을 때는 편익이 단기간에 실현되는 단기 투자사업이 유리하며 반대로 할인율이 낮을 때는 편익이 장기간에 실현되는 장기 투자사업이 유리하다.

할인율은 일반적으로 '민간 할인율'과 '사회적 할인율'로 구분된다. 민간 할인율이란 시장의 이자율을 의미한다. 자본시장이 완전경쟁적이라면 시장의 이자율은 소비자의 시간석 선화가 석절히 반영되어 결정되기 때문에 정부는 시장의 이자율을 할인율로 사용할 수 있다. 그러나 현실적으로 자본시장은 완전경쟁적일 수 없으므로 공공사업을 시장이자율로 평가하기에는 무리가 따른다.

이러한 이유로 정부는 공공사업에 있어서 시장의 이자율을 할인율로 환산하여 사용하지 않고 별도의 사회적 할인율을 정하여 사용하는 경우가 많다. 특히 공공사업의 경우 시장의 이자율보다 낮은 사회적 할인율을 적용해야 한다는 것이 지배적인 견해이다. 그 이유는 공공사업이 창출하는 경제적 파급효과, 경제의 장기적 성장률, 미래소비의 가치 등을 감안한다면 공공정책의 현재가치를 높게 평가하여야 하며 그러기 위해서는 할인율이 낮아야 되기 때문이다. 이러한 논리의 근거는 공공사업을 민간사업보다 우대하는 심리에 기초되어 있다. 다만, 사회적 할인율은 비효율적인 정부사업을 정당화하는 근거로 사용될 수 있는 문제가 있으므로 항상 사회적 할인율은 시기에 따라 객관적으로 정부에 의해 관리될 필요가 있다.

이자율을 이용하여 현재의 자산가치와 미래의 자산가치를 평가하기 위해서는 다음과 같은 몇 가지의 대표적 사안에 대한 파악이 필요하다. 아래의 주요항목에서 사용된 용어는 다음과 같다.

- P : 1회 투자된 자산
- A : 매년 같은 금액으로 투자된 자산
- G : 매년 선형적으로 증가되어 투자된 자산
- F : 미래의 자산
- n : 경과년수
- i : 이자율

① P to F 문제($F = (1+i)^n P$) : 현재 자산 P는 n년 이후 얼마의 자산 F가 되는가?

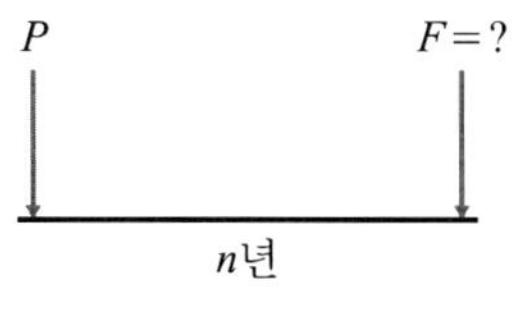

② F to P 문제($P = (1+i)^{-n} F$) : n년 이후 미래의 자산 F는 현재 자산(P)으로 얼마인가?

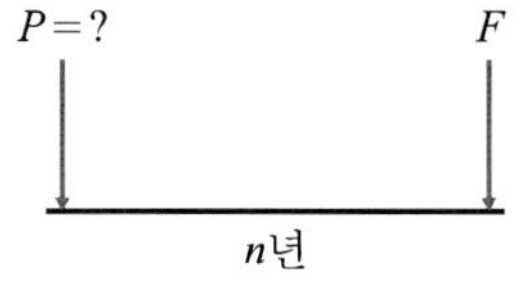

③ A to F 문제($F = \dfrac{(1+i)^n - 1}{i} A$) : 매년 A씩 투자된 자산은 n년 이후 얼마의 자산 F

가 되는가?

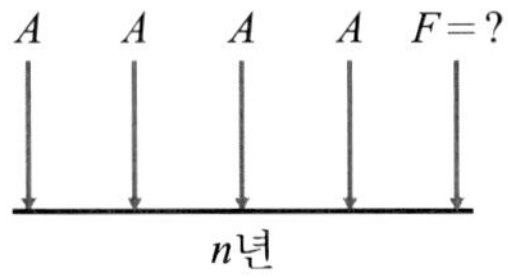

④ F to A 문제($A=\frac{i}{(1+i)^n-1}F$) : n년 이후 자산 F가 되려면 매년 얼마씩의 A를 투자해야 하는가?

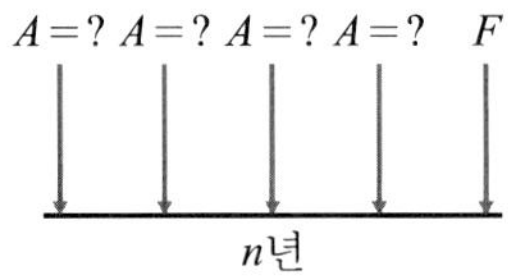

⑤ A to P 문제($P=\frac{(1+i)^n-1}{i(1+i)^n}A$) : 매년 A씩 발생된 편익은 현재 가치 P로 얼마인가?

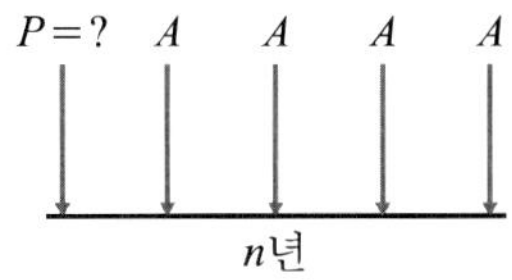

⑥ P to A 문제($A=\frac{i(1+i)^n}{(1+i)^n-1}P$) : 현재 투자된 자산 P로 인해 매년 발생되는 편익 A는 얼마인가?

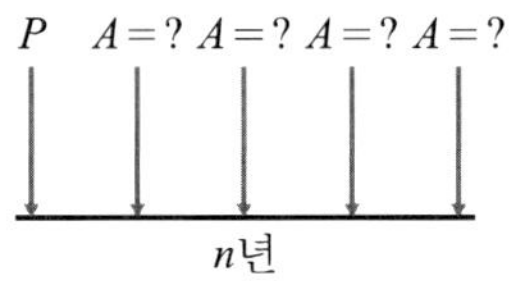

⑦ G to P 문제($P=\frac{(1+i)^{n+1}-(1+ni+i)}{i^2(1+i)^n}G$) : 매년 선형적으로 증가되어 발생된 편익 G는 현재 가치 P로 얼마인가?

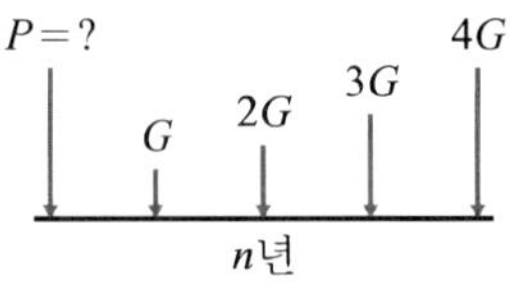

⑧ G to F 문제($F=\frac{(1+i)^{n+1}-(ni+1)}{i^2}G$) : 매년 선형적으로 증가되어 발생된 편익 G는 미래 가치 F로 얼마인가?

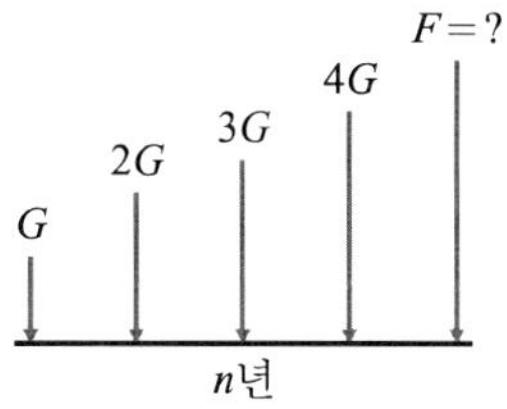

8.4.3 수자원 사업에서 활용되는 주요 경제성 지표

일반적으로 수자원 사업에서 활용되는 경제성 분석의 지표로는 사업기간에 따른 할인율이 적용된 총비용과 총편익의 차인 순현재가치(NPV, Net Present Value), 할인된 총편익과 총비용의 비율인 비용/편익 비율(B/C, Benefit/Cost Ratio), 할인된 총비용과 총편익이 같아지는 내부수익률(IRR, Internal Rate of Return) 등이 사용된다. 이 이외에 평균수익률(ARR, Average Rate of Return)이나 반환기간 산정법(PB, Pay Back period) 등도 간혹 이용될 수 있다. 그러나 평균수익률은 편익과 비용의 미래 가치를 할인하지 않기 때문에 자금의 시간적 가치를 설명하지 못하고 반환기간 산정법은 투자액을 얼마나 빨리 절대가치의 화폐로 회수할 수 있는가를 추정하는 방법이지만 미래의 잠재적 이익을 무시하기 때문에 이 방법 역시 자금의 시간적 가치를 반영하지 못한다는 단점이 있다. 따라서 본 절에서는 순현재가치, 비용/편익 비율, 내부수익률에 대해서만 상세히 알아보기로 한다.

1. 순현재가치 (Net Present Value, *NPV*)

순현재가치, $NPV(=B-C)$는 대상사업이 정해진 기간 내에 가져다주는 편익과 비용의 차이에 관심을 두는 지표이다. 즉, 투자사업으로부터 장래에 발생할 편익과 비용의 차인 순편익을 현재 가치화하여 합산한 것으로서 다음과 같이 나타낼 수 있다.

$$NPV = \frac{B_1 - C_1}{(1+r)^1} + \frac{B_2 - C_2}{(1+r)^2} + \cdots + \frac{B_k - C_k}{(1+r)^k} = \sum_{k=1}^{n} \frac{NB_k}{(1+r)^k} \tag{8.1}$$

여기서, B_k는 k년차에 발생하는 편익, C_k는 k년차에 발생하는 비용, NB_k는 k년차에 발생하는 순편익($=B_k - C_k$), n은 분석기간, r은 할인율이다. 같은 방식으로 잔존가치를 편익과 별도로 고려하는 경우에는 다음과 같이 나타낼 수 있고 S_n은 잔존가치이다.

$$NPV = \sum_{k=1}^{n} \left[\frac{NB_k}{(1+r)^k} + \frac{S_n}{(1+r)^n} \right] \tag{8.2}$$

이 지표는 상대적인 기준이 아니기 때문에 경합되는 사업 간의 우선순위를 결정할 때 혼란을 초래할 우려가 있다. 그러나 순편익은 규모가 비슷한 시설물을 서로 비교할 때 편리하며, 수자원 개발사업과 같이 자원개발의 여지가 제한된 경우에 유용한 척도가 된다.

위의 식들에서 알 수 있듯이 현가를 계산하기 위해서는 할인율을 적절하게 결정하여야 하는데, 할인율의 적용은 시장이자율이 안정되어 사회적 할인율에 대한 신뢰도가 높고, 초기투자비에 대한 조달능력이 충분한 상황에서 유용하게 이용되는 분석기법이다. 일반적으로 순현재가치가 0보다 작거나 같으면 사업안을 기각하는 것이 원칙이며 예산에 대한 제약이 없을 경우 가장 높은 순현가를 나타내는 사업이 가장 높은 우선순위를 가진다. 예산이 제약받을 경우라도 예산 내에서 가장 높은 순현가를 보이는 사업이 가장 높이 평가된다. 그러므로 대형 투자자본이 정부와 같은 공익기관에 의해 보증되고 그 이자율도 사업초기에 확정금리로 정해지는 공공사업의 투자평가에 가장 적합한 방법으로서 선진국에서도 일반적으로 활용될 정도로 신뢰성이 높다.

2. 비용/편익 비율 (Benefit/Cost ratio, *B/C*)

비용/편익 비율, B/C는 NPV와 비슷한 단일계산 분석으로서 정해진 기간 내에 분석대상사업에 투입된 비용 대비 편익의 비율에 관심을 두는 지표이다. B/C는 투자사업으로 인하여 발생되는 편익의 연평균 현재가치를 비용의 연평균 현재가치로 나눈 것을 말하며, 이 비율이 클수록 투자효과가 크다. B/C는 투자자본의 효율성을 나타내며, 모든 조건이 동일할 경우 비용편익비가 높은 사업이 선택된다. 식으로는 다음과 같이 나타낼 수 있다.

$$\frac{B}{C} = \sum_{k=1}^{n} \frac{B_k}{(1+r)^k} \bigg/ \sum_{k=1}^{n} \frac{C_k}{(1+r)^k} \tag{8.3}$$

이 기법은 단순히 편익과 비용의 비율의 절대규모에 관심을 두기 때문에 투자규모가 큰 사업이 유리하게 나타나는 NPV의 문제점을 피하고 여러 가지 사업을 객관적인 입장에서 비교할 수 있다는 장점을 가지고 있다. 즉, 사업에 투자한 자본의 규모를 고려한 상태에서 편익의 크기를 확인할 수 있다. 예를 들어, 두 개의 사업이 NPV가 같은 경우라도 두 사업의 투자규모가 다르다면 규모가 작은 사업이 규모가 큰 사업에 비해 B/C가 크게 산정되기 때문에 두 사업에 대한 투자우선순위를 판단할 수 있다.

따라서 B/C는 초기투자비에 대한 부담이 있는 상태에서 여러 가지 투자대안이 있을 경우 각각에 대한 우선순위를 평가할 때 사용하는 기법으로서 단일한 투자대안에 대한 평가결과는 항상 NPV와 같다. 다만 이 기법은 비용과 편익의 항목선정에 따라 그 값이 변할 수 있기 때문에 사업의 성격이 다른 대안들을 비교할 경우 그 결과가 자의적으로 변화할 수 있다는 문제가 있다. 또한, 실제 비용과 편익의 크기가 표현되지 않기 때문에 B/C 하나만으로는 분석이 충분치 못하다. 사업 규모를 결정할 때 NPV와 B/C는 사업의 규모가 증가되면 어느 정도까지는 증가시킬 수 있으며, 이 경우 NPV가 최대가 되는 곳에서 사업규모를 결정할 수 있다.

3. 증분 *B/C* 분석

둘 이상의 상호배타적인 사업 대안들이 B/C 비율을 이용하여 비교되는 경우, 증분을 근거로 하는 분석을 수행하여 대안들을 비교하고 최적안을 선정하게 되는데 이를 단계별로 설명하면 다음과 같다.

Step 1. 대안들을 비용이 낮은 것부터 높은 것 순서로 배열한다.

Step 2. 첫 번째 대안에 대한 두 번째 대안의 증분 편익을 첫 번째 대안에 대한 두 번째 대안의 증분비용으로 나눈다.

$$(\Delta B/\Delta C)_{2-1}(i) = \frac{\Delta B_{2-1}(i)}{\Delta C_{2-1}(i)}$$

Step 3. $(\Delta B/\Delta C)_{2-1}(i) > 1$이면 두 번째 대안이 첫 번째 대안보다 우수한 것이며, 반대인 경우는 첫 번째 대안이 우수한 것이다.

Step 4. 대안별로 위 순서를 반복하면서 최상의 대안을 최적의 대안으로 선정한다.

4. 내부수익률 (Internal Rater of Return, *IRR*)

내부수익률 IRR은 비용편익비가 1이 되는 할인율을 의미하며, 순현가로 평가할 때는 순현가가 0이 되도록 하는 할인율을 말한다. 식으로는 다음과 같이 나타낼 수 있다.

$$\frac{B_1 - C_1}{(1+r)^1} + \frac{B_2 - C_2}{(1+r)^2} + \cdots + \frac{B_k - C_k}{(1+r)^k} = \sum_{k=1}^{n} \frac{NB_k}{(1+r)^k} = 0 \tag{8.4}$$

이는 대상 사업이 정해진 기간 내에 가져다주는 수익률과 시장 이자율과의 비교평가를 위해 사용되는 기법이다. 즉, 사업으로 인하여 발생하는 편익의 연평균 현재가치와 비용의 연평균 현재가치가 같아지는 할인율로서 허용최소 수익률을 초과할 경우 사업의 타당성이 있는 것으로 판단한다. 이 방법에서는 할인율이 최소투자수익률과 같을 경우 비용편익비가 1보다 작으면 사업계획을 기각하는 것이 원칙이다.

이 방법은 순현가나 비용편익비를 구하는데 어떤 할인율을 적용해야 할지 불분명하거나 어려운 점이 많을 때 적용한다. 그러나 사업규모에 대한 정보가 반영되지 못하기 때문에 IRR만으로는 투자우선순위를 결정할 수 없다. 예를 들어, 시장이자율이 불안정하여 정해진 기간 동안 8~10% 사이에서 불규칙하게 변한다고 할 때 NPV와 B/C를 계산하기 위해 할인율을 현재의 시장이자율인 9%를 사용했다면 그 결과를 신뢰할 수 없다. 따라서 이 경우에는 IRR을 계산해서 그 값이 10% 이상 나올 경우 사업의 타당성이 있으나 그렇지 않은 경우에는 구체적인 재검토가 필요하다고 할 수 있다. 따라서 IRR은 NPV나 B/C를 통해 사업의 타당성이 인정되지만 시장이자율이 불안정하여 그 결과를 확신할 수 없는 경우에 사용한다. 이 기법은 경우에 따라 한 개

이상의 값이 도출될 수도 있기 때문에 세 가지 방법 중 가장 신뢰성이 떨어진다. 따라서 이 기법은 NPV나 B/C를 통해 타당성이 검증된 사업에 대해 보완적으로 평가하는 기법이라 할 수 있다. 분석과정에서 비용과 편익을 할인하는데 사용되는 이자율에 대한 논쟁을 피할 수 있다는 것이 장점이다. 내부수익률은 국제금융기관에서 차관공여를 위한 평가지표로 널리 이용된다.

5. 지표별 장·단점

일반적인 경제성 평가 방법으로는 NPV와 B/C 분석방법이 사용된다. 그러나 실제비용과 편익의 크기를 알 수 없기 때문에 B/C 하나만으로는 분석이 충분하지 못하다. 또한, 비용편익비와 순현가는 사업규모가 증가하면 어느 정도 증가될 수 있다. 이러한 경우 사업 규모를 순현가가 최대가 되는 곳에서 사업규모를 결정할 수 있다. 사업의 IRR이 사업의 평가에 이용된 수익률보다 작을 경우 사업을 기각한다. IRR은 B/C나 NPV를 산정하는데 있어 어떤 할인율을 적용해야 할지 불분명한 경우에 적용한다. 그러나 이 방법은 사업 규모에 대한 정보가 반영되지 않기 때문에 내부수익률만으로 투자우선순위를 평가할 수 없다는 것이 단점이다. 이러한 각 경제성 분석 방법별 특징과 장단점을 정리하면 다음 표와 같다.

표 8.4 분석 지표별 특징 및 장·단점

구분	특징 및 장점	단점
NPV	- 적용이 용이 - 유사한 규모의 대안 평가시 이용 - 경제성 분석결과가 다를 경우 NPV를 우선 적용	- 사업규모가 클수록 NPV가 크게 나타남 - 자본 투자의 효율성을 모름
B/C	- 적용이 용이 - 유사한 규모의 대안 평가시 이용	- 사업규모의 상대적 비교 곤란 - 편익이 늦게 발생되는 사업은 B/C가 작게 나타남
IRR	- 사업의 예상수익률 판단 가능 - NPV나 B/C 산정시 할인율이 불분명할 경우 적용	- 사업기간이 짧으면 수익성 과장됨 - 편익이 늦게 발생되는 사업은 불리한 결과 발생

연습문제

8.1 수자원 사업을 통해 다목적댐을 계획하고자 예비타당성 조사를 수행하기 위해 편익과 비용을 구해보니 다음 표와 같았다. 이 사업의 B/C 비율을 산정하라. 단, 사회적 할인율은 8%로 고정이며 기간은 5년까지만 계산한다.

표 8.5 댐 개발 후 편익과 비용 (단위: 천억 원)

경과년수	편익	비용
0	-	15
1	-	15
2	20	4
3	25	4
4	30	6
5	30	7

(풀이) 다음과 같이 각각 편익과 비용을 산정한다.

경과년수	편익	비용	편익(현재가치)	비용(현재가치)
0	0	15	0.000	15.000
1	0	15	0.000	13.889
2	20	4	17.147	3.429
3	25	4	19.846	3.175
4	30	6	22.051	4.410
5	30	7	20.417	4.764
			79.461	44.668
			편익(현가치 합)	비용(현가치 합)
B/C	1.779			

8.2 정부에서는 농업용수의 공급을 위하여 두 개의 경작지 사이에 농업용수 공급수로를 건설하려고 한다. 이를 위하여 다음 표에 주어진 세 가지의 대안 중 하나를 선정하여 사업을 추진하고자 한다. 어느 노선을 선택하는 것이 유리한지 선택하되 사회적 할인율은 동일하게 6%를 사용하라. 또한 A, B, C안은 서로 상호 배타적인 대안이다.

표 8.6 농업용수 공급수로 설치 편익과 비용 (단위: 억 원)

항목	1안	2안	3안
연 균등 비용	750/년	1,355/년	2,100/년
연 균등 편익	12,700/년	14,600/년	17,000/년

(풀이) 이 문제는 배타적인 대안들 중 하나를 결정하는 경우로 증분 *B*/*C*를 이용해야 한다. 먼저 A안에 대한 B안의 증분편익과 증분비용을 구하면 다음과 같다.

$$(\triangle B)_{2-1}(6) = 14{,}600 - 12{,}700 = 1{,}900/\text{년}$$
$$(\triangle C)_{2-1}(6) = 1{,}355 - 750 = 605/\text{년}$$

이 두 값을 이용하여 1번안과 2번안의 증분 *B*/*C* 비율을 구하면 다음과 같다.

$$(\triangle B/\triangle C)_{2-1}(6) = \frac{\triangle B_{2-1}(6)}{\triangle C_{2-1}(6)} = \frac{1{,}900}{605} = 3.14$$

따라서 이 결과로부터 1안보다는 2안이 추가비용을 더 투자하더라도 좋은 대안으로 판단할 수 있다. 또한 같은 방법을 사용하여 이번에는 2안과 3안을 다시 비교하면 다음과 같다.

$$(\triangle B)_{3-2}(6) = 17{,}000 - 14{,}600 = 2{,}400/\text{년}$$
$$(\triangle C)_{3-2}(6) = 2{,}100 - 1{,}355 = 745/\text{년}$$

마찬가지로 이 두 값을 이용하여 2번안과 3번안의 증분 *B*/*C* 비율을 구하면 다음과 같다.

$$(\triangle B/\triangle C)_{3-2}(6) = \frac{\triangle B_{3-2}(6)}{\triangle C_{3-2}(6)} = \frac{2{,}400}{745} = 3.22$$

그러므로 이 결과로부터 2안보다는 3안이 추가비용이 더 투자되더라도 그 이상의 편익을 얻을 수 있는 좋은 대안으로 결정된다. 따라서 최종적으로 1안, 2안, 3안중에서 3안이 가장 우수한 좋은 대안인 것을 알 수 있다.

8.3 정부에서는 가뭄에 대비하기 위하여 수자원사업을 시행하기로 하였다. 이 사업을 시행하면 1년차에 20,000천원의 편익이 발생하는 것을 시작으로 5년까지는 100,000천원의 편익이 발생되며 1년차부터 5년차까지의 발생된 편익은 선형적으로 증가될 것으로 예측하고 있다. 또한 5년차가 지난 6년차부터 30년까지는 매년 100,000천원의 편익이 매년 동일하게 발생되는 것으로 예측하고 있다. 이 사업으로 인해 발생되는 전체 편익은 현재의 가치로 얼마나 되겠는가?

(풀이의 힌트) 이 문제를 풀기 위한 단계는 다음과 같다.

① 1년부터 5년 사이에서 발생되는 선형증가 편익을 현재 가치로 산정함 (G to P)
② 6년부터 30년 사이에서 발생되는 동일한 편익을 5년차 가치로 산정함 (A to P)
③ ②에서 계산된 편익을 현재 기준으로 다시 산정함 (F to P)
④ 최종적인 전체 편익은 ①+③으로 산정됨 **(답: 1,201,300천원)**

Chapter 09

EPA SWMM 모형을 이용한 도시 유역의 저영향개발 시설의 설계

9.1 EPA SWMM의 소개 및 도시유역에의 적용

9.1.1 SWMM 소개

미국 EPA(Environmental Protection Agency)의 SWMM(Storm Water Management Model)은 세계에서 많이 사용하고 있는 강우-유출 모형 중 하나로, 도시지역에서 유출수의 수질 및 수량에 대하여 단일 또는 장기 연속 모의가 가능한 프로그램으로, 1971년에 개발되었고 현재까지 꾸준히 업그레이드되고 있다. SWMM 모형은 각 소유역에 입력된 강수량을 통해 유량과 오염 물질 부하량을 모의할 수 있다. 모의된 유출량은 SWMM의 경로에 따라 관망, 수로, 저장 및 처리장치, 펌프, 조절장치 등의 시스템으로 전달되며, 다수의 시간 단계들로 구성된 시뮬레이션 기간 동안에 각 관망과 수로에서의 각 소유역 내에서 발생한 유출량, 유속, 수심 등의 다양한 수질인자에 대한 농도 등이 모의 가능하도록 구성되어 있다. 특히, SWMM 모형은 개발 전 자연유역에서 개발 후 도시유역으로 변환되는 사업지구의 개발 전/후 홍수량 비교를 동일 모형으로 구현할 수 있는 장점이 있다. 또한, 2009년에 출시된 SWMM5 버전에서는 다양한 저영향개발(Low Impact Development; LID) 시설에 대한 모의가 가능하도록 개선되었다. 2015년 8월에도 LID 관련 버그 및 LID 관련 요소의 추가, 프로그램의 내부 오류 등을 개선하여 새로운 버전 v5.1.010이 공개되어 현재 다운로드가 가능한 상태이다. (웹사이트: http://www2.epa.gov/water-research/storm-water-management-model-swmm)

9.1.2 SWMM 모형의 특징

SWMM 모형은 다음과 같은 다양한 수문학적 과정을 고려하여 도시지역에서의 유출 모의를 수행한다:

- 시간에 따라 변화하는 강우
- 지표수의 증발
- 눈의 축적 및 용해
- 저류 및 저장을 통한 강우의 차단
- 불포화 토층으로의 강우 침투
- 지하수층에 침투된 물의 여과
- 지하수와 배수시스템 사이의 흐름
- 지표수의 비선형 저수지 홍수추적
- 다양한 저영향개발 시설을 통한 강우 및 유출수의 저류 및 침투

이 모든 과정은 대상 지역을 각각의 불투수영역을 포함하고 있는 소유역으로 분할하며, 지표수의 하도추적은 각각의 소유역 또는 배수시스템의 진입점 간에 이루어진다. 또한, SWMM 모형은 다음과 같이 유출 및 외부 유입에 대한 경로 추적이 가능한 수리학적 모델링 기능을 포함하고 있다:

- 크기가 무한한 네트워크 처리
- 자연형 수로 및 다양한 모양의 관거 모의
- 저장 시설, 수처리 장치, 흐름 분배, 펌프, 위어, 오리피스 등 다양한 요소를 포함한 모델링
- 지표 유출, 지하 유출, 강우에 의한 침투 및 유입, 건조한 날의 흐름, 사용자 정의 등을 이용한 외부 유출 및 수질 입력 적용
- kinematic wave 또는 dynamic wave를 이용한 하도추적 방법
- 배수영향(back water), 지체, 역류 등 다양한 흐름 영역에 대한 모델링
- 펌프 작동, 오리피스 개폐, 위어 등의 동적 제어 규칙 적용을 통한 시뮬레이션

또한, SWMM 모형은 유출과 관련된 모델링뿐만 아니라 오염부하량 산정도 가능한데, 다음과 같은 과정을 통해 사용자가 정의한 수질 인자를 모델링 할 수 있다:

- 다양한 토지이용에 대한 건기 오염물질 발생(buildup)
- 강우시 토지이용에 따른 오염물질의 세척(wash off)
- 거리 청소로 인한 건기시 오염물 축적의 감소
- 최적관리기법(BMP, Best Management Practice)에 의한 부하물 세척 감소
- 배수시스템 임의의 지점에서의 사용자 지정 흐름 및 외부유입
- 배수시스템을 통한 수질인자의 경로 추적
- 저장 및 처리 장치, 관망, 수로 등에 의한 농도 감소

9.1.3 SWMM 모형의 적용 예

SWMM 모형은 처음 소개된 이후로, 전 세계적으로 수많은 우수 및 하수 연구에 사용되었는데, 다음은 SWMM 모형이 적용된 일반적인 사례들이다:

- 홍수조절을 위한 배수시스템의 설계 및 크기 조정
- 홍수조절과 수질관리를 위한 저류시설 및 그 부속 시설의 크기 조정
- 자연수로에서의 홍수 범람원 제작
- 월류를 최소화하기 위한 하수관거의 제어 시설의 설계 및 운영
- 유입 및 침투가 하수관거의 월류에 미치는 영향 평가
- 비점오염물 생성을 통한 오염물 부하 할당 연구
- 강우시 오염물질 부하량 감소를 통한 최적관리기법의 효과 평가

9.2 저영향개발(Low Impact Development, LID) 시설의 소개

SWMM 모형은 소유역의 면적, 경사도, 토지이용, 불투수율 등을 고려하여 소유역과 출구지점에서의 유출량, 증발산량, 침투량 등을 모의하는데, LID 시설의 모의는 사용자가 입력한 설계 관련 매개변수와 계획 관련 매개변수를 바탕으로 해당 소유역의 일부를 LID 시설로 바꾸고, 소유역의 물순환에 대한 모의를 수행한다. 그림 9.1과 그림 9.2는 각각 LID 시설 중 침투트렌치의 설계와 계획과 관련된 매개변수를 입력하는 SWMM 모형의 화면을 보여준다.

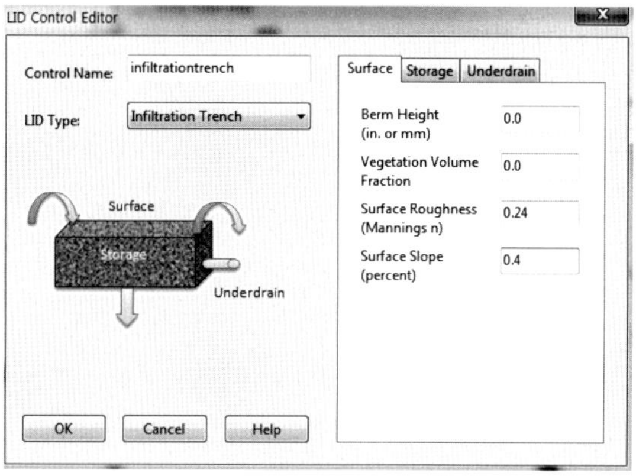

》 **그림 9.1** LID 시설의 설계 관련 매개변수의 입력화면

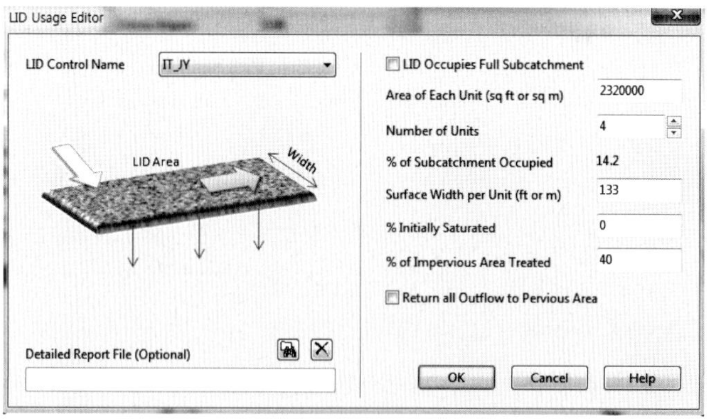

》 **그림 9.2** LID 시설의 계획 관련 매개변수의 입력화면

SWMM 모형의 저영향개발 시설에는 그림 9.3과 같이 식생체류장치(Bio-retention cell), 투수성포장(Permeable pavement), 침투트렌치(Infiltration trench), 빗물정원(Rain garden), 옥상녹화(Green roof), 빗물통(Rain barrel), 식생수로(Vegetative swale) 등 총 7가지가 포함된다. 또한, 각 LID 시설은 표 9.1과 같이 지표층(Surface), 포장층(Pavement), 토양층(Soil), 저류층(Storage), 지하배수층(Underdrain), 배수매트층(Drainage mat)으로 분류하여 적절하게 구성해서 설계할 수 있도록 되어 있다.

≫ **그림 9.3** SWMM 모형이 모의할 수 있는 LID 시설의 종류

표 9.1 LID 시설을 설계하기 위한 SWMM 모형의 구성요소

LID Type	Surface	Pavement	Soil	Storage	Underdrain	Drainage Mat
Bio-retention Cell	○		○	○	×	
Rain Garden	○		○			
Green Roof	○		○			○
Porous Pavement	○	○		○	×	
Infiltration Trench	○			○	×	
Rain Barrel				○	○	
Vegetative Swale	○					

(○ : 필수입력, × : 선택입력)

9.2.1 식생체류장치

식생체류장치는 자갈로 형성된 배수층 위에 설계된 식물을 포함한 토양층으로 구성된 물순환 개선시설로 주변 지역의 강우 및 유출을 저장, 침투 및 증발시키는 역할을 한다. SWMM 모형에서 식생체류장치의 기술적 구성요소는 지표층, 토양층, 저류층, 지하배수층이며, 각 구성층과 관련된 18개의 설계 매개변수는 표 9.2와 같다.

표 9.2 식생체류장치의 SWMM 입력화면 및 설계 매개변수

<table>
<tr><th>식생체류장치의 SWMM 입력화면</th><th>구성층</th><th>설계 매개변수</th></tr>
<tr><td rowspan="18">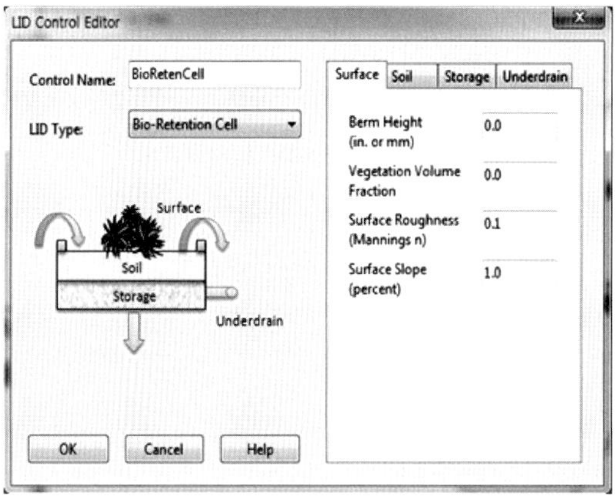
</td><td rowspan="4">Surface</td><td>Berm Height</td></tr>
<tr><td>Vegetation Volume Fraction</td></tr>
<tr><td>Surface Roughness</td></tr>
<tr><td>Surface Slope</td></tr>
<tr><td rowspan="7">Soil</td><td>Thickness</td></tr>
<tr><td>Porosity</td></tr>
<tr><td>Field Capacity</td></tr>
<tr><td>Wilting Point</td></tr>
<tr><td>Conductivity</td></tr>
<tr><td>Conductivity Slope</td></tr>
<tr><td>Suction Head</td></tr>
<tr><td rowspan="4">Storage</td><td>Thickness</td></tr>
<tr><td>Void Ratio</td></tr>
<tr><td>Seepage Rate</td></tr>
<tr><td>Clogging Factor</td></tr>
<tr><td rowspan="3">Underdrain</td><td>Flow Coefficient</td></tr>
<tr><td>Flow Exponent</td></tr>
<tr><td>Offset Height</td></tr>
</table>

9.2.2 투수성포장

투수성포장은 다공성 콘크리트/아스팔트 믹스를 이용한 포장 또는 자갈로 대상지역을 채우고 유량이 바닥을 통해 침투할 수 있도록 설계된 물순환 개선시설이다. SWMM 모형에서 투수성포장의 수문학적 구성요소는 지표층, 포장층, 저류층, 지하배수층이며, 표 9.3과 같이 각 구성층과 관련된 16개의 설계 매개변수를 포함하고 있다.

표 9.3 투수성포장의 SWMM 입력화면 및 설계 매개변수

<table>
<tr><th>투수성포장의 SWMM 입력화면</th><th>구성층</th><th>설계 매개변수</th></tr>
<tr><td rowspan="16">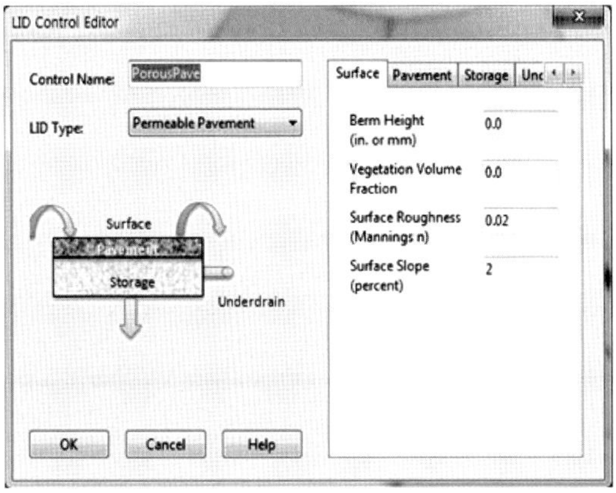
</td><td rowspan="4">Surfacc</td><td>Berm Height</td></tr>
<tr><td>Vegetation Volume Fraction</td></tr>
<tr><td>Surface Roughness</td></tr>
<tr><td>Surface Slope</td></tr>
<tr><td rowspan="5">Pavement</td><td>Thickness</td></tr>
<tr><td>Void Ratio</td></tr>
<tr><td>Impervious Surface Fraction</td></tr>
<tr><td>Permeability</td></tr>
<tr><td>Clogging Factor</td></tr>
<tr><td rowspan="4">Storage</td><td>Thickness</td></tr>
<tr><td>Void Ratio</td></tr>
<tr><td>Seepage Rate</td></tr>
<tr><td>Clogging Factor</td></tr>
<tr><td rowspan="3">Underdrain</td><td>Flow Coefficient</td></tr>
<tr><td>Flow Exponent</td></tr>
<tr><td>Offset Height</td></tr>
</table>

9.2.3 침투트렌치

침투트렌치는 자갈이 가득한 좁은 도랑의 형태로, 경사지의 상류 불투수지역의 유출량을 가로채는 역할을 하며, 침투트렌치에서 확보한 유량이 아래의 토양층으로 침투할 수 있도록 공간과 시간을 확보하는 물순환 개선시설이다. SWMM 모형에서 침투트렌치의 수문학적 구성요소는 지표층, 저류층, 지하배수층이며, 표 9.4와 같이 각 구성층과 관련된 11개의 설계 매개변수를 포함하고 있다.

표 9.4 침투트렌치의 SWMM 입력화면 및 설계 매개변수

<table>
<tr><th>침투트렌치의 SWMM 입력화면</th><th>구성층</th><th>설계 매개변수</th></tr>
<tr><td rowspan="11">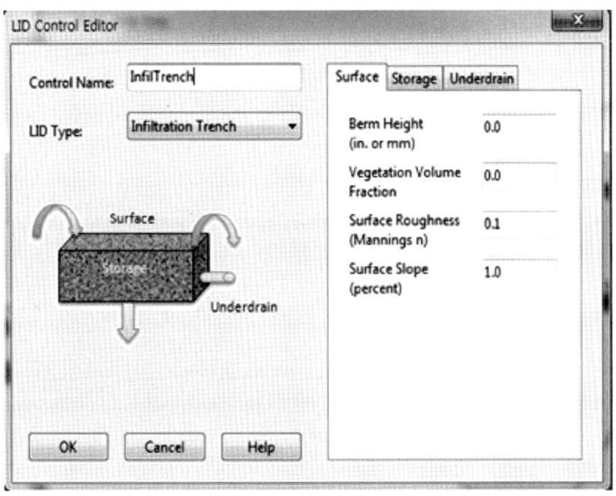
</td><td rowspan="4">Surface</td><td>Berm Height</td></tr>
<tr><td>Vegetation Volume Fraction</td></tr>
<tr><td>Surface Roughness</td></tr>
<tr><td>Surface Slope</td></tr>
<tr><td rowspan="4">Storage</td><td>Thickness</td></tr>
<tr><td>Void Ratio</td></tr>
<tr><td>Seepage Rate</td></tr>
<tr><td>Clogging Factor</td></tr>
<tr><td rowspan="3">Underdrain</td><td>Flow Coefficient</td></tr>
<tr><td>Flow Exponent</td></tr>
<tr><td>Offset Height</td></tr>
</table>

9.2.4 빗물정원

빗물정원은 토양층을 중심으로 설계된 식생체류장치의 일종으로 아래쪽에 자갈 배수층이 없는 물순환 개선시설이다. SWMM 모형에서 빗물정원의 수문학적 구성요소는 지표층, 토양층이며, 표 9.5와 같이 각 구성층과 관련된 11개의 설계 매개변수를 포함하고 있다.

표 9.5 빗물정원의 SWMM 입력화면 및 설계 매개변수

<table>
<tr><th>빗물정원의 SWMM 입력화면</th><th>구성층</th><th>설계 매개변수</th></tr>
<tr><td rowspan="11">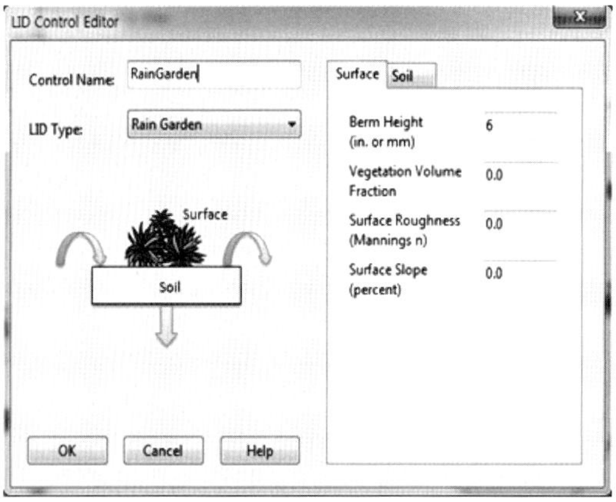
</td><td rowspan="4">Surface</td><td>Berm Height</td></tr>
<tr><td>Vegetation Volume Fraction</td></tr>
<tr><td>Surface Roughness</td></tr>
<tr><td>Surface Slope</td></tr>
<tr><td rowspan="7">Soil</td><td>Thickness</td></tr>
<tr><td>Porosity</td></tr>
<tr><td>Field Capacity</td></tr>
<tr><td>Wilting Point</td></tr>
<tr><td>Conductivity</td></tr>
<tr><td>Conductivity Slope</td></tr>
<tr><td>Suction Head</td></tr>
</table>

9.2.5 옥상녹화

옥상녹화는 지붕에서 여과된 강우량을 대상으로 특별히 설계된 배수매트 위에 형성된 토양층으로 구성되어 있으며, 식생체류장치의 변형된 물순환 개선시설이다. SWMM 모형에서 옥상녹화의 수문학적 구성요소는 지표층, 토양층, 배수매트층이며, 표 9.6과 같이 각 구성층과 관련된 14개의 설계 매개변수를 포함하고 있다.

표 9.6 옥상녹화의 SWMM 입력화면 및 설계 매개변수

<table>
<tr><th>옥상녹화의 SWMM 입력화면</th><th>구성층</th><th>설계 매개변수</th></tr>
<tr><td rowspan="14">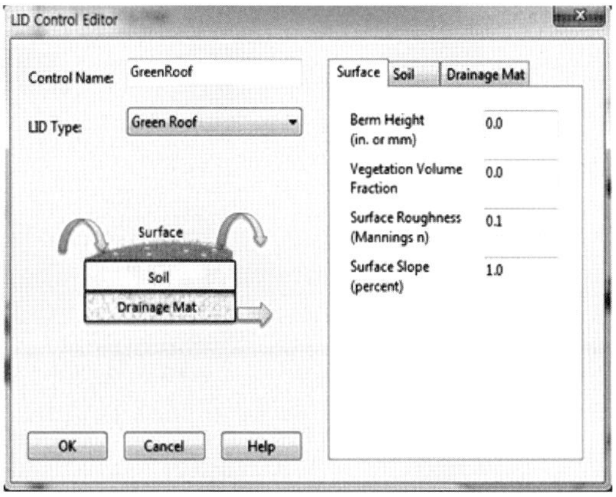
</td><td rowspan="4">Surface</td><td>Berm Height</td></tr>
<tr><td>Vegetation Volume Fraction</td></tr>
<tr><td>Surface Roughness</td></tr>
<tr><td>Surface Slope</td></tr>
<tr><td rowspan="7">Soil</td><td>Thickness</td></tr>
<tr><td>Porosity</td></tr>
<tr><td>Field Capacity</td></tr>
<tr><td>Wilting Point</td></tr>
<tr><td>Conductivity</td></tr>
<tr><td>Conductivity Slope</td></tr>
<tr><td>Suction Head</td></tr>
<tr><td rowspan="3">Drainage Mat</td><td>Thickness</td></tr>
<tr><td>Void Fraction</td></tr>
<tr><td>Roughness</td></tr>
</table>

9.2.6 빗물통

빗물통은 호우시 지붕의 유출량을 모을 수 있는 저장통으로, 건기시 저장된 빗물을 이용할 수 있도록 설계된 물순환 개선시설이다. SWMM 모형에서 빗물통의 수문학적 구성요소는 저장층과 배수층이며, 표 9.7과 같이 각 구성층과 관련된 5개의 매개변수를 포함하고 있다.

표 9.7 빗물통의 SWMM 입력화면 및 설계 매개변수

<table>
<tr><th>빗물통의 SWMM 입력화면</th><th>구성층</th><th>설계 매개변수</th></tr>
<tr><td rowspan="5">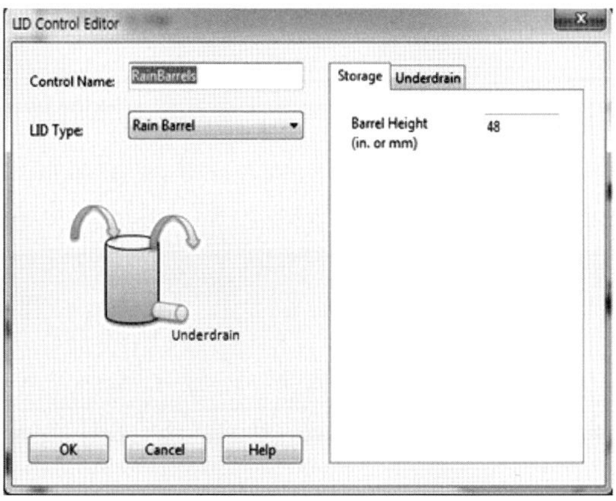
</td><td>Storage</td><td>Berm Height</td></tr>
<tr><td rowspan="4">Underdrain</td><td>Flow Coefficient</td></tr>
<tr><td>Flow Exponent</td></tr>
<tr><td>Offset Height</td></tr>
<tr><td>Drain Delay</td></tr>
</table>

9.2.7 식생수로

식생수로는 풀 또는 식생으로 덮인 경사지의 형태로 우수를 지체시키고, 저류된 물이 토양으로 침투되게 하는 기능이 있으며 수로의 역할을 하는 물순환 개선시설이다. SWMM 모형에서 식생수로의 수문학적 구성요소는 지표층이며, 표 9.8과 같이 5개의 설계 매개변수를 포함하고 있다.

표 9.8 식생수로의 SWMM 입력화면 및 설계 매개변수

<table>
<tr><th>식생수로의 SWMM 입력화면</th><th>구성층</th><th>설계 매개변수</th></tr>
<tr><td rowspan="5">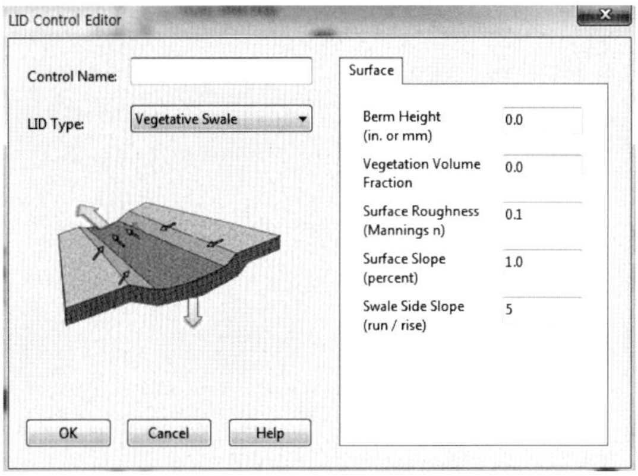
</td><td rowspan="5">Surface</td><td>Berm Height</td></tr>
<tr><td>Vegetation Volume Fraction</td></tr>
<tr><td>Surface Roughness</td></tr>
<tr><td>Surface Slope</td></tr>
<tr><td>Swale Side Slope</td></tr>
</table>

9.3 SWMM 모형의 구축

9.3.1 SWMM 모형의 대상 및 기본 설정

본 장에서는 U.S. Environmental Protection Agency(2009)의 SWMM 적용 예시를 토대로 우리나라의 조건에 맞도록 일부를 수정하여, 도시화 전/후의 조건을 통해 민감도 분석과 소유역 및 출구지점에서의 유출량을 조사하기 위해 SWMM 모형을 구축한다. 그림 9.4는 EPA의 SWMM 모형 설명서에서 제시하는 유역으로 총 7개의 소유역을 포함하고 있다. 소유역 S1, S2, 그리고 S3는 도시화 전의 조건을 갖고 있으며, 소유역 S4, S5, S6, S7은 도시화 후의 조건을 갖고 있다.

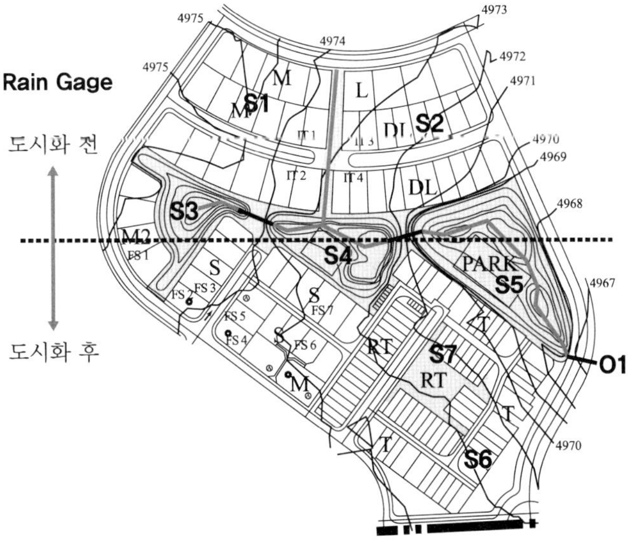

» **그림 9.4** SWMM 모의를 위한 도시화 전/후의 유역도

SWMM 모형의 구축을 위한 기본 옵션을 설정한다. 침투능은 Horton 경험식을 사용하며, 하도추적 방법은 Kinematic Wave를 이용한다. Horton의 경험식은 침투능이 처음에는 초기침투능 f_0의 율로 시작하나 종기침투능 f_c로 감소한다는 것을 인식하여 다음과 같은 식을 제시하였다.

$$f = f_c + (f_0 - f_c)e^{-kt} \tag{9.1}$$

여기서, f는 시간에 따른 침투능(mm/hr), f_c는 종기침투능(mm/hr), f_0는 초기침투능(mm/hr), 그리고 k는 감소상수이다. 제시식과 관련하여 그림 9.5와 같은 그래프를 볼 수 있는데, 침투능 곡선 아래의 면적이 총 침투량에 해당한다. Kinematic Wave는 정상 흐름을 가정한다는 것을 의미하는데, 여기서 동수경사선의 경사는 개수로의 경사와 같은 의미로 사용되며, 배수효과(backwater)와 역류현상의 영향이 없는 배수시스템의 상류에 적용이 가능한 방법이다. 반면에 Dynamic Wave는 하도추적의 가장 강력한 방법으로 도시 배수시스템에서 관측되는 모든 점변부등류(gradually-varied flow)에 대한 모의가 가능하며, 하나 이상의 하류에 연결된 관거(conduit) 시스템과 합류점(junction)에 대한 모의가 가능하다.

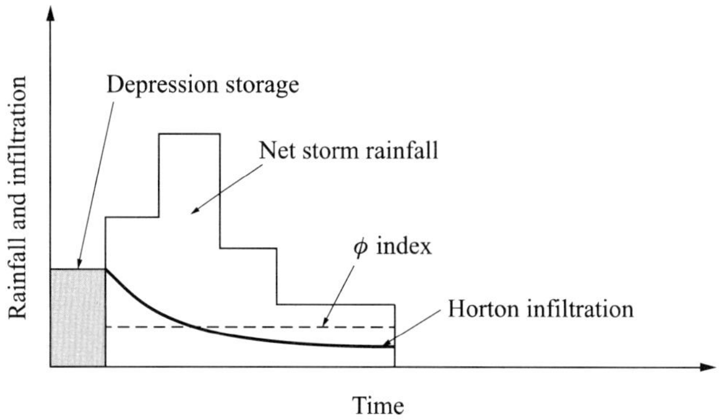

» **그림 9.5** 강우와 침투 곡선

SWMM 모형의 기본 조건 설정에서 침투능 산정 방법, 하도추적 방법을 설정한 후, 모의 시작시간(starting date/time)과 종료시간(ending date/time) 및 모의 시간간격(time step)을 설정한다. 표 9.9는 SWMM 모형의 모의기간과 시간에 대한 정보를 보여주고 있으며, 표 9.10은 결과분석 시간 간격에 대한 정보를 보여주고 있으며, 그림 9.6은 SWMM 모형의 기본 조건 설정을 입력한 상태를 보여준다.

표 9.9 SWMM 모의 기간 및 시간

	Date (M/D/Y)	Time (H:M)
Start Analysis on	01/01/2007	0:00
Start Reporting on	01/01/2007	0:00
End Analysis on	01/01/2007	12:00
Start Sweeping on	01/01	
End Sweeping on	12/31	

표 9.10 SWMM 결과 분석 시간간격

	Days	Time (H:M:S)
Reporting	0	00:01:00
Runoff: Dry Weather	0	01:00:00
Runoff: Wet Weather	0	00:01:00
Routing	60 seconds	

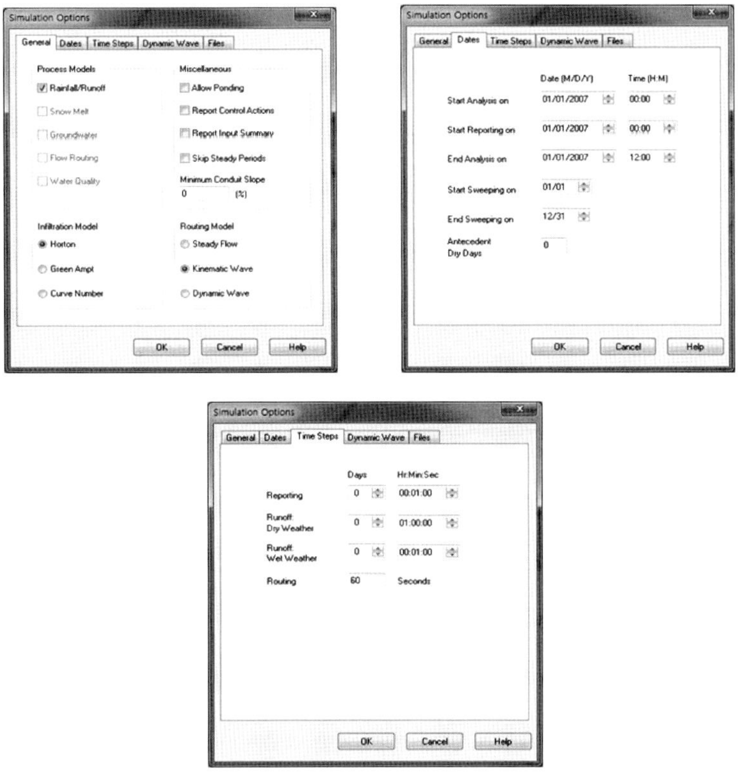

≫ **그림 9.6** SWMM 모형의 기본 설정 입력화면

9.3.2 유역 생성 및 자료 입력

SWMM의 유역을 생성하는 요소로는 크게 소유역(subcatchment), 점(node), 그리고 선(link)이 있다. 소유역은 유역을 나타내는 면적의 개념을 포함하고 있다. 점은 합류점(junction), 출구지점(outlet), 강우관측소(rain gage) 등의 요소를 포함하고 있다. 선은 합류점과 출구지점 등을 연결하는 관거(conduit)를 포함하고 있으며, 위의 세 가지 요소를 통해 SWMM 모형에서 필요로 하는 수문학적 정보 및 속성들을 입력할 수 있게 한다.

그림 9.4에서 제시한 도시화 전/후의 유역을 도시하면 그림 9.7과 같이 나타낼 수 있다. 총 7개의 소유역, 11개의 합류점, 11개의 관거, 그리고 1개의 출구지점에 대한 모식도를 보여주는데, SWMM 모형의 도구창의 생성 아이콘을 통해 유역을 생성할 수 있다(그림 9.8).

유역 생성 시 소유역, 합류점, 출구점, 그리고 관거의 순서를 따라 생성한다. 소유역을 생성할 시에는 해당 아이콘을 클릭하고 화면에 원하는 위치에 왼쪽-마우스-클릭을 통해 원하는 유역 형상을 만든 후 오른쪽-마우스-클릭을 통해 생성을 완료 한다. 합류점과 출구지점을 생성할 시에는 해당 아이콘을 클릭하고 화면에서 원하는 위치를 클릭하는 것으로 쉽게 생성할 수 있다.

관거는 해당 아이콘을 클릭한 후, 화면에 존재하는 합류점 혹은 출구지점을 선택하여 연결하는 방법으로 생성이 가능하다. 특히 관거 생성 시에는 시작점과 끝점에 해당하는 합류점의 클릭을 통해 생성하는데, 클릭 순서에 따라 관거의 상/하류가 구분되기 때문에 주의를 해야 한다. 총 11개의 관거의 시작점과 끝점에 대한 정보는 표 9.11에서 확인할 수 있다.

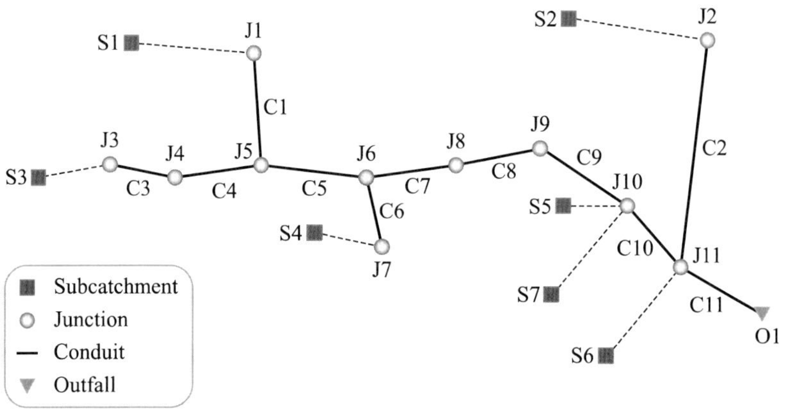

» **그림 9.7** 모의 유역 모식도

표 9.11 관거의 시작점과 끝점

관거	시작점	끝점
C1	J1	J5
C2	J2	J11
C3	J3	J4
C4	J4	J5
C5	J5	J6
C6	J7	J6
C7	J6	J8
C8	J8	J9
C9	J9	J10
C10	J10	J11
C11	J11	O1

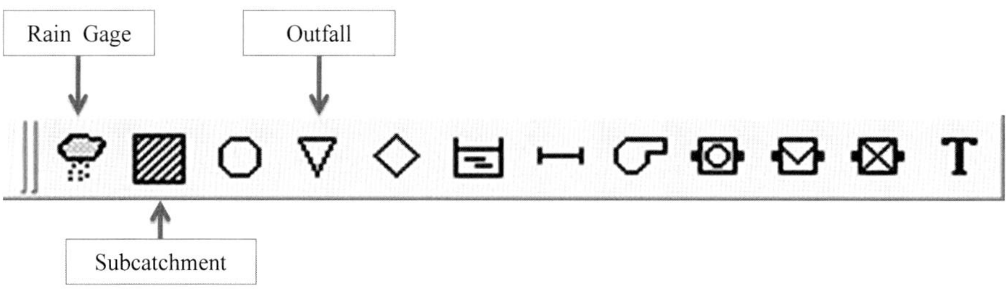

» **그림 9.8** SWMM의 유역 생성 툴바

총 7개의 소유역들은 각각 해당되는 합류점에 연결시켜야 하는 작업이 이루어져야 한다. 그림 9.9는 소유역 S1의 속성입력 창을 보여주고 있는데, 네모 테두리선 부분에 출구지점 연결과 관련된 정보를 입력할 수 있게 되어 있다. 그림 9.9에서 소유역 S1은 합류점 J1에 연결된다는 것을 의미하고 있다. 각 소유역에 해당되는 출구지점의 합류점 정보는 표 9.12에서 확인할 수 있으며, 해당 합류점을 입력하여 출구지점으로 지정한다.

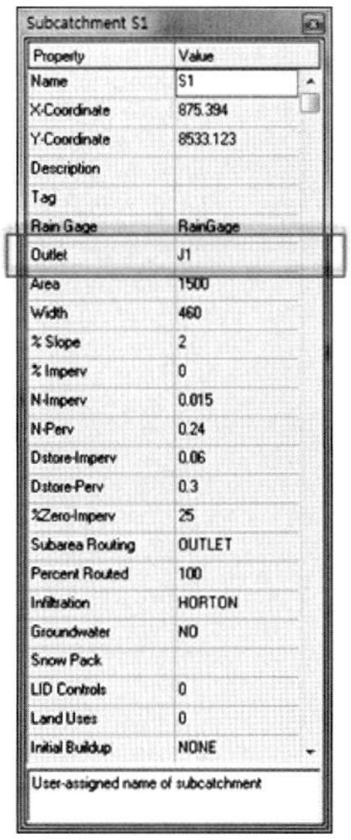

≫ **그림 9.9** SWMM의 소유역 속성 입력창

표 9.12 소유역의 연결 합류점

Subcatchment	Outlet Junction
S1	J1
S2	J2
S3	J3
S4	J7
S5	J10
S6	J11
S7	J10

소유역, 합류점, 출구지점, 관거 생성을 완료하였으면, 다음으로 강우관측소 정보를 입력한다. 강우관측소도 마찬가지로 그림 9.8에 있는 아이콘을 통해 화면에 입력할 수 있다. 강우관측소에는 본 강우 - 유출 모의에 이용될 입력자료에 해당하는 요소로, 시계열자료를 입력한다. 그림 9.10은 시계열 자료를 입력하는 방법을 보여주고 있으며, SWMM 모형의 우측 메뉴에서 Time

Series를 선택 후, 시계열에 대한 이름을 입력하고, 편집창에 나타나는 표에 강우자료를 입력하면 된다. 입력할 시계열 자료는 표 9.13에서 확인할 수 있다. 특히, 강우자료는 시계열 자료로 지정을 한 후, 강우관측소에서 이용할 시계열 자료를 선정, 각 소유역에서 이용할 강우관측소를 선정하는 작업을 이루어야 한다. 강우관측소와 소유역에서 각각의 요소를 선정하는 방법은 각 속성 정보를 입력하는 부분에서 간단하게 소개한다.

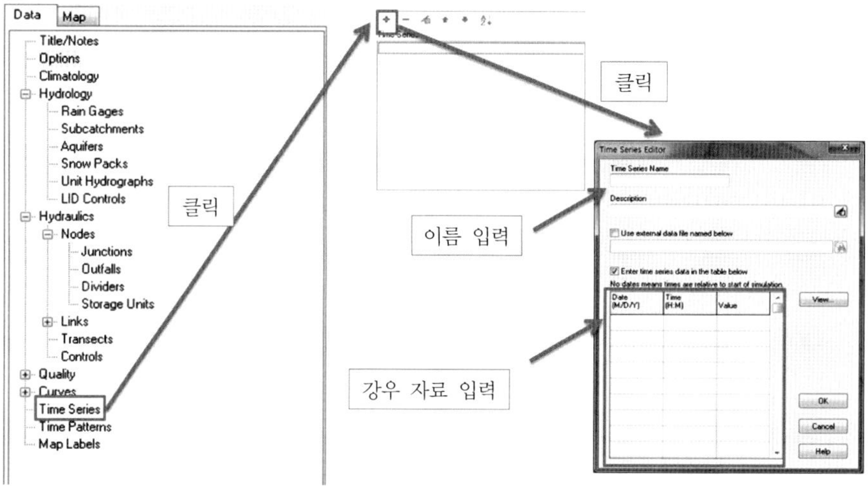

》 **그림 9.10** SWMM의 시계열 자료 입력 방법

표 9.13 강우 시계열 자료

Time (H:MM)	Rainfall (mm)	Time (H:MM)	Rainfall (mm)
0:00	0.26	1:00	0.31
0:05	0.32	1:05	0.27
0:10	0.33	1:10	0.24
0:15	0.59	1:15	0.21
0:20	0.77	1:20	0.18
0:25	1.55	1:25	0.16
0:30	20.78	1:30	0.15
0:35	15.17	1:35	0.14
0:40	0.88	1:40	0.13
0:45	0.53	1:45	0.13
0:50	0.44	1:50	0.12
0:55	0.33	1:55	0.12

위의 주어진 소유역, 합류점, 출구지점, 강우관측소, 그리고 관거 자료를 이용하면 그림 9.11과 같이 유역을 생성할 수 있다.

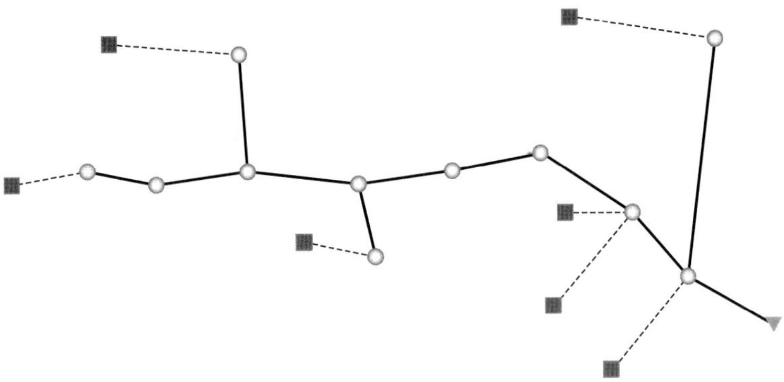

≫ **그림 9.11** 유역 생성 완성 결과

이와 같이 유역 생성과 관련된 요소를 화면에 모두 입력하였으면, 다음은 해당 소유역, 합류점, 출구점, 관거, 그리고 강우관측소에 대한 상세한 속성 자료를 입력한다.

유역 생성 화면에서 강우관측소를 더블클릭하면, 강우관측소의 속성 정보를 입력할 수 있는 창이 열린다. 해당 창에서는 강우자료의 형태, 강우 간격, 소스 형태 등에 대한 정보를 입력할 수 있다. 그림 9.12는 본 장에서 구축하려고 하는 강우관측소의 속성 정보를 보여주고 있다. 시계열 자료로는 위에서 생성한 시계열 자료를 선택하며, 강우의 입력 형태는 'INTENSITY', 강우 간격은 5분, 소스 형태는 시계열 자료를 직접 입력하는 것을 선택한다.

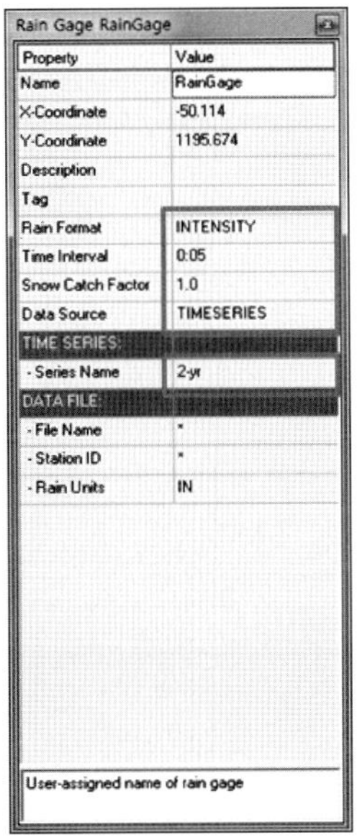

≫ **그림 9.12** SWMM의 강우관측소 속성 입력창

유역 생성 화면에서 출구지점을 더블클릭하면 그림 9.13과 같은 출구지점의 속성 정보창을 보여준다. 그림 9.13과 같이 출구지점의 높이를 510 m로 설정한다.

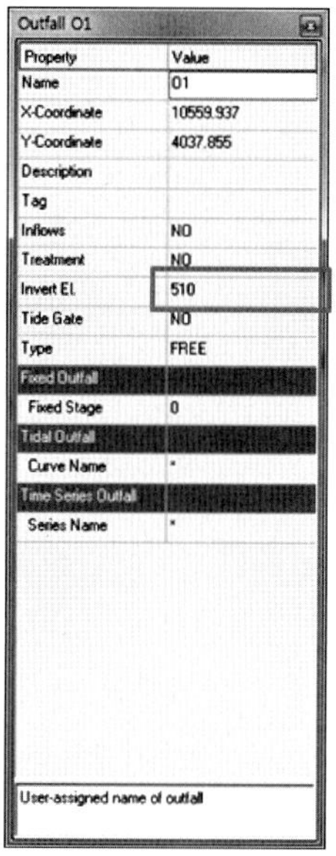

≫ **그림 9.13** SWMM의 출구지점 속성 입력창

유역 생성 화면에서 소유역을 더블클릭하면 그림 9.9와 같은 속성 정보 입력창이 화면에 나타난다. 소유역의 속성 정보를 통해 유역에 적용되는 강우관측소 선택, 연결되는 합류점 설정, 침투능 정보 설정, 유역면적, 유역폭, 경사도, 불투수율 등 다양한 속성 정보 입력이 가능하다. 표 9.14는 각 소유역의 도시화 전/후 여부, 강우관측소, 유역면적, 불투수율, 유역폭, 유역경사에 대한 정보를 보여주고 있으며, 표 9.15와 표 9.16은 소유역에 적용되는 Horton 공식을 이용한 침투능 속성 정보와 유역의 투수계수 정보를 보여주고 있다. 표 9.14, 표 9.15, 표 9.16의 정보를 이용하여 모든 소유역에 해당 자료를 입력한다.

표 9.14 소유역의 속성 정보 (US EPA, 2009)

Condition	Name	Rain Gage	Total Area (m^2)	Pcnt. Imperv (%)	Width (m)	Pcnt. Slope (%)
Pre-development	S1	Rain gage	15,000,000	0	460	2
	S2		16,000,000	3	490	2
	S3		15,000,000	5	430	2
Post-development	S4		10,000,000	56.8	700	3.1
	S5		8,000,000	63	490	2
	S6		7,000,000	87.7	210	3.1
	S7		5,000,000	95	270	3.1

표 9.15 소유역의 HORTON 침투능 속성 정보 (US EPA, 2009)

MaxRate	MinRate	Decay	DryTime	MaxInfil
4.5	0.2	6.5	7	0

표 9.16 소유역의 투수 및 조도계수 정보 (US EPA, 2009)

N-Imperv	N-Perv	S-Imperv	S-Perv	PctZero
0.015	0.24	0.06	0.3	25

유역 생성 화면에서 합류점을 더블클릭하면 그림 9.14와 같은 속성 정보 입력창이 나타난다. 각 합류점의 높이를 표 9.17에 제시된 값을 이용하여 입력한다.

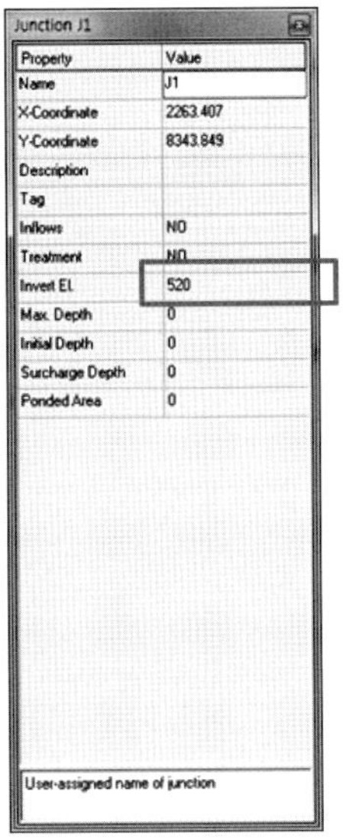

» **그림 9.14** SWMM의 합류점 속성 입력창

표 9.17 합류점의 높이 (US EPA, 2009)

Junction	Elevation (m)
J1	52.0
J2	51.9
J3	51.8
J4	51.7
J5	51.6
J6	51.3
J7	51.4
J8	51.3
J9	51.2
J10	51.2
J11	51.0

유역 생성 화면에서 관거 더블클릭하면 그림 9.15와 같은 속성 정보 입력창이 나타난다. 각 관거의 속성 정보에서 시작점과 끝점이 제대로 입력되었는지 확인하고(표 9.11), 관거의 종류와 필요한 값을 입력한다. 관거의 종류는 원형(Circle) 관거를 선택하고, 관거의 길이, 조도계수 등의 입력 정보는 표 9.18의 값을 확인하여 입력한다.

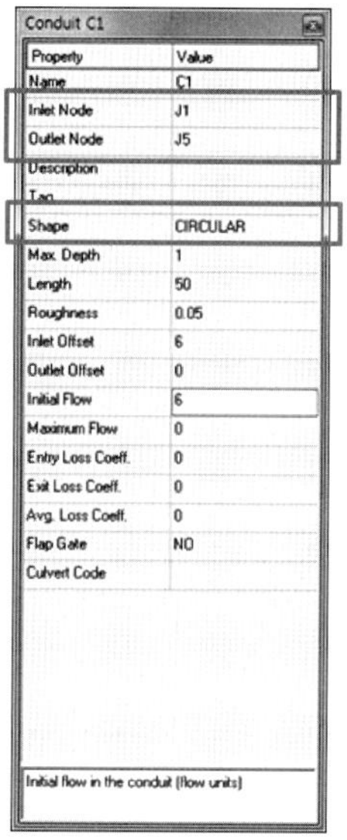

≫ **그림 9.15** SWMM의 관거 속성 입력창

표 9.18 관거의 속성 정보

Conduit	Length(m)	Mannaing's N	Shape	Max. Depth(m)	Inlet Offset(m)	Initial Flow(m^3/s)
C1	50	0.05		1	6	6
C2	50	0.016		1	0	0
C3	30	0.016		1	0	0
C4	40	0.05		1	0	0
C5	50	0.05		1	0	0
C6	40	0.05	CIRCLE	1	0	0
C7	30	0.016		1	0	0
C8	50	0.05		1	0	0
C9	50	0.05		1	0	0
C10	40	0.05		1	0	0
C11	30	0.016		1	0	0

소유역, 합류점, 강우관측소, 관거 등의 속성 값을 모두 입력하여 모의 준비가 모두 완료되었으면, 상단의 툴바 메뉴에서 번개 형태의 아이콘을 클릭하여 모의를 수행할 수 있다. 그림 9.16은 도구창 메뉴와 모의 시작 아이콘을 보여주고 있다.

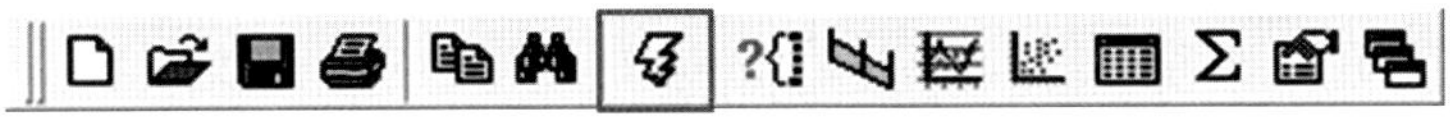

≫ **그림 9.16** SWMM의 메인 메뉴 툴바 및 모의 실행 아이콘

9.4 EPA SWMM 모형을 이용한 LID 시설 모의

9.4.1 문제 설정

본 예제는 저영향개발(LID) 시설인 필터스트립과 침투트렌치가 SWMM에서 어떻게 모의되는지를 보여준다. SWMM은 LID 시설과 같은 수문학적 요소를 제어하는 모의를 수행하는데 적합하며, LID 모의는 소유역에서의 침투 및 분산, 저장을 통해 최종 유출을 감소하고 수질 관리를 하는데 운영된다.

본 예제에서는 SWMM Application Manual의 예제 파일인 Example4.inp를 바탕으로, 그림 9.17에서 보여주는 대상유역에서 필터스트립(FS)과 침투트렌치(IT)가 유출에 미치는 영향을 평가한다. 그림 9.17에서 보는바와 같이, 4개소의 침투트렌치가 대상유역의 상류 양쪽부분에 가로방향으로 배치되며, 필터스트립은 대상유역의 남서쪽 하류에 있는 S, M, M2 지역에서의 유출을 제어하는 시설로 계획하였다. 이 필터스트립들은 보도를 따라 설치될 예정이기 때문에 필터스트립의 유출 제어는 도랑으로 도달하기 전에 각각 S, M, M2 지역에서 이루어진다.

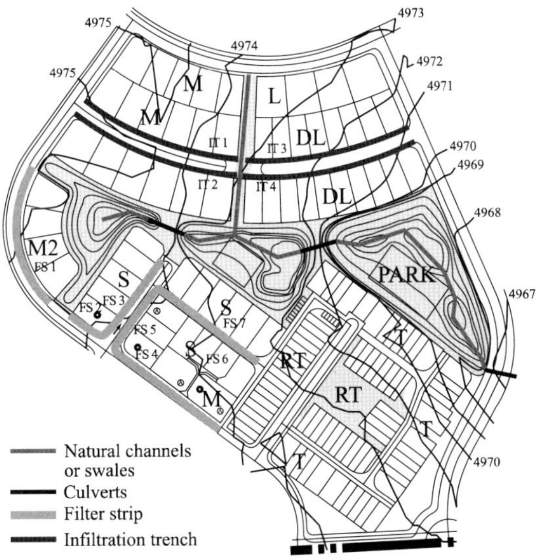

≫ **그림 9.17** LID 시설이 포함된 대상유역의 개발 후 모습 (US EPA, 2009)

본 예제의 LID 시설 모의는 특정 유출량을 목표로 설계된 것이 아니라, 유역에서의 지속가능한 관리와 하류유역에서의 우수제어의 부담을 낮추기 위해 전반적인 유출량의 감소를 목표로 설계되었다. LID 시설의 모의를 위해 2년, 10년, 100년 빈도 강우자료를 이용하여 모의를 수행한다.

9.4.2 시스템 설명

본 예제 모의에서 사용할 LID 시설은 필터스트립과 침투트렌치로, 각각의 시설 시스템은 다음과 같다.

1. 필터스트립(Filter strip)

필터스트립은 물이 엷게 흐르는 잔디 혹은 식생지역을 말한다. 필터스트립은 빈도가 작은 강우(재현기간 1년 미만의 강우빈도)를 대상으로 오염 부하물질을 제거하는데 효과적이지만, 첨두유량을 감소하는데 효과적이지 않다(Akan and Houghtalen, 2003). 또한, 필터스트립은 5% 미만의 평평한 경사지와 0.15～4.3 mm/hr(또는 0.006～0.17 in/hr)의 투수성을 갖는 토층에서 효과적이다(Sansalone and Hird, 2003). SWMM에서는 필터스트립을 특별히 표시하는 방식은 없지만, 그림 9.18과 같이 상류에 속하는 소유역으로부터 유량이 유입되는 투과성이 있는 소유역으로 표현된다. 필터스트립을 모의하는데 있어서 가장 중요한 요소는 물의 침투와 저장 과정이다. 필터스트립은 현장의 지역형상(면적, 폭, 기울기 등)을 100% 투과성 소유역으로 모의할 수 있으며, 이 소유역은 상류지역으로부터 유량을 유입하여 도랑 또는 거리를 나타내는 도관으로 전달한다. 필터스트립의 침투 모의는 SWMM의 침투 옵션을 이용하여 모의할 수 있다.

2. 침투트렌치(Infiltration trench)

침투트렌치는 유량을 저장하거나 지하로 침투시키기 위해 땅을 파서 집계된 돌들로 메워진 시설을 말하며(Guo, 2001), 최소 투과율이 13 mm/hr(0.5 in/hr)인 토층에서 효과적인 시설이다(US EPA, 1999). 침투트렌치 모의에서 가장 중요한 요소는 트렌치를 흐르는 물, 침투, 저장 과정이다. 그림 9.19는 SWMM에서 침투트렌치의 개략도를 보여주고 있으며, 트렌치 내에서 공간에 해당하는 높이와 같은 요지저류층을 갖는 100% 투과성의 직사각형 소유역으로 구성되어 있다.

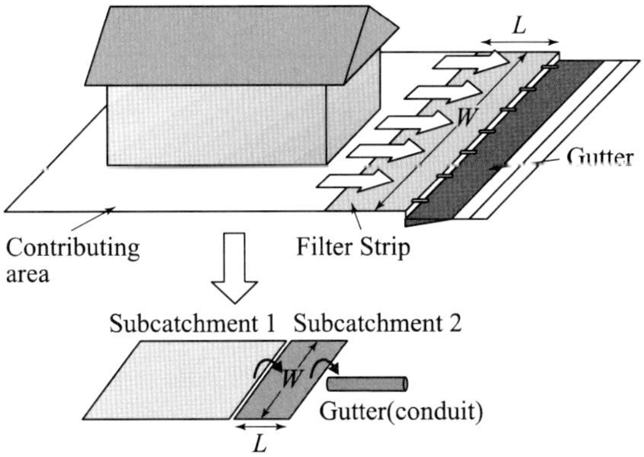

≫ **그림 9.18** 필터스트립의 개략도 (US EPA, 2009)

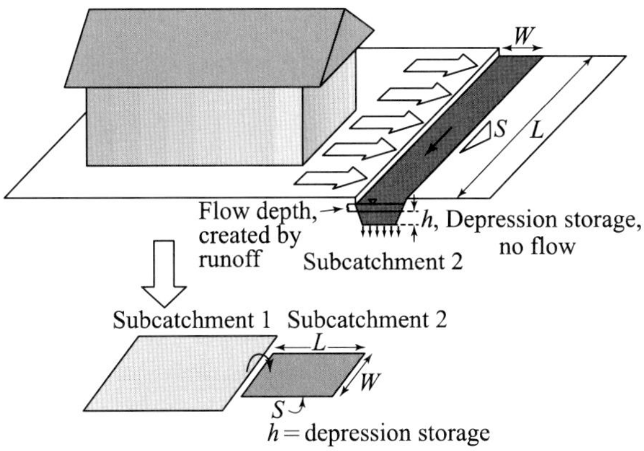

≫ **그림 9.19** 침투트렌치의 개략도 (US EPA, 2009)

9.4.3 SWMM 모형 구성하기 - 필터스트립

그림 9.17은 본 모형의 모의를 위해 필터스트립(FS)이 계획되어야 하는 위치를 보여주고 있다. EPA의 SWMM 예제 파일 중 Example2-Post.inp는 대상유역의 소유역과 유출 전달 시스템이 모두 입력되어 있는 input 파일로, LID 시설이 추가되기 전의 파일이다. 그림 9.17을 새로운 모델의 바탕배경(SWMM 예제 파일로 있는 이미지 파일인 Site-Post-LID.jpg)으로 활용하여, 필터스트립의 배치를 한다. 표 9.19는 각각의 필터스트립에 속하는 소유역과 길이를 보여준다.

표 9.19 필터스트립을 포함하는 소유역

Subcatchment controlled	Name of Filter Strip	Filter Strip Length (m)
S3	FS 1	124.9
S3	FS 2	32.0
S3	FS 3	76.2
S4	FS 4	109.4
S4	FS 5	57.9
S4	FS 6	105.1
S3 and S4	FS 7	114.3

설계 및 계획할 필터스트립들은 표 9.19에서 각각 'FS'라는 문자와 숫자로 주어진 것을 확인할 수 있다. 모델링을 하는 과정에서 일부 필터스트립들은 집계되어 새로운 소유역으로 표현되는데, 이 새로운 필터스트립 유역은 "S_FS_숫자"로 표시한다.

필터스트립을 이용한 유출 처리과정을 더 효과적으로 추정하기 위해, 소유역 S3과 S4를 세분화해야 한다. 따라서, 소유역 S3은 S3.1, S3.2, S3.3으로, 소유역 S4는 S4.1, S4.2, S4.3, S4.4로 세분화한다(그림 9.20). 그리고 세분화 된 소유역에 맞춰 모형을 재구성해야 하기 때문에 평균유로연장, 소유역의 폭, 경사도, 불투수율 등을 재산정한다. 세분화된 소유역의 경사도는 2%이며, 침투속도는 Horton의 침투 매개변수를 사용하며 최대침투속도(maximum infiltration rate)는 0.114 m/hr, 최소침투속도(minimum infiltration rate)는 0.005 m/hr, 감쇠상수(decay constant)는 6.5 hr^{-1}을 사용한다. 그림 9.20은 세분화된 소유역과 새롭게 산정된 소유역 정보를 토대로 새로운 관로(■ ■ ■)와 합류점(★)을 정하고 배수시스템을 구성한 것을 도시하고 있다. 표 9.20은 새로운 합류점에 대한 속성을 보여주고 있으며, 표 9.21은 새로운 관로에 대한 속성을 보여주고 있다.

표 9.20 새로운 합류점의 속성

New Junction	Invert Elevation (m)
J15	51.2
J16	51.3
J17	51.3

표 9.21 새로운 관로의 속성

New Conduit	Inlet Node	Outlet Node	Length (m)	Type of Section	Manning Coefficient	Maximum Depth (m)	Bottom Width (m)	Left Slope	Right Slope
C15	J15	J3	135.5	Swale	0.05	0.9	1.5	5	5
C16	J17	J5	61.0	Swale	0.05	0.9	1.5	5	5
C17	J16	J7	91.5	Gutter	0.16	0.4	0	0.0001	25

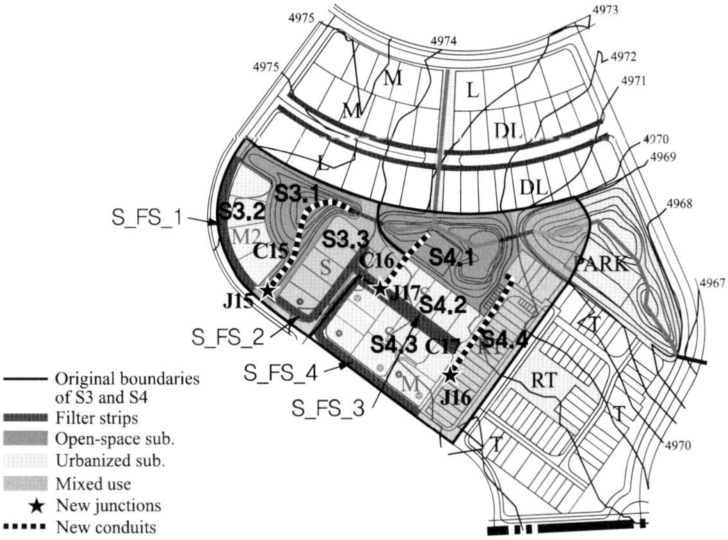

그림 9.20 소유역 S3과 S4의 필터스트립 이용에 따른 토지이용 구분 (US EPA, 2009)

표 9.22는 새로운 소유역의 특성을 요약해서 보여주고 있으며, 소유역 S3.2, S3.3, S4.2, 그리고 S4.3의 출구지점은 합류점이 아닌 해당 소유역의 필터스트립을 나타내고 있음을 유의한다. 그림 9.21과 그림 9.22는 SWMM 모형에서 사용되는 연속레이아웃을 각각 소유역(S3.1, S3.2)과 소유역(S4.1, S4.2, S4.3, 그리고 S4.4)에 대해서 보여주고 있다. 필터스트립의 유동경로길이는 1.2 m, 경사도는 2%, 폭은 표 9.23에 제시되어 있다. 표 9.24는 필터스트립을 구성하기 위해 사용된 소유역의 특성정보를 요약해주고 있으며, 필터스트립의 면적은 산정된 길이(1.2 m)와 폭을 이용하여 계산한다.

표 9.22 세분화된 소유역 S3과 S4의 속성

New Subcatchment	Outlet	Area (m^2)	Width (m)	Slope (%)	Imperviousness (%)
S3.1	J3	4350.5	156.3	9	0
S3.2	S_FS_1	3848.6	105.4	3	60
S3.3	S_FS_2	4673.4	137.5	3	55
S4.1	J6	6042.1	166.6	8	0
S4.2	S_FS_3	2754.3	77.6	4	75
S4.3	S_FS_4	6623.8	186.2	4	60
S4.4	J9	8321.5	224.8	4	65

표 9.23 필터스트립을 구성하는 소유역의 폭

Filter Strip	Subcatchment Controlled	Composition	Partial Widths (m)	Total Widths (m)
S_FS_1	S3.2	FS1	90.0	90.0
S_FS_2	S3.3	FS2 + FS3 + part FS7	30.0 + 60.0 + 30.0	120.0
S_FS_3	S4.2	Part FS7	80.0	80.0
S_FS_4	S4.3	FS4 + FS5 + FS6	100.0 + 50.0 + 100.0	250.0

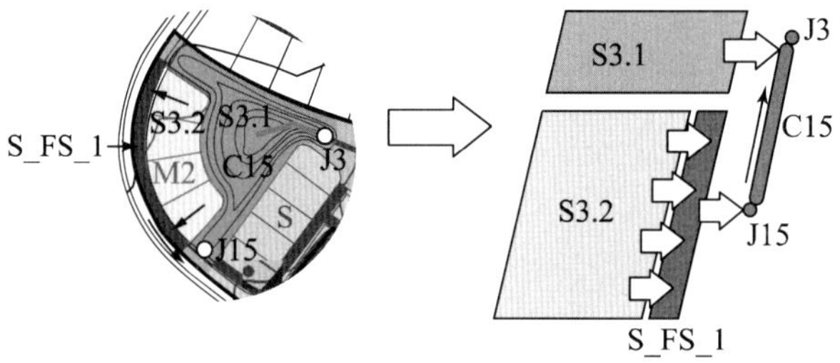

≫ **그림 9.21** 소유역 S_FS_1, S3.1, S3.2과 J3, J15, C15의 모식도 (US EPA, 2009)

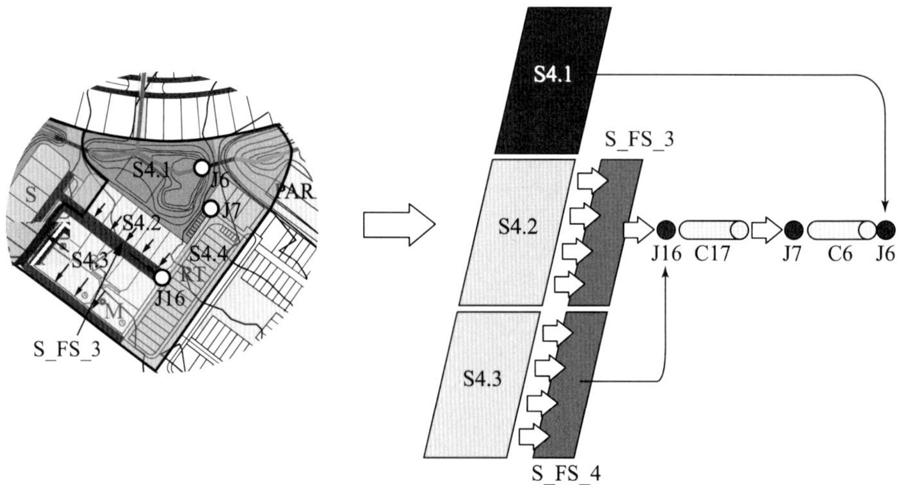

≫ **그림 9.22** 소유역 S_FS_3, S_FS_4, S4.1, S4.2, S4.3과 J6, J7,J16, C6 C17의 모식도 (US EPA, 2009)

표 9.24 필터스트립 소유역의 속성 (US EPA, 2009)

Subcatchment	Upstream Subcatchment	Outlet	Area (m^2)	Width (m)	Slope (%)	Depression Storage (m)
S_FS_1	S3.2	J15	152.3	90.0	3	0.007
S_FS_2	S3.3	J17	172.0	120.0	3	0.007
S_FS_3	S4.2	J16	99.2	80.0	4	0.007
S_FS_4	S4.3	J16	332.2	250.0	4	0.007

표 9.23과 표 9.24의 자료를 모두 입력한 후, 모든 필터스트립에 대하여 불투수성 0%, 불투수성 조도계수 0.24 → 0.015, 그리고 불투수성 요지저류량을 0.007 m → 0.001 m를 할당한다. 변경되지 않은 지역에 대해서는 기존 값을 변경하지 않고 그대로 사용한다. 마지막으로, Horton 침투 매개변수의 최대침투속도와 최소침투속도를 최소값인 0.005 m/hr로 변경한다. 이러한 정보 입력은 새로운 강우사상으로 인해 토층이 포화되는 정도만큼의 침투 능력에 의한 손실을 확인할 수 있도록 해준다.

SWMM 모의를 위해서는 강우자료가 모든 소유역에 할당되어야 한다. 하지만, 필터스트립을 나타내는 소유역은 이미 해당 소유역 내에 배치되어서 강우를 할당 받았기 때문에 중복을 피하기 위해 강우자료가 있어서는 안 된다. 따라서, 강우량이 0인 “Null”이라는 새로운 시계열 강우자료를 생성하여 필터스트립을 대표하는 소유역에만 따로 적용한다.

9.4.4 SWMM 모형 구성하기 - 침투트렌치

본 예제에 포함된 침투트렌치는 그림 9.17과 같이 대상유역의 북쪽에 위치하고 있으며, 이를 모델링하기 위하여 그림 9.23과 같이 소유역 S1과 S2를 더 작은 6개의 소유역으로 세분화 한다. 각 소유역의 면적은 SWMM의 Auto-Length tool을 이용하여 결정할 수 있다. 각각의 세분화된 소유역의 폭은 38 m로 가정하며, 불투수율 및 기타 속성은 표 9.25에서 보여주는 것과 같이 가정한다.

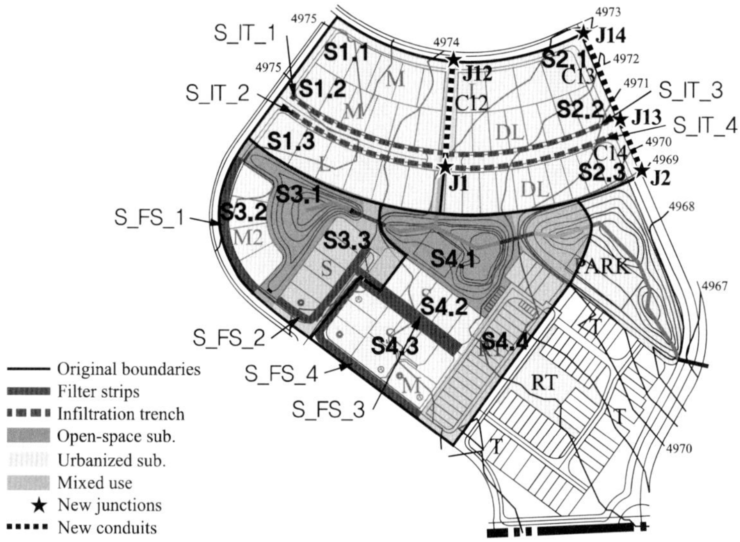

》 **그림 9.23** 소유역 S1과 S2의 침투트렌치 이용에 따른 토지이용 구분 (US EPA, 2009)

표 9.25 세분화 된 소유역 S1과 S2의 속성

New Subcatchment	Outlet	Area (m^2)	Width (m)	Slope (%)	Imperviousness (%)
S1.1	J12	4896.6	128.6	2	65
S1.2	S_IT_1	5908.4	155.1	2	65
S1.3	S_IT_2	7608.0	199.6	2	45
S2.1	J14	5260.9	138.0	2	45
S2.2	S_IT_3	6070.2	159.4	2	70
S2.3	S_IT_4	7608.0	199.6	2	70

모형에 새롭게 추가된 침투트렌치에 대한 정보는 표 9.26에서 확인할 수 있다. 각 침투트렌치의 명칭은 'IT_번호'이며, 각각의 위치는 그림 9.23에서 보여주고 있다. 4개의 침투트렌치는 각각 소유역의 형태로 모델링 되어있으며, 표 9.27에서 보는 바와 같이 소유역 S1.2, S1.3, S2.2, S2.3의 출구점 역할을 한다. 새롭게 세분화된 소유역 S1.1과 S2.1의 출구점은 각각 J12와 J14가 된다.

표 9.26 침투트렌치가 포함된 소유역 (US EPA, 2009)

Subcatchment Controlled	Infiltration Trench	Trench Length(m)
S1	IT1	137.1
S1	IT2	144.4
S2	IT3	137.1
S2	IT4	143.2

표 9.27 침투트렌치 소유역의 속성 (US EPA, 2009)

Subcatchment	Upstream Subcatchment	Outlet	Area (m^2)	Width (m)	Slope (%)	Depression Storage (m)
S_IT_1	S1.2	J1	125.4	0.9	0.422	0.3
S_IT_2	S1.3	J1	132.1	0.9	0.422	0.3
S_IT_3	S2.2	J13	125.4	0.9	0.444	0.3
S_IT_4	S2.3	J13	130.9	0.9	0.468	0.3

침투트렌치의 크기(길이 또는 폭)를 결정하는 것은 필터스트립의 길이와 폭을 결정하는 것과 정반대로 이루어진다. 침투트렌치의 길이는 표 9.26에 제시되어 있으며, 침투트렌치의 면적은 제시된 길이와 가정된 폭(0.9 m)를 이용하여 계산할 수 있다. 각각의 침투트렌치의 폭과 면적은 표 9.27에 제시되어 있으며, 모든 트렌치에 대하여 depression storage depth는 0.3 m이다. 0.3 m 보다 낮게 흐르는 물은 침투할 것이며, 0.3 m 보다 높게 흐르는 물은 트렌치를 따라 흐를 것이다. 트렌치의 실제 저장 높이는 0.9 m이지만, 공극률이 40%인 직경 38 mm의 자갈로 메워진 트렌치를 고려한다면, 트렌치가 침투를 통해 저장할 수 있는 깊이가 40% 줄어든다. 표 9.27은 각 소유역의 침투트렌치의 속성에 대한 정보를 제시하고 있다.

침투트렌치의 경사도는 유역도로부터 계산되었으며, 불투수율은 0%이며, Manning 조도계수는 0.24이며, 저장 깊이는 0.3 m이다. 필터스트립에 적용된 것과 동일하게 0.005 m/hr의 침투능이 적용되었으며, 이는 트렌치의 양쪽 벽에 수평으로 침투되는 것을 무시하게 해준다. 또한 침투트렌치로 적용된 소유역에는 “Null” rain gage를 이용하여 침투트렌치에 직접적인 강우가 발생하지 않도록 한다. 이러한 설계는 물의 흐름이 정해진 경로가 아니고서는 침투트렌치에 들어올 수 없게 하며, 침투트렌치의 자갈층 위에 존재하는 풀과 지반층을 통해 침투트렌치로 들어오는 흐름의 유속을 늦출 수 있다. 모형을 완성하기 위해 새로 추가된 소유역과 연결된 수로와 합류점에 대한 속성 정보를 입력할 필요가 있다. 그림 9.23은 새로 추가된 관로(■ ■ ■)와 합류점(★)을 도시하고 있으며, 각각의 속성 정보는 표 9.28과 표 9.29에 정리되어 있다.

표 9.28 새로운 합류점의 속성

New Junction	Invert Elevation (m)
J12	51.1
J13	51.0
J14	51.1

표 9.29 새로운 관로의 속성 (US EPA, 2009)

New Conduit	Inlet Node	Outlet Node	Length (m)	Type of Section	Manning Coefficient	Maximum Depth (m)	Bottom Width (m)	Left Slope	Right Slope
C12	J12	J1	68.4	Swale	0.045	0.7	1.0	3	3
C13	J14	J13	75.3	Gutter	0.015	0.3	0	0.1	10
C14	J13	J2	45.5	Gutter	0.015	0.3	0	0.1	10

9.4.5 모의 결과

LID 시설이 추가된 최종 모형은 Example4.inp 파일을 통해 확인할 수 있다. 이 모형에 적용된 옵션은 다음과 같다.

routing model : Dynamic Wave
wet runoff time step : 1 min
routing time step : 15 sec

그림 9.24는 필터스트립 S_FS_1에 대하여 각각 설계된 강우량을 대상으로 유입량과 유출량을 비교하는 수문곡선을 보여준다. 그림 9.25는 침투트렌치 S_IT_1에 대하여 각각의 설계된 강우량을 대상으로 유입량과 유출량을 비교하는 수문곡선을 보여준다. 다른 LID 시설에 대한 결과들도 이와 같은 결과를 보인다. 표 9.30과 표 9.31은 각각 필터스트립과 침투트렌치의 유출계수를 보여준다. 여기서 유출계수는 LID 시설에 유입하는 유량의 부피에 대한 LID 시설에서 유출되는 유량의 부피비를 나타낸다.

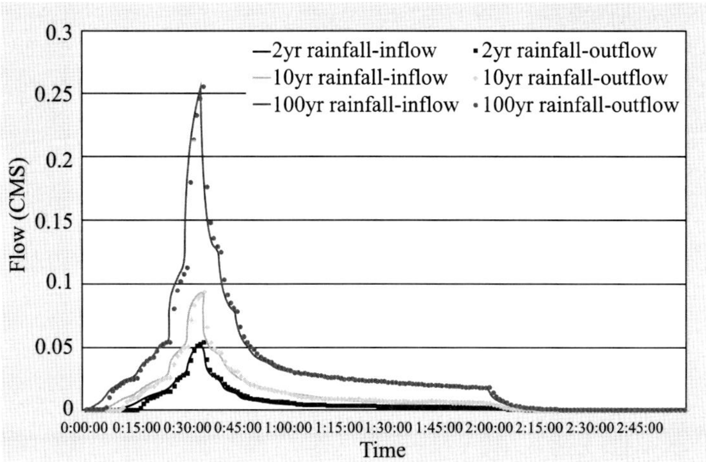

≫ **그림 9.24** 필터스트립 S_FS_1에서의 유입 및 유출수문곡선

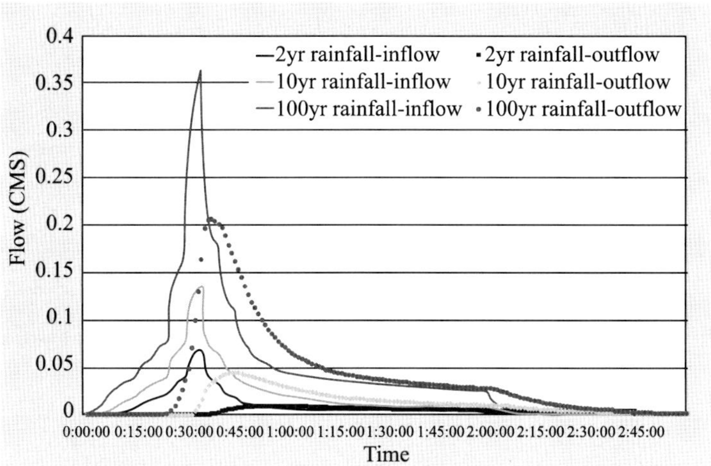

≫ **그림 9.25** 침투트렌치 S_IT_1에서의 유입 및 유출수문곡선

표 9.30 필터스트립의 유출계수 (US EPA, 2009)

Filter Strip	Runoff Coefficient		
	2-year Storm	10-year Storm	100-year Storm
S_FS_1	0.95	0.98	0.99
S_FS_2	0.95	0.98	0.99
S_FS_3	0.96	0.98	0.99
S_FS_4	0.94	0.97	0.99

표 9.31 침투트렌치의 유출계수 (US EPA, 2009)

Infiltration Trench	Runoff Coefficient		
	2-year Storm	10-year Storm	100-year Storm
S_IT_1	0.45	0.73	0.89
S_IT_2	0.35	0.71	0.90
S_IT_3	0.51	0.75	0.90
S_IT_4	0.59	0.79	0.92

필터스트립의 경우, 강우의 크기에 관계없이 유입량과 유출량이 비슷한 것으로 보아 유출량 변화에 영향을 거의 안준다고 보아도 무방할 정도이다. 이는 필터스트립이 오염물질 제거장치 역할을 할 뿐, 유출량 또는 부피를 조절하는데 있어서 큰 역할을 제공하지 않는다는 것을 보여준다. 반면에 침투트렌치는 모든 강우를 대상으로 눈에 띄는 유출량의 변화를 보여주었으며, 특히 강우량이 작은 사상에서 유출량의 감소를 효과적으로 보여준다. 그러나 본 모형에서의 잔디 또는 풀이 트렌치의 자갈층 위에 존재하지 않는 경우를 가정한다. 트렌치의 상부에 식생이 존재한다면 분명히 설계 방법의 여부에 따라 더 효과적인 유량 감소를 보여줄 것이다.

그림 9.26은 설계된 강우량(2년, 10년, 100년 빈도)을 대상으로 LID 시설이 설계되어 있는 경우와 LID 시설이 설계되어 있지 않은 경우에 대하여 출구지점에서의 유출량을 비교하고 있다. 모든 강우사상에 대하여 LID 시설은 유출량과 첨두유량을 동시에 감소시킨다. 강우의 크기가 커질수록, LID 시설의 효과는 더욱 감소하였으며, 유출량과 첨두유량의 감소량 또한 줄어들었다. 그림 9.27은 강우사상의 크기에 따라 변하는 출구지점에서의 유출량과 첨두유량의 감소비율을 보여주고 있으며, 이는 LID 시설의 효과가 강우사상의 크기에 따라 변하는 정도를 보여준다.

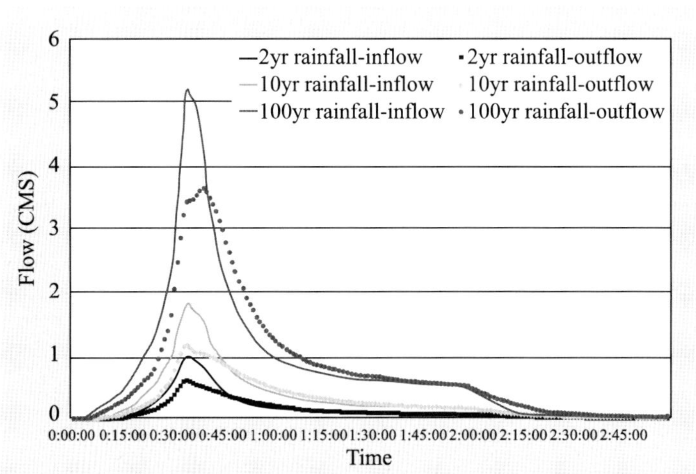

》 **그림 9.26** 출구지점에서 LID 설계 전 · 후의 유출량 비교

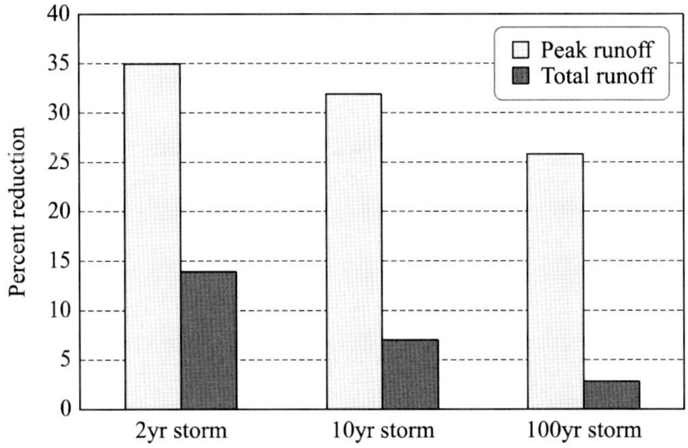

» **그림 9.27** 각 강우사상에 대한 유출량과 첨두유량의 감소비율

9.4.6 결론

본 예제는 SWMM 모형을 이용하여 LID 시설인 침투트렌치와 필터스트립을 모의하는 것을 보여주며, 그 핵심은 다음과 같다.

① 필터스트립은 일정한 침투율을 갖는 100%의 투과성 유역으로, 사각형으로 모델링할 수 있다.
② 침투트렌치는 일정한 침투율을 갖는 100%의 투과성 유역으로, 사각형으로 모델링할 수 있으며, 트렌치의 유효깊이만큼 저장이 가능하다.
③ 필터스트립과 침투트렌치와 같은 LID 시설을 모의하는데 있어서 해당 시설을 제 위치에 설계하기 위해 소유역을 세분화할 필요가 있다.
④ 침투트렌치는 필터스트립 보다 유출량과 첨두유량을 감소하는데 있어서 효과적이다.
⑤ LID 시설의 유출량 및 첨두유량 감소효과는 강우사상의 크기에 따라 영향을 받는다.

본 예제는 설계된 강우를 이용하여 LID 시설의 효과 분석을 위한 모의를 수행하였지만, 유량 조절을 위한 보다 정확한 모의를 위해서는 장시간의 강우자료를 이용할 필요가 있다. 실제 강우자료와 토지이용 자료를 활용하여 모의를 수행한다면 더욱 적절하게 LID 시설의 효과 모의가 가능할 것이다.

9.5 WMAM 모형을 이용한 LID 시설의 설계 및 계획

9.5.1 WMAM(Water Management Analysis Module)의 소개

SWMM 모형은 꾸준한 개발 및 업그레이드를 통해 계속 발전하고 있으며, 최근에 추가된 LID 시설에 대한 모의 기능은 다방면에서 사용되고 있다. 하지만 LID 시설 하나를 설계하는데 사용되는 설계 및 계획 관련 매개변수들은 위에서 소개한 것과 같이 다양하며, 각각의 매개변수들은 설계부터, 수량, 규모 등의 계획, 그리고 결정된 자료의 입력 등의 과정이 매우 복잡하고 반복된 과정을 거쳐야만 사용가능하므로 사용자의 많은 시간과 노력을 요구한다. 이에 물순환 개선시설 효과 분석 모듈인 WMAM 모형이 개발되었다.

WMAM은 SWMM 모형의 입력파일을 대상으로 LID 시설의 설계 및 계획 관련 매개변수에 대한 다중 시나리오 분석(multiple scenario analysis)을 통해 수문학적 측면에서 효과적인 시나리오를 도출하고자 한다. 특히 간편한 GUI를 제공하고 있어서 사용자가 빠르게 배워서 사용 가능하고 많은 시나리오를 간편한 조작으로 정의하여 자동으로 모의한 뒤 결과를 분석하므로 사용자의 시간과 노력을 크게 절약할 수 있는 장점을 가지고 있다. 식생체류장치, 빗물정원, 옥상녹화, 침투트렌치, 투수성포장, 그리고 빗물통 총 6가지 LID 시설에 대한 분석이 가능하며, 각각 LID 시설의 설계 및 계획 매개변수에 대한 민감도 분석과 다중 시나리오 분석 결과를 표와 그래프 형태로 확인 가능하다. 그림 9.28은 WMAM의 초기실행화면을 보여준다.

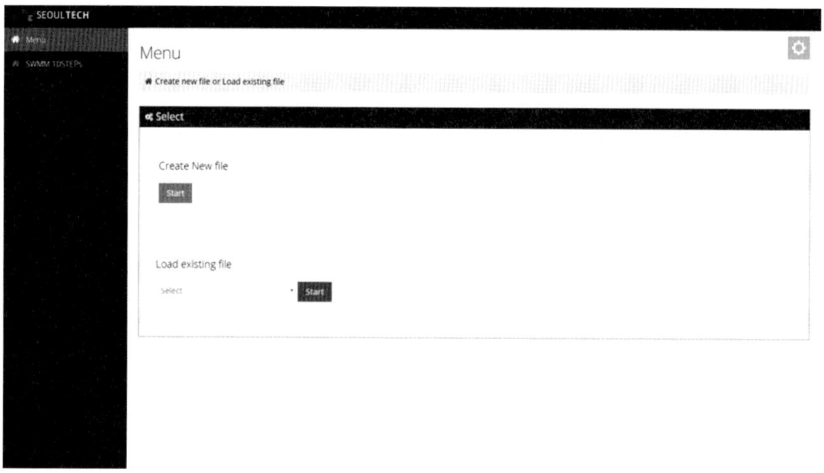

≫ **그림 9.28** WMAM의 초기실행화면

WMAM은 총 10단계로 구성되어 있으며(그림 9.29), 1~2단계는 SWMM 모형의 입력자료를 불러와서 대상유역을 선택하고 LID 시설의 종류를 선택하는 단계로 이루어져 있으며, 3~4단계는 선택된 LID 시설의 설계 매개변수들을 대상으로 민감도 분석을 수행하여 결과에 영향력이 큰 매개변수들을 도출할 수 있게 해준다. 5~7단계는 LID 시설의 설계 매개변수를 대상으로 다양한 시나리오를 생성하고, 다중 시나리오 분석을 통해 수문학적 측면에서 효과적인 시나리오를 제시하며, 8~10단계는 7단계에서 분석한 시나리오 중에서 선택된 하나의 시나리오를 대상으로 LID 시설을 이용한 대상 유역의 계획 수립을 위해 계획 매개변수를 추가하여 다중 시나리오 분석을 수행한 후 수문학적 측면에서 효과적인 시나리오를 도출한다.

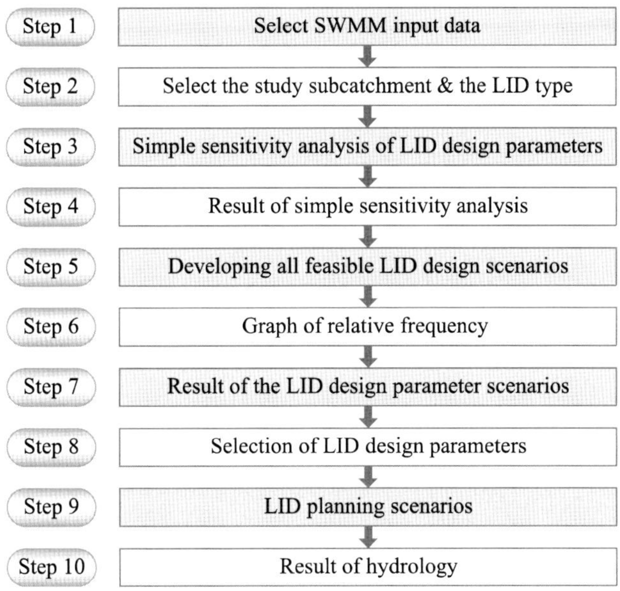

≫ **그림 9.29** WMAM의 10단계 구성

9.5.2 WMAM을 이용한 LID 시설의 설계 및 계획 방법

1. WMAM 1단계 – SWMM 입력 파일 불러오기

단계별 진행화면	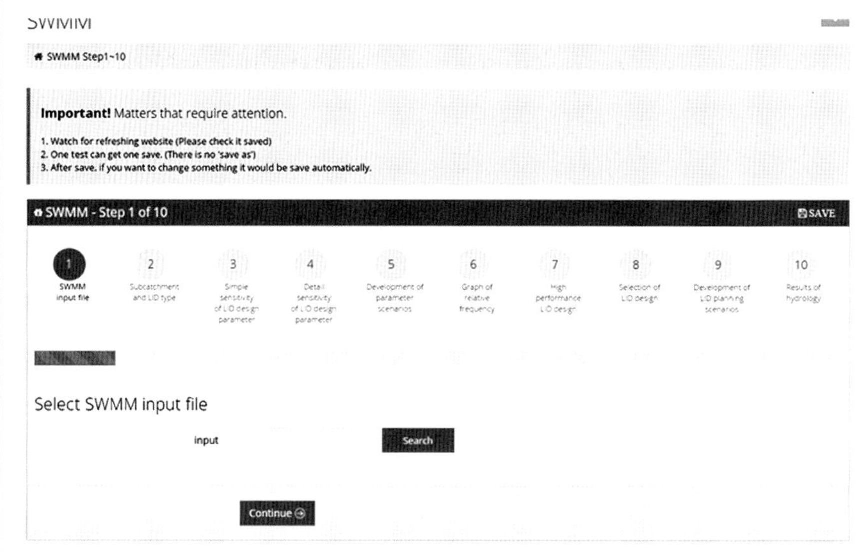 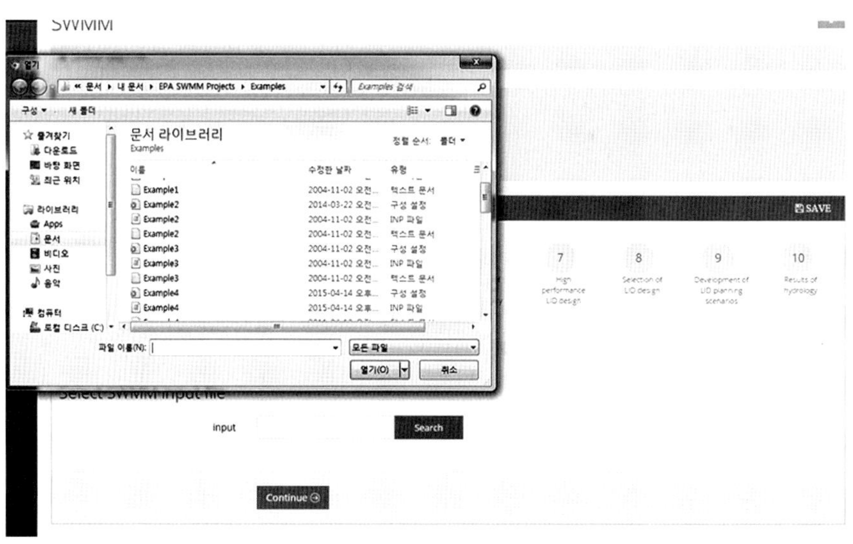
단계별 내용	1단계: LID 시설이 계획되어 있는 SWMM 입력파일을 불러오는 단계 - 실행화면에서 '파일 찾기(Search)'를 클릭 - LID 시설이 설계되어 있는 SWMM 입력파일을 선택하여 열기

2. WMAM 2단계 – 대상 소유역과 LID 종류 선택

<table>
<tr>
<td>단계별
진행화면</td>
<td>
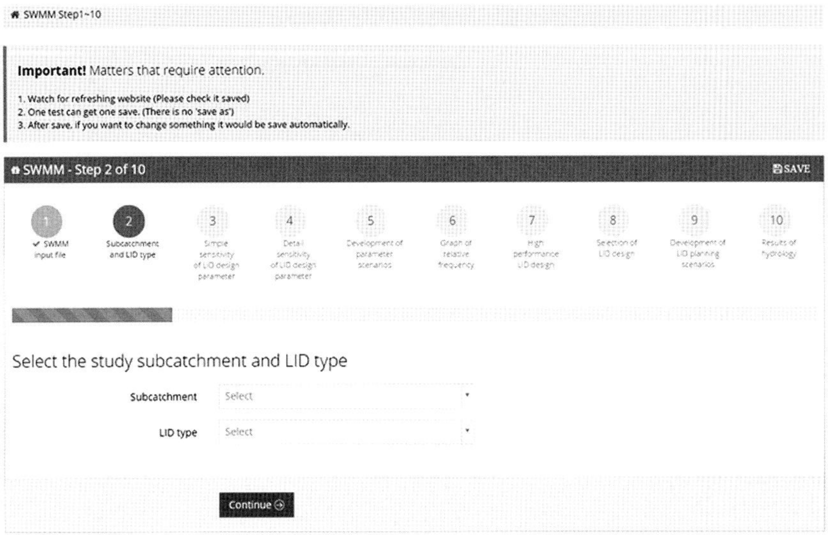

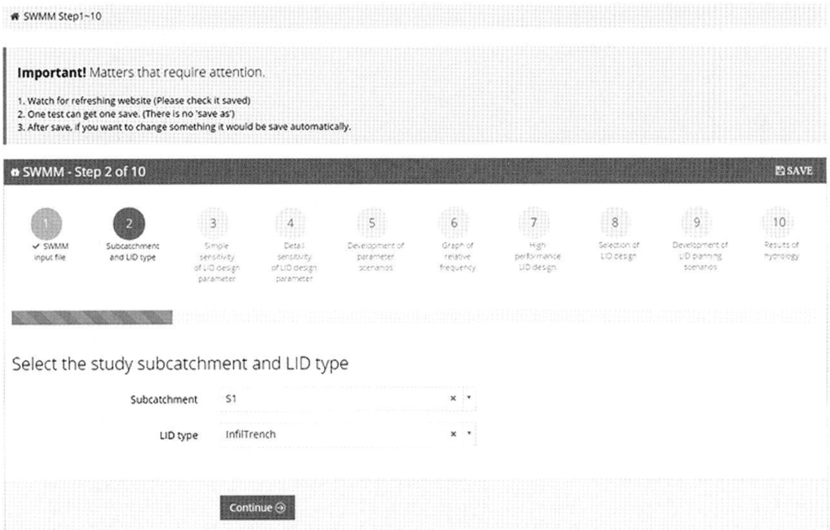

</td>
</tr>
<tr>
<td>단계별
내용</td>
<td>2단계: 대상 소유역과 LID 시설의 종류를 선택하는 단계
- 대상 유역과 LID 종류를 선택할 수 있는 화면이 생성
- 대상 유역을 선택
- 대상 유역 내에 설계 및 계획되어 있는 LID 시설 중에서 하나를 선택</td>
</tr>
</table>

3. WMAM 3단계 – LID의 설계 매개변수에 대한 민감도 분석

단계별 진행화면

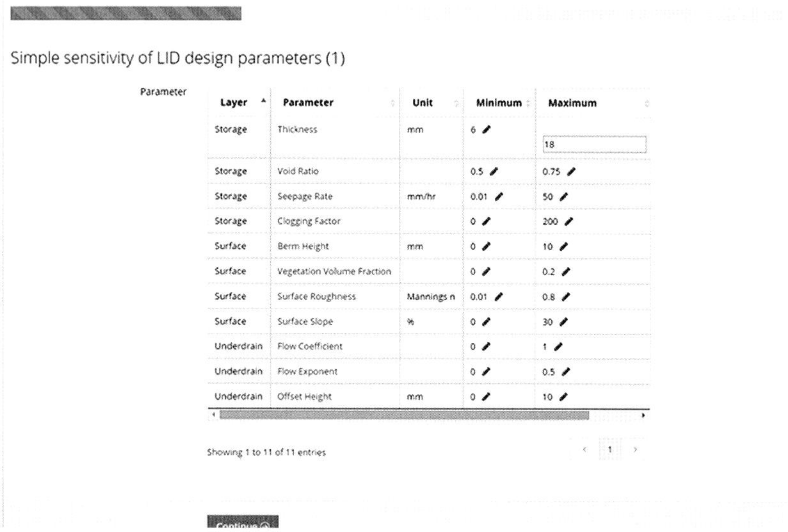

Simple sensitivity of LID design parameters (1)

Parameter

Layer	Parameter	Unit	Minimum	Maximum
Storage	Thickness	mm	6	18
Storage	Void Ratio		0.5	0.75
Storage	Seepage Rate	mm/hr	0.01	50
Storage	Clogging Factor		0	200
Surface	Berm Height	mm	0	10
Surface	Vegetation Volume Fraction		0	0.2
Surface	Surface Roughness	Mannings n	0.01	0.8
Surface	Surface Slope	%	0	30
Underdrain	Flow Coefficient		0	1
Underdrain	Flow Exponent		0	0.5
Underdrain	Offset Height	mm	0	10

Showing 1 to 11 of 11 entries

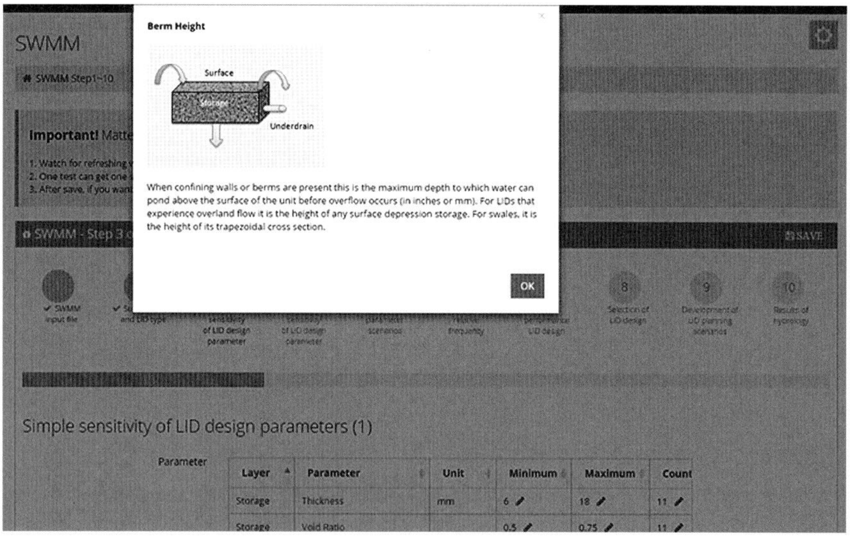

단계별 내용

3단계: LID 시설의 설계 매개변수를 대상으로 민감도 분석을 수행하는 단계
- 2단계에서 선택한 LID 시설과 관련된 설계 매개변수들에 대한 목록이 생성
- 각 설계 매개변수들에 대한 레이어/매개변수명/단위/최소값/최대값/개수를 표시
- 최소값/최대값/개수는 사용자가 변경 가능
- 매개변수가 무엇을 의미하는지 궁금할 경우 매개변수명을 클릭하여 도움말 참조 가능

4. WMAM 4단계 – 민감도 분석 결과

단계별 진행화면

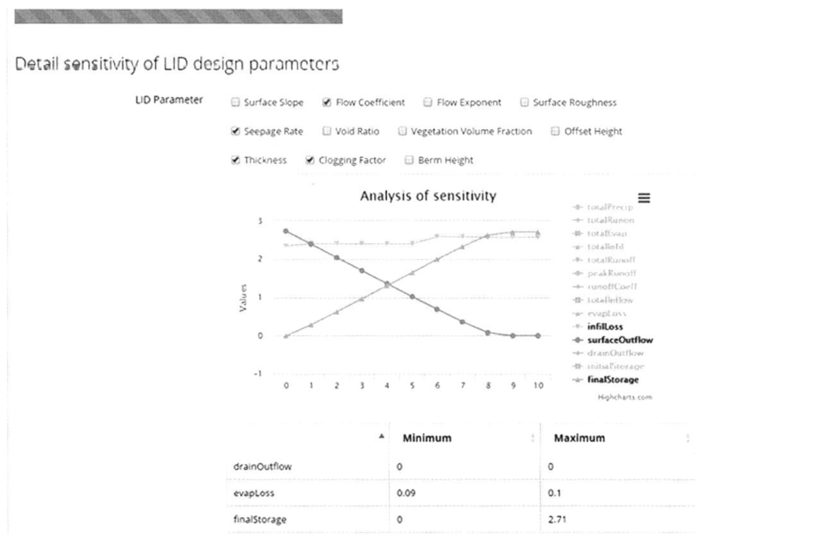

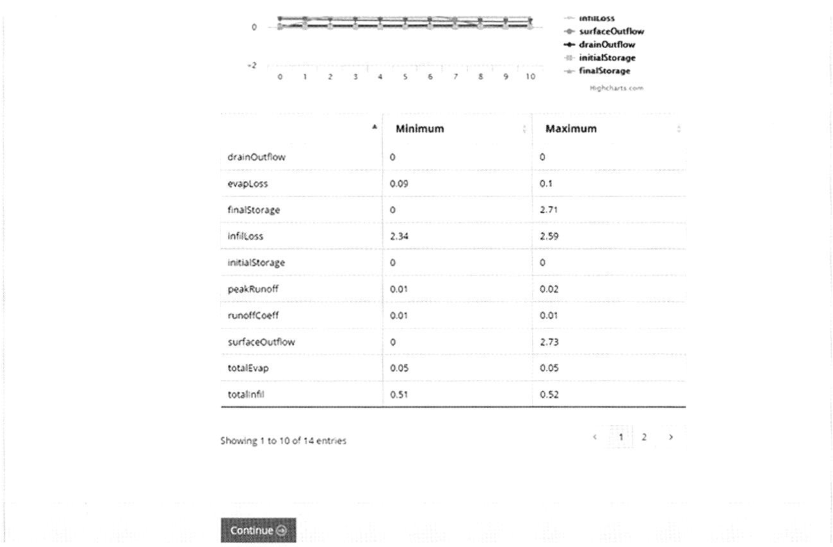

단계별 내용

4단계: LID 시설의 설계 매개변수를 대상으로 수행한 민감도 분석 결과를 확인하는 단계
- 그래프와 표를 이용하여 민감도 분석 결과 확인 가능
- 그래프의 x축은 매개변수의 변화량, y축은 SWMM 결과 항목의 변화량
- 그래프 상단에 LID 시설과 관련된 매개변수 항목 체크 가능
- 그래프 우측에 SWMM 결과 항목 체크 가능
- 표에서 각 매개변수에 대한 SWMM 결과의 최소값과 최대값 제시
- SWMM 결과의 변화 정도를 통해 민감한 매개변수 도출 가능
- 그래프 상단 항목에서 체크를 통해 다음 단계에서 이용할 매개변수 선택

5. WMAM 5단계 – 설계 매개변수에 대한 시나리오 생성

단계별 진행화면

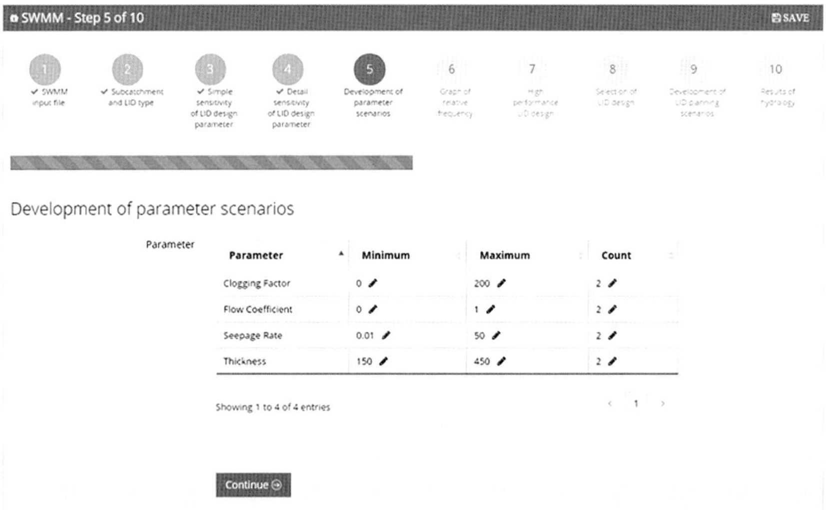

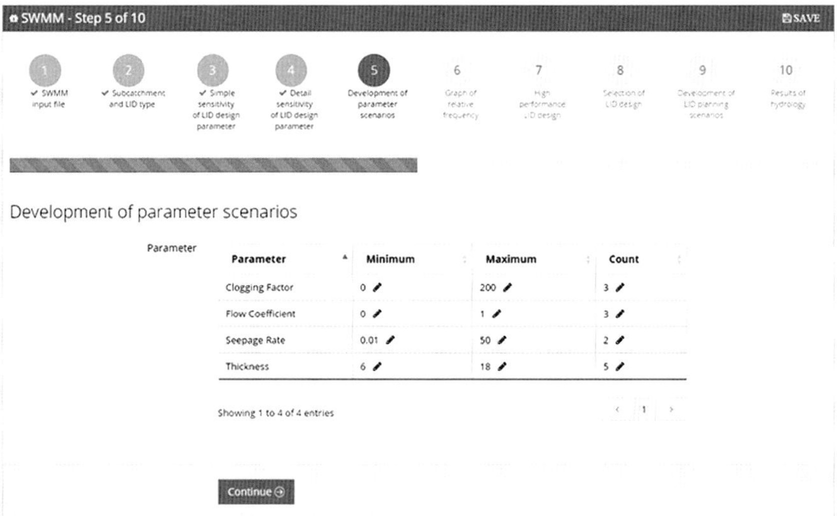

단계별 내용

5단계: LID 시설의 설계 매개변수에 대한 시나리오를 생성하는 단계
- 4단계의 그래프 상단의 매개변수 항목 중 선택된 매개변수가 화면에 나타남
- 매개변수명/최소값/최대값/개수 표시
- 최소값/최대값/개수 변경 및 입력 가능
- 입력된 개수에 따라 시나리오 생성
  (예: 4개 매개변수에 대한 개수가 각각 3, 3, 2, 5인 경우, 3*3*2*5 = 90로, 총 90개의 시나리오가 생성됨)

6. WMAM 6단계 – 상대빈도그래프를 통한 다중 시나리오 분석

구분	내용
단계별 진행화면	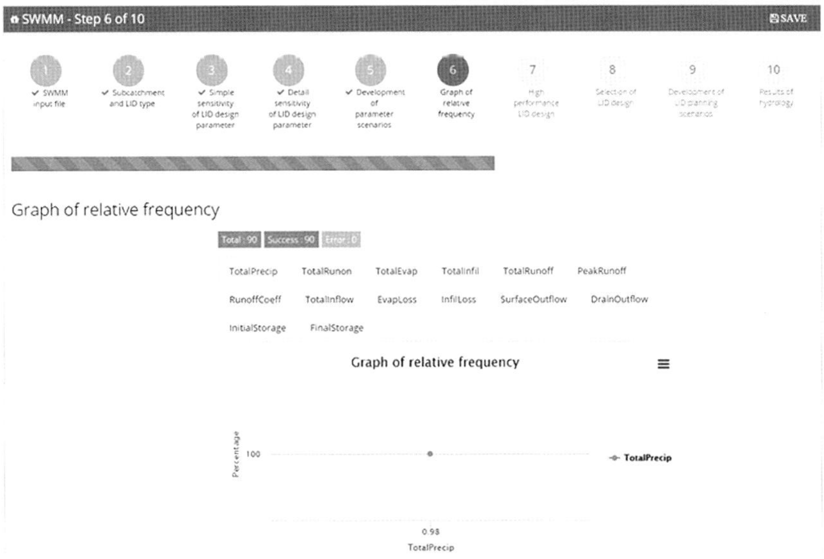 
단계별 내용	6단계: LID 시설의 설계 매개변수에 대한 시나리오 결과의 상대빈도그래프 단계 - 5단계에서 생성된 시나리오 결과에 대한 상대빈도그래프를 제시 - 그래프 상단에 생성된 시나리오 개수와 관련하여 총 시나리오/성공적으로 모의된 시나리오/에러가 발생한 시나리오를 표시 - 그래프 상단에 SWMM 결과와 관련된 항목 체크 가능 - 그래프의 x축은 SWMM 결과에 해당하는 값, y축은 해당 값의 빈도를 나타냄 - 제시된 빈도그래프를 통해 전체 모의된 시나리오를 한 눈에 개략적으로 분석이 가능

7. WMAM 7단계 – 설계 매개변수에 대한 다중 시나리오 분석 결과

<table>
<tr><td>단계별 진행화면</td><td>
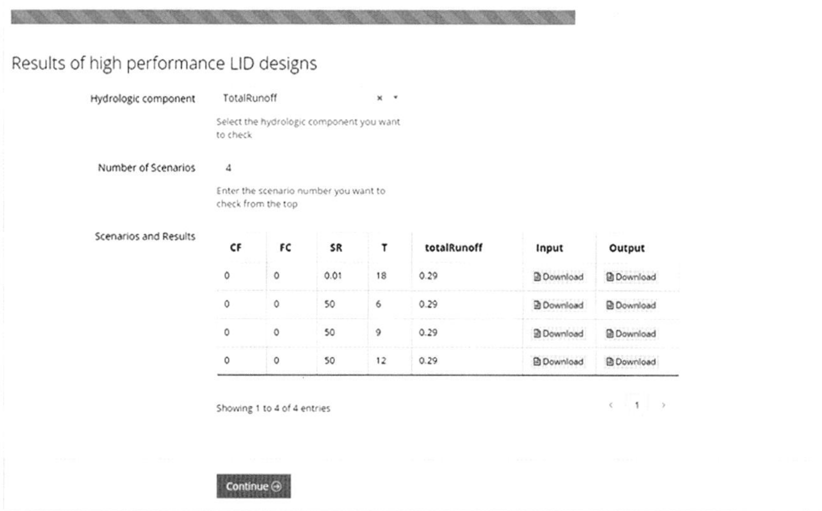

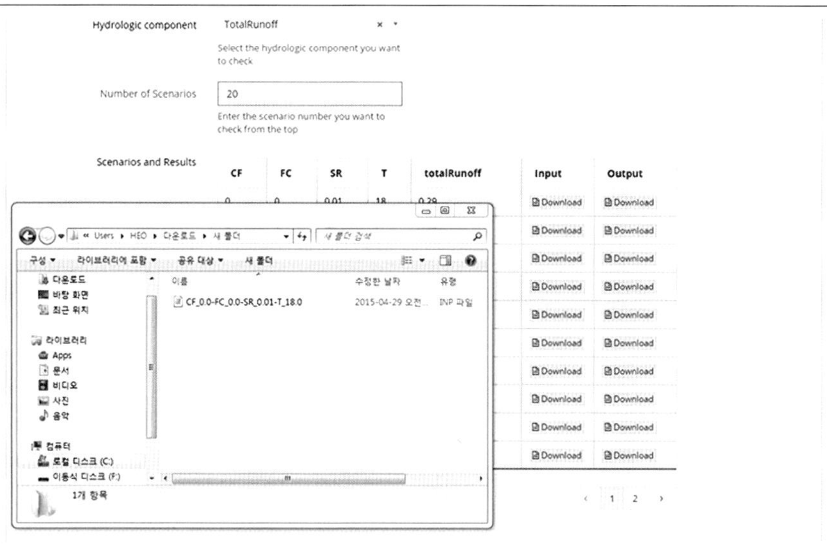

</td></tr>
<tr><td>단계별 내용</td><td>
7단계: LID 시설의 설계 매개변수에 대한 시나리오 결과 확인 단계
- 5단계에서 생성된 시나리오 결과를 확인하는 단계
- SWMM 결과 항목 선택 가능
(Infiltration Loss, Surface Outflow, Peak Runoff, Total Runoff 등)
- 시나리오의 개수 입력 가능
(개수를 입력하면 각 결과 항목에 따라 수문학적으로 우수한 결과를 보이는 시나리오를 해당 개수만큼 표로 나타냄)
- 표를 이용한 시나리오의 구성 확인 가능
- 모의된 모든 시나리오에 대한 SWMM 입력/출력 파일 다운로드 가능
</td></tr>
</table>

8. WMAM 8단계 – LID 설계 시나리오 선택

단계별 진행화면

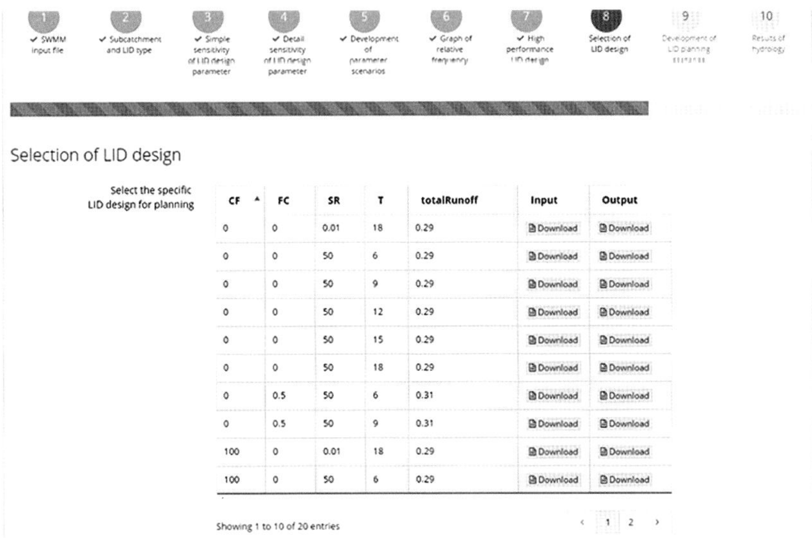

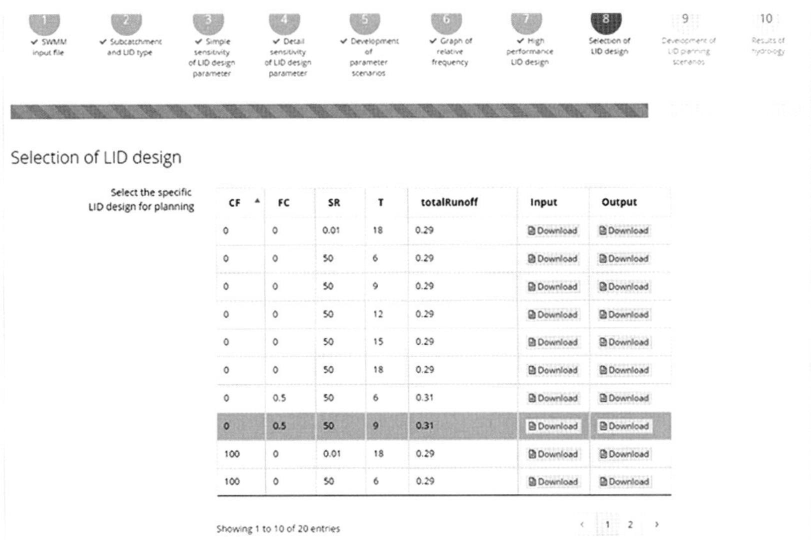

단계별 내용

8단계: LID 시설의 계획 매개변수에 대한 시나리오 생성을 위한 설계 시나리오 선택 단계
- 7단계에서 결과로 확인한 시나리오들 중에서 하나의 시나리오를 선택하는 단계
- 선택된 시나리오는 9단계에서 이용됨

9. WMAM 9단계 – LID 계획 시나리오 생성

구분	내용
단계별 진행화면	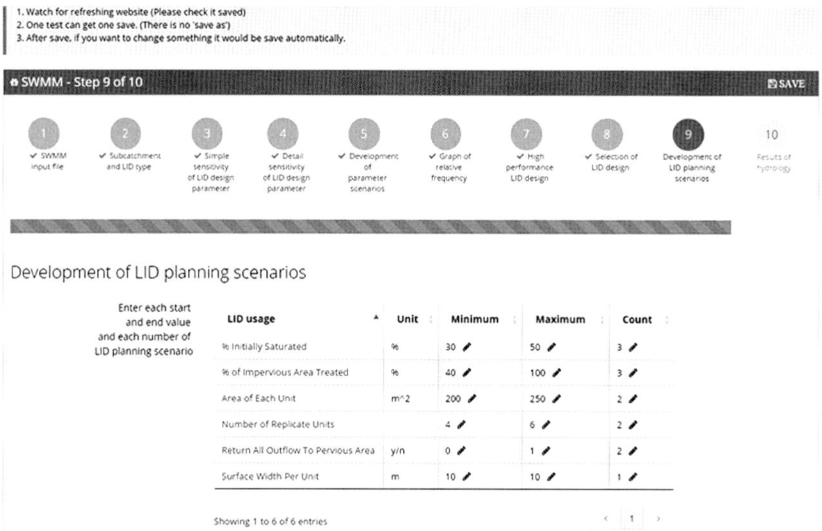 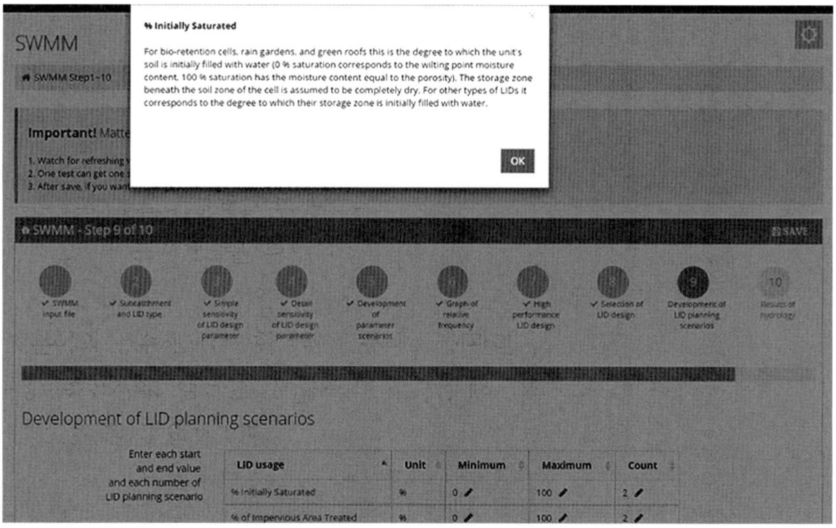
단계별 내용	9단계: LID 시설의 계획 매개변수에 대한 시나리오 생성 단계 - 8단계에서 선택된 LID 설계 시나리오를 대상으로 계획과 관련된 매개변수에 대한 시나리오를 생성하는 단계 - LID 시설의 계획과 관련된 매개변수가 제시됨 - 매개변수명/단위/최소값/최대값/개수 표시 - 최소값/최대값/개수 변경 및 입력 가능 - 입력된 개수에 따라 시나리오 생성 (예: 6개 매개변수에 대한 개수가 각각 3, 3, 2, 2, 2, 1인 경우, 3*3*2*2*2*1=72로, 총 72개의 시나리오가 생성됨) - 매개변수가 무엇을 의미하는지 궁금할 경우 매개변수명을 클릭하여 도움말 참조 가능

10. WMAM 10단계 – 전체 결과 확인

<table>
<tr><td>단계별
진행화면</td><td>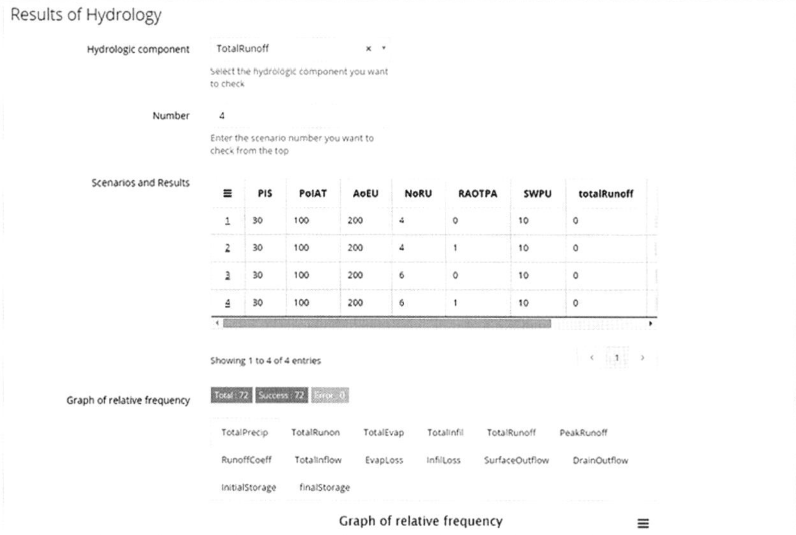

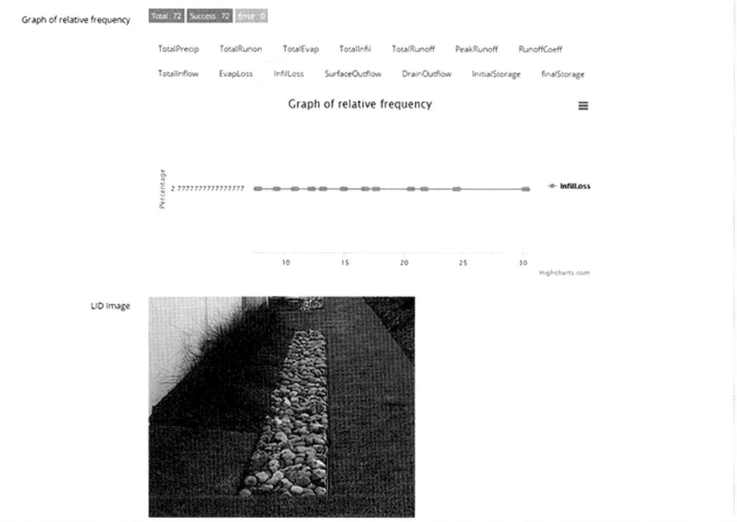
</td></tr>
<tr><td>단계별
내용</td><td>10단계: LID 시설의 설계 및 계획과 관련된 시나리오 최종 결과 확인 단계
- SWMM 결과 항목 선택 가능
(Infiltration Loss, Surface Outflow, Peak Runoff, Total Runoff 등)
- 시나리오의 개수 입력 가능
(개수를 입력하면 각 결과 항목에 따라 수문학적으로 우수한 결과를 보이는 시나리오를 해당 개수만큼 표로 나타냄)
- 표를 이용한 시나리오의 구성 확인 가능
- 모의된 모든 시나리오에 대한 SWMM 입력/출력 파일 다운로드 가능
- 각 결과 항목에 대한 상대빈도그래프 확인 가능
- 해당 LID 시설에 대한 그림 제시
- 우측 상단에 저장 기능을 통해 전체 모의 결과 및 시나리오 저장 가능</td></tr>
</table>

9.5.3 WMAM을 이용한 LID 시설의 설계 및 계획 적용

다음은 WMAM을 이용하여 LID 시설의 설계 및 계획을 적용한 사례를 보여준다. 본 적용 사례는 대상유역에 LID 시설 계획 전, LID 시설 계획 후, WMAM을 활용한 후의 첨두유량 및 침투손실량을 비교하여 WMAM의 효과성을 보여주고자 한다.

본 적용 사례는 실제 유역을 대상으로 모델링을 한 SWMM 입력자료를 대상으로 이루어졌다. 대상유역은 A대학교이며, 총 면적은 500,000 m^2이다. 적용된 시계열 강우자료는 2014년 8월 중순에서 8월 말까지 내린 강우자료를 이용하였다. 그림 9.30은 SWMM 모형을 활용하여 A대학교에 대한 모델링을 구성한 것이다.

대상 유역은 총 18개의 소유역을 포함하고 있으며, 이 중에서 소유역 S5를 대상으로 침투트렌치를 설계 및 계획하였을 때의 효과를 분석하였다. 소유역 S5의 면적은 36,988.2 m^2, 경사도는 0.5%, 불투수율은 80%, 불투수지역에 대한 Manning 조도계수는 0.01, 투수지역에 대한 Manning 조도계수는 0.1이다. 이것은 LID 시설이 대상 유역에 반영되기 이전의 조건으로, 각각 LID 시설이 계획된 후와 WMAM을 활용한 결과와 비교될 것이다.

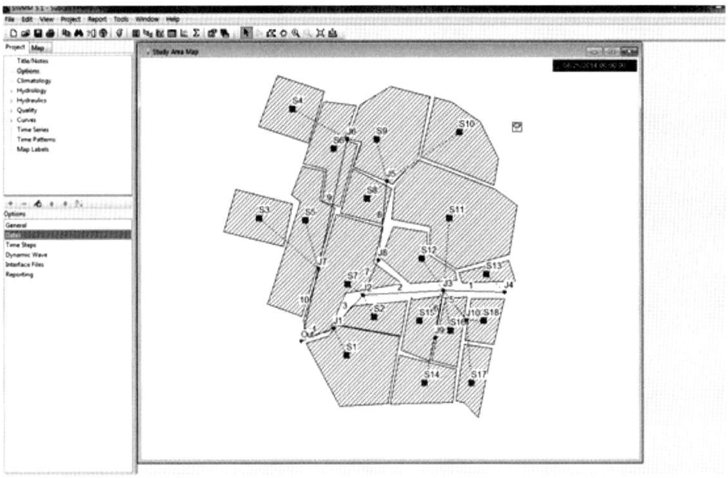

≫ **그림 9.30** WMAM 적용을 위한 SWMM 예제 파일 화면

그림 9.31과 그림 9.32는 대상 소유역인 S5에 침투트렌치를 설계하고 계획하여 SWMM에 모델링한 화면을 보여준다. 그림 9.31에서는 침투트렌치의 설계와 관련된 매개변수인 트렌치 높이, 표면 조도계수, 흐름 계수 등의 매개변수 값을 입력하였으며, 그림 9.32에서는 침투트렌치의 계획과 관련된 매개변수인 트렌치 개수, 개수당 면적, 초기 포화도 등의 매개변수를 입력하였다.

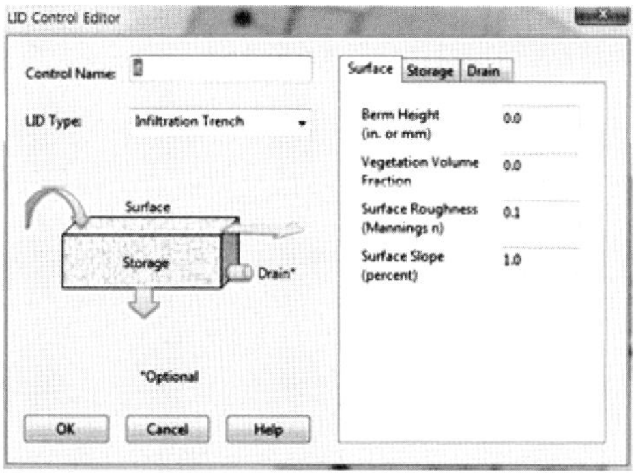

》 **그림 9.31** 소유역 S5에 침투트렌치 설계 입력화면

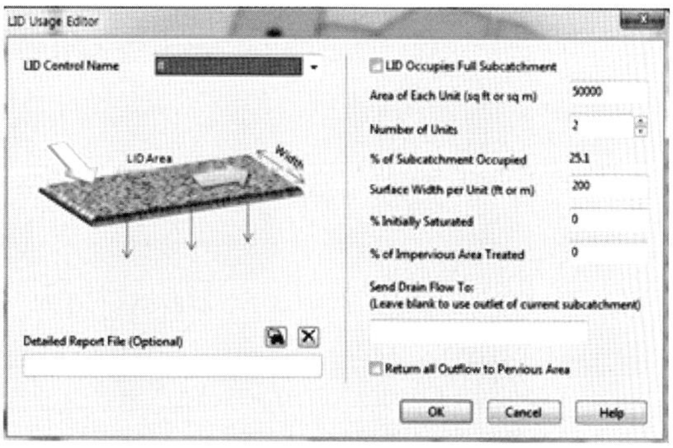

》 **그림 9.32** 소유역 S5에 침투트렌치 계획 입력화면

WMAM을 이용하여 해당 소유역 S5를 대상으로 침투트렌치의 효과 분석을 모의하는 과정 중에서, 4단계의 민감도 분석 결과를 통해 4개의 설계 매개변수(Flow coefficient, Seepage rate, Thickness, Clogging factor)가 결과에 영향력이 있는 매개변수로 나타났다. 그림 9.33은 WMAM의 4단계 화면을 보여주고 있다.

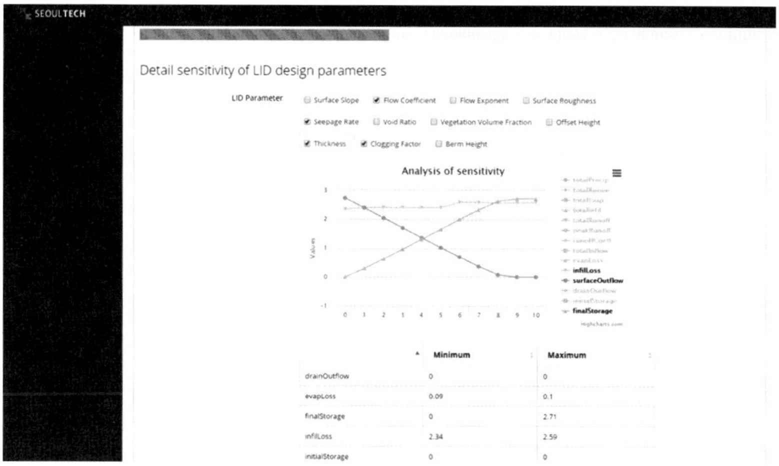

》 **그림 9.33** WMAM 적용 화면 - 4단계

WMAM의 민감도 분석을 통해 도출된 설계 매개변수들을 대상으로 총 90개의 시나리오를 모의하였으며, 그 중 하나의 설계 기반 시나리오를 대상으로 다시 총 72개의 계획 매개변수와 관련된 시나리오를 모의하였다. 그림 9.34는 WMAM의 5단계 화면으로 설계 매개변수를 대상으로 최소값과 최대값, 시나리오 개수를 설정하여 90개의 시나리오를 생성하는 과정을 보여주고 있다.

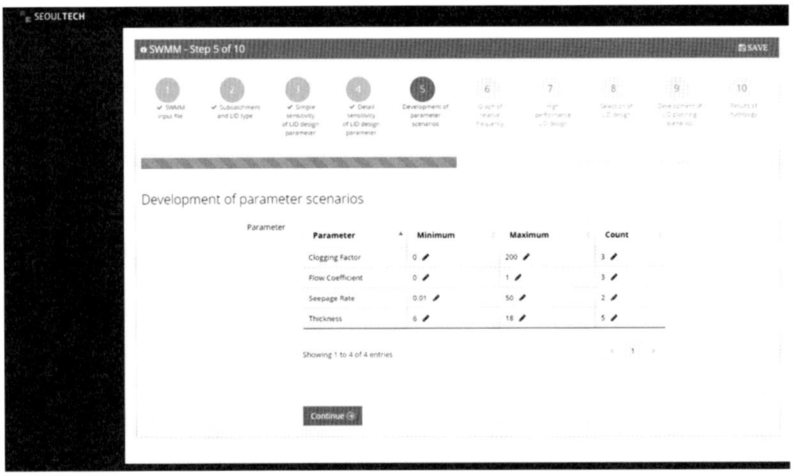

≫ **그림 9.34** WMAM 적용 화면 – 5단계

분석 결과는 다음과 같다. 그림 9.35는 침투트렌치 설치 전, 침투트렌치 설치 후, WMAM을 이용한 침투트렌치 설계 및 계획 후의 첨두유량을 그래프로 보여주고 있으며, 그림 9.36은 침투트렌치 설치 전/후 그리고 WMAM을 이용한 설계 및 계획 후의 침투손실량을 그래프로 보여주고 있다. 침투트렌치 설치 전의 첨두유량은 약 0.48 m^3/s로 세 가지 경우 중 가장 높은 값을 보였으며, 침투트렌치 설치 후와 WMAM을 이용한 설계 계획시의 첨두유량은 대략 0.36 m^3/s와 0.25 m^3/s로 점차 낮아졌다. 또한, 침투손실량을 보면 설치 전에는 약 0.28 m, 설치 후에는 약 0.81 m, WMAM을 활용하였을 경우는 약 1.24 m 정도로 점차 침투손실량이 높아졌다. 수문학적 측면에서 첨두유량은 값이 높을수록 홍수위험이 있기 때문에 값이 낮을수록 좋으며, 침투손실량은 직접 유출되지 않고 침투트렌치에 저장되는 유량과 관련이 있기 때문에 값이 높을수록 좋다. 이러한 결과를 통해, WMAM이 침투트렌치의 설계 및 계획에 있어서 수문학적으로 효과적인 결과를 보이는 것을 확인할 수 있다.

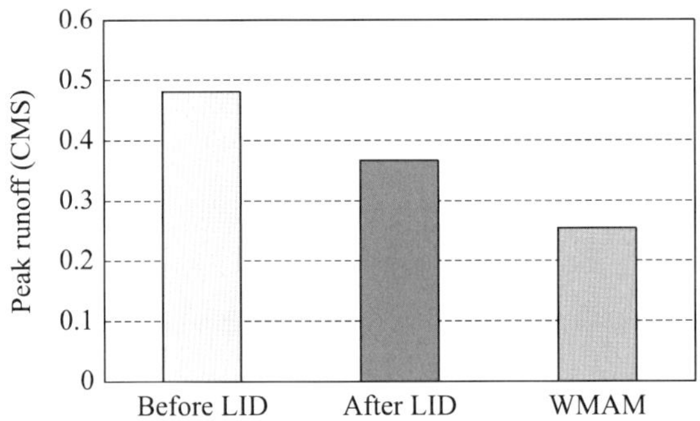

≫ **그림 9.35** 침투트렌치의 설치 전/후 그리고 WMAM 활용에 따른 첨두유량 비교

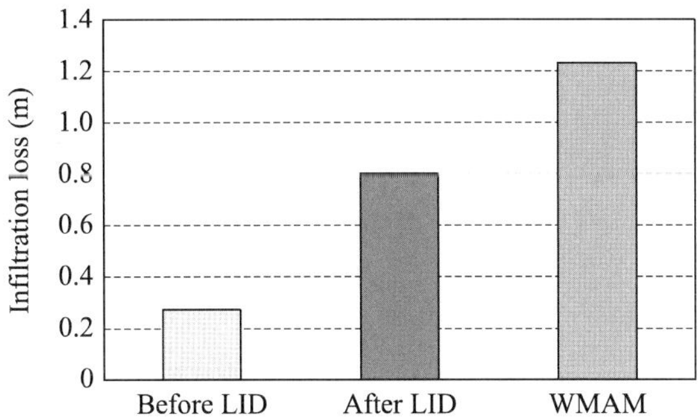

≫ **그림 9.36** 침투트렌치의 설치 전/후 그리고 WMAM 활용에 따른 침투손실량 비교

본 적용 사례를 통해 WMAM을 활용 시 LID 시설의 설계 및 계획을 효과적으로 수행할 수 있음을 알 수 있다. WMAM은 웹 기반 툴로써, 설치를 따로 할 필요가 없으며, 사용자가 편하고 쉽게 배우고 이용할 수 있는 장점이 있으며, 무엇보다도 반복적으로 수행해야 하는 많은 양의 모의를 짧은 시간동안에 빠르게 수행한다는 장점이 있다.

연습문제

9.1 9.3절에 제시된 매뉴얼을 이용하여 SWMM 모형을 구축하시오.

(1) 출구지점에서의 수문곡선을 그리시오.

(2) 출구지점에서의 홍수량과 첨두유량을 구하시오.

9.2 문제 9.1에서 구축한 SWMM 모형을 이용하여 다음을 구하시오.

(1) 주어진 표의 설계 및 계획 매개변수를 이용하여 소유역 S5과 S7에 각각 투수성포장과 침투트렌치를 설계하시오.

표 9.32 소유역별 LID 시설의 설계 매개변수

Subcatchment	LID type	Layer	Parameter	Value
S5	Permeable pavement	Surface	Berm height	0.0
			Vegetation volume fraction	0.0
			Surface Roughness	0.0.2
			Surface slope	2
		Pavement	Thickness	6.0
			Void ratio	0.15
			Impervious surface fraction	0
			Permeability	30
			Clogging factor	0
		Storage	Thickness	9.0
			Void ratio	0.6
			Seepage rate	0.2
			Clogging factor	0
		Underdrain	Flow coefficient	0
			Flow exponent	0.5
			Offset height	3.0

S7	Infiltration trench	Surface	Berm height	5.0
			Vegetation volume fraction	0.2
			Surface Roughness	0.24
			Surface slope	0.4
		Storage	Thickness	9.0
			Void ratio	0.4
			Seepage rate	0.2
			Clogging factor	0
		Underdrain	Flow coefficient	0
			Flow exponent	0.5
			Offset height	5.0

표 9.33 소유역별 LID 시설의 계획 매개변수

Subcatchment	LID Type	Area of each unit	Number of unit	Surface width per unit	% of initially saturated	% of impervious area treated
S5	Permeable pavement	23,287	1	683	0	0
S7	Infiltration trench	532	4	133	0	40

(2) 소유역 S5와 S7에서 LID 시설의 설치 전과 후의 수문곡선을 구하고, 홍수량 및 첨두유량을 비교하시오.

(3) 출구지점에서의 LID 시설 설치 전과 후의 수문곡선, 홍수량, 첨두유량을 구하고 비교하시오.

9.3 WMAM을 활용하여 다음 문제를 푸시오

(1) 문제 9.2에서 LID를 설계한 SWMM 입력파일을 이용하여 WMAM을 실행하시오.

(2) 소유역 S7, 침투트렌치를 대상으로 다양한 시나리오를 생성하고 모의 후, 최적의 시나리오를 보여주는 파일을 다운로드하여 SWMM에서 실행시키시오.

(3) 출구지점에서의 WMAM을 활용하기 전과 후의 홍수량 및 첨두유량을 비교하시오.

참고문헌

Akan, A.O. and Houghtalen, R.J. (2003). *Urban Hydrology, Hydraulics, and Stormwater Quality*, John Wiley & Sons, Inc, Hoboken, NJ.

Guo, J.C.Y. (2001). "*Design of Infiltration Basins for Stormwater*." Stormwater Collection Systems Design Handbook. Edited by L. Mays, McGraw-Hill, New York, NY.

Huber, W., Clannon, L. and Stouder, M. (2006). *BMP Modeling Concepts and Simulation*. EPA/600/R-06/033, U.S. Environmental Protection Agency (EPA). Cincinnati, OH.

Sansalone, J.J. and Hird, J. (2003). "*Treatment of Stormwater Runoff from Urban Pavement and Roadways*." Wet-Weather Flow in the Urban Watershed, Technology and Management. Edited by R. Field and D. Sullivan. CRC Press LLC, Boca Raton, FL.

U.S. Environmental Protection Agency (1999). *Storm Water Technology Fact Sheet Infiltration Trench*. EPA 832-F-99-019, U.S. Environmental Protection Agency. Washington, DC.

U.S. Environmental Protection Agency (2009). *Storm Water Management Model Applications Manual*. EPA 600-R-09-000, U.S. Environmental Protection Agency. Washington, DC.

U.S. Environmental Protection Agency (2010). *Storm Water Management Model User's Manual Version 5.0*. EPA 600-R-05-040, U.S. Environmental Protection Agency. Washington, DC.

Appendix

전국 주요도시 확률강우식 매개변수

부록 A.1 부산 지점의 확률강도식 매개변수 (국토해양부, 2011)

Return Period (years)	Parameters						
	a	b	c	d	e	f	g
2	3.762	−0.467	−0.04236	0.00115	0.00137	−0.00113	0.00017
3	3.937	−0.459	−0.05408	0.00390	0.00259	−0.00165	0.00022
5	4.102	−0.454	−0.06383	0.00701	0.00355	−0.00216	0.00027
10	4.277	−0.444	−0.07483	0.00625	0.00523	−0.00222	0.00023
20	4.420	−0.442	−0.08021	0.00917	0.00548	−0.00268	0.00030
30	4.494	−0.441	−0.08366	0.00998	0.00589	−0.00282	0.00031
50	4.579	−0.439	−0.08674	0.01079	0.00617	−0.00297	0.00033
70	4.632	−0.437	−0.08935	0.01044	0.00664	−0.00295	0.00031
80	4.651	−0.437	−0.08924	0.01121	0.00648	−0.00306	0.00033
100	4.684	−0.437	−0.09036	0.01187	0.00657	−0.00315	0.00034
200	4.779	−0.433	−0.09394	0.01180	0.00704	−0.00320	0.00034
300	4.830	−0.433	−0.09520	0.01280	0.00708	−0.00334	0.00036
500	4.891	−0.432	−0.09707	0.01304	0.00727	−0.00340	0.00037

부록 A.2 인천 지점의 확률강도식 매개변수 (국토해양부, 2011)

Return Period (years)	Parameters						
	a	b	c	d	e	f	g
2	3.718	−0.482	−0.02942	−0.00452	−0.00020	0.00010	0.00002
3	3.877	−0.473	−0.03669	−0.00024	0.00023	−0.00045	0.00009
5	4.029	−0.465	−0.04217	0.00319	0.00065	−0.00086	0.00013
10	4.191	−0.460	−0.04720	0.00764	0.00066	−0.00142	0.00022
20	4.325	−0.456	−0.05047	0.01142	0.00047	−0.00189	0.00030
30	4.395	−0.453	−0.05306	0.01171	0.00084	−0.00193	0.00029
50	4.477	−0.450	−0.05513	0.01304	0.00091	−0.00209	0.00031
70	4.526	−0.449	−0.05617	0.01416	0.00090	−0.00223	0.00033
80	4.546	−0.448	−0.05711	0.01400	0.00107	−0.00221	0.00032
100	4.577	−0.447	−0.05809	0.01420	0.00121	−0.00223	0.00032
200	4.667	−0.446	−0.05986	0.01639	0.00113	−0.00249	0.00036
300	4.716	−0.445	−0.06046	0.01711	0.00103	−0.00260	0.00039
500	4.775	−0.444	−0.06169	0.01804	0.00108	−0.00271	0.00040

부록 A.3 대전 지점의 확률강도식 매개변수 (국토해양부, 2011)

Return Period (years)	Parameters						
	a	*b*	*c*	*d*	*e*	*f*	*g*
2	3.783	−0.536	−0.02074	0.00193	−0.00254	0.00001	0.00009
3	3.904	−0.505	−0.02322	−0.00450	−0.00125	0.00066	−0.00007
5	4.022	−0.482	−0.02026	−0.00514	−0.00193	0.00060	−0.00002
10	4.154	−0.460	−0.02111	−0.00749	−0.00156	0.00079	−0.00002
20	4.266	−0.442	−0.02197	−0.01013	−0.00117	0.00103	−0.00006
30	4.324	−0.434	−0.02141	−0.01032	−0.00135	0.00101	−0.00011
50	4.394	−0.425	−0.02214	−0.01107	−0.00116	0.00106	−0.00010
70	4.437	−0.419	−0.02240	−0.01202	−0.00109	0.00114	−0.00012
80	4.453	−0.417	−0.02272	−0.01264	−0.00096	0.00121	−0.00013
100	4.480	−0.413	−0.02322	−0.01312	−0.00082	0.00125	−0.00014
200	4.559	−0.406	−0.02284	−0.01295	−0.00099	0.00120	−0.00016
300	4.603	−0.401	−0.02319	−0.01355	−0.00093	0.00124	−0.00015
500	4.655	−0.396	−0.02333	−0.01400	−0.00090	0.00127	−0.00015

부록 A.4 대구 지점의 확률강도식 매개변수 (국토해양부, 2011)

Return Period (years)	Parameters						
	a	*b*	*c*	*d*	*e*	*f*	*g*
2	3.508	−0.553	−0.05206	0.00317	0.00315	−0.00044	−0.00003
3	3.667	−0.546	−0.06008	0.00400	0.00431	−0.00063	−0.00004
5	3.818	−0.545	−0.06631	0.00691	0.00470	−0.00106	0.00002
10	3.979	−0.543	−0.07009	0.01014	0.00457	−0.00152	0.00011
20	4.114	−0.540	−0.07476	0.01084	0.00520	−0.00165	0.00011
30	4.183	−0.541	−0.07634	0.01289	0.00521	−0.00191	0.00015
50	4.264	−0.539	−0.07835	0.01336	0.00535	−0.00200	0.00016
70	4.314	−0.538	−0.07961	0.01348	0.00550	−0.00204	0.00016
80	4.332	−0.538	−0.08005	0.01381	0.00551	−0.00208	0.00017
100	4.363	−0.538	−0.08013	0.01465	0.00532	−0.00220	0.00020
200	4.454	−0.535	−0.08316	0.01368	0.00599	−0.00210	0.00016
300	4.503	−0.537	−0.08342	0.01549	0.00573	−0.00233	0.00020
500	4.561	−0.535	−0.08434	0.01563	0.00578	−0.00237	0.00021

찾아보기

R

S

T

U

V

W

기타

정은성 서울과학기술대학교 건설시스템공학과 교수
김상욱 강원대학교 토목공학과 교수
손민우 충남대학교 토목공학과 교수

물순환과 수자원공학 정가 22,000원

발 행 2016년 3월 10일 초판 1쇄
저 자 정은성 · 김상욱 · 손민우
발행인 정우용
발행처 도서출판 동화기술
경기도 파주시 광인사길 201(문발동, 파주출판도시)
Tel (031)955-4211~6 donghwae@kornet.net
Fax (031)955-4217 www.donghwapub.co.kr
(등록) 1977년 12월 19일/9-16호

ISBN 978-89-425-9063-6